Lehrbuch der höheren Mathematik

für Universitäten und Technische Hochschulen

Bearbeitet nach den Vorlesungen

von

Dr. Gerhard Kowalewski

o. Professor an der Technischen Hochschule zu Dresden
o. Mitglied der Sächsischen Akademie der Wissenschaften zu Leipzig

Zweiter Band

Hauptpunkte der analytischen Geometrie des Raumes
Grundbegriffe der Differential- und Integralrechnung

Mit 18 Figuren

Walter de Gruyter & Co.

vormals G. J. Göschensche Verlagshandlung
J. Guttentag, Verlagsbuchhandlung — Georg
Reimer — Karl J. Trübner — Veit & Comp.

Berlin W 10 und Leipzig

1933

Archiv-Nr. 12 06 33

Druck von Walter de Gruyter & Co., Berlin W 10

Inhaltsübersicht des zweiten Bandes.

Hauptpunkte der analytischen Geometrie des Raumes.

Grundbegriffe der Differential- und Integralrechnung.

Hauptpunkte der analytischen Geometrie des Raumes.

§ 1. Homogene cartesische Koordinaten und Tetraederkoordinaten.

Sind x, y, z die rechtwinkligen cartesischen Koordinaten eines Punktes P im Raume, so verstehen wir unter **homogenen** cartesischen Koordinaten vier Zahlen x_1, x_2, x_3, x_4, die proportional zu $x, y, z, 1$ sind, so daß also x_4 nicht verschwindet. Die inhomogenen Koordinaten erscheinen als Brüche mit dem Nenner x_4,

$$x = \frac{x_1}{x_4}, \; y = \frac{x_2}{x_4}, \; z = \frac{x_3}{x_4}. \tag{1}$$

Wenn der Punkt P von einer Anfangslage x_0, y_0, z_0 aus in einer bestimmten Richtung fortschreitet, so hat er nach Zurücklegung der Weglänge l die Koordinaten

$$x = x_0 + l \cos\alpha, \quad y = y_0 + l \cos\beta, \quad z = z_0 + l \cos\gamma.$$

Dabei wird die Bewegungsrichtung durch $\cos\alpha$, $\cos\beta$, $\cos\gamma$ gekennzeichnet. Diese drei Kosinus sind die Koordinaten eines Einheitsvektors, der die Bewegungsrichtung markiert, und α, β, γ die Winkel, die er mit den positiven Koordinatenachsen bildet. Setzt man

$$x_1 = \frac{x_0}{l} + \cos\alpha, \; x_2 = \frac{y_0}{l} + \cos\beta, \; x_3 = \frac{z_0}{l} + \cos\gamma, \; x_4 = \frac{1}{l},$$

so sind x_1, x_2, x_3, x_4 proportional zu $x, y, z, 1$. Wenn nun P ins Unendliche fortschreitet, so nähern sich $\frac{x_0}{l}, \frac{y_0}{l}, \frac{z_0}{l}, \frac{1}{l}$ unbegrenzt der Null. Dies veranlaßt uns, dem **Fernpunkt** der von P durchlaufenen Geraden homogene Koordinaten x_1, x_2, x_3, x_4 zuzuschreiben, die proportional zu

$$\cos\alpha, \; \cos\beta, \; \cos\gamma, \; 0$$

sind. Es kommt hier, wie man sieht, nur auf die Richtungskosinus an. Parallele Geraden haben denselben Fernpunkt. Statt der Richtungskosinus kann man auch Richtungskoeffizienten verwenden, d. h. drei Größen, die zu ihnen proportional sind. Wenn also x_1, x_2, x_3, x_4 die homogenen Koordinaten eines Fernpunktes sind, so ist $x_4 = 0$ und $x_1 \mathfrak{i} + x_2 \mathfrak{j} + x_3 \mathfrak{k}$ stellt einen Vektor dar, der nach dem Fernpunkt hinzeigt oder dessen Gerade den Fernpunkt enthält. $\mathfrak{i}, \mathfrak{j}, \mathfrak{k}$ sind die drei fundamentalen Einheitsvektoren, die wir aus der Vektorrechnung kennen. Kennzeichnend für einen Fernpunkt oder uneigentlichen Punkt ist das Verschwinden von x_4. Dagegen sind bei einem solchen Punkte x_1, x_2, x_3 nicht alle gleich Null, weil sie sonst zur Festlegung einer Richtung unbrauchbar wären.

Daß die Punkte einer Ebene durch eine Gleichung von der Form $Ax + By + Cz + D = 0$ aus der Gesamtheit der Raumpunkte ausgesondert werden, ist für uns ohne weiteres erkennbar. Ist nämlich x_0, y_0, z_0 ein Wertsystem, das jener Gleichung genügt, also $Ax_0 + By_0 + Cz_0 + D = 0$, so folgt

$$A(x - x_0) + B(y - y_0) + C(z - z_0) = 0.$$

Diese Gleichung besagt aber, daß der Vektor P_0P, der vom Punkte x_0, y_0, z_0 zum Punkte x, y, z hinführt, mit $\mathfrak{N} = A\mathfrak{i} + B\mathfrak{j} + C\mathfrak{k}$ das innere Produkt Null bildet, daß also P_0P senkrecht auf $\mathfrak{N}$ steht. Man sieht also, daß P in der Ebene liegt, die durch P_0 senkrecht zu $\mathfrak{N}$ hindurchgeht. $\mathfrak{N}$ nennt man den Normalvektor der Ebene. Macht man nun die Einsetzung (1), so verwandelt sich die Gleichung der Ebene in $Ax_1 + Bx_2 + Cx_3 + Dx_4 = 0$. Wenn wir jetzt verlangen, daß die Koordinaten $a, b, c, 0$ eines Fernpunktes diese Gleichung erfüllen, so ergibt sich $Aa + Bb + Cc = 0$, d. h. der Vektor $a\mathfrak{i} + b\mathfrak{j} + c\mathfrak{k}$, der nach dem Fernpunkt gerichtet ist, steht senkrecht auf $\mathfrak{N}$, ist also parallel zur betrachteten Ebene. So sind also die einzigen Fernpunkte, die der homogenen Ebenengleichung genügen, die Fernpunkte der in ihr liegenden Geraden. Da alle Fernpunkte die Gleichung $x_4 = 0$ befriedigen, die dieselbe Gestalt hat wie die Gleichung einer gewöhnlichen Ebene, so sagt man, daß die Fernpunkte des Raumes eine Ebene ausfüllen, die man die F e r n e b e n e nennt.

Wenn $\mathfrak{N} = A\mathfrak{i} + B\mathfrak{j} + C\mathfrak{k}$ ein Einheitsvektor ist, so wird $Ax + By + Cz + D = 0$ als H e s s e s c h e N o r m a l g l e i c h u n g der betreffenden Ebene bezeichnet. Es sei K irgendein Punkt mit den Koordinaten X, Y, Z und KF das von ihm auf die Ebene gefällte Lot. Dann können wir $FK = q\mathfrak{N}$ setzen und q ist der positive oder negative Abstand des Punktes K von der Ebene, je nachdem die Vektoren FK und $\mathfrak{N}$ gleich oder entgegengesetzt gerichtet sind. Sind X_1, Y_1, Z_1 die Koordinaten von F, so hat man, da dieser Punkt der betrachteten Ebene angehört, $AX_1 + BY_1 + CZ_1 + D = 0$. Andererseits ist $FK \cdot \mathfrak{N} = q(\mathfrak{N} \cdot \mathfrak{N}) = q$, also

$$q = A(X - X_1) + B(Y - Y_1) + C(Z - Z_1),$$

mithin

$$q = AX + BY + CZ + D.$$

Die linke Seite der Hesseschen Normalgleichung liefert also, wenn man statt x, y, z die Koordinaten irgendeines Raumpunktes einsetzt, den Abstand q dieses Punktes von der Ebene, und zwar mit einem Vorzeichen. Für alle Punkte, die in demselben Halbraum liegen, wie der von einem Ebenenpunkte ausgehende Normalvektor $\mathfrak{N}$, ist q positiv, für alle Punkte des andern Halbraums negativ.

Man reduziert eine beliebige Ebenengleichung $Ax + By + Cz + D = 0$ auf die Hessesche Normalform, indem man durch $\sqrt{A^2 + B^2 + C^2}$ dividiert. Dadurch erhalten nämlich x, y, z Koeffizienten mit der Quadratsumme 1. Die Zweideutigkeit der Wurzel ermöglicht es uns, irgendeinen der beiden Halbräume zum positiven zu machen, so daß seine Punkte positive Abstände q von der Ebene erhalten. Offenbar gilt für zwei Punkte P_1, P_2 des Raumes die Gleichung

$$\frac{Ax_1 + By_1 + Cz_1 + D}{Ax_2 + By_2 + Cz_2 + D} = \frac{q_1}{q_2},$$

weil beim Dividieren der gemeinsame Faktor $1 : \sqrt{A^2 + B^2 + C^2}$ herausfällt. $q_1 : q_2$ ist das Abstandsverhältnis der Punkte P_1, P_2 in bezug auf die Ebene, positiv oder negativ genommen, je nachdem sie demselben Halbraum angehören oder nicht. Ist Q der Schnittpunkt der Geraden P_1P_2 mit der Ebene, so hat man offenbar

$$\frac{q_1}{q_2} = -\frac{P_1S}{SP_2}.$$

Die Strecken P_1S und SP_2 sind nämlich gerade dann gleichgerichtet, wenn S zwischen P_1 und P_2 fällt, d. h. P_1 und P_2 in verschiedenen Halbräumen liegen. Immer gilt also die Gleichung

$$\frac{Ax_1 + By_1 + Cz_1 + D}{Ax_2 + By_2 + Cz_2 + D} = -\frac{P_1S}{SP_2}. \tag{2}$$

Betrachtet man noch eine zweite Ebene $A'x + B'y + C'z + D' = 0$ und ist S' ihr Schnittpunkt mit der Geraden P_1P_2, so tritt neben (2) die Gleichung

$$\frac{A'x_1 + B'y_1 + C'z_1 + D'}{A'x_2 + B'y_2 + C'z_2 + D'} = -\frac{P_1S'}{S'P_2}. \tag{2'}$$

Der Quotient der rechten Seiten lautet

$$\frac{S'P_2}{P_1S'} : \frac{SP_2}{P_1S} = (P_1P_2SS').$$

Man kann also schreiben

$$(P_1P_2SS') = \frac{Ax_1 + By_1 + Cz_1 + D}{Ax_2 + By_2 + Cz_2 + D} : \frac{A'x_1 + B'y_1 + C'z_1 + D'}{A'x_2 + B'y_2 + C'z_2 + D'}. \tag{3}$$

Benutzt man die Abkürzungen $L = Ax + By + Cz + D$, $L' = A'x + B'y + C'z + D'$ und deutet man die Einsetzung der Koordinaten der Punkte P_1, P_2 durch Anfügung der Indizes 1, 2 an, so lautet die obige Formel

$$(P_1P_2SS') = \frac{L_1}{L_2} : \frac{L_1'}{L_2'}. \tag{3'}$$

Sie macht eine Aussage über das Doppelverhältnis, nach welchem die Strecke P_1P_2 durch die Ebenen $L = 0$, $L' = 0$ geteilt wird.

Wenn man unter den unendlich vielen proportionalen Quadrupeln x_1, x_2, x_3, x_4, die einen Punkt festlegen, ein bestimmtes herausgreift, so soll der Punkt **normiert** heißen. Wir betrachten nun vier normierte Punkte x^1, x^2, x^3, x^4 und fragen zunächst, wann sie zusammen in einer Ebene liegen, die auch die Fernebene sein darf. Sind $x_1^\nu, x_2^\nu, x_3^\nu, x_4^\nu$ $(\nu = 1, 2, 3, 4)$ die Koordinaten der vier Punkte, so kommt es auf die Determinante

$$(4) \qquad \begin{vmatrix} x_1^1 & x_2^1 & x_3^1 & x_4^1 \\ x_1^2 & x_2^2 & x_3^2 & x_4^2 \\ x_1^3 & x_2^3 & x_3^3 & x_4^3 \\ x_1^4 & x_2^4 & x_3^4 & x_4^4 \end{vmatrix}$$

an, die wir kurz mit $[x^1 x^2 x^3 x^4]$ bezeichnen wollen. Verschwindet sie, so gibt es vier Größen a_1, a_2, a_3, a_4, nicht lauter Nullen, die den Gleichungen

$$(5) \qquad a_1 x_1^\nu + a_2 x_2^\nu + a_3 x_3^\nu + a_4 x_4^\nu = 0 \qquad (\nu = 1, 2, 3, 4)$$

genügen. Dann erfüllen also die Punkte x^1, x^2, x^3, x^4 die Ebenengleichung

$$(6) \qquad a_1 x_1 + a_2 x_2 + a_3 x_3 + a_4 x_4 = 0,$$

d. h. es gibt eine Ebene, die alle vier Punkte aufnimmt. Ist umgekehrt eine solche Ebene vorhanden und (6) ihre Gleichung, so bestehen die Gleichungen (5), und es muß daher die Determinante (4) gleich Null sein, weil a_1, a_2, a_3, a_4 nicht alle verschwinden. Die notwendige und hinreichende Bedingung dafür, daß die vier Punkte einer Ebene angehören, lautet also $[x^1 x^2 x^3 x^4] = 0$.

Bilden nun die normierten Punkte x^1, x^2, x^3, x^4 ein **allgemeines Punktquadrupel**, ist also $[x^1 x^2 x^3 x^4] \neq 0$, so läßt sich jeder normierte Punkt x in der Form

$$(7) \qquad x = \mathfrak{x}_1 x^1 + \mathfrak{x}_2 x^2 + \mathfrak{x}_3 x^3 + \mathfrak{x}_4 x^4$$

darstellen. Man gewinnt $\mathfrak{x}_1, \mathfrak{x}_2, \mathfrak{x}_3, \mathfrak{x}_4$ durch Auflösung des Gleichungssystems

$$(8) \qquad \begin{cases} x_1 = \mathfrak{x}_1 x_1^1 + \mathfrak{x}_2 x_1^2 + \mathfrak{x}_3 x_1^3 + \mathfrak{x}_4 x_1^4, \\ x_2 = \mathfrak{x}_1 x_2^1 + \mathfrak{x}_2 x_2^2 + \mathfrak{x}_3 x_2^3 + \mathfrak{x}_4 x_2^4, \\ x_3 = \mathfrak{x}_1 x_3^1 + \mathfrak{x}_2 x_3^2 + \mathfrak{x}_3 x_3^3 + \mathfrak{x}_4 x_3^4, \\ x_4 = \mathfrak{x}_1 x_4^1 + \mathfrak{x}_2 x_4^2 + \mathfrak{x}_3 x_4^3 + \mathfrak{x}_4 x_4^4 \end{cases}$$

und findet nach der Cramerschen Regel folgende Werte:

$$(9) \qquad \begin{cases} \mathfrak{x}_1 = \dfrac{[x x^2 x^3 x^4]}{[x^1 x^2 x^3 x^4]}, \\ \mathfrak{x}_2 = \dfrac{[x^1 x x^3 x^4]}{[x^1 x^2 x^3 x^4]}, \\ \mathfrak{x}_3 = \dfrac{[x^1 x^2 x x^4]}{[x^1 x^2 x^3 x^4]}, \\ \mathfrak{x}_4 = \dfrac{[x^1 x^2 x^3 x]}{[x^1 x^2 x^3 x^4]}. \end{cases}$$

Die Größen $\mathfrak{x}_1, \mathfrak{x}_2, \mathfrak{x}_3, \mathfrak{x}_4$ bezeichnet man als die **Koordinaten** des Punktes x in bezug auf die **Grundpunkte** oder Fundamentalpunkte x^1, x^2, x^3, x^4. Solche Koordinaten heißen **Tetraederkoordinaten**. Sie hängen, wie die Gleichungen (8) zeigen, mit den cartesischen Koordinaten x_1, x_2, x_3, x_4 durch eine lineare Transformation zusammen. Jede lineare Transformation mit nicht verschwindender Determinante läßt sich immer als der analytische Ausdruck des Übergangs zu neuen Tetraederkoordinaten auffassen. Auch die cartesischen Koordinaten sind spezielle Tetraederkoordinaten. Läßt man nämlich die normierten Grundpunkte x^1, x^2, x^3, x^4 mit

$$(10) \qquad 1, 0, 0, 0,; \; 0, 1, 0, 0; \; 0, 0, 1, 0; \; 0, 0, 0, 1$$

zusammenfallen, so verwandeln sich die Gleichungen (8) in

$$x_1 = \mathfrak{x}_1, \; x_2 = \mathfrak{x}_2, \; x_3 = \mathfrak{x}_3, \; x_4 = \mathfrak{x}_4.$$

Die drei ersten Punkte (10) sind die Fernpunkte der cartesischen Achsen, der vierte Punkt (10) ist der Anfangspunkt O. Einen andern wichtigen Sonderfall der Tetraederkoordinaten bilden die Affinkoordinaten. Man denke sich durch den Punkt O drei beliebige gerade Linien gezogen, die nicht in eine Ebene fallen. Ihre Fernpunkte haben in irgendeiner Normierung die Koordinaten

$$x_1^1, x_2^1, x_3^1, 0; \; x_1^2, x_2^2, x_3^2, 0; \; x_1^3, x_2^3, x_3^3, 0.$$

Dazu tritt als vierter Grundpunkt der Punkt 0, 0, 0, 1. Die drei ersten Koordinaten eines Fernpunktes bestimmen stets einen Vektor, der auf ihn hinzeigt. Daher fallen die Vektoren

$$\mathfrak{i}^1 = x_1^1\mathfrak{i} + x_2^1\mathfrak{j} + x_3^1\mathfrak{k}, \; \mathfrak{i}^2 = x_1^2\mathfrak{i} + x_2^2\mathfrak{j} + x_3^2\mathfrak{k}, \; \mathfrak{i}^3 = x_1^3\mathfrak{i} + x_2^3\mathfrak{j} + x_3^3\mathfrak{k},$$

wenn wir sie von O ausgehen lassen, auf jene drei durch O gezogenen Geraden. Die drei ersten Gleichungen (8) kann man im vorliegenden Falle in

$$x_1\mathfrak{i} + x_2\mathfrak{j} + x_3\mathfrak{k} = \mathfrak{x}_1\mathfrak{i}^1 + \mathfrak{x}_2\mathfrak{i}^2 + \mathfrak{x}_3\mathfrak{i}^3$$

zusammenziehen, die vierte lautet $x_4 = \mathfrak{x}_4$, weil $x_4^1, x_4^2, x_4^3, x_4^4$ die Werte 0, 0, 0, 1 haben. Bei einem eigentlichen Punkt sind $\frac{x_1}{x_4}, \frac{x_2}{x_4}, \frac{x_3}{x_4}$ die cartesischen Koordinaten x, y, z. Setzt man nun

$$(11) \qquad \mathfrak{x} = \frac{\mathfrak{x}_1}{\mathfrak{x}_4}, \; \mathfrak{y} = \frac{\mathfrak{x}_2}{\mathfrak{x}_4}, \; \mathfrak{z} = \frac{\mathfrak{x}_3}{\mathfrak{x}_4},$$

so besteht die Relation

$$x\mathfrak{i} + y\mathfrak{j} + z\mathfrak{k} = \mathfrak{x}\mathfrak{i}^1 + \mathfrak{y}\mathfrak{i}^2 + \mathfrak{z}\mathfrak{i}^3.$$

Es wird also statt $\mathfrak{i}, \mathfrak{j}, \mathfrak{k}$ ein neues Vektorentripel $\mathfrak{i}^1, \mathfrak{i}^2, \mathfrak{i}^3$ eingeführt und der Ortsvektor $x\mathfrak{i} + y\mathfrak{j} + z\mathfrak{k}$ des betrachteten Punktes auf dieses neue Tripel bezogen. Die dabei auftretenden Faktoren $\mathfrak{x}, \mathfrak{y}, \mathfrak{z}$ sind die *inhomogenen Affinkoordinaten*. Durch (11) wird der Übergang zu den homogenen Affinkoordinaten vermittelt.

Wir kehren zu den allgemeinen Tetraederkoordinaten zurück und bemerken, daß der Punkt $x^1 + x^2 + x^3 + x^4$, für den die Quotienten (9) alle gleich 1 werden, als der *Einheitspunkt* bezeichnet wird. Seine Tetraederkoordinaten sind also alle einander gleich. Wir bezeichnen den Einheitspunkt in der Normierung $x^1 + x^2 + x^3 + x^4$ mit e. Dann sind die vier Determinanten

$$[ex^2x^3x^4],\ [x^1ex^3x^4],\ [x^1x^2ex^4],\ [x^1x^2x^3e]$$

alle gleich $[x^1x^2x^3x^4]$, und man kann die Formeln (9) durch folgende ersetzen:

$$(9')\qquad \begin{cases} \mathfrak{x}_1 = \dfrac{[xx^2x^3x^4]}{[ex^2x^3x^4]}, \\ \mathfrak{x}_2 = \dfrac{[x^1xx^3x^4]}{[x^1ex^3x^4]}, \\ \mathfrak{x}_3 = \dfrac{[x^1x^2xx^4]}{[x^1x^2ex^4]}, \\ \mathfrak{x}_4 = \dfrac{[x^1x^2x^3x]}{[x^1x^2x^3e]}. \end{cases}$$

Betrachtet man nun das Verhältnis zweier $\mathfrak{x}$, so ist z. B.

$$\frac{\mathfrak{x}_1}{\mathfrak{x}_2} = \frac{[xx^2x^3x^4]}{[ex^2x^3x^4]} : \frac{[x^1xx^3x^4]}{[x^1ex^3x^4]}.$$

Vergleicht man hiermit die Formel (3′), die auch gültig bleibt, wenn man die dort auftretenden Punkte P_1, P_2 durch homogene Koordinaten kennzeichnet, so kann man offenbar sagen, daß $\mathfrak{x}_1 : \mathfrak{x}_2$ nichts anderes ist als das Doppelverhältnis, nach welchem die Strecke xe durch die Ebenen $[Xx^2x^3x^4] = 0$ und $[x^1Xx^3x^4] = 0$ geteilt wird. Man kann dieses Ergebnis noch etwas anders ausdrücken. Die Punkte x^3, x^4 bestimmen ein Ebenenbüschel, das durch jeden der Punkte x, e, x^2, x^1 eine Ebene hindurchschickt, und zwar durch x^2 und x^1 die Ebenen $[Xx^2x^3x^4] = 0$ und $[x^1Xx^3x^4] = 0$. Das Doppelverhältnis dieser vier Ebenen ist gleich $\mathfrak{x}_1 : \mathfrak{x}_2$. Ähnlich steht es mit den andern Verhältnissen $\mathfrak{x}_r : \mathfrak{x}_s$. Jedes solche Verhältnis ist das Doppelverhältnis eines Ebenenquadrupels. Wir wollen aber bei der ersten Deutung bleiben und mit x^{I} den Schnittpunkt der Geraden xe und der Ebene $[Xx^2x^3x^4] = 0$ bezeichnen, ebenso mit x^{II} den Schnittpunkt der genannten Geraden und der Ebene $[x^1Xx^2x^3] = 0$. Dann ist

$$(12)\qquad (xex^{\mathrm{I}}x^{\mathrm{II}}) = \mathfrak{x}_1 : \mathfrak{x}_2.$$

Entsprechend drücken sich die übrigen Quotienten $\mathfrak{x}_r : \mathfrak{x}_s$ aus. Die dabei auftretenden Punkte $x^{\mathrm{I}}, x^{\mathrm{II}}, x^{\mathrm{III}}, x^{\mathrm{IV}}$ sind also die Schnittpunkte der Geraden xe mit den **Fundamentalebenen**. Jede Fundamentalebene geht durch drei Fundamentalpunkte hindurch. Sie erhält als Nummer den Index des vierten Fundamentalpunktes. Z. B. gilt die Ebene $[Xx^2x^3x^4] = 0$ als erste Fundamentalebene.

Wenn der Punkt x in der Fundamentalebene $[Xx^2x^3x^4] = 0$ liegt, ist bei ihm, wie man aus den Formeln (9) ersieht, $\mathfrak{x}_4 = 0$, also $x = \mathfrak{x}_1x^1 + \mathfrak{x}_2x^2 + \mathfrak{x}_3x^3$. Die Koeffizienten $\mathfrak{x}$ sind Dreieckskoordinaten in bezug auf das Fundamentaldreieck x^1, x^2, x^3. Als Einheitspunkt dient dabei der Punkt e^{IV}, die von x^4 aus bewirkte Projektion des Punktes e auf die vierte Fundamentalebene. Die Doppelverhältnisse $(x, e, x^{\mathrm{II}}, x^{\mathrm{III}})$, $(x, e, x^{\mathrm{III}}, x^{\mathrm{I}})$, $(x, e, x^{\mathrm{I}}, x^{\mathrm{II}})$ bleiben nämlich ungeändert, wenn man die Punktreihe xe von x^4 aus auf die gegenüberliegende Fundamentalebene projiziert. Dabei geht x in sich über, weil dieser Punkt in der genannten Ebene liegen soll, ferner e in e^{IV} und x^{I}, x^{II}, x^{III} in die Schnittpunkte der Geraden xe^{IV} mit den Seiten x^2x^3, x^3x^1, x^1x^2 des Fundamentaldreiecks. Diese Schnittpunkte wollen wir für den Augenblick X^{I}, X^{II}, X^{III} nennen. Dann sind also die Doppelverhältnisse

$$(xe^{IV}X^{II}X^{III}),\ (xe^{IV}X^{III}X^{I}),\ (xe^{IV}X^{I}X^{II})$$

gleich den Quotienten

$$\frac{\mathfrak{x}_2}{\mathfrak{x}_3},\ \frac{\mathfrak{x}_3}{\mathfrak{x}_1},\ \frac{\mathfrak{x}_1}{\mathfrak{x}_2}.$$

Dies entspricht aber durchaus der geometrischen Deutung, die wir früher für die Verhältnisse der Dreieckskoordinaten gegeben haben. Da der Punkt e^{IV} die Rolle des Einheitspunktes übernimmt, sind für ihn die Dreieckskoordinaten einander gleich. Daher fällt e^{IV} mit $x^1 + x^2 + x^3$ zusammen. Man kann dies auch leicht direkt erkennen. Die durch e, x^1, x^4 oder e, x^2, x^4 oder e, x^3, x^4 gelegten Ebenen, deren Gleichungen $[Xex^1x^4] = 0$, $[Xex^2x^4] = 0$, $[Xex^3x^4] = 0$ lauten, werden offenbar durch den Punkt $x^1 + x^2 + x^3$ erfüllt, der andererseits auch die Gleichung $[Xx^1x^2x^3] = 0$ befriedigt. Dieser Punkt muß daher mit dem Schnittpunkt der Geraden ex^4 und der vierten Fundamentalebene zusammenfallen.

Wenn x auf der Verbindungslinie zweier Fundamentalpunkte, z. B. auf der Geraden x^1x^2 liegt, so erfüllt er die Gleichungen $[x^1x^2Xx^3] = 0$ und $[x^1x^2x^3X] = 0$. Es ist also bei einem solchen Punkte $\mathfrak{x}_3 = \mathfrak{x}_4 = 0$, so daß für ihn die Formel $x = \mathfrak{x}_1x^1 + \mathfrak{x}_2x^2$ gilt. Hier sind nun $\mathfrak{x}_1, \mathfrak{x}_2$ Zweieckskoordinaten in bezug auf die Fundamentalpunkte x^1 und x^2. Als Einheitspunkt wirkt der Punkt $e^{I,II}$, der durch die Ebene e, x^3, x^4 auf der Geraden x^1x^2 angeschnitten wird. Wenn man nämlich die in Formel (12) auftretenden Punkte mit Hilfe von Ebenen durch x^3, x^4 auf die Gerade x^1x^2 projiziert, so geht x in sich über, e in $e^{I,II}$ und x^{I}, x^{II} in x^2 und x^1, weil x^{I} in der Ebene x^2, x^3, x^4 und x^{II} in der Ebene x^1, x^3, x^4 enthalten ist. Es gilt also die Gleichung

$$(xe^{I,II}x^2x^1) = \mathfrak{x}_1 : \mathfrak{x}_2,$$

was der geometrischen Deutung der Quotienten aus Zweieckskoordinaten durchaus entspricht. Als Einheitspunkt hat $e^{I,II}$ übereinstimmende Zweieckskoordinaten und fällt daher mit $x^1 + x^2$ zusammen, was auch daraus hervorgeht, daß dieser Punkt die drei Gleichungen $[Xex^3x^4] = 0$, $[x^1x^2Xx^4] = 0$, $[x^1x^2x^3X] = 0$ erfüllt.

§ 2. Projektivität zwischen zwei Räumen.

Man stelle sich den Raum in zwei Exemplaren vor. In jedem der beiden Räume wähle man vier normierte Fundamentalpunkte, so daß alle Punkte ihre Tetraederkoordinaten erhalten. Nun ordne man die Punkte beider Räume nach dem Prinzip der Gleichnamigkeit einander zu. Einem Punkte des ersten Raumes mit den Tetraederkoordinaten $\mathfrak{x}_1, \mathfrak{x}_2, \mathfrak{x}_3, \mathfrak{x}_4$ soll also im zweiten Raume stets derjenige Punkt entsprechen, der dort dieselben Tetraederkoordinaten hat. Da die Tetraederkoordinaten der Fundamentalpunkte in beiden Räumen 1, 0, 0, 0; 0, 1, 0, 0; 0, 0, 1, 0; 0, 0, 0, 1 lauten, entspricht dem ν-ten Fundamentalpunkt der ν-te Fundamentalpunkt. Die Einheitspunkte gehören ebenfalls zusammen, weil sie die Tetraederkoordinaten 1, 1, 1, 1 besitzen. Man nennt solche nach übereinstimmenden Tetraederkoordinaten erfolgende Abbildungen projektiv.

Sind x^1, x^2, x^3, x^4 die normierten Fundamentalpunkte des einen und y^1, y^2, y^3, y^4 die des anderen Raumes, so ordnet die zugehörige projektive Abbildung dem Punkte $x = \mathfrak{x}_1 x^1 + \mathfrak{x}_2 x^2 + \mathfrak{x}_3 x^3 + \mathfrak{x}_4 x^4$ stets den Punkt $y = \mathfrak{x}_1 y^1 + \mathfrak{x}_2 y^2 + \mathfrak{x}_3 y^3 + \mathfrak{x}_4 y^4$ zu, weil immer Punkte mit übereinstimmenden Tetraederkoordinaten einander entsprechen sollen. Es folgt nun aus

$$x^{\mathrm{I}} = \overset{\mathrm{I}}{\mathfrak{x}}_1 x^1 + \overset{\mathrm{I}}{\mathfrak{x}}_2 x^2 + \overset{\mathrm{I}}{\mathfrak{x}}_3 x^3 + \overset{\mathrm{I}}{\mathfrak{x}}_4 x^4,$$
$$y^{\mathrm{I}} = \overset{\mathrm{I}}{\mathfrak{x}}_1 y^1 + \overset{\mathrm{I}}{\mathfrak{x}}_2 y^2 + \overset{\mathrm{I}}{\mathfrak{x}}_3 y^3 + \overset{\mathrm{I}}{\mathfrak{x}}_4 y^4$$

und

$$x^{\mathrm{II}} = \overset{\mathrm{II}}{\mathfrak{x}}_1 x^1 + \overset{\mathrm{II}}{\mathfrak{x}}_2 x^2 + \overset{\mathrm{II}}{\mathfrak{x}}_3 x^3 + \overset{\mathrm{II}}{\mathfrak{x}}_4 x^4,$$
$$y^{\mathrm{II}} = \overset{\mathrm{II}}{\mathfrak{x}}_1 y^1 + \overset{\mathrm{II}}{\mathfrak{x}}_2 y^2 + \overset{\mathrm{II}}{\mathfrak{x}}_3 y^3 + \overset{\mathrm{II}}{\mathfrak{x}}_4 y^4$$

das Gleichungspaar

$$\lambda x^{\mathrm{I}} + \mu x^{\mathrm{II}} = (\lambda \overset{\mathrm{I}}{\mathfrak{x}}_1 + \mu \overset{\mathrm{II}}{\mathfrak{x}}_1) x^1 + (\lambda \overset{\mathrm{I}}{\mathfrak{x}}_2 + \mu \overset{\mathrm{II}}{\mathfrak{x}}_2) x^2 + (\lambda \overset{\mathrm{I}}{\mathfrak{x}}_3 + \mu \overset{\mathrm{II}}{\mathfrak{x}}_3) x^3 + (\lambda \overset{\mathrm{I}}{\mathfrak{x}}_4 + \mu \overset{\mathrm{II}}{\mathfrak{x}}_4) x^4,$$
$$\lambda y^{\mathrm{I}} + \mu y^{\mathrm{II}} = (\lambda \overset{\mathrm{I}}{\mathfrak{x}}_1 + \mu \overset{\mathrm{II}}{\mathfrak{x}}_1) y^1 + (\lambda \overset{\mathrm{I}}{\mathfrak{x}}_2 + \mu \overset{\mathrm{II}}{\mathfrak{x}}_2) y^2 + (\lambda \overset{\mathrm{I}}{\mathfrak{x}}_3 + \mu \overset{\mathrm{II}}{\mathfrak{x}}_3) y^3 + (\lambda \overset{\mathrm{I}}{\mathfrak{x}}_4 + \mu \overset{\mathrm{II}}{\mathfrak{x}}_4) y^4.$$

Dieses sagt uns, daß dem Punkte $\lambda x^{\mathrm{I}} + \mu x^{\mathrm{II}}$ der Punkt $\lambda y^{\mathrm{I}} + \mu y^{\mathrm{II}}$ zugeordnet wird. Läßt man λ, μ alle möglichen Werte (außer $\lambda = \mu = 0$) annehmen, so erkennt man, daß eine Punktreihe stets als Punktreihe abgebildet wird, und zwar erscheinen beide Punktreihen projektiv aufeinander bezogen, weil λ, μ Zweieckskoordinaten sind.

Nimmt man noch zwei weitere Gleichungen hinzu

$$x^{\mathrm{III}} = \overset{\mathrm{III}}{\mathfrak{x}}_1 x^1 + \overset{\mathrm{III}}{\mathfrak{x}}_2 x^2 + \overset{\mathrm{III}}{\mathfrak{x}}_3 x^3 + \overset{\mathrm{III}}{\mathfrak{x}}_4 x^4,$$
$$y^{\mathrm{III}} = \overset{\mathrm{III}}{\mathfrak{x}}_1 y^1 + \overset{\mathrm{III}}{\mathfrak{x}}_2 y^2 + \overset{\mathrm{III}}{\mathfrak{x}}_3 y^3 + \overset{\mathrm{III}}{\mathfrak{x}}_4 y^4,$$

so erkennt man, daß bei der betrachteten Abbildung die Punkte

$$\lambda x^{\mathrm{I}} + \mu x^{\mathrm{II}} + \nu x^{\mathrm{III}} \text{ und } \lambda y^{\mathrm{I}} + \mu y^{\mathrm{II}} + \nu y^{\mathrm{III}}$$

zusammengehören. Eine Ebene wird also stets als Ebene abgebildet und beide Ebenen erscheinen projektiv aufeinander bezogen, da λ, μ, ν Dreieckskoordinaten sind.

Wenn man im ersten Raume fünf Punkte P_1, P_2, P_3, P_4, E beliebig wählt, jedoch so, daß keine vier in einer Ebene liegen, und im zweiten Raume ebenfalls fünf solche Punkte $P'_1, P'_2, P'_3, P'_4, E'$, so gibt es eine projektive Abbildung zwischen beiden Räumen, die den Punkten P_1, P_2, P_3, P_4, E der Reihe nach $P'_1, P'_2, P'_3, P'_4, E'$ zuordnet. Der Punkt E bewirkt nämlich eine bestimmte Normierung der Punkte P_1, P_2, P_3, P_4. Sind $X_1^\nu, X_2^\nu, X_3^\nu, X_4^\nu$ die homogenen cartesischen Koordinaten von P_ν in irgendeiner Normierung, so läßt sich der Punkt E in der Form $\varepsilon_1 X^1 + \varepsilon_2 X^2 + \varepsilon_3 X^3 + \varepsilon_4 X^4$ darstellen. Schlägt man nun den Faktor ε_ν zu $X_1^\nu, X_2^\nu, X_3^\nu, X_4^\nu$, setzt also

$$x_1^\nu = \varepsilon_\nu X_1^\nu, \; x_2^\nu = \varepsilon_\nu X_2^\nu, \; x_3^\nu = \varepsilon_\nu X_3^\nu, \; x_4^\nu = \varepsilon_\nu X_4^\nu,$$

so gilt für E die Darstellung $x^1 + x^2 + x^3 + x^4$. Der Übergang von X^ν zu x^ν bedeutet eine Umnormierung des Punktes P_ν. So bewirkt also der Punkt E eine bestimmte Normierung der Punkte P_1, P_2, P_3, P_4, ebenso E' eine bestimmte Normierung der Punkte P_1', P_2', P_3', P_4'. In jedem Raume gibt es jetzt Tetraederkoordinaten, weil die normierten Fundamentalpunkte da sind. E und E' erscheinen als Einheitspunkte. Bildet man die Räume nach dem Prinzip der Gleichnamigkeit aufeinander ab, so entsteht eine Projektivität, welche die fünf gewünschten Zuordnungen verwirklicht. Wir hätten uns bei der Beweisführung auch auf die Formeln (9′) aus § 1 stützen können, die so gebaut sind, daß die Normierung der Punkte P_1, P_2, P_3, P_4, E keine Rolle spielt. Man erkennt nämlich beim Anblick dieser Formeln sofort, daß die Umnormierung eines Punktes P_ν überhaupt keine Änderung der $\mathfrak{x}$-Werte bewirkt, während eine Umnormierung des Punktes E nur einen gemeinsamen Faktor schafft.

Daß es nur eine projektive Abbildung geben kann, welche die fünf Zuordnungen $P_1 \to P_1', P_2 \to P_2', P_3 \to P_3', P_4 \to P_4', E \to E'$ verwirklicht, folgt aus der Doppelverhältnistreue dieser Abbildungen. Ist $\alpha, \beta, \gamma, \delta$ irgendeine Permutation der Indizes 1, 2, 3, 4, so haben die Ebenen

$$P_\alpha P_\beta P_\gamma, \; P_\alpha P_\beta P_\delta, \; P_\alpha P_\beta P, \; P_\alpha P_\beta E$$

ein Doppelverhältnis, das sich bei der Abbildung erhält. Der Bildpunkt ist also an eine bestimmte Ebene durch P_α' und P_β' gebunden und als Schnitt dreier solcher Ebenen eindeutig festgelegt. Ein Versagen dieser Festlegung kann niemals eintreten, weil es stets mindestens drei Tetraederkanten $P_\alpha P_\beta$ gibt, die nicht durch P hindurchgehen.

Nachdem dies festgestellt ist, wird sofort klar, daß eine Projektivität auf unendlich viele Arten als Abbildung nach übereinstimmenden Tetraederkoordinaten aufgefaßt werden kann. Sind x^0, x^1, x^2, x^3, x^4 fünf beliebige Punkte des einen Raumes, nur an die Bedingung gebunden, daß keine vier in derselben Ebene liegen, und y^0, y^1, y^2, y^3, y^4 die entsprechenden Punkte des zweiten Raumes, so ist die betrachtete Abbildung identisch mit der folgenden:

$$(1) \qquad \begin{cases} \dfrac{[y y^2 y^3 y^4]}{[y^0 y^2 y^3 y^4]} = \dfrac{[x x^2 x^3 x^4]}{[x^0 x^2 x^3 x^4]}, \\[2ex] \dfrac{[y^1 y y^3 y^4]}{[y^1 y^0 y^3 y^4]} = \dfrac{[x^1 x x^3 x^4]}{[x^1 x^0 x^3 x^4]}, \\[2ex] \dfrac{[y^1 y^2 y y^4]}{[y^1 y^2 y^0 y^4]} = \dfrac{[x^1 x^2 x x^4]}{[x^1 x^2 x^0 x^4]}, \\[2ex] \dfrac{[y^1 y^2 y^3 y]}{[y^1 y^2 y^3 y^0]} = \dfrac{[x^1 x^2 x^3 x]}{[x^1 x^2 x^3 x^0]}. \end{cases}$$

Wie die fünf Punkte in jedem Raume normiert sind, ist ganz gleichgültig. Eine Umnormierung von x^1, x^2, x^3, x^4 oder y^1, y^2, y^3, y^4 bewirkt in den obigen Gleichungen überhaupt keine Änderung, während eine Umnormierung von x^0 oder y^0 durch einen Proportionalitätsfaktor bei den Koordinaten des Punktes y kompensiert werden kann. Daß die Gleichungen eine Abbildung nach übereinstimmenden Tetraederkoordinaten bewirken, zeigt ein Blick auf die Formeln (9′) in § 1. Da die Abbildung außerdem in den fünf Zuordnungen $x^\nu \to y^\nu$ $(\nu = 0, \ldots, 4)$ mit der betrachteten Projektivität zusammenstimmt, ist sie mit ihr vollkommen identisch.

Wenn wir nun die Punkte x^0, x^1, x^2, x^3, x^4 mit 1, 1, 1, 1; 1, 0, 0, 0; 0, 1, 0, 0; 0, 0, 1, 0; 0, 0, 0, 1 zusammenfallen lassen und außerdem y^1, y^2, y^3, y^4 derart normieren, daß $y^0 = y^1 + y^2 + y^3 + y^4$ wird, so nehmen die Gleichungen (1) folgende Gestalt an:

$$\frac{[y y^2 y^3 y^4]}{[y^1 y^2 y^3 y^4]} = x_1,$$
$$\frac{[y^1 y y^3 y^4]}{[y^1 y^2 y^3 y^4]} = x_2,$$
$$\frac{[y^1 y^2 y y^4]}{[y^1 y^2 y^3 y^4]} = x_3,$$
$$\frac{[y^1 y^2 y^3 y^4]}{[y^1 y^2 y^3 y^4]} = x_3.$$

Sie sind gleichbedeutend mit

$$(2) \qquad \begin{cases} y_1 = x_1 y^1_1 + x_2 y^2_1 + x_3 y^3_1 + x_4 y^4_1, \\ y_2 = x_1 y^1_2 + x_2 y^2_2 + x_3 y^3_2 + x_4 y^4_2, \\ y_3 = x_1 y^1_3 + x_2 y^2_3 + x_3 y^3_3 + x_4 y^4_3, \\ y_4 = x_1 y^1_4 + x_2 y^2_4 + x_3 y^3_4 + x_4 y^4_4. \end{cases}$$

Diese Gleichungen drücken die betrachtete Projektivität in homogenen cartesischen Koordinaten aus. Man sieht, daß das analytische Gewand einer Projektivität eine lineare Transformation ist, und offenbar läßt sich jede lineare Transformation mit nicht verschwindender Determinante als analytischer Ausdruck einer Projektivität ansehen. Eine andere Auffassung einer linearen Transformation war mit den Gleichungen (8) in § 1 verknüpft. Dort bedeutete die lineare Transformation den Übergang von den cartesischen zu irgendwelchen andern Tetraederkoordinaten.

Wenn man einen Raum projektiv auf einen andern abbildet, so werden nicht nur die Figuren vom Urraum auf den Bildraum übertragen, sondern auch geometrische Beziehungen aller Art, z. B. Projektivitäten. Daß einer Projektivität im Urraum stets eine Projektivität im Bildraum entspricht, wenn man irgendeine projektive Abbildung vornimmt, ist auf Grund der geometrischen Auffassung, die wir uns von einer Projektivität gebildet haben, sofort klar.

Wir wollen einige Beispiele solcher projektiven Übertragungen geometrischer Beziehungen aus dem Urraum in den Bildraum besprechen.

Es liege im Urraum ein Punkt A vor und eine von ihm getrennte Ebene α. Dann können wir eine Transformation in diesem Raume folgendermaßen erklären: Wenn P ein beliebiger Punkt ist und Q der Schnittpunkt der Geraden AP mit der Ebene α, so gibt es auf dieser Geraden einen Punkt P', der zusammen mit P die Strecke AQ harmonisch teilt. Ihn wollen wir dem Punkte P zuordnen. Das Zuordnungsgesetz verlangt also erstens, daß P und P' mit A in gerader Linie liegen, und zweitens, daß $(AQPP') = -1$ ist. Beide Eigenschaften bleiben bei projektiver Abbildung erhalten. Wir können es aber so einrichten, daß der Punkt A im Bildraum als Anfangspunkt und die Ebene α als Fernebene erscheint. Um das noch deutlicher zu erkennen, wähle man in der Ebene α drei Punkte B, C, D, die nicht in gerader Linie liegen. Dann können wir die projektive Abbildung so einrichten, daß den Punkten B, C, D die Fernpunkte der cartesischen Achsen entsprechen und dem Punkte A der Anfangspunkt. An die Stelle von A tritt dann im Bildraum der Anfangspunkt O, an die Stelle von α die Fernebene ω. Das Zuordnungsgesetz im Bildraum verlangt erstens, daß die beiden zusammengeordneten Punkte P_* und P'_* auf einer Geraden durch O liegen und daß sie durch O und ω harmonisch getrennt werden. Der Fernpunkt der Geraden $P_* P'_*$ und der Punkt O müssen also die harmonische Teilung bewirken. Dann liegt aber O im Mittelpunkt der Strecke $P_* P'_*$, und der Übergang von P_* zu P'_* wird durch Spiegelung am Punkte O bewirkt. Eine solche Spiegelung findet ihren analytischen Ausdruck in den Gleichungen

$$x' = -x,\ y' = -y,\ z' = -z$$

oder

$$x'_1 = -x_1,\ x'_2 = -x_2,\ x'_3 = -x_3,\ x'_4 = x_4.$$

Es liegt hier also eine lineare Transformation vor. Die Spiegelung am Punkte O ist also eine Projektivität. Dasselbe gilt daher von der entsprechenden Transformation im Urraum, die wir eine S p i e g e l u n g a n d e m G e r ü s t A, α nennen wollen. Sie ist eine besondere involutorische Projektivität, weil sie offenbar bei nochmaliger Anwendung sich selbst aufhebt.

Wir wollen noch eine zweite Art involutorischer Projektivitäten besprechen. Im Urraum seien zwei ungesellige Geraden g_1 und g_2 gegeben. Mit diesem Beiwort soll angedeutet werden, daß die Geraden keinen Punkt gemein haben und daher auch nicht zusammen in einer Ebene liegen. Wir können dann auf folgende Weise eine Transformation erklären: Der dem Punkte P zugeordnete Punkt P' soll mit ihm auf einer Geraden liegen, die sowohl g_1 als auch g_2 trifft, und P, P' sollen durch g_1 und g_2 harmonisch getrennt werden. Sind A_1, B_1 zwei Punkte auf g_1 und A_2, B_2 zwei Punkte auf g_2, so können wir durch eine projektive Abbildung erreichen, daß A_1, B_1 auf der z-Achse liegen und A_2, B_2 auf die Ferngerade der (x, y)-Ebene fallen. Im Bildraum übernehmen diese beiden Geraden die Rolle von g_1 und g_2. Wenn wir durch einen Punkt P_* eine Gerade ziehen, die die z-Achse und zugleich die Ferngerade der (x, y)-Ebene trifft, so trifft sie die z-Achse senkrecht.

Wenn wir nun das von P_* auf die z-Achse gefällte Lot um sich selbst verlängern, so gelangen wir zu einem Punkte P'_*, der von P_* durch die z-Achse und die Ferngerade der (x, y)-Ebene harmonisch getrennt wird, wie es das Zuordnungsgesetz im Bildraum verlangt. Im Bildraum liegt also eine Spiegelung an der z-Achse vor, die ihren analytischen Ausdruck in den Gleichungen

$$x' = -x, \; y' = -y, \; z' = z$$

oder

$$x'_1 = -x_1, \; x'_2 = -x_2, \; x'_3 = x_3, \; x'_4 = x_4$$

findet. Auch diese Spiegelung ist eine involutorische Projektivität. Dasselbe gilt von der entsprechenden Transformation im Urraum, die eine Spiegelung an dem Gerüst g_1, g_2 heißen möge.

Im Anschluß an Studys Terminologie wollen wir die aus einem Punkt A und einer nicht hindurchgehenden Ebene α bestehende Figur als einen Quirl bezeichnen, ferner ein Paar von Geraden, die keinen Punkt gemein haben, als ein Linienkreuz. Dann können wir die soeben betrachteten involutorischen Projektivitäten auch Spiegelungen an einem Quirl oder an einem Linienkreuz nennen.

Es entsteht nun im Anschluß an die obigen Beispiele die Frage, ob außer den Spiegelungen an Quirlen und Linienkreuzen noch andere involutorische Projektivitäten existieren. Wenn man fünf Punkte betrachtet, von denen keine vier in einer Ebene liegen, so werden sie bei einer vorliegenden involutorischen Projektivität nicht sämtlich Fixpunkte sein. Sonst wäre die Projektivität nichts anderes als die Identität, was wir hier ausschließen wollen. Es gibt also in jenem Quintupel einen Punkt P_1, der einen andern Punkt P'_1 zum Partner hat. Die Gerade $P_1P'_1$ bleibt offenbar invariant, weil P_1 und P'_1 sich bei der betrachteten Projektivität vertauschen. Greifen wir nun ein zweites allgemeines Punktquintupel heraus, jedoch so, daß keiner der fünf Punkte zur Geraden $P_1P'_1$ gehört, so gibt es darin einen Punkt P_2, der nicht sich selbst, sondern einen andern Punkt P'_2 zum Partner hat. Damit haben wir eine invariante Gerade $P_2P'_2$ gewonnen, die von $P_1P'_1$ verschieden ist. Es könnte nun sein, daß die Geraden $P_1P'_1$, $P_2P'_2$ sich stets in einem Punkte schneiden. Dann würden alle Geraden PP', die einen Punkt P mit seinem Partner P' verbinden, durch denselben Punkt A hindurchgehen. Bezeichnet man mit Q den Punkt, der unter Mitwirkung von A die Strecke PP' harmonisch teilt, so sind diese Punkte Q ebenso wie A Fixpunkte. Da es nun kein allgemeines Quintupel von Fixpunkten geben kann, so liegen die Punkte Q alle in einer Ebene α, und die betrachtete involutorische Projektivität ist nichts anderes als die Spiegelung am Gerüst A, α. Wollen wir von diesem Fall absehen, so müssen wir annehmen, daß es unter den Geraden PP' zwei gibt, die sich nicht in einem Punkte schneiden. $P_1P'_1$ und $P_2P'_2$ seien zwei solche Geraden. Dann können wir durch eine projektive Abbildung die vier Punkte P_1, P'_1, P_2, P'_2 in 1, 0, 0, 0; 0, 1, 0, 0; 0, 0, 1, 0; 0, 0, 0, 1 überführen. Im Bildraum liegt dann eine involutorische Projektivität vor, welche die beiden ersten und die beiden letzten Punkte auswechselt. Analytisch stellt sie sich analytisch als lineare Transformation

$$(3) \qquad \begin{cases} x_1' = a_{11}x_1 + a_{12}x_2 + a_{13}x_3 + a_{14}x_4, \\ x_2' = a_{21}x_1 + a_{22}x_2 + a_{23}x_3 + a_{24}x_4, \\ x_3' = a_{31}x_1 + a_{32}x_2 + a_{33}x_3 + a_{34}x_4, \\ x_4' = a_{41}x_1 + a_{42}x_2 + a_{43}x_3 + a_{44}x_4 \end{cases}$$

dar. Sollen die angegebenen Auswechselungen erfolgen, so müssen in der ersten Spalte alle Koeffizienten bis auf a_{21}, in der zweiten alle bis auf a_{12}, in der dritten alle bis auf a_{43}, in der vierten alle bis auf a_{34} verschwinden, so daß die Transformation (3) folgende Gestalt hat:

$$(3') \qquad x_1' = a_{12}x_2, \; x_2' = a_{21}x_1, \; x_3' = a_{34}x_4, \; x_4' = a_{43}x_3.$$

Jede involutorische Projektivität, die nicht eine Spiegelung an einem Quirl ist, kann durch projektive Abbildung auf die Form (3') gebracht werden. Stellt nun jede lineare Transformation von der Form (3') eine involutorische Projektivität dar? Um das zu entscheiden, lasse man auf (3') nochmals dieselbe Transformation folgen, setze also

$$(3'') \qquad x_1'' = a_{12}x_2', \; x_2'' = a_{21}x_1', \; x_3'' = a_{34}x_4', \; x_4'' = a_{43}x_3'.$$

Dann ergibt sich aus (3') und (3'')

$$x_1'' = a_{12}a_{21}x_1, \; x_2'' = a_{12}a_{21}x_2, \; x_3'' = a_{34}a_{43}x_3, \; x_4'' = a_{34}a_{43}x_4.$$

Diese Transformation wird dann und nur dann die Identität sein, wenn

$$(4) \qquad a_{12}a_{21} = a_{34}a_{43}$$

ist. Unter dieser Bedingung stellt also die Transformation (3') eine involutorische Projektivität dar.

Es sind nun zwei Fälle zu unterscheiden. Der gemeinsame Wert der Produkte (4) kann positiv oder negativ sein. Da wir stets einen Proportionalitätsfaktor bei allen Koeffizienten anbringen dürfen, ist es erlaubt, im ersten Falle beide Produkte gleich 1, im zweiten beide gleich — 1 zu setzen. Dann lauten die Gleichungen (3') im ersten Falle

$$x_1' = a_{12}x_2, \; a_{12}x_2' = x_1, \; x_3' = a_{34}x_4, \; a_{34}x_4' = x_3,$$

im zweiten Falle

$$x_1' = a_{12}x_2, \; a_{12}x_2' = -x_1, \; x_3' = a_{34}x_4, \; a_{34}x_4' = -x_3.$$

Wenn wir den Faktor a_{12} zur zweiten und a_{34} zur vierten Koordinate schlagen, was auf eine neuerliche projektive Abbildung hinauskommt, so erhalten wir schließlich im ersten Fall

$$(3^*) \qquad x_1' = x_2, \; x_2' = x_1, \; x_3' = x_4, \; x_4' = x_3,$$

im zweiten Falle

$$(3^{**}) \qquad x_1' = x_2, \; x_2' = -x_1, \; x_3' = x_4, \; x_4' = -x_3.$$

Im Falle (3*) kann man schreiben

$$x_1' + x_2' = x_1 + x_2, \; x_1' - x_2' = -(x_1 - x_2),$$
$$x_3' + x_4' = x_3 + x_4, \; x_3' - x_4' = -(x_3 - x_4).$$

Man sieht dann unter Erinnerung an die Gleichungen

$$X_1' = -X_1,\ X_2' = -X_2,\ X_3' = X_3,\ X_4' = X_4,$$

daß es sich um eine Spiegelung an einem Linienkreuz handelt. Im Falle (3**) gibt es überhaupt keinen reellen Fixpunkt. Fordert man nämlich die Proportionalität der Wertsysteme x_1, x_2, x_3, x_4 und x_1', x_2', x_3', x_4', so ergibt sich

$$x_2 = \varrho x_1,\ x_1 = -\varrho x_2,\ x_4 = \varrho x_3,\ x_3 = -\varrho x_4$$

oder

$$x_1 = -\varrho^2 x_1,\ x_2 = -\varrho^2 x_2,\ x_3 = -\varrho^2 x_3,\ x_4 = -\varrho^2 x_4.$$

Da x_1, x_2, x_3, x_4 nicht alle verschwinden, folgt hieraus $\varrho^2 = -1$. Wir finden also bei der involutorischen Projektivität (3**) keinen reellen Fixpunkt. Sie tritt als selbständiger Typus neben die Spiegelungen an Quirlen und Linienkreuzen.

Offenbar kann man die Transformation (3**) dadurch herstellen, daß man zuerst die Transformation

$$X_1 = x_2,\ X_2 = x_1,\ X_3 = x_4,\ X_4 = x_3$$

vornimmt und dann

$$x_1' = X_1,\ x_2' = -X_2,\ x_3' = X_3,\ x_4' = -X_4$$

folgen läßt. Das sind zwei Spiegelungen an Linienkreuzen, und zwar vollzieht sich die erste Spiegelung an dem Linienkreuz, dessen Geraden durch die Gleichungen

$$x_1 + x_2 = 0,\ x_3 + x_4 = 0 \tag{5}$$

und

$$x_1 - x_2 = 0,\ x_3 - x_4 = 0 \tag{5'}$$

dargestellt werden. Jede Gerade erscheint hierbei als Schnitt zweier Ebenen. Bei der zweiten Spiegelung besteht das Linienkreuz aus den Geraden

$$x_1 = 0,\ x_3 = 0 \tag{6}$$

und

$$x_2 = 0,\ x_4 = 0. \tag{6'}$$

Um diese Aussagen zu machen, muß man sich den Fall $x' = -x$, $y' = -y$, $z' = z$ oder $x_1' = -x_1$, $x_2' = -x_2$, $x_3' = x_3$, $x_4' = x_4$ vor Augen halten, wo das Linienkreuz aus den Geraden $x_1 = x_2 = 0$ und $x_3 = x_4 = 0$ besteht.

Wir können leicht gewisse Eigenschaften der beiden Geradenpaare (5), (5) und (6), (6′) aufdecken, die hier von wesentlicher Bedeutung sind. Zunächst bemerken wir, daß es keinen Punkt gibt, der zwei der vier Gleichungspaare (5), (5′), (6), (6′) befriedigt, daß es sich also um vier Geraden handelt, von denen keine zwei einen Punkt gemein haben. Ist nun P ein beliebiger Punkt auf der Geraden (5) und legt man eine Ebene durch P und durch die Gerade (5′), ebenso eine Ebene durch P und durch die Gerade (6), so schneiden sich diese Ebenen in einer Geraden, welche (5′) in einem Punkte Q und (6) in einem Punkte R trifft. Durch jeden Punkt P der Geraden (5) gibt es also eine und nur eine Gerade, die sich auf die Geraden (5') und (6) stützt. Es ist leicht, die Koordinaten der drei Punkte P, Q, R anzugeben. P habe den Gleichungen (5) gemäß die Koordinaten

$$\alpha, \; -\alpha, \; \beta, \; -\beta. \tag{7}$$

Dann ist

$$\alpha, \; \alpha, \; \beta, \; \beta \tag{8}$$

ein Punkt auf der Geraden (5'). Aus (7) und (8) ergibt sich aber mittels der Faktoren $-\frac{1}{2}$ und $\frac{1}{2}$ die lineare Verbindung

$$0, \; \alpha, \; 0, \; \beta, \tag{9}$$

und diese vier Koordinaten erfüllen die Gleichungen (6). Da der Punkt (9) mit (7) und (8) in gerader Linie liegt, so ist (8) kein anderer als der Punkt Q und (9) der Punkt R. Verbindet man (7) und (8) mit Hilfe der Faktoren $\frac{1}{2}$ und $\frac{1}{2}$, so entsteht das Wertsystem

$$\alpha, \; 0, \; \beta, \; 0, \tag{10}$$

das den Gleichungen (6') genügt. Daher gibt es auf der Geraden (6') einen Punkt S, der mit P, Q, R in gerader Linie liegt. Seine Koordinaten sind die Werte (10). Jede Gerade, die sich auf die Geraden (5), (5'), (6) stützt, trifft also auch die Gerade (6'). Es geht, da wir den Punkt P auf (5) beliebig wählen können, durch jeden Punkt von (5) eine solche Gerade, die alle vier Geraden (5), (5'), (6), (6') trifft. Die Punkte P, Q, R, S, in denen dies geschieht, bilden ein harmonisches Quadrupel. Wenn wir nämlich die Wertequadrupel (7) und (8) kurz p und q nennen, so sind (9) und (10) proportional zu $p - q$ und $p + q$. Wir wissen aber, wie man das Doppelverhältnis von vier Punkten $\lambda_1 p + \mu_1 q$, $\lambda_2 p + \mu_2 q$, $\lambda_3 p + \mu_3 q$, $\lambda_4 p + \mu_4 q$ einer Punktreihe berechnet. Man muß die Werte λ, μ in vier Spalten der Reihe nach aufschreiben,

$$\begin{matrix} \lambda_1 & \lambda_2 & \lambda_3 & \lambda_4 \\ \mu_1 & \mu_2 & \mu_3 & \mu_4, \end{matrix}$$

und den Ausdruck

$$\frac{(13)\,(24)}{(14)\,(23)}$$

bilden, wobei

$$(rs) = \begin{vmatrix} \lambda_r & \lambda_s \\ \mu_r & \mu_s \end{vmatrix}$$

ist. Im vorliegenden Falle hat man $\lambda_1 = 1$, $\mu_1 = 0$, $\lambda_2 = 0$, $\mu_2 = 1$, $\lambda_3 = 1$, $\mu_3 = -1$, $\lambda_4 = 1$, $\mu_4 = 1$, also

$$(13) = -1, \; (14) = 1, \; (23) = -1, \; (24) = -1.$$

Daher ist $(PQRS) = -1$. Sind also die drei Geraden (5), (5'), (6) gegeben, so läßt sich die Gerade (6') dadurch gewinnen, daß man auf jeder Querlinie jener drei Geraden zu P, Q, R den vierten harmonischen Punkt S aufsucht. Der Ort der Punkte S ist die Gerade (6').

Wenn ein Geradentripel g_1, g_2, g_3 vorliegt, dessen Geraden paarweise ungesellig sind, d. h. keinen Punkt gemein haben, so nennt man den Inbegriff ihrer Querlinien eine Regelschar. Durch jeden Punkt M von g_3 geht eine dieser Querlinien hindurch, und sie ist offenbar der Schnitt der Ebenen Mg_1 und Mg_2. Läßt man M auf g_3 wandern, so entstehen zwei Ebenenbüschel, die durch Vermittelung des Punktes M projektiv aufeinander bezogen sind. Zu vier verschiedenen Lagen M^{I}, M^{II}, M^{III}, M^{IV} des Punktes M gehören nämlich zwei Ebenenquadrupel $M^{\mathrm{I}}g_1$, $M^{\mathrm{II}}g_1$, $M^{\mathrm{III}}g_1$, $M^{\mathrm{IV}}g_1$ und $M^{\mathrm{I}}g_2$, $M^{\mathrm{II}}g_2$, $M^{\mathrm{III}}g_2$, $M^{\mathrm{IV}}g_2$, deren Doppelverhältnis gleich $(M^{\mathrm{I}}M^{\mathrm{II}}M^{\mathrm{III}}M^{\mathrm{IV}})$ ist. Die Geraden der Regelschar ergeben sich dadurch, daß man je zwei zusammengeordnete Ebenen beider Büschel zum Schnitt bringt. Man kann vier Geraden der Regelschar ein Doppelverhältnis zuschreiben, das gleich dem Doppelverhältnis jener beiden Ebenenquadrupel oder gleich $(M^{\mathrm{I}}M^{\mathrm{II}}M^{\mathrm{III}}M^{\mathrm{IV}})$ ist. M^{I}, M^{II}, M^{III}, M^{IV} sind die Schnittpunkte einer beliebigen Querlinie der Regelschar mit den vier herausgegriffenen Geraden. Das Doppelverhältnis $(M^{\mathrm{I}}M^{\mathrm{II}}M^{\mathrm{III}}M^{\mathrm{IV}})$ hat für alle Querlinien denselben Wert, weil die Ebenenquadrupel dieselben bleiben, wenn man die Querlinie g_3 variieren läßt. Betrachtet man nur drei Geraden $h^{\mathrm{I}}, h^{\mathrm{II}}, h^{\mathrm{III}}$ der Regelschar, die von einer Querlinie in den Punkten M^{I}, M^{II}, M^{III} getroffen werden, und wählt man auf jeder Querlinie einen vierten Punkt M^{IV} so, daß das Doppelverhältnis $(M^{\mathrm{I}}M^{\mathrm{II}}M^{\mathrm{III}}M^{\mathrm{IV}})$ einen festen Wert δ hat, so ist der Ort dieser vierten Punkte M^{IV} eine vierte Gerade h^{IV} der Regelschar. Im Falle $\delta = -1$ nennt man sie die vierte Harmonische zu $h^{\mathrm{I}}, h^{\mathrm{II}}, h^{\mathrm{III}}$.

Nach diesen Feststellungen können wir sagen, daß die Geradenpaare (5), (5′) und (6), (6′) einer Regelschar angehören und zueinander harmonisch sind. Ist $h^{\mathrm{I}}, h^{\mathrm{II}}, h^{\mathrm{III}}, h^{\mathrm{IV}}$ ein harmonisches Geradenquadrupel innerhalb einer beliebigen Regelschar, so läßt es sich durch eine projektive Abbildung in jedes andere derartige Quadrupel, also z. B. in (5), (5′), (6), (6′), verwandeln. Das kann man sich auf folgende Weise klar machen: m und n seien zwei Querlinien von $h^{\mathrm{I}}, h^{\mathrm{II}}, h^{\mathrm{III}}$, ferner M^{I}, M^{II}, M^{III} und N^{I}, N^{II}, N^{III} die Schnittpunkte von m und n mit $h^{\mathrm{I}}, h^{\mathrm{II}}, h^{\mathrm{III}}$. Auf h^{III} wähle man überdies einen von M^{III} und N^{III} verschiedenen Punkt L^{III}. Durch die fünf Punkte M^{I}, N^{I}, M^{II}, N^{II} und L^{III} sind dann $h^{\mathrm{I}}, h^{\mathrm{II}}, h^{\mathrm{III}}$ vollkommen bestimmt, h^{I} und h^{II} als Verbindungslinien von M^{I} mit N^{I} und M^{II} mit N^{II}, h^{III} als Schnittlinie der Ebenen $M^{\mathrm{I}}M^{\mathrm{II}}L^{\mathrm{III}}$ und $N^{\mathrm{I}}N^{\mathrm{II}}L^{\mathrm{III}}$. Werden nun aus zwei Regelscharen die Geradentripel h^{I}, h^{II}, h^{III} und h^{I}_*, h^{II}_*, h^{III}_* beliebig herausgegriffen, so läßt sich das erste in der oben geschilderten Weise durch fünf Punkte M^{I}, N^{I}, M^{II}, N^{II}, L^{III} festlegen, ebenso aber auch das zweite durch fünf Punkte M^{I}_*, N^{I}_*, M^{II}_*, N^{II}_*, L^{III}_*. In beiden Fällen handelt es sich, wie man leicht erkennt, um ein allgemeines Punktquintupel. Nun gibt es eine projektive Abbildung, welche die Punkte des ersten in die entsprechenden des zweiten Quintupels überführt. Diese Abbildung verwandelt dann die Geraden $h^{\mathrm{I}}, h^{\mathrm{II}}, h^{\mathrm{III}}$ in $h^{\mathrm{I}}_*, h^{\mathrm{II}}_*, h^{\mathrm{III}}_*$. Ist h^{IV} irgendeine vierte Gerade der ersten Regelschar und h^{IV}_* die entsprechende der zweiten Regelschar, so haben $h^{\mathrm{I}}, h^{\mathrm{II}}, h^{\mathrm{III}}, h^{\mathrm{IV}}$ dasselbe Doppelverhältnis wie $h_*^{\mathrm{I}}, h_*^{\mathrm{II}}, h_*^{\mathrm{III}}, h_*^{\mathrm{IV}}$. Insbesondere wird die vierte Harmonische zu $h^{\mathrm{I}}, h^{\mathrm{II}}, h^{\mathrm{III}}$ in die vierte Harmonische zu $h_*^{\mathrm{I}}, h_*^{\mathrm{II}}, h_*^{\mathrm{III}}$ übergehen.

Wir können jetzt folgenden Satz aussprechen: Bilden $h^{\mathrm{I}}, h^{\mathrm{II}}, h^{\mathrm{III}}, h^{\mathrm{IV}}$ ein harmonisches Geradenquadrupel, so erhält man eine involutorische Projektivität vom Typus (3**), wenn man die Spiegelungen an den Linienkreuzen $h^{\mathrm{I}}, h^{\mathrm{II}}$ und $h^{\mathrm{III}}, h^{\mathrm{IV}}$ nacheinander vornimmt. Beide Spiegelungen sind übrigens vertauschbar, weil die Transformation (3**) involutorisch, d. h. ihre eigene Umkehrung ist. Es muß daher dasselbe herauskommen, wenn man zuerst am Linienkreuz $h^{\mathrm{III}}, h^{\mathrm{IV}}$ spiegelt und dann am Linienkreuz $h^{\mathrm{I}}, h^{\mathrm{II}}$. Man kann dies auch an den Spiegelungen

$$X_1 = x_2,\ X_2 = x_1,\ X_3 = x_4,\ X_4 = x_3$$

und

$$x_1' = X_1,\ x_2' = -X_2,\ x_3' = X_3,\ x_4' = -X_4$$

nachprüfen, in die wir die involutorische Projektivität (3**) aufgelöst haben. Wendet man sie in umgekehrter Reihenfolge an, setzt also zuerst

$$X_1 = x_1,\ X_2 = -x_2,\ X_3 = x_3,\ X_4 = -x_4$$

und dann

$$x_1' = X_2,\ x_2' = X_1,\ x_3' = X_4,\ x_4' = X_3,$$

so ergibt sich

$$x_1' = -x_2,\ x_2' = x_1,\ x_3' = -x_4,\ x_4' = x_3.$$

Das ist aber, da der Proportionalitätsfaktor -1 keine Bedeutung hat, tatsächlich die Projektivität (3**).

Eine involutorische Projektivität vom Typus (3**) läßt sich auf unendlich viele Arten in zwei Spiegelungen an Linienkreuzen auflösen. Bilden nämlich $h^{\mathrm{I}}, h^{\mathrm{II}}, h^{\mathrm{III}}, h^{\mathrm{IV}}$ ein harmonisches Geradenquadrupel in einer Regelschar, so ist leicht zu erkennen, was in dieser Regelschar geschieht, wenn man zuerst an dem Linienkreuz $h^{\mathrm{I}}, h^{\mathrm{II}}$ und dann an $h^{\mathrm{III}}, h^{\mathrm{IV}}$ spiegelt. Bei der ersten Spiegelung bleiben alle Punkte von h^{I} und von h^{II} in Ruhe. Sind M^{I}, M^{II}, M^{III}, M^{IV} die Schnittpunkte einer Querlinie mit $h^{\mathrm{I}}, h^{\mathrm{II}}, h^{\mathrm{III}}, h^{\mathrm{IV}}$, so bleiben also M^{I}, M^{II} bei der ersten Spiegelung einzeln invariant. Da sie durch h^{III} h^{IV} harmonisch getrennt werden, vertauschen sie sich bei der zweiten Spiegelung. Die betrachtete involutorische Projektivität wechselt demnach M^{I} und M^{II} aus, ebenso aber auch M^{III} und M^{IV}, weil die beiden Spiegelungen, in die wir sie zerlegt haben, vertauschbar sind. Es vollzieht sich also auf jeder Querlinie eine Involution, die sich durch die Punktepaare M^{I}, M^{II} und M^{III}, M^{IV} kennzeichnet. Der Regelschar wird ebenfalls eine Involution aufgeprägt, welche die Paare $h^{\mathrm{I}}, h^{\mathrm{II}}$ und $h^{\mathrm{III}}, h^{\mathrm{IV}}$ bildet und dadurch vollkommen bestimmt ist. Die Querlinien der Regelschar bleiben einzeln invariant. Wir können nun die Involution innerhalb der Regelschar auch durch irgend zwei andere ihrer Paare, $H^{\mathrm{I}}, H^{\mathrm{II}}$ und $H^{\mathrm{III}}, H^{\mathrm{IV}}$ kennzeichnen. Lassen wir dann die Spiegelungen an $H^{\mathrm{I}}, H^{\mathrm{II}}$ und an $H^{\mathrm{III}}, H^{\mathrm{IV}}$ aufeinander folgen, so geschieht innerhalb der Regelschar und der Querlinienschar genau dasselbe wie vorher. Da es nun auf drei Geraden der Regelschar stets fünf Punkte gibt, die ein allgemeines

Quintupel bilden und eine Projektivität im Raume durch ihre Einwirkung auf fünf solche Punkte eindeutig bestimmt ist, so können wir sicher sein, daß die Spiegelungen an den Linienkreuzen H^{I}, H^{II} und H^{III}, H^{IV} sich zu derselben Projektivität zusammensetzen, wie die Spiegelungen an h^{I}, h^{II} und h^{III}, h^{IV}.

Wenn man einer Regelschar zwei beliebige Geraden h^{I}, h^{II} entnimmt und den Raum am Linienkreuz h^{I}, h^{II} spiegelt, so bleiben, da sämtliche Punkte von h^{I} und h^{II} Fixpunkte sind, die Querlinien der Regelschar einzeln invariant. Innerhalb der Regelschar vertauschen sich immer zwei solche Geraden, die zu h^{I}, h^{II} harmonisch sind. Es vollzieht sich also eine Involution mit den Doppelelementen h^{I}, h^{II}. Auch bei der vorhin betrachteten Involution sind Doppelelemente vorhanden, aber imaginäre. Man kann, wenn die Regelschar durch Einbeziehung imaginärer Geraden erweitert wird, von einer Spiegelung an einem imaginären Linienkreuz sprechen und hierdurch beide Fälle einem gemeinsamen Gesichtspunkt unterordnen. Wir wollen dies an der Transformation (3**) noch genauer durchführen. Man kann das imaginäre Geradenpaar, an welchem gespiegelt wird, dadurch finden, daß man die Frage nach den Fixpunkten stellt und hierbei das Imaginäre mitberücksichtigt. Wenn man fordert, daß $x_1' = x_2$, $x_2' = -x_1$, $x_3' = x_4$, $x_4' = -x_3$ proportional zu x_1, x_2, x_3, x_4 sein sollen, so ergibt sich $\varrho x_1 = x_2$, $\varrho x_2 = -x_1$, $\varrho x_3 = x_4$, $\varrho x_4 = -x_3$ oder $\varrho^2 x_1 = -x_1$, $\varrho^2 x_2 = -x_2$, $\varrho^2 x_3 = -x_3$, $\varrho^2 x_4 = -x_4$. Es muß also $\varrho = i$ oder $\varrho = -i$ sein, und für x_1, x_2, x_3, x_4 ergeben sich nur die Bindungen $x_2 = ix_1$, $x_4 = ix_3$ oder $x_2 = -ix_1$, $x_4 = -ix_3$. Jedesmal kann man von zwei imaginären Ebenen reden, die als Schnitt eine imaginäre Gerade bestimmen. Diese Geraden bilden das imaginäre Linienkreuz, an welchem gespiegelt wird. Es handelt sich um konjugiert imaginäre Geraden. Sind nämlich x_1, x_2, x_3, x_4 vier komplexe Zahlen, die den Gleichungen $x_2 = ix_1$, $x_4 = ix_3$ genügen, so erfüllen die konjugiert komplexen Werte $\bar{x}_1, \bar{x}_2, \bar{x}_3, \bar{x}_4$ die Gleichungen $\bar{x}_2 = -i\bar{x}_1$, $\bar{x}_4 = -i\bar{x}_3$, weil Gleichungen zwischen komplexen Größen stets erhalten bleiben, wenn man i in $-i$ verwandelt.

Wir haben bei unsern Betrachtungen, um ganz im Reellen zu bleiben, die Involution mit konjugiert imaginären Doppelelementen nicht durch diese Doppelelemente, sondern durch zwei reelle Elementpaare gekennzeichnet. Das ist ein berühmtes Verfahren zur Umgehung des Imaginären, welches z. B. der im Anschaulichen stark befangene große Geometer v. Staudt benutzt hat. Die analytische Geometrie ist der geometrischen Geometrie gerade darin so sehr überlegen, daß ihr das Imaginäre keine Umgehungsmanöver aufnötigt. Trotzdem sind die verschiedenen Methoden, die man zur anschaulichen Repräsentation des Imaginären erdacht hat, von größtem Interesse.

§ 3. Fünf Klassen räumlicher Projektivitäten.

Es gibt verschiedene Klassifikationsmethoden für Projektivitäten. Die Klassifizierung, welche wir im folgenden entwickeln werden, ist insofern noch unvollkommen, als innerhalb jeder einzelnen Klasse weitere Unterteilungen durchführbar sind. Doch hat selbst eine so großzügige Klassifizierung schon ihre Wichtigkeit. Wir werden dies später bei der Anwendung auf die Bewegungen deutlich sehen.

Wenn eine Projektivität im Raume vorliegt, die wir mit dem Buchstaben $\mathfrak{P}$ bezeichnen, so soll $(z)\mathfrak{P}$ der normierte Punkt sein, der sich aus dem normierten Punkte z durch Anwendung von $\mathfrak{P}$ ergibt. Wir denken uns $\mathfrak{P}$ durch eine lineare Transformation

$$(1) \qquad x_\nu^1 = a_{\nu 1} x_1 + a_{\nu 2} x_2 + a_{\nu 3} x_3 + a_{\nu 4} x_4 \qquad (\nu = 1, 2, 3, 4)$$

festgelegt, so daß tatsächlich jedem normierten Punkte wieder ein normierter Punkt entspricht. Mit $(z)\mathfrak{P}^2$ bezeichnen wir ferner den normierten Punkt, der aus $(z)\mathfrak{P}$ durch nochmalige Anwendung von $\mathfrak{P}$ hervorgeht. Ähnlich sind die Symbole $(z)\mathfrak{P}^3$, $(z)\mathfrak{P}^4, \ldots$ zu verstehen. Der Kürze halber werden wir statt $(z)\mathfrak{P}^\nu$ lieber z^ν schreiben.

Es kann nun sein, daß die Punkte z, z^1, z^2, z^3 bei passender Wahl des Ausgangspunktes z ein allgemeines Quadrupel bilden, also nicht in einer Ebene liegen. Dann läßt sich z^4 linear aus ihnen ableiten in der Form

$$(2) \qquad z^4 = \lambda_0 z + \lambda_1 z^1 + \lambda_2 z^2 + \lambda_3 z^3.$$

Hieraus folgt durch wiederholte Anwendung von $\mathfrak{P}$

$$(2') \qquad \begin{cases} z^5 = \lambda_0 z^1 + \lambda_1 z^2 + \lambda_2 z^3 + \lambda_3 z^4, \\ z^6 = \lambda_0 z^2 + \lambda_1 z^3 + \lambda_2 z^4 + \lambda_3 z^5, \\ z^7 = \lambda_0 z^3 + \lambda_1 z^4 + \lambda_2 z^5 + \lambda_3 z^6. \end{cases}$$

Ist nun x ein beliebiger Punkt, so läßt er sich immer linear aus z, z^1, z^2, z^3 kombinieren, d. h. man kann

$$(3) \qquad x = \mathfrak{x}_1 z + \mathfrak{x}_2 z^1 + \mathfrak{x}_3 z^2 + \mathfrak{x}_4 z^3$$

setzen. Dann findet man durch wiederholte Anwendung von $\mathfrak{P}$

$$\begin{aligned} x^1 &= \mathfrak{x}_1 z^1 + \mathfrak{x}_2 z^2 + \mathfrak{x}_3 z^3 + \mathfrak{x}_4 z^4, \\ x^2 &= \mathfrak{x}_1 z^2 + \mathfrak{x}_2 z^3 + \mathfrak{x}_3 z^4 + \mathfrak{x}_4 z^5, \\ x^3 &= \mathfrak{x}_1 z^3 + \mathfrak{x}_2 z^4 + \mathfrak{x}_3 z^5 + \mathfrak{x}_4 z^6 \\ x^4 &= \mathfrak{x}_1 z^4 + \mathfrak{x}_2 z^5 + \mathfrak{x}_3 z^6 + \mathfrak{x}_4 z^7. \end{aligned}$$

Hieraus folgt mit Rücksicht auf (2) und (2′)

$$(4) \qquad x^4 = \lambda_0 x + \lambda_1 x^1 + \lambda_2 x^2 + \lambda_3 x^3,$$

d. h. die Relation (2) gilt mit denselben Koeffizienten für jeden Punkt x.

Wenn x in der Form (3) dargestellt wird, so sind $\mathfrak{x}_1, \mathfrak{x}_2, \mathfrak{x}_3, \mathfrak{x}_4$ die Tetraederkoordinaten dieses Punktes in bezug auf die normierten Fundamentalpunkte z, z^1, z^2, z^3. Wir wollen nun auch den Punkt $x^1 = (x)\mathfrak{P}$ auf diese Fundamentalpunkte beziehen und demgemäß schreiben

$$(5) \qquad x^1 = \mathfrak{x}_1^1 z + \mathfrak{x}_2^1 z^1 + \mathfrak{x}_3^1 z^2 + \mathfrak{x}_4^1 z^3.$$

Andererseits ist aber, wie schon erwähnt wurde,

$$x^1 = \mathfrak{x}_1 z^1 + \mathfrak{x}_2 z^2 + \mathfrak{x}_3 z^3 + \mathfrak{x}_4 z^4,$$

also nach (2)

$$(5') \qquad x^1 = \lambda_0 \mathfrak{x}_4 z + (\mathfrak{x}_1 + \lambda_1 \mathfrak{x}_4) z^1 + (\mathfrak{x}_2 + \lambda_2 \mathfrak{x}_4) z^2 + (\mathfrak{x}_3 + \lambda_3 \mathfrak{x}_4) z^3.$$

Vergleicht man (5) und (5'), so ergibt sich

$$\mathfrak{x}_1^1 = \lambda_0 \mathfrak{x}_4, \; \mathfrak{x}_2^1 = \mathfrak{x}_1 + \lambda_1 \mathfrak{x}_4, \; \mathfrak{x}_3^1 = \mathfrak{x}_2 + \lambda_2 \mathfrak{x}_4, \; \mathfrak{x}_4^1 = \mathfrak{x}_3 + \lambda_3 \mathfrak{x}_4.$$

Diese vereinfachte analytische Gestalt erhält also die Projektivität (1), wenn man sie in den Tetraederkoordinaten $\mathfrak{x}$ schreibt. Der Übergang zu neuen Tetraederkoordinaten läßt sich aber auch als projektive Abbildung ansehen. Man könnte daher auch sagen, daß die betrachtete Projektivität mit Hilfe einer solchen Abbildung auf die Form

$$\text{(I)} \qquad \begin{cases} \mathfrak{x}_1^1 = * + * + * + \lambda_0 \mathfrak{x}_4, \\ \mathfrak{x}_2^1 = \mathfrak{x}_1 + * + * + \lambda_1 \mathfrak{x}_4, \\ \mathfrak{x}_3^1 = * + \mathfrak{x}_2 + * + \lambda_2 \mathfrak{x}_4, \\ \mathfrak{x}_4^1 = * + * + \mathfrak{x}_3 + \lambda_3 \mathfrak{x}_4 \end{cases}$$

reduzierbar ist. Wir benutzen hier die ausführliche Schreibung, um die Gesetzmäßigkeit, welche die neuen Koeffizienten beherrscht, deutlicher hervorzuheben. Die Sterne bezeichnen die Stellen, wo sich verschwindende Koeffizienten befinden.

Jetzt wollen wir eine zweite Klasse von Projektivitäten betrachten und annehmen, daß man durch fortgesetzte Anwendung von $\mathfrak{P}$ niemals vier unabhängige Punkte z, z^1, z^2, z^3 findet, sondern nur drei, so daß also nicht erst z^4, sondern bereits z^3 aus den vorangehenden Punkten linear abgeleitet werden kann, während z, z^1, z^2 bei passender Wahl von z ein allgemeines Punkttripel bilden, d. h. nicht auf einer Geraden liegen. An die Stelle von (2) tritt jetzt eine Relation von der Form

$$\text{(6)} \qquad z^3 = \mu_0 z + \mu_1 z^1 + \mu_2 z^2.$$

Erweitern wir das Tripel z, z^1, z^2 durch Hinzunahme eines vierten Punktes y zu einem allgemeinen Quadrupel, so wird sich der Punkt $y^1 = (y)\mathfrak{P}$ aus z, z^1, z^2 und y linear arbeiten lassen. Man kann daher schreiben

$$\text{(7)} \qquad y^1 = \alpha_0 z + \alpha_1 z^1 + \alpha_2 z^2 + \nu_0 y.$$

Hier läßt sich nun sofort eine Vereinfachung erzielen. Wenn wir die Gleichung in

$$y^1 = \beta_0 z + \beta_1 (z^1 - \nu_0 z) + \beta_2 (z^2 - \nu_0 z^1) + \nu_0 y$$

umformen und dann statt y

$$Y = y - \beta_1 z - \beta_2 z^1$$

einführen, so wird

$$Y^1 = y^1 - \beta_1 z^1 - \beta_2 z^2.$$

Wir können also schreiben

$$\text{(7')} \qquad Y^1 = \beta_0 z + \nu_0 Y.$$

Das ist die vereinfachte Gleichung (7). Nun ergibt sich aus (7') durch wiederholte Anwendung von $\mathfrak{P}$

$$Y^2 = \beta_0 z^1 + \nu_0 Y^1,$$
$$Y^3 = \beta_0 z^2 + \nu_0 Y^2.$$

Wäre β_0 von Null verschieden, so hätte man

$$z = \beta_0^{-1}(Y^1 - \nu_0 Y), \; z^1 = \beta_0^{-1}(Y^2 - \nu_0 Y^1), \; z^2 = \beta_0^{-1}(Y^3 - \nu_0 Y^2),$$

d. h. aus Y, Y^1, Y^2, Y^3 ließen sich demnach die Punkte Y, z, z^1, z^2 linear ableiten, die ein allgemeines Quadrupel bilden. Auch in Y, Y^1, Y^2, Y^3 läge also ein allgemeines Quadrupel vor, und wir kämen damit zur ersten Klasse der Projektivitäten zurück. Es muß daher $\beta_0 = 0$ sein und (7′) die Form

$$(7'') \qquad Y^1 = \nu_0 Y$$

annehmen. Wendet man nun auf $z + Y$ wiederholt die Projektivität $\mathfrak{P}$ an, so ergeben sich die Punkte

$$z + Y, \; z^1 + \nu_0 Y, \; z^2 + \nu_0^2 Y, \; z^3 + \nu_0^3 Y.$$

Hieraus läßt sich die lineare Verbindung

$$(\nu_0^3 - \mu_0 - \mu_1 \nu_0 - \mu_2 \nu_0^2)\, Y$$

bilden. Wäre nicht

$$(8) \qquad \nu_0^3 - \mu_0 - \mu_1 \nu_0 - \mu_2 \nu_0^2 = 0,$$

so kämen wir wieder zur ersten Klasse der Projektivitäten zurück. Es muß also notwendig die Gleichung (8) gelten. Diese besagt, daß das Polynom

$$\xi^3 - \mu_0 - \mu_1 \xi - \mu_2 \xi^2$$

durch $\xi - \nu_0$ teilbar ist. Auf Grund von (8) läßt sich nämlich jenes Polynom in der Form

$$\xi^3 - \nu_0^3 - \mu_1(\xi - \nu_0) - \mu_2(\xi^2 - \nu_0^2)$$

schreiben, und hier kann man überall den Faktor $\xi - \nu_0$ herausziehen, so daß das Polynom dann lautet

$$(\xi - \nu_0)\,(\xi^2 + \nu_0 \xi + \nu_0^2 - \mu_1 - \mu_2(\xi + \nu_0)).$$

Wir wollen nun die Punkte x und x^1 auf die Fundamentalpunkte z, z^1, z^2, Y beziehen und demgemäß schreiben

$$x = \mathfrak{x}_1 z + \mathfrak{x}_2 z^1 + \mathfrak{x}_3 z^3 + \mathfrak{x}_4 Y,$$
$$x^1 = \mathfrak{x}_1^1 z + \mathfrak{x}_2^1 z^1 + \mathfrak{x}_3^1 x^2 + \mathfrak{x}_4^1 Y.$$

Dann folgt aus der ersten Gleichung durch Anwendung von $\mathfrak{P}$ mit Rücksicht auf (6) und (7″)

$$\begin{aligned} x^1 &= \mathfrak{x}_1 z^1 + \mathfrak{x}_2 z^2 + \mathfrak{x}_3 z^3 + \mathfrak{x}_4 Y^1 \\ &= \mu_0 \mathfrak{x}_3 z + (\mathfrak{x}_1 + \mu_1 \mathfrak{x}_3) z^1 + (\mathfrak{x}_2 + \mu_2 \mathfrak{x}_3) z^2 + \mathfrak{x}_4 \nu_0 Y. \end{aligned}$$

Wir finden also

$$(\mathrm{II}) \qquad \left\{ \begin{aligned} \mathfrak{x}_1^1 &= * + * + \mu_0 \mathfrak{x}_3 + \; * \;, \\ \mathfrak{x}_2^1 &= \mathfrak{x}_1 + * + \mu_1 \mathfrak{x}_3 + \; * \;, \\ \mathfrak{x}_3^1 &= * + \mathfrak{x}_2 + \mu_2 \mathfrak{x}_3 + \; * \;, \\ \mathfrak{x}_4^1 &= * + * + \; * \; + \nu_0 \mathfrak{x}_4, \end{aligned} \right.$$

wobei noch auf die Gleichung (8) hinzuweisen ist. Wenn wir in (6) die oberen Indizes als Exponenten betrachten, so liegt eine Gleichung dritten Grades vor, und diese Gleichung wird nach (8) durch ν_0 erfüllt.

Nun gehen wir zu einer dritten Klasse von Projektivitäten über und nehmen an, daß durch fortgesetzte Anwendung von $\mathfrak{P}$ niemals drei unabhängige Punkte z, z^1, z^2 herauskommen, sondern nur zwei, daß also eine Relation von der Form

$$z^2 = \varrho_0 z + \varrho_1 z^1 \tag{9}$$

besteht, aber z und z^1 zwei verschiedene Punkte sind. Ziehen wir nun einen dritten Punkt y hinzu, so kann es sein, daß bei passender Wahl dieses Punktes

$$z, z^1, y, y^1$$

ein allgemeines Punktquadrupel bilden. Dann wird

$$y^2 = \alpha_0 z + \alpha_1 z^1 + \sigma_0 y + \sigma_1 y^1 \tag{10}$$

sein. Wären nun α_0 und α_1 nicht beide gleich Null, so hätten wir in y, y^1, y^2 ein allgemeines Punkttripel vor uns, weil sich aus ihm die drei unabhängigen Punkte $y, y^1, \alpha_0 z + \alpha_1 z^1$ aufbauen. Die Relation (10) vereinfacht sich also zu

$$y^2 = \sigma_0 y + \sigma_1 y^1. \tag{10'}$$

Wendet man nun auf $z + y$ wiederholt die Projektivität $\mathfrak{P}$ an, so ergeben sich die Punkte

$$z + y,\ z^1 + y^1,\ \varrho_0 z + \varrho_1 z^1 + \sigma_0 y + \sigma_1 y^1.$$

Die beiden ersten sind wegen der Unabhängigkeit der vier Punkte z, z^1, y, y^1 voneinander verschieden. Der dritte muß aber eine lineare Verbindung der beiden ersten sein, damit wir nicht auf einen schon erledigten Fall zurückkommen. Es ergibt sich auf diese Weise $\varrho_0 = \sigma_0$, $\varrho_1 = \sigma_1$, so daß also die Relation (10′) schließlich in folgender Form erscheint:

$$y^2 = \varrho_0 y + \varrho_1 y^1. \tag{10''}$$

Beziehen wir jetzt x und x^1 auf die Fundamentalpunkte z, z^1, y, y^1 und setzen demgemäß

$$\begin{aligned} x &= \mathfrak{x}_1 z + \mathfrak{x}_2 z^1 + \mathfrak{x}_3 y + \mathfrak{x}_4 y^1, \\ x^1 &= \mathfrak{x}_1^1 z + \mathfrak{x}_2^1 z^1 + \mathfrak{x}_3^1 y + \mathfrak{x}_4^1 y^1, \end{aligned}$$

so liefert die erste Gleichung bei Anwendung von $\mathfrak{P}$ unter Berücksichtigung der Relationen (9) und (10″)

$$\begin{aligned} x^1 &= \mathfrak{x}_1 z^1 + \mathfrak{x}_2 z^2 + \mathfrak{x}_3 y^1 + \mathfrak{x}_4 y^2 \\ &= \varrho_0 \mathfrak{x}_2 z + (\mathfrak{x}_1 + \varrho_1 \mathfrak{x}_2) z^1 + \varrho_0 \mathfrak{x}_4 y + (\mathfrak{x}_3 + \varrho_1 \mathfrak{x}_4) y^1. \end{aligned}$$

Wir finden demnach

$$\text{(III)} \quad \begin{cases} \mathfrak{x}_1^1 = * + \varrho_0 \mathfrak{x}_2 + * + \ * \ , \\ \mathfrak{x}_2^1 = \mathfrak{x}_1 + \varrho_1 \mathfrak{x}_2 + * + \ * \ , \\ \mathfrak{x}_3^1 = * + \ * \ + * + \varrho_0 \mathfrak{x}_4, \\ \mathfrak{x}_4^1 = * + \ * \ + \mathfrak{x}_3 + \varrho_1 \mathfrak{x}_4. \end{cases}$$

Als nächste Möglichkeit kommt nun in Frage, daß zwar die Relation (9) in Geltung bleibt, aber nicht mehr die Relation (10), an deren Stelle eine Gleichung von folgender Form tritt:

$$y^1 = \alpha_0 z + \alpha_1 z^1 + \sigma_0 y, \tag{11}$$

wofür wir schreiben

$$y^1 = \beta_0 z + \beta_1(z^1 - \sigma_0 z) + \sigma_0 y$$

oder

$$y^1 - \beta_1 z^1 = \beta_0 z + \sigma_0(y - \beta_1 z).$$

Führen wir statt y

$$Y = y - \beta_1 z$$

ein, so tritt an die Stelle von (11) folgende Gleichung:

$$(11') \qquad Y^1 = \beta_0 z + \sigma_0 Y,$$

woraus sich durch Anwendung von $\mathfrak{P}$ ergibt

$$Y^2 = \beta_0 z^1 + \sigma_0 Y^1.$$

Aus Y, Y^1, Y^2 ließen sich im Falle $\beta_0 \neq 0$ die unabhängigen Punkte Y, z, z^1 linear ableiten. Also wäre auch Y, Y^1, Y^2 ein allgemeines Punkttripel, und man käme auf eine schon erledigte Möglichkeit. Es bleibt also nichts anderes übrig, als $\beta_0 = 0$ zu setzen, wodurch (11') die viel einfachere Gestalt

$$(11'') \qquad Y^1 = \sigma_0 Y$$

erhält. Über σ_0 läßt sich noch etwas aussagen. Wendet man auf $z + Y$ fortgesetzt die Projektivität $\mathfrak{P}$ an, so erhält man die Punkte

$$z + Y,\ z^1 + \sigma_0 Y,\ z^2 + \sigma_0^2 Y.$$

Die beiden ersten sind wegen der Unabhängigkeit von z, z^1, Y voneinander verschieden. Der dritte aber muß sich aus ihnen linear ableiten. Nach (9) können wir diesen dritten Punkt auch in der Form

$$\varrho_0 z + \varrho_1 z^1 + \sigma_0^2 Y$$

darstellen. Soll dies eine lineare Verbindung aus $z + Y, z^1 + \sigma_0 Y$ sein, so muß die Gleichung

$$(12) \qquad \sigma_0^2 - \varrho_0 - \varrho_1 \sigma_0 = 0$$

bestehen, die besagt, daß das Polynom $\xi^2 - \varrho_0 - \varrho_1 \xi$ durch $\xi - \sigma_0$ teilbar ist.

Um vier Fundamentalpunkte zu gewinnen, auf die wir alles beziehen können, müssen wir zu z, z^1, Y noch einen Punkt w hinzunehmen, so daß ein allgemeines Punktquadrupel entsteht. Es wird dann eine Relation von der Form

$$(13) \qquad w^1 = \gamma_0 z + \gamma_1 z^1 + \delta Y + \tau_0 w$$

gelten. Die Punkte z, z^1, w, w^1 dürfen kein allgemeines Quadrupel bilden. Sonst kämen wir zu einem schon erledigten Fall. Wäre nun $\delta \neq 0$, so könnten wir aus den genannten Punkten durch lineare Kombination z, z^1, w, Y herleiten, die voneinander unabhängig sind. Dann würde aber dasselbe von z, z^1, w, w^1 gelten. Es muß also $\delta = 0$ sein, so daß (13) folgende Gestalt hat:

$$(13') \qquad w^1 = \gamma_0 z + \gamma_1 z^1 + \tau_0 w$$

oder, etwas anders geschrieben,

$$w^1 = \varepsilon_0 z + \varepsilon_1(z^1 - \tau_0 z) + \tau_0 w.$$

Führen wir statt w

$$W = w - \varepsilon_1 z$$

ein, so tritt an die Stelle der obigen Gleichung

$$(13'') \qquad W^1 = \varepsilon_0 z + \tau_0 W.$$

Wäre $\varepsilon_0 \neq 0$, so würden sich aus W, W^1 und $W^2 = \varepsilon_0 z^1 + \tau_0 W^1$ die unabhängigen Punkte z, z^1, W linear ableiten lassen. Auch W, W^1, W^2 müßten dann voneinander unabhängig sein, womit wir zu einem schon erledigten Fall kämen. Es bleibt also nur die Möglichkeit $\varepsilon_0 = 0$, mithin $W^1 = \tau_0 W$. Wendet man nun auf $Y + W$ die Operation $\mathfrak{P}$ an, so ergibt sich $Y^1 + W^1$ oder $\sigma_0 Y + \tau_0 W$. Wäre $\sigma_0 \neq \tau_0$, so hätte man in $z, z^1, Y + W, Y^1 + W^1$ ein allgemeines Punktquadrupel vor sich und käme wieder auf eine schon erledigte Möglichkeit. Daher muß $\sigma_0 = \tau_0$ sein, und (13″) hat also zuletzt folgende Gestalt:

$$(13^*) \qquad W^1 = \sigma_0 W.$$

Beziehen wir nun x und x^1 auf die Fundamentalpunkte z, z^1, Y, W, setzen wir also

$$x = \mathfrak{x}_1 z + \mathfrak{x}_2 z^1 + \mathfrak{x}_3 Y + \mathfrak{x}_4 W,$$
$$x^1 = \mathfrak{x}_1^1 z + \mathfrak{x}_2^1 z^1 + \mathfrak{x}_3^1 Y + \mathfrak{x}_4^1 W,$$

so entsteht aus der ersten Gleichung durch Anwendung von $\mathfrak{P}$ unter Berücksichtigung der Relationen (9), (11″) und (13*)

$$\begin{aligned} x^1 &= \mathfrak{x}_1 z^1 + \mathfrak{x}_2 z^2 + \mathfrak{x}_3 Y^1 + \mathfrak{x}_4 W^1 \\ &= \varrho_0 \mathfrak{x}_2 z + (\mathfrak{x}_1 + \varrho_1 \mathfrak{x}_2) z^1 + \sigma_0 \mathfrak{x}_3 Y + \sigma_0 \mathfrak{x}_4 W. \end{aligned}$$

Wir finden somit

$$(\text{IV}) \qquad \begin{cases} \mathfrak{x}_1^1 = * + \varrho_0 \mathfrak{x}_2 + \; * \; + \; * \;, \\ \mathfrak{x}_2^1 = \mathfrak{x}_1 + \varrho_1 \mathfrak{x}_2 + \; * \; + \; * \;, \\ \mathfrak{x}_3^1 = * + \; * \; + \sigma_0 \mathfrak{x}_3 + \; * \;, \\ \mathfrak{x}_4^1 = * + \; * \; + \; * \; + \sigma_0 \mathfrak{x}_4, \end{cases}$$

wobei noch auf die Gleichung (12) hinzuweisen ist.

Jetzt bleibt nur noch eine Möglichkeit zur Erörterung übrig. Wir müssen eine Projektivität $\mathfrak{P}$ betrachten, bei der aus z durch Anwendung von $\mathfrak{P}$ niemals ein neuer Punkt entsteht. Eine solche Projektivität kann aber nur die Identität sein. Sie wird durch die Gleichungen

$$(\text{V}) \qquad \begin{cases} \mathfrak{x}_1^1 = \omega_0 \mathfrak{x}_1 + \; * \; + \; * \; + \; * \;, \\ \mathfrak{x}_2^1 = \; * \; + \omega_0 \mathfrak{x}_2 + \; * \; + \; * \;, \\ \mathfrak{x}_3^1 = \; * \; + \; * \; + \omega_0 \mathfrak{x}_3 + \; * \;, \\ \mathfrak{x}_4^1 = \; * \; + \; * \; + \; * \; + \omega_0 \mathfrak{x}_4 \end{cases}$$

dargestellt, wobei wir der bei (I), (II), (III), (IV) benutzten Schreibart folgen.

Damit man die fünf Klassen von Projektivitäten nochmals bequem überblicken kann, wollen wir die zugehörigen Koeffizientenmatrizen zusammenstellen. Diese lauten:

$$
\text{(I)}\ \begin{pmatrix} 0 & 0 & 0 & \lambda_0 \\ 1 & 0 & 0 & \lambda_1 \\ 0 & 1 & 0 & \lambda_2 \\ 0 & 0 & 1 & \lambda_3 \end{pmatrix}, \quad
\text{(II)}\ \left(\begin{array}{ccc|c} 0 & 0 & \mu_0 & 0 \\ 1 & 0 & \mu_1 & 0 \\ 0 & 1 & \mu_2 & 0 \\ \hline 0 & 0 & 0 & \nu_0 \end{array}\right),
$$

$$
\text{(III)}\ \left(\begin{array}{cc|cc} 0 & \varrho_0 & 0 & 0 \\ 1 & \varrho_1 & 0 & 0 \\ \hline 0 & 0 & 0 & \varrho_0 \\ 0 & 0 & 1 & \varrho_1 \end{array}\right), \quad
\text{(IV)}\ \left(\begin{array}{cc|c|c} 0 & \varrho_0 & 0 & 0 \\ 1 & \varrho_1 & 0 & 0 \\ \hline 0 & 0 & \sigma_0 & 0 \\ \hline 0 & 0 & 0 & \sigma_0 \end{array}\right),
$$

$$
\text{(V)}\ \left(\begin{array}{c|c|c|c} \omega_0 & 0 & 0 & 0 \\ \hline 0 & \omega_0 & 0 & 0 \\ \hline 0 & 0 & \omega_0 & 0 \\ \hline 0 & 0 & 0 & \omega_0 \end{array}\right).
$$

Man sieht, daß als Baustein überall die $(p+1)$-reihige Matrix

$$
(14) \qquad \begin{pmatrix} 0 & 0 & 0 & \dots & 0 & k_0 \\ 1 & 0 & 0 & \dots & 0 & k_1 \\ 0 & 1 & 0 & \dots & 0 & k_2 \\ \cdot & \cdot & \cdot & \cdot & \cdot & \cdot \\ 0 & 0 & 0 & \dots & 1 & k_p \end{pmatrix}
$$

erscheint, die im Falle $p = 0$ mit der einreihigen Matrix k_0 zu identifizieren ist. Wenn man die auftretenden Bausteine durch ihre Reihenzahl kennzeichnet, so hat man (I) die Struktur 4, (II) die Struktur 3, 1, (III) die Struktur 2, 2, (IV) die Struktur 2, 1, 1 und (V) die Struktur 1, 1, 1, 1 zuzuschreiben.

Noch eine Gesetzmäßigkeit ist hervorzuheben. Man sagt, (I) habe das charakteristische Polynom

$$\xi^4 - \lambda_0 - \lambda_1\xi - \lambda_2\xi^2 - \lambda_3\xi^3.$$

Bei (II) lauten die charakteristischen Polynome

$$\xi^3 - \mu_0 - \mu_1\xi - \mu_2,\ \xi - \nu_0,$$

bei (III) $\qquad \xi^2 - \varrho_0 - \varrho_1\xi,\ \xi^2 - \varrho_0 - \varrho_1\xi,$

bei (IV) $\qquad \xi^2 - \varrho_0 - \varrho_1\xi,\ \xi - \sigma_0,\ \xi - \sigma_0,$

endlich bei (V)

$$\xi - \omega_0,\ \xi - \omega_0,\ \xi - \omega_0,\ \xi - \omega_0.$$

Die Gesetzmäßigkeit, auf die wir hinweisen wollten, läßt sich kurz so ausdrücken: Wenn man die charakteristischen Polynome nach absteigendem Grad ordnet, so ist jedes durch das folgende teilbar.

Die charakteristischen Polynome kommen bei der Aufsuchung der Fixpunkte zur Geltung. Dabei hat man nämlich in (I), (II), (III), (IV), (V) die Einsetzung $x' = \xi x$ zu machen und findet dann, daß eine gewisse Determinante verschwinden muß, deren Faktoren von der Form

$$\begin{vmatrix} -\xi & 0 & 0 & \dots & 0 & k_0 \\ 1 & -\xi & 0 & \dots & 0 & k_1 \\ 0 & 1 & -\xi & \dots & 0 & k_2 \\ . & . & . & . & . & . \\ 0 & 0 & 0 & \dots & -\xi & k_{p-1} \\ 0 & 0 & 0 & \dots & 1 & k_p - \xi \end{vmatrix}$$

sind. Addiert man zur ersten Zeile die mit den Faktoren $\xi, \xi^2, \dots, \xi^p$ versehenen übrigen Zeilen, so stehen nachher in dieser Zeile lauter Nullen und nur an letzter Stelle

$$k_0 + k_1\xi + \dots + k_p\xi^p - \xi^{p+1}.$$

Die obige Determinante ist also, abgesehen vom Faktor $(-1)^{p+1}$, gleich dem charakteristischen Polynom der Matrix (14).

Wir nennen (I), (II), (III), (IV), (V) die **kanonischen Formen** der räumlichen Projektivitäten. Es ist von großer Bedeutung, diese einfachen Ausdrücke zu kennen und zu wissen, daß man jede Projektivität auf eine und nur eine solche kanonische Form projektiv reduzieren kann. Viele Fragen lassen sich mittels dieser kanonischen Formen viel einfacher lösen. Auch für ebene Projektivitäten gilt das Entsprechende. Da es sich dort um dreireihige Koeffizientenmatrizen handelt, kommen nur die Strukturen 3 oder 2, 1 oder 1, 1, 1 in Frage. Abgesehen von der Identität gibt es also nur zwei Klassen von Projektivitäten. Zur ersten Klasse gehört die kanonische Form

$$(\mathrm{I}_*)\qquad \begin{cases} \mathfrak{x}_1^1 = * + * + \lambda_0\mathfrak{x}_3, \\ \mathfrak{x}_2^1 = \mathfrak{x}_1 + * + \lambda_1\mathfrak{x}_3, \\ \mathfrak{x}_3^1 = * + \mathfrak{x}_2 + \lambda_2\mathfrak{x}_3, \end{cases}$$

zur zweiten Klasse die kanonische Form

$$(\mathrm{II}_*)\qquad \begin{cases} \mathfrak{x}_1^1 = * + \mu_0\mathfrak{x}_2 + *\ , \\ \mathfrak{x}_2^1 = \mathfrak{x}_1 + \mu_1\mathfrak{x}_2 + *\ , \qquad (\nu_0^2 = \mu_0 + \mu_1\nu_0) \\ \mathfrak{x}_3^1 = * + * + \nu_0\mathfrak{x}_3. \end{cases}$$

Will man nun z. B. alle involutorischen Projektivitäten der Ebene ermitteln, wobei die Identität ausgeschaltet wird, so muß man fragen, wann eine Transformation (I_*) oder (II_*) mit ihrer Umkehrung zusammenfällt. Im Falle (I_*) kann dies nie eintreten, weil bei der Auflösung nach $\mathfrak{x}_1, \mathfrak{x}_2, \mathfrak{x}_3$ an dritter Stelle die Gleichung $\mathfrak{x}_3 = \lambda_0^{-1}\mathfrak{x}_1^1$ herauskommt, deren Koeffizienten ganz andere sind als die der dritten Gleichung (I_*), zu denen sie proportional sein müßten. Eine Projektivität vom Typus (I_*) kann also niemals involutorisch sein. Im Falle (II^*) lautet die Auflösung nach $\mathfrak{x}_1, \mathfrak{x}_2, \mathfrak{x}_3$

$$(\mathrm{II}'_*)\qquad \begin{cases} \mathfrak{x}_1 = -\mu_1\mu^{-1}\mathfrak{x}_1^1 + \mathfrak{x}_2^1 + *\ , \\ \mathfrak{x}_2 = \mu_0^{-1}\mathfrak{x}_1^1 + * + *\ , \\ \mathfrak{x}_3 = * + * + \nu_0^{-1}\mathfrak{x}_3^1. \end{cases}$$

Diese Transformation muß nun bis auf einen Proportionalitätsfaktor mit (II_*) zusammenfallen, wenn (II_*) involutorisch sein soll. Vor allem muß $\mu_1 = 0$ sein, mithin, wenn man $\nu_0^2 = \mu_0 + \mu_1\nu_0$ beachtet, $\mu_0 = \nu_0^2$. Dann lauten die

Koeffizienten in (II_*) und in (II'_*)

$$\begin{matrix} 0 & \nu_0^2 & 0 \\ 1 & 0 & 0 \\ 0 & 0 & \nu_0 \end{matrix} \quad \text{und} \quad \begin{matrix} 0 & 1 & 0 \\ \nu_0^{-2} & 0 & 0 \\ 0 & 0 & \nu_0^{-1} \end{matrix}$$

sind also proportional. Wir finden demnach, daß eine involutorische Projektivität stets projektiv auf die Form

$$\mathfrak{x}_1^1 = \nu_0^2 \mathfrak{x}_2, \ \mathfrak{x}_2^1 = \mathfrak{x}_1, \ \mathfrak{x}_3^1 = \nu_0 \mathfrak{x}_3$$

reduziert werden kann. Sucht man ihre Fixpunkte auf, setzt man also $\mathfrak{x}^1 = \varrho\mathfrak{x}$, so ergibt sich

$$-\varrho\mathfrak{x}_1 + \nu_0^2\mathfrak{x}_2 = 0, \ \mathfrak{x}_1 - \varrho\mathfrak{x}_2 = 0, \ (\nu_0 - \varrho)\mathfrak{x}_3 = 0.$$

Die Determinante muß verschwinden, d. h. $(\varrho^2 - \nu_0^2)(\varrho - \nu_0) = 0$ sein. Für $\varrho = \nu_0$ reduzieren sich die drei Gleichungen auf $\mathfrak{x}_1 - \nu_0\mathfrak{x}_2 = 0$. Alle Punkte dieser Geraden sind also Fixpunkte. Für $\varrho = -\nu_0$ erhält man die beiden Aussagen $\mathfrak{x}_1 + \nu_0\mathfrak{x}_2 = 0$, $\mathfrak{x}_3 = 0$, also auch noch einen einzelnen Fixpunkt. Es handelt sich also um eine Spiegelung an dem Fixpunktgerüst.

Wir gehen nun dazu über, die Bewegungen des Raumes als Projektivitäten zu kennzeichnen. Hinsichtlich der analytischen Darstellung einer Bewegung könnten wir uns auf frühere Darlegungen berufen. Wir wollen aber noch eine andere Erledigung dieser Frage auseinandersetzen. Auf dem starren Körper, der die Bewegung ausführt, denke man sich einen Punkt O' markiert und in ihm zwei orthogonale Einheitsstrecken $O'I'$, $O'J'$ angebracht, die mit dem Körper fest verbunden sind. OI, OJ sei die Lage dieses Streckenpaares am Anfang und O^1I^1, O^1J^1 seine Lage am Ende der Bewegung. Ebenso sei P die Anfangslage und P^1 die Endlage eines beliebigen Punktes P' des bewegten Körpers, der innerhalb dieses Körpers seinen Ort nicht ändert. Wir setzen

$$OI = \mathfrak{i}, \ OJ = \mathfrak{j}, \ OI \times OJ = \mathfrak{k},$$
$$O^1I^1 = \mathfrak{i}^1, \ O^1J^1 = \mathfrak{j}^1, \ O^1I^1 \times O^1J^1 = \mathfrak{k}^1.$$

Ferner sei

$$OP = x\mathfrak{i} + y\mathfrak{j} + z\mathfrak{k}, \ OP^1 = x^1\mathfrak{i} + y^1\mathfrak{j} + z^1\mathfrak{k},$$
$$OO^1 = a\mathfrak{i} + b\mathfrak{j} + c\mathfrak{k}.$$

Man bedenke nun, daß

$$O^1P^1 = x\mathfrak{i}^1 + y\mathfrak{j}^1 + z\mathfrak{k}^1$$

ist, weil $O^1P^1, \mathfrak{i}^1, \mathfrak{j}^1$ nur eine andere Lage der Figur $OP, \mathfrak{i}, \mathfrak{j}$ darstellt. Dann ergibt sich unter Benutzung der Relation $OP^1 = OO^1 + O^1P^1$ zunächst

$$x^1\mathfrak{i} + y^1\mathfrak{j} + z^1\mathfrak{k} = a\mathfrak{i} + b\mathfrak{j} + c\mathfrak{k} + x\mathfrak{i}^1 + y\mathfrak{j}^1 + z\mathfrak{k}^1.$$

Weiter folgt durch innere Multiplikation mit $\mathfrak{i}, \mathfrak{j}, \mathfrak{k}$

$$(15) \quad \begin{cases} x^1 = (\mathfrak{i}\cdot\mathfrak{i}^1)x + (\mathfrak{i}\cdot\mathfrak{j}^1)y + (\mathfrak{i}\cdot\mathfrak{k}^1)z + a, \\ y^1 = (\mathfrak{j}\cdot\mathfrak{i}^1)x + (\mathfrak{j}\cdot\mathfrak{j}^1)y + (\mathfrak{j}\cdot\mathfrak{k}^1)z + b, \\ z^1 = (\mathfrak{k}\cdot\mathfrak{i}^1)x + (\mathfrak{k}\cdot\mathfrak{j}^1)y + (\mathfrak{k}\cdot\mathfrak{k}^1)z + c. \end{cases}$$

Der Sinn dieser Formeln ist folgender: Es wird eine Bewegung betrachtet, die die Figur OI, OJ in O^1I^1, O^1J^1 überführt. Die Formeln geben an, welche Lageänderung irgendein mit OI, OJ starr verbundener Punkt hierbei erfährt. x, y, z sind die Koordinaten seiner Anfangslage, x^1, y^1, z^1 die seiner Endlage, und zwar beziehen sich diese Koordinaten auf das Achsentripel OI, OJ, $OI \times OJ$.

Betrachtet man zwei Punkte, die die Bewegungen mitmachen, so muß man die Gleichungen (15) noch ein zweites Mal, etwa mit großen x, y, z, aufschreiben. Man erhält dann durch Subtraktion entsprechender Gleichungen

$$(16)\quad \begin{cases} X^1 - x^1 = (\mathfrak{i}\cdot\mathfrak{i}^1)(X-x) + (\mathfrak{i}\cdot\mathfrak{j}^1)(Y-y) + (\mathfrak{i}\cdot\mathfrak{k}^1)(Z-z), \\ Y^1 - y^1 = (\mathfrak{j}\cdot\mathfrak{i}^1)(X-x) + (\mathfrak{j}\cdot\mathfrak{j}^1)(Y-y) + (\mathfrak{j}\cdot\mathfrak{k}^1)(Z-z), \\ Z^1 - z^1 = (\mathfrak{k}\cdot\mathfrak{i}^1)(X-x) + (\mathfrak{k}\cdot\mathfrak{j}^1)(Y-y) + (\mathfrak{k}\cdot\mathfrak{k}^1)(Z-z). \end{cases}$$

Die Formeln zeigen, wie eine an der Bewegung teilnehmende Strecke sich ändert. Sie sagen uns, welche Streckentransformation durch die Bewegung bewirkt wird. Da es sich um Strecken handelt, die mit dem bewegten Körper fest verbunden sind, so gehen äquivalente Strecken, d. h. solche von gleicher Länge und Richtung, wieder in äquivalente Strecken über. Das sieht man auch an den Gleichungen (16), wo nur die Koordinatendifferenzen, nicht die Koordinaten selbst, auftreten. Es handelt sich also um eine Transformation der Vektoren, oder wenn man nur auf die Verhältnisse der Vektorkoordinaten achtet, um eine Transformation der Richtungen. Da jeder Richtung ein Fernpunkt entspricht, so können wir auch sagen, daß die Gleichungen (16) uns darüber belehren, wie bei der Bewegung (15) die Fernpunkte transformiert werden. Die Transformation der Fernpunkte läßt sich auch dadurch aus den Gleichungen (15) gewinnen, daß man die homogene Schreibung

$$(15^*)\quad \begin{cases} x_1^1 = (\mathfrak{i}\cdot\mathfrak{i}^1)x_1 + (\mathfrak{i}\cdot\mathfrak{j}^1)x_2 + (\mathfrak{i}\cdot\mathfrak{k}^1)x_3 + ax_4, \\ x_2^1 = (\mathfrak{j}\cdot\mathfrak{i}^1)x_1 + (\mathfrak{j}\cdot\mathfrak{j}^1)x_2 + (\mathfrak{j}\cdot\mathfrak{k}^1)x_3 + bx_4, \\ x_3^1 = (\mathfrak{k}\cdot\mathfrak{i}^1)x_1 + (\mathfrak{k}\cdot\mathfrak{j}^1)x_2 + (\mathfrak{k}\cdot\mathfrak{k}^1)x_3 + cx_4, \\ x_4^1 = \quad * \quad + \quad * \quad + \quad * \quad + \quad x_4 \end{cases}$$

anwendet. Jetzt erscheint die Bewegung als eine auch die Fernpunkte erfassende Projektivität, und man sieht, daß aus $x_4 = 0$ stets $x_4^1 = 0$ folgt, also Fernpunkte Fernpunkte bleiben. Will man nun wissen, wie die Fernpunkte transformiert werden, so muß man in (15*) die Einsetzung $x_4 = 0$, $x_4^1 = 0$ machen. Dann reduziert sich das System (15*) auf

$$(16^*)\quad \begin{cases} x_1^1 = (\mathfrak{i}\cdot\mathfrak{i}^1)x_1 + (\mathfrak{i}\cdot\mathfrak{j}^1)x_2 + (\mathfrak{i}\cdot\mathfrak{k}^1)x_3, \\ x_2^1 = (\mathfrak{j}\cdot\mathfrak{i}^1)x_1 + (\mathfrak{j}\cdot\mathfrak{j}^1)x_2 + (\mathfrak{j}\cdot\mathfrak{k}^1)x_3, \\ x_3^1 = (\mathfrak{k}\cdot\mathfrak{i}^1)x_1 + (\mathfrak{k}\cdot\mathfrak{j}^1)x_2 + (\mathfrak{k}\cdot\mathfrak{k}^1)x_3. \end{cases}$$

Das sind die Gleichungen (16), nur in andern Bezeichnungen. Bei einem Fernpunkt $x_1, x_2, x_3, 0$ sind die drei ersten Koordinaten nichts anderes als Dreieckskoordinaten in der Fernebene. Will man nämlich diesen Punkt aus den normierten Grundpunkten 1, 0, 0, 0; 0, 1, 0, 0; 0, 0, 1, 0 ableiten, so muß man sie mit Hilfe der Faktoren x_1, x_2, x_3 linear kombinieren. Jede Bewegung induziert, wie man zu sagen pflegt, in der Fernebene eine Projektivität. Von welcher Art diese ist, kann aus den Gleichungen (16*) herausgelesen werden, worauf wir nachher noch zurückkommen. Alle Projektivitäten des Raumes, welche die Fernebene in Ruhe lassen, nennt man **Affinitäten**. Die Bewegungen sind also besonders geartete Affinitäten.

Wir wenden uns jetzt der Aufgabe zu, die festen Richtungen einer Bewegung zu ermitteln oder die Fixpunkte der Projektivität (16*) zu bestimmen. Um diese Punkte zu finden, müssen wir in (16*) die Einsetzung $x^1 = \varrho x$ machen. Dadurch erhalten wir folgende Gleichungen:

$$(17) \qquad \left\{\begin{aligned} \varrho x_1 &= \mathfrak{i} \cdot (x_1 \mathfrak{i}^1 + x_2 \mathfrak{j}^1 + x_3 \mathfrak{k}^1), \\ \varrho x_2 &= \mathfrak{j} \cdot (x_1 \mathfrak{i}^1 + x_2 \mathfrak{j}^1 + x_3 \mathfrak{k}^1), \\ \varrho x_3 &= \mathfrak{k} \cdot (x_1 \mathfrak{i}^1 + x_2 \mathfrak{j}^1 + x_3 \mathfrak{k}^1). \end{aligned}\right.$$

Führen wir den Vektor

$$\mathfrak{v} = x_1 \mathfrak{i}^1 + x_2 \mathfrak{j}^1 + x_3 \mathfrak{k}^1$$

ein, so können wir die linken Seiten durch $\varrho(\mathfrak{v} \cdot \mathfrak{i}^1)$, $\varrho(\mathfrak{v} \cdot \mathfrak{j}^1)$, $\varrho(\mathfrak{v} \cdot \mathfrak{k}^1)$ ersetzen, so daß die Gleichungen (17) lauten:

$$(17') \qquad \mathfrak{v} \cdot (\mathfrak{i} - \varrho \mathfrak{i}^1) = 0, \quad \mathfrak{v} \cdot (\mathfrak{j} - \varrho \mathfrak{j}^1) = 0, \quad \mathfrak{v} \cdot (\mathfrak{k} - \varrho \mathfrak{k}^1) = 0.$$

Da x_1, x_2, x_3 nicht alle drei verschwinden dürfen, ist $\mathfrak{v}$ ein von Null verschiedener Vektor. Er bildet nach (17') mit $\mathfrak{i} - \varrho \mathfrak{i}^1$, $\mathfrak{j} - \varrho \mathfrak{j}^1$, $\mathfrak{k} - \varrho \mathfrak{k}^1$ verschwindende innere Produkte. Daher müssen diese drei Vektoren komplanar sein, d. h. es muß die Bedingung

$$(18) \qquad [\mathfrak{i} - \varrho \mathfrak{i}^1, \ \mathfrak{j} - \varrho \mathfrak{j}^1, \ \mathfrak{k} - \varrho \mathfrak{k}^1] = 0$$

erfüllt sein. In (18) lautet das von ϱ freie Glied $[\mathfrak{i}\mathfrak{j}\mathfrak{k}] = 1$. Der Koeffizient von $-\varrho^3$ hat den Wert $[\mathfrak{i}^1 \mathfrak{j}^1 \mathfrak{k}^1] = 1$. Als Faktor von $-\varrho$ tritt die Summe der drei Volumprodukte

$$[\mathfrak{i}^1 \mathfrak{j} \mathfrak{k}], \quad [\mathfrak{i} \mathfrak{j}^1 \mathfrak{k}], \quad [\mathfrak{i} \mathfrak{j} \mathfrak{k}^1]$$

auf, die man in der Form

$$(19) \qquad s = (\mathfrak{i} \cdot \mathfrak{i}^1) + (\mathfrak{j} \cdot \mathfrak{j}^1) + (\mathfrak{k} \cdot \mathfrak{k}^1)$$

schreiben kann. Endlich wird der Faktor von ϱ^2 die Summe der drei Volumprodukte

$$[\mathfrak{i} \mathfrak{j}^1 \mathfrak{k}^1], \quad [\mathfrak{i}^1 \mathfrak{j} \mathfrak{k}^1], \quad [\mathfrak{i}^1 \mathfrak{j}^1 \mathfrak{k}],$$

die sich ebenfalls auf den Ausdruck (19) bringen läßt. Sollte hierzu noch eine beweisende Bemerkung nötig sein, so genügt der Hinweis, daß z. B.

$$[\mathfrak{i} \mathfrak{j}^1 \mathfrak{k}^1] = \mathfrak{i} \cdot (\mathfrak{j}^1 \times \mathfrak{k}^1) = \mathfrak{i} \cdot \mathfrak{i}^1$$

ist. Ausführlich geschrieben lautet also die Gleichung (18)

$$1 - s\varrho + s\varrho^2 - \varrho^3 = 0$$

oder

$$(18') \qquad (1 - \varrho)(1 + (1 - s)\varrho + \varrho^2) = 0.$$

Die Wurzel $\varrho = 1$ sondert sich hier deutlich ab. Für $\varrho = 1$ besagen die Gleichungen (17'), daß der Vektor $\mathfrak{v}$ auf $\mathfrak{i} - \mathfrak{i}^1$, $\mathfrak{j} - \mathfrak{j}^1$, $\mathfrak{k} - \mathfrak{k}^1$ senkrecht steht. Wir wollen sogleich die Frage aufwerfen, wann diese drei Vektoren nicht nur komplanar, sondern sogar parallel sind, etwa parallel zu einem gewissen Einheitsvektor $\mathfrak{t}$. Dann könnten wir schreiben

$$(20)\qquad \mathfrak{i}_1 = \mathfrak{i} + \alpha\mathfrak{t},\ \mathfrak{j}_1 = \mathfrak{j} + \beta\mathfrak{t},\ \mathfrak{k}_1 = \mathfrak{k} + \gamma\mathfrak{t},$$

und es ergäbe sich z. B. aus den beiden letzten Gleichungen

$$\mathfrak{j}_1 \times \mathfrak{k}_1 = (\mathfrak{j} \times \mathfrak{k}) + \gamma(\mathfrak{j} \times \mathfrak{t}) - \beta(\mathfrak{k} \times \mathfrak{t}),$$

also

$$\mathfrak{i}_1 = \mathfrak{i} + (\gamma\mathfrak{j} - \beta\mathfrak{k}) \times \mathfrak{t}.$$

Vergleicht man dieses Ergebnis mit der ersten Gleichung (20), so gelangt man zu der Feststellung

$$(\gamma\mathfrak{j} - \beta\mathfrak{k}) \times \mathfrak{t} = \alpha\mathfrak{t}.$$

Hieraus folgt durch innere Multiplikation mit $\mathfrak{t}$ sofort $\alpha = 0$. Ebenso muß aber auch $\beta = 0$ und $\gamma = 0$ sein, d. h. $\mathfrak{i}_1 = \mathfrak{i}$, $\mathfrak{j}_1 = \mathfrak{j}$, $\mathfrak{k}_1 = \mathfrak{k}$. Dann reduzieren sich die Gleichungen (15) auf $x^1 = x + a$, $y^1 = y + b$, $z^1 = z + c$, d. h. es liegt eine Translation vor. Lassen wir diesen Fall beiseite, so werden also die Vektoren $\mathfrak{i} - \mathfrak{i}^1$, $\mathfrak{j} - \mathfrak{j}^1$, $\mathfrak{k} - \mathfrak{k}^1$ zwar komplanar sein, aber nicht parallel, so daß es nur eine zu allen dreien senkrechte Richtung gibt. Sie bleibt bei der Bewegung ungeändert und heißt die Achsenrichtung. Da $\varrho = 1$ ist, können wir aber noch mehr aussagen. Es bleibt nicht nur die Richtung des Vektors $\mathfrak{v}$ erhalten, sondern der Vektor selbst. Man kann diese geometrisch einleuchtende Eigenschaft auch an den Gleichungen (17) bequem erkennen, die sich für $\varrho = 1$ auf $x_1 = \mathfrak{i} \cdot \mathfrak{v}$, $x_2 = \mathfrak{j} \cdot \mathfrak{v}$, $x_3 = \mathfrak{k} \cdot \mathfrak{v}$ reduzieren, so daß nicht nur

$$\mathfrak{v} = x_1\mathfrak{i}^1 + x_2\mathfrak{j}^1 + x_3\mathfrak{k}^1,$$

sondern auch

$$\mathfrak{v} = x_1\mathfrak{i} + x_2\mathfrak{j} + x_3\mathfrak{k}$$

ist. In beiden Gleichungen treten dieselben Faktoren auf.

Wir kommen nun zu den übrigen Wurzeln der Gleichung (18'). Zunächst fragen wir, ob es vorkommen kann, daß $\varrho = 1$ eine mehrfache Wurzel ist, daß also für $\varrho = 1$ auch der Faktor $1 + (1 - s)\varrho + \varrho^2$ verschwindet. Dann müßte $s = 3$ sein. Bedenkt man aber, daß die drei Summanden von s zwischen -1 und 1 liegen, so ist klar, daß nur im Falle

$$(\mathfrak{i} \cdot \mathfrak{i}^1) = 1,\quad (\mathfrak{j} \cdot \mathfrak{j}^1) = 1,\quad (\mathfrak{k} \cdot \mathfrak{k}^1) = 1$$

s den Wert 3 annehmen wird. Diese Gleichungen sind aber nur möglich, wenn $\mathfrak{i}^1$, $\mathfrak{j}^1$, $\mathfrak{k}^1$ mit $\mathfrak{i}$, $\mathfrak{j}$, $\mathfrak{k}$ zusammenfallen. Dann wäre die Bewegung eine Translation, was wir vorläufig gerade ausschließen. Die Wurzel $\varrho = 1$ tritt also nur einfach auf. Lösen wir nun die quadratische Gleichung

$$\varrho^2 + (1 - s)\varrho + 1 = 0,$$

so ergibt sich

$$(21)\qquad \varrho = \frac{s-1}{2} \pm \frac{1}{2}\sqrt{(s-3)(s+1)}.$$

Der erste Faktor unter der Wurzel ist negativ und, wenn wir vom Falle der Translation absehen, nicht null.

Über den zweiten Faktor unter der Wurzel können wir auf folgendem Wege Klarheit gewinnen, ohne jeden analytischen Kunstgriff: Der durch (19) gegebene Ausdruck s ist eine Invariante, und zwar in dem Sinne, daß er seinen Wert nicht ändert, wenn man statt $\mathfrak{i}$, $\mathfrak{j}$, $\mathfrak{k}$ und $\mathfrak{i}^1$, $\mathfrak{j}^1$, $\mathfrak{k}^1$ zwei beliebige durch die Bewegung verknüpfte Tripel $\mathfrak{i}_*$, $\mathfrak{j}_*$, $\mathfrak{k}_*$ und $\mathfrak{i}^1{}_*$, $\mathfrak{j}^1{}_*$, $\mathfrak{k}^1{}_*$ benutzt. $\mathfrak{i}_*$, $\mathfrak{j}_*$, $\mathfrak{k}_*$ ist also ein beliebiges Orthogonaltripel von Einheitsvektoren, das wir die betrachtete Bewegung mitmachen lassen, wodurch es in $\mathfrak{i}^1_*$, $\mathfrak{j}^1_*$, $\mathfrak{k}^1_*$ übergehen soll. Wir wissen, welche Transformation unter den Vektoren vor sich geht, wenn die Bewegung in Wirkung tritt. Darüber belehren uns die Gleichungen (16). Fassen wir sie mit Hilfe von $\mathfrak{i}$, $\mathfrak{j}$, $\mathfrak{k}$ zusammen, so ergibt sich die kürzere Formulierung

$$\begin{aligned} &(X^1 - x^1)\,\mathfrak{i} + (Y^1 - y^1)\,\mathfrak{j} + (Z^1 - z^1)\,\mathfrak{k} \\ &= (X - x)\,\mathfrak{i}^1 + (Y - y)\,\mathfrak{j}^1 + (Z - z)\,\mathfrak{k}^1. \end{aligned}$$

Setzen wir

$$\begin{aligned} \mathfrak{V} &= (X - x)\,\mathfrak{i} + (Y - y)\,\mathfrak{j} + (Z - z)\,\mathfrak{k}, \\ \mathfrak{V}^1 &= (X^1 - x^1)\,\mathfrak{i} + (Y^1 - y^1)\,\mathfrak{j} + (Z^1 - z^1)\,\mathfrak{k}, \end{aligned}$$

so können wir noch übersichtlicher schreiben

$$(16^\dagger) \qquad \mathfrak{V}^1 = (\mathfrak{V}\cdot\mathfrak{i})\,\mathfrak{i}^1 + (\mathfrak{V}\cdot\mathfrak{j})\,\mathfrak{j}^1 + (\mathfrak{V}\cdot\mathfrak{k})\,\mathfrak{k}^1.$$

Man erhält also die Endlage des Vektors $\mathfrak{V}$, indem man die Faktoren $\mathfrak{V}\cdot\mathfrak{i}$, $\mathfrak{V}\cdot\mathfrak{j}$, $\mathfrak{V}\cdot\mathfrak{k}$, die in der Formel

$$\mathfrak{V} = (\mathfrak{V}\cdot\mathfrak{i})\,\mathfrak{i} + (\mathfrak{V}\cdot\mathfrak{j})\,\mathfrak{j} + (\mathfrak{V}\cdot\mathfrak{k})\,\mathfrak{k}$$

bei $\mathfrak{i}$, $\mathfrak{j}$, $\mathfrak{k}$ stehen, zu $\mathfrak{i}^1$, $\mathfrak{j}^1$, $\mathfrak{k}^1$ setzt. Es leuchtet unmittelbar ein, daß man auf diese Weise die richtige Endlage von $\mathfrak{V}$ erhält, da $\mathfrak{V}^1$ offenbar mit $\mathfrak{i}^1$, $\mathfrak{j}^1$, $\mathfrak{k}^1$ dieselben inneren Produkte bilden muß, wie $\mathfrak{V}$ mit $\mathfrak{i}$, $\mathfrak{j}$, $\mathfrak{k}$.

Nun wenden wir die Formel ($16^\dagger$) auf das neue Tripel $\mathfrak{i}_*$, $\mathfrak{j}_*$, $\mathfrak{k}_*$ an und finden auf diese Weise folgende Gleichungen:

$$\begin{aligned} \mathfrak{i}^1_* &= (\mathfrak{i}_*\cdot\mathfrak{i})\,\mathfrak{i}^1 + (\mathfrak{i}_*\cdot\mathfrak{j})\,\mathfrak{j}^1 + (\mathfrak{i}_*\cdot\mathfrak{k})\,\mathfrak{k}^1, \\ \mathfrak{j}^1_* &= (\mathfrak{j}_*\cdot\mathfrak{i})\,\mathfrak{i}^1 + (\mathfrak{j}_*\cdot\mathfrak{j})\,\mathfrak{j}^1 + (\mathfrak{j}_*\cdot\mathfrak{k})\,\mathfrak{k}^1, \\ \mathfrak{k}^1_* &= (\mathfrak{k}_*\cdot\mathfrak{i})\,\mathfrak{i}^1 + (\mathfrak{k}_*\cdot\mathfrak{j})\,\mathfrak{j}^1 + (\mathfrak{k}_*\cdot\mathfrak{k})\,\mathfrak{k}^1. \end{aligned}$$

Hieraus entnehmen wir

$$(22)\quad \begin{cases} (\mathfrak{i}_*\cdot\mathfrak{i}^1_*) = (\mathfrak{i}_*\cdot\mathfrak{i})\,(\mathfrak{i}_*\cdot\mathfrak{i}^1) + (\mathfrak{i}_*\cdot\mathfrak{j})\,(\mathfrak{i}_*\cdot\mathfrak{j}^1) + (\mathfrak{i}_*\cdot\mathfrak{k})\,(\mathfrak{i}_*\cdot\mathfrak{k}^1), \\ (\mathfrak{j}_*\cdot\mathfrak{j}^1_*) = (\mathfrak{j}_*\cdot\mathfrak{i})\,(\mathfrak{j}_*\cdot\mathfrak{i}^1) + (\mathfrak{j}_*\cdot\mathfrak{j})\,(\mathfrak{j}_*\cdot\mathfrak{j}^1) + (\mathfrak{j}_*\cdot\mathfrak{k})\,(\mathfrak{j}_*\cdot\mathfrak{k}^1), \\ (\mathfrak{k}_*\cdot\mathfrak{k}^1_*) = (\mathfrak{k}_*\cdot\mathfrak{i})\,(\mathfrak{k}_*\cdot\mathfrak{i}^1) + (\mathfrak{k}_*\cdot\mathfrak{j})\,(\mathfrak{k}_*\cdot\mathfrak{j}^1) + (\mathfrak{k}_*\cdot\mathfrak{k})\,(\mathfrak{k}_*\cdot\mathfrak{k}^1), \end{cases}$$

Nun ist z. B.

$$(\mathfrak{i}_*\cdot\mathfrak{i})\,(\mathfrak{i}_*\cdot\mathfrak{i}^1) + (\mathfrak{j}_*\cdot\mathfrak{i})\,(\mathfrak{j}_*\cdot\mathfrak{i}^1) + (\mathfrak{k}_*\cdot\mathfrak{i})\,(\mathfrak{k}_*\cdot\mathfrak{i}^1) = \mathfrak{i}\cdot\mathfrak{i}^1,$$

und ähnlich drücken sich $\mathfrak{j}\cdot\mathfrak{j}^1$, $\mathfrak{k}\cdot\mathfrak{k}^1$ aus auf Grund der Koordinatenformel des inneren Produkts. Es ergibt sich somit durch Addition der Gleichungen (22)

$$(23)\quad (\mathfrak{i}_*\cdot\mathfrak{i}^1_*) + (\mathfrak{j}_*\cdot\mathfrak{j}^1_*) + (\mathfrak{k}_*\cdot\mathfrak{k}^1_*) = (\mathfrak{i}\cdot\mathfrak{i}^1) + (\mathfrak{j}\cdot\mathfrak{j}^1) + \mathfrak{k}(\cdot\mathfrak{k}^1),$$

d. h. $s_* = s$. Damit haben wir die Invarianteneigenschaft der Größe s nachgewiesen. Sie hat tatsächlich einen von der Wahl des Tripels $\mathfrak{i}$, $\mathfrak{j}$, $\mathfrak{k}$ völlig unabhängigen Wert.

Nachdem dies festgestellt ist, greifen wir auf die oben bewiesene Existenz invarianter Vektoren zurück. Wir können danach ohne weiteres $\mathfrak{i}_*$ als invarianten Vektor wählen, so daß $\mathfrak{i}_*^1 = \mathfrak{i}_*$ ist. Dann wird nach (23)

$$s = s_* = 1 + (\mathfrak{j}_* \cdot \mathfrak{j}_*^1) + (\mathfrak{k}_* \cdot \mathfrak{k}_*^1).$$

Nun stehen $\mathfrak{j}_*, \mathfrak{k}_*$ auf $\mathfrak{i}_*$ senkrecht, ebenso wegen der Gleichheit von $\mathfrak{i}_*$ und $\mathfrak{i}_1^*$ auch $\mathfrak{j}_*^1, \mathfrak{k}_*^1$. Die Figur $\mathfrak{i}_*, \mathfrak{j}_*, \mathfrak{k}_*$ geht daher durch eine gewisse Drehung um $\mathfrak{i}_*$ in $\mathfrak{i}_*, \mathfrak{j}_*^1, \mathfrak{k}_*^1$ über. Nennen wir den Drehungswinkel α, so wird

$$\mathfrak{j}_* \cdot \mathfrak{j}_*^1 = \mathfrak{k}_* \cdot \mathfrak{k}_*^1 = \cos\alpha$$

sein, mithin

$$s = 1 + 2\cos\alpha. \tag{24}$$

Jetzt können wir eine Aussage über den Faktor $s + 1$ machen, der in Gleichung (21) unter der Wurzel auftritt. Nach (24) hat man

$$s + 1 = 2(1 + \cos\alpha)$$

und sieht nun deutlich, daß $s + 1 \geqq 0$ ist. Der Fall $s + 1 = 0$ tritt nur dann ein, wenn $\cos\alpha = -1$ ist, also $\mathfrak{j}_* \cdot \mathfrak{j}_*^1 = \mathfrak{k}_* \cdot \mathfrak{k}_*^1 = -1$, d. h.

$$\mathfrak{j}_*^1 = -\mathfrak{j}_*, \quad \mathfrak{k}_*^1 = -\mathfrak{k}_*.$$

Die Bewegung bewirkt also unter den Vektoren eine Umwendung um die Achse $\mathfrak{i}_*$. Diese Möglichkeit $s = -1$ wollen wir ebenso wie $s = 3$ vorläufig zurückstellen. Dann können wir sicher sein, daß die durch (21) gegebenen Wurzeln konjugiert imaginär sind. Sie haben, wenn man (24) beachtet, folgende Werte:

$$\cos\alpha + i\sin\alpha, \quad \cos\alpha - i\sin\alpha. \tag{25}$$

Die entsprechenden festen Richtungen gewinnen wir aus den Gleichungen (17′), wobei für ϱ die Werte (25) zu benutzen sind, die wir kurz ϱ_1 und ϱ_2 nennen wollen. Wenn $\mathfrak{v}$ ein Vektor ist, der die Gleichungen (17′) für $\varrho = \varrho_1$ erfüllt, so wird der konjugiert imaginäre Vektor $\bar{\mathfrak{v}}$ ihnen für $\varrho = \varrho_2$ genügen. Es gelten also folgende Aussagen:

$$\left\{\begin{array}{ll} \mathfrak{v} \cdot \mathfrak{i} = \varrho_1(\mathfrak{v} \cdot \mathfrak{i}^1), & \bar{\mathfrak{v}} \cdot \mathfrak{i} = \varrho_2(\bar{\mathfrak{v}} \cdot \mathfrak{i}^1), \\ \mathfrak{v} \cdot \mathfrak{j} = \varrho_1(\mathfrak{v} \cdot \mathfrak{j}^1), & \bar{\mathfrak{v}} \cdot \mathfrak{j} = \varrho_2(\bar{\mathfrak{v}} \cdot \mathfrak{j}^1), \\ \mathfrak{v} \cdot \mathfrak{k} = \varrho_1(\mathfrak{v} \cdot \mathfrak{k}^1), & \bar{\mathfrak{v}} \cdot \mathfrak{k} = \varrho_2(\bar{\mathfrak{v}} \cdot \mathfrak{k}^1). \end{array}\right. \tag{26}$$

Bezeichnen wir den Achsenvektor der Bewegung für den Augenblick mit $\mathfrak{a}$, so erfüllt er, wie wir wissen, die Gleichungen

$$\left\{\begin{array}{l} \mathfrak{a} \cdot \mathfrak{i} = \mathfrak{a} \cdot \mathfrak{i}^1, \\ \mathfrak{a} \cdot \mathfrak{j} = \mathfrak{a} \cdot \mathfrak{j}^1, \\ \mathfrak{a} \cdot \mathfrak{k} = \mathfrak{a} \cdot \mathfrak{k}^1. \end{array}\right. \tag{27}$$

Aus (26) und (27) folgt nun zunächst

$$\begin{aligned} &(\mathfrak{v} \cdot \mathfrak{i})(\mathfrak{a} \cdot \mathfrak{i}) + (\mathfrak{v} \cdot \mathfrak{j})(\mathfrak{a} \cdot \mathfrak{j}) + (\mathfrak{v} \cdot \mathfrak{k})(\mathfrak{a} \cdot \mathfrak{k}) \\ &= \varrho_1\{(\mathfrak{v} \cdot \mathfrak{i}^1)(\mathfrak{a} \cdot \mathfrak{i}^1) + (\mathfrak{v} \cdot \mathfrak{j}^1)(\mathfrak{a} \cdot \mathfrak{j}^1) + (\mathfrak{v} \cdot \mathfrak{k})(\mathfrak{a} \cdot \mathfrak{k}^1)\}, \end{aligned}$$

d. h.

$$\mathfrak{v} \cdot \mathfrak{a} = \varrho_1(\mathfrak{v} \cdot \mathfrak{a}),$$

mithin $\mathfrak{v} \cdot \mathfrak{a} = 0$, weil $\varrho_1 \neq 1$ ist. Ebenso gilt $\bar{\mathfrak{v}} \cdot \mathfrak{a} = 0$. Würde es außer $\mathfrak{v}$ noch einen andern nicht proportionalen Vektor $\mathfrak{w}$ geben, der das linke Gleichungstripel (26) erfüllt, so wäre $\mathfrak{w} \cdot \mathfrak{a} = 0$ und $\bar{\mathfrak{v}}$ ließe sich aus $\mathfrak{v}$ und $\mathfrak{w}$ linear kombinieren und würde dann ebenso wie $\mathfrak{v}$ das linke Gleichungstripel (26) erfüllen. Dann ergäbe sich aber durch Subtraktion

$$(\varrho_1 - \varrho_2)(\bar{\mathfrak{v}} \cdot \mathfrak{i}^1) = 0, \quad (\varrho_1 - \varrho_2)(\bar{\mathfrak{v}} \cdot \mathfrak{j}^1) = 0, \quad (\varrho_1 - \varrho_2)(\bar{\mathfrak{v}} \cdot \mathfrak{k}^1) = 0,$$

oder, da $\varrho_1 - \varrho_2$ von Null verschieden ist,

$$\bar{\mathfrak{v}} \cdot \mathfrak{i}^1 = 0, \quad \bar{\mathfrak{v}} \cdot \mathfrak{j}^1 = 0, \quad \bar{\mathfrak{v}} \cdot \mathfrak{k}^1 = 0,$$

d. h. $\bar{\mathfrak{v}} = 0$, was aber nicht zutrifft. Zu ϱ_1 gehört also im wesentlichen nur der eine Vektor $\mathfrak{v}$, zu ϱ_2 nur der eine Vektor $\bar{\mathfrak{v}}$. Bei einer Bewegung gibt es demnach, wenn wir die Fülle $s = 3$ und $s = -1$ beiseite lassen, drei festbleibende Richtungen, eine reelle und zwei konjugiert imaginäre. Die reelle ist die Achsenrichtung $\mathfrak{a}$. Von den beiden imaginären sagen wir, weil die Relationen $\mathfrak{v} \cdot \mathfrak{a} = 0$, $\bar{\mathfrak{v}} \cdot \mathfrak{a} = 0$ bestehen, daß sie zu $\mathfrak{a}$ senkrecht sind. Eine weitere Aussage gewinnen wir aus dem linken Gleichungstripel (26) durch Bilden der Quadratsumme. Dabei ergibt sich nämlich

$$(\mathfrak{v} \cdot \mathfrak{i})^2 + (\mathfrak{v} \cdot \mathfrak{j})^2 + (\mathfrak{v} \cdot \mathfrak{k})^2 = \varrho_1^2 \{(\mathfrak{v} \cdot \mathfrak{i}^1)^2 + (\mathfrak{v} \cdot \mathfrak{j}^1)^2 + (\mathfrak{v} \cdot \mathfrak{k}^1)^2\},$$

d. h.

$$\mathfrak{v} \cdot \mathfrak{v} = \varrho_1^2 (\mathfrak{v} \cdot \mathfrak{v}).$$

Nun ist aber $\varrho_1^2 = (\cos\alpha + i \sin\alpha)^2 = \cos 2\alpha + i \sin 2\alpha$ von 1 verschieden. Sonst wäre 2α ein Vielfaches von 2π, mithin α ein Vielfaches von π, also $\cos\alpha = \pm 1$, $\sin\alpha = 0$, folglich $s = 3$ oder $s = -1$, was wir gerade ausschließen. Daher muß $\mathfrak{v} \cdot \mathfrak{v} = 0$ sein. Ist also

$$\mathfrak{v} = \xi \mathfrak{i} + \eta \mathfrak{j} + \zeta \mathfrak{k},$$

so hat man

$$\xi^2 + \eta^2 + \zeta^2 = 0. \tag{28}$$

Ein imaginärer Vektor, der dieser Gleichung genügt, wird als **Minimalvektor** bezeichnet. Die durch ihn gekennzeichnete Richtung nennt man eine **Minimalrichtung** und eine Gerade, deren Richtung durch einen Minimalvektor bestimmt wird, eine **Minimalgerade** des Raumes. Jede Bewegung führt einen Minimalvektor stets wieder in einen Minimalvektor über. Das kann man unmittelbar erkennen, wenn man sich an Formel (16†) hält. Danach ist

$$\mathfrak{B}^1 \cdot \mathfrak{B}^1 = (\mathfrak{B} \cdot \mathfrak{i})^2 + (\mathfrak{B} \cdot \mathfrak{j})^2 + (\mathfrak{B} \cdot \mathfrak{k})^2 = \mathfrak{B} \cdot \mathfrak{B}.$$

Die Norm jedes Vektors bleibt also bei Bewegungen ungeändert. Dieser für reelle Vektoren anschaulich einleuchtende Satz gilt auch für imaginäre Vektoren. Insbesondere zieht die Eigenschaft $\mathfrak{B} \cdot \mathfrak{B} = 0$ stets $\mathfrak{B}^1 \cdot \mathfrak{B}^1 = 0$ nach sich.

Eine allgemeine Bewegung $(s \neq 3, s \neq -1)$ läßt außer der reellen Achsenrichtung noch zwei konjugierte Minimalrichtungen invariant, nämlich diejenigen, die auf der Achsenrichtung senkrecht stehen.

Die Minimalrichtungen hängen aufs engste mit den Kugeln des Raumes zusammen. Eine Kugel wird in gewöhnlichen cartesischen Koordinaten dargestellt durch eine Gleichung von der Form

$$(x - x_0)^2 + (y - y_0)^2 + (z - z_0)^2 = a^2.$$

x_0, y_0, z_0 sind die Koordinaten des Mittelpunktes und a der Radius. Führt man homogene Koordinaten ein, indem man x, y, z durch $\frac{x_1}{x_4}, \frac{x_2}{x_4}, \frac{x_3}{x_4}$ ersetzt, so nimmt die Kugelgleichung folgende Gestalt an:

$$(29) \qquad (x_1 - x_0 x_4)^2 + (x_2 - y_0 x_4)^2 + (x_3 - z_0 x_4)^2 = a^2 x_4^2.$$

Während bei der inhomogenen Schreibweise nur die eigentlichen Punkte für die Befriedigung der Gleichung in Frage kamen, können jetzt auch die Fernpunkte mit herangezogen werden. Die Gesamtheit der Kugelpunkte erfährt gewissermaßen eine Erweiterung. Wie steht es nun mit den Fernpunkten einer Kugel? Ein Fernpunkt hat vier homogene Koordinaten, deren letzte verschwindet, während die drei ersten die Richtung bestimmen, welche auf ihn hinweist. Um die Fernpunkte der Kugel zu finden, müssen wir also die Gleichung (29) durch ein Wertsystem $x_1 = \xi, x_2 = \eta, x_3 = \zeta, x_4 = 0$ erfüllen. Dann erhalten wir $\xi^2 + \eta^2 + \zeta^2 = 0$. Die nach einem Fernpunkt der Kugel hinweisende Richtung ist also eine Minimalrichtung. Da die Fernpunkte einer Kugel den Schnitt der Kugel mit der Fernebene bilden, so pflegt man den Inbegriff dieser Punkte als einen, allerdings imaginären, Kreis zu betrachten. Wir nennen ihn den imaginären Fernkreis oder kurz den **Fernkreis**. Er wird durch die Gleichungen

$$(30) \qquad x_1^2 + x_2^2 + x_3^2 = 0, \; x_4 = 0$$

gekennzeichnet und ist für alle Kugeln derselbe. Die Minimalrichtungen des Raumes weisen auf die Punkte des Fernkreises hin. Eine Gerade, deren Fernpunkt auf den Fernkreis fällt, ist eine Minimalgerade. Da jede Bewegung eine Minimalrichtung stets wieder in eine solche verwandelt, so kann man sagen, daß sie den Fernkreis in sich überführt. Bei einer allgemeinen Bewegung ($s \neq 3, s \neq -1$) bleiben zwei Punkte des Fernkreises in Ruhe. Außer diesen konjugiert imaginären Fixpunkten gibt es in der Fernebene noch einen reellen Fixpunkt, der durch die Achsenrichtung der Bewegung bestimmt wird. Die Orthogonalität der Achsenrichtung zu den beiden imaginären Fixrichtungen der Bewegung besagt, wenn man auf die Fernpunkte achtet, daß die beiden imaginären Fernfixpunkte auf der Polare des reellen in bezug auf den Fernkreis liegen. Wenn ein Fernpunkt $y_1, y_2, y_3, 0$ auf die Polare eines andern Fernpunktes $z_1, z_2, z_3, 0$ fällt, so wird dies durch die Gleichung

$$(y \mid z) = y_1 z_1 + y_2 z_2 + y_3 z_3 = 0$$

ausgedrückt. Dies ist uns aus der Polarentheorie der Kegelschnitte bekannt. Wenn man die Polare des rellen Fernfixpunktes mit dem Fernkreis zum Schnitt bringt, so ergeben sich die imaginären Fernfixpunkte. Die Tangenten des Fernkreises in diesen Punkten treffen sich im reellen Fernfixpunkt. Die

Polare des reellen Fernfixpunktes ist die gemeinsame Ferngerade aller Ebenen, die senkrecht zur Achsenrichtung stehen.

Über die Fernauswirkung einer allgemeinen Bewegung sind wir nun völlig unterrichtet, d. h. wir wissen, welche Transformation sie in der Fernebene hervorruft. Es ist eine projektive Transformation, die den Fernkreis invariant läßt, außerdem einen reellen Punkt und die beiden konjugiert imaginären Schnittpunkte seiner Polare mit dem Fernkreis. Über die invarianten Gebilde im Endlichen muß noch eine Bemerkung gemacht werden. Um die Betrachtung zu erleichtern, wollen wir das dem bewegten Körper angeheftete Vektorentripel $\mathfrak{i}$, $\mathfrak{j}$, $\mathfrak{k}$ so wählen, daß $\mathfrak{i}$ der invariante Vektor ist, also $\mathfrak{i}^1 = \mathfrak{i}$. Dann können wir setzen

$$\mathfrak{j}^1 = \mathfrak{j}\cos\alpha + \mathfrak{k}\sin\alpha, \quad \mathfrak{k}^1 = \mathfrak{j}\cos\left(\alpha + \frac{\pi}{2}\right) + \mathfrak{k}\sin\left(\alpha + \frac{\pi}{2}\right).$$

Die Koeffizientenmatrix

$$\begin{matrix} \mathfrak{i}\,.\,\mathfrak{i}^1, & \mathfrak{i}\,.\,\mathfrak{j}^1, & \mathfrak{i}\,.\,\mathfrak{k}^1 \\ \mathfrak{j}\,.\,\mathfrak{i}^1, & \mathfrak{j}\,.\,\mathfrak{j}^1, & \mathfrak{j}\,.\,\mathfrak{k}^1 \\ \mathfrak{k}\,.\,\mathfrak{i}^1, & \mathfrak{k}\,.\,\mathfrak{j}^1, & \mathfrak{k}\,.\,\mathfrak{k}^1 \end{matrix}$$

lautet dann

$$\begin{matrix} 1, & 0\,, & 0 \\ 0, & \cos\alpha, & -\sin\alpha \\ 0, & \sin\alpha, & \cos\alpha, \end{matrix}$$

so daß die Bewegung nunmehr durch folgende Gleichungen ausgedrückt wird, wobei wir auf die Formeln (15) zurückgehen müssen:

$$\begin{aligned} x^1 &= x + a, \\ y^1 &= y\cos\alpha - z\sin\alpha + b, \\ z^1 &= y\sin\alpha + z\cos\alpha + c. \end{aligned}$$

Unter den Parallelen zur x-Achse gibt es eine, die invariant bleibt. Um sie zu finden, muß man $y^1 = y$, $z^1 = z$ fordern, was zu den Gleichungen

$$\begin{aligned} y(-1 + \cos\alpha) - z\sin\alpha + b = 0, \\ y\sin\alpha + z(-1 + \cos\alpha) + c = 0 \end{aligned}$$

führt. Die Determinante dieses Gleichungssystems lautet

$$\begin{vmatrix} -1 + \cos\alpha, & -\sin\alpha \\ \sin\alpha, & -1 + \cos\alpha \end{vmatrix} = 2(1 - \cos\alpha).$$

Sie ist, da $\cos\alpha = 1$ ausgeschlossen wird, von Null verschieden. Es gibt also eine Lösung y_0, z_0. Über sie gelten die Ausssagen

$$\begin{aligned} y_0 &= y_0\cos\alpha - z_0\sin\alpha + b, \\ z_0 &= y_0\sin\alpha + z_0\cos\alpha + c. \end{aligned}$$

Mit ihrer Hilfe kann man den Bewegungsgleichungen folgende Fassung geben:

$$(15^\dagger) \qquad \begin{cases} x^1 = x + a, \\ y^1 - y_0 = (y - y_0)\cos\alpha - (z - z_0)\sin\alpha, \\ z^1 - z_0 = (y - y_0)\sin\alpha + (z - z_0)\cos a. \end{cases}$$

Man sieht, daß die vorliegende Bewegung zustande gebracht werden kann, indem man um die Gerade $y = y_0$, $z = z_0$ die Drehung α ausführt und damit die Translation a in der x-Richtung, d. h. in der Richtung der Drehungsachse, verbindet. Eine allgemeine Bewegung ist also eine Schraubenbewegung um eine gewisse Gerade. Im Falle $a = 0$ handelt es sich um eine reine Drehung.

Die Reduktion der Bewegungsgleichungen auf die Form ($15^{\dagger}$) ist nur an die Bedingung $\cos\alpha \neq 1$, also $s \neq 3$, gebunden und gilt daher auch im Falle $s = -1$, d. h. $\cos\alpha = -1$. Dann lauten die Gleichungen ($15^{\dagger}$) wie folgt:

$$x^1 = x + a,$$
$$y^1 - y_0 = -(y - y_0),$$
$$z^1 - z_0 = -(z - z_0).$$

Es handelt sich also um eine Umwendung um die Achse $y = y_0$, $z = z_0$, verbunden mit einer Translation in Richtung dieser Achse. Jede Gerade, die senkrecht zur Achse gerichtet ist, bleibt bei dieser Umschraubung mit sich parallel. Man ersieht hieraus, daß im Falle $s = -1$ alle Punkte einer gewissen Ferngeraden einzeln in Ruhe bleiben, und zwar ist es die Ferngerade, in welcher sich die Normalebenen zur Schraubungsachse schneiden, oder, was auf dasselbe hinauskommt, die Polare des Achsenfernpunktes in bezug auf den Fernkreis. In der Fernebene vollzieht sich bei einer solchen Umschraubung eine Spiegelung, deren Gerüst aus dem Achsenfernpunkt und seiner Polare besteht.

Wenn $s = 3$ ist, also $\mathfrak{i} \cdot \mathfrak{i}^1 = \mathfrak{j} \cdot \mathfrak{j}^1 = \mathfrak{k} \cdot \mathfrak{k}^1 = 1$, so stimmen, wie wir wissen, die beiden Tripel $\mathfrak{i}, \mathfrak{j}, \mathfrak{k}$ und $\mathfrak{i}^1, \mathfrak{j}^1, \mathfrak{k}^1$ zusammen, und die Gleichungen (15) lauten

$$x^1 = x + a, \quad y^1 = y + b, \quad z^1 = z + c.$$

Die Bewegung ist in diesem Falle, wie übrigens auch schon früher hervorgehoben wurde, nichts als eine Translation. Alle Punkte der Fernebene bleiben einzeln in Ruhe.

Wir wollen jetzt noch die Frage erörtern, wie sich die oben besprochenen Bewegungstypen den vier Klassen von Projektivitäten einordnen. Zunächst betrachten wir die allgemeine Bewegung, die sich homogen in folgender Weise schreiben läßt:

$$x_1^1 = x_1 + a x_4,$$
$$x_2^1 = x_2 \cos\alpha - x_3 \sin\alpha,$$
$$x_3^1 = x_2 \sin\alpha + x_3 \cos\alpha,$$
$$x_4^1 = x_4.$$

Führen wir statt x_2, x_3 die Verbindungen $x_2 + i x_3 = X_2$, $x_2 - i x_3 = X_3$ ein und setzen zur Abkürzung $\cos\alpha + i \sin\alpha = \omega$, $\cos\alpha - i \sin\alpha = \bar{\omega}$, so ergibt sich die kürzere Fassung

$$X_1^1 = X_1 + a X_4, \; X_2^1 = \omega X_2, \; X_3^1 = \bar{\omega} X_3, \; X_4^1 = X_4.$$

Wenden wir diese Transformation wiederholt an, so finden wir

$$X_1^2 = X_1 + 2a X_4,\ X_2^2 = \omega^2 X_2,\ X_3^2 = \bar{\omega}^2 X_3,\ X_4^2 = X_4,$$
$$X_1^3 = X_1 + 3a X_4,\ X_2^3 = \omega^3 X_2,\ X_3^3 = \bar{\omega}^3 X_3,\ X_4^3 = X_4.$$

Die vier Wertsysteme X, X^1, X^2, X^3 bilden nun folgende Determinante:

$$(31)\qquad \begin{vmatrix} X_1 & , X_2, & X_3, & X_4 \\ X_1 + a X_4, & \omega X_2, & \bar{\omega} X_3, & X_4 \\ X_1 + 2a X_4, & \omega^2 X_2, & \bar{\omega}^2 X_3, & X_4 \\ X_1 + 3a X_4, & \omega^3 X_2, & \bar{\omega}^3 X_3, & X_4 \end{vmatrix}.$$

Zieht man die erste Zeile von allen übrigen ab, so reduziert sich die Determinante auf das Produkt aus $-aX_2X_3X_4^2$ und

$$\begin{vmatrix} 1, & \omega - 1, & \bar{\omega} - 1 \\ 2, & \omega^2 - 1, & \bar{\omega}^2 - 1 \\ 3, & \omega^3 - 1, & \bar{\omega}^3 - 1 \end{vmatrix}.$$

Hier kann man nun die Faktoren $\omega - 1, \bar{\omega} - 1$ herausziehen, wonach dann

$$\begin{vmatrix} 1, & 1 \quad , & 1 \\ 2, & \omega + 1 \quad , & \bar{\omega} + 1 \\ 3, & \omega^2 + \omega + 1, & \bar{\omega}^2 + \bar{\omega} + 1 \end{vmatrix}$$

übrigbleibt. Endlich kann man von der dritten die zweite und von der zweiten die erste Zeile subtrahieren und erhält dadurch

$$\begin{vmatrix} 1 & 1 & 1 \\ 1 & \omega & \bar{\omega} \\ 1 & \omega^2 & \bar{\omega}^2 \end{vmatrix}.$$

Das ist aber die Cauchysche Determinante der Größen $1, \omega, \bar{\omega}$. Sie ist gleich dem Differenzenprodukt

$$(\omega - 1)(\bar{\omega} - 1)(\bar{\omega} - \omega).$$

Im Falle der allgemeinen Bewegung sind alle drei Faktoren von Null verschieden. $\omega - 1 = 0$ oder $\bar{\omega} - 1 = 0$ würde nämlich bedeuten, daß $\cos\alpha = 1$, $\sin\alpha = 0$ ist, $\bar{\omega} - \omega = 0$ aber, daß $\sin\alpha = 0$ ist, also entweder $\cos\alpha = 1$ oder $\cos\alpha = -1$. Schließen wir also Translationen und Umschraubungen aus und nehmen wir außerdem an, daß keine reine Rotation vorliegt, d. h. $a \neq 0$ ist, so wird die Determinante (31) von Null verschieden sein, sobald nur keine der Größen X_2, X_3, X_4 verschwindet.

Eine allgemeine Bewegung, die keine reine Rotation ist, hat also die Struktur 4. Sie gehört zur Klasse I der Projektivitäten. Wenden wir auf X^3 nochmals die Bewegung an, so ergibt sich als Wertsystem X^4 das folgende:

$$(32)\qquad X_1 + 4a X_4,\ \omega^4 X_2,\ \bar{\omega}^4 X_3,\ X_4.$$

Dieses läßt sich nun aus den Zeilen der Determinante (31) linear aufbauen, und aus der so entstehenden Relation

$$(33)\qquad X^4 = \lambda_0 X + \lambda_1 X^1 + \lambda_2 X^2 + \lambda_3 X^3$$

gewinnt man das charakteristische Polynom, das, wie bekannt, nichts anderes ist als der Ausdruck

$$\xi^4 - \lambda_0 \xi^0 - \lambda_1 \xi^1 - \lambda_2 \xi^2 - \lambda_3 \xi^3.$$

Soll zwischen den Zeilen der Determinante (31) und dem Wertsystem (32) die Relation (33) stattfinden, so müssen folgende Gleichungen erfüllt sein:

$$(34)\qquad \begin{cases} 1 = \lambda_0 + \lambda_1 + \lambda_2 + \lambda_3, \\ \omega^4 = \lambda_0 + \lambda_1\omega + \lambda_2\omega^2 + \lambda_3\omega^3, \\ \overline{\omega}^4 = \lambda_0 + \lambda_1\overline{\omega} + \lambda_2\overline{\omega}^2 + \lambda_3\overline{\omega}^3, \\ 4 = \qquad \lambda_1 + 2\lambda_2 + 3\lambda_3. \end{cases}$$

Die drei ersten Gleichungen besagen, daß die Größen $1, \omega, \overline{\omega}$ Wurzeln des charakteristischen Polynoms sind. Es fehlt nur noch die Interpretation der vierten Gleichung. Um diese zu geben, wollen wir das charakteristische Polynom durch $\xi - 1$ dividieren. Das können wir sofort erledigen, indem wir von ihm $1 - \lambda_0 - \lambda_1 - \lambda_2 - \lambda_3 = 0$ abziehen, wodurch es die Form erhält

$$\begin{aligned}(\xi^4 - 1) - \lambda_1(\xi - 1) - \lambda_2(\xi^2 - 1) - \lambda_3(\xi^3 - 1) \\ = (\xi - 1)\{(\xi^3 + \xi^2 + \xi + 1) - \lambda_1 - \lambda_2(\xi + 1) - \lambda_3(\xi^2 + \xi + 1)\}.\end{aligned}$$

Der zweite Faktor, der ein Polynom dritten Grades ist, hat nun nochmals die Wurzel 1. Setzen wir nämlich $\xi = 1$ ein, so reduziert er sich auf

$$4 - \lambda_1 - 2\lambda_2 - 3\lambda_3 = 0,$$

eben auf Grund der vierten Gleichung (34). Wir können auf Grund dieser Gleichung jenen zweiten Faktor auf die Form bringen

$$(\xi^3 - 1) + (\xi^2 - 1) + (\xi - 1) - \lambda_2(\xi - 1) - \lambda_3(\xi^2 - 1) - \lambda_3(\xi - 1)$$

oder

$$\begin{aligned}(\xi - 1)\{(\xi^2 + \xi + 1) + (\xi + 1) + 1 - \lambda_2 - \lambda_3(\xi + 1) - \lambda_3\} \\ = (\xi - 1)\{\xi^2 + 2\xi + 3 - \lambda_2 - \lambda_3(\xi + 2)\}.\end{aligned}$$

Das hier erscheinende Polynom zweiten Grades hat die Wurzeln ω und $\overline{\omega}$, so daß es also gleich dem Produkt $(\xi - \omega)(\xi - \overline{\omega})$ ist. Für das charakteristische Polynom ergibt sich somit folgende Darstellung:

$$\begin{aligned}\xi^4 - \lambda_0\xi^0 - \lambda_1\xi^1 - \lambda_2\xi^2 - \lambda_3\xi^3 \\ = (\xi - 1)^2(\xi - \omega)(\xi - \overline{\omega}) = (\xi - 1)^2(\xi^2 - 2\xi\cos\alpha + 1).\end{aligned}$$

Dieses Polynom tritt nun auch bei dem Fixpunktproblem auf. Stellt man nämlich die Forderung $x^1 = \xi x$ oder, was auf dasselbe hinauskommt, $X^1 = \xi X$, so findet man

$$\xi X_1 = X_1 + aX_4,\ \xi X_2 = \omega X_2,\ \xi X_3 = \overline{\omega} X_3,\ \xi X_4 = X_4$$

und erkennt, daß die Determinante

$$\begin{vmatrix} 1-\xi, & 0, & 0, & a \\ 0, & \omega - \xi, & 0, & 0 \\ 0, & 0, & \overline{\omega} - \xi, & 0 \\ 0, & 0, & 0, & 1 - \xi \end{vmatrix}$$

verschwinden muß. Diese Determinante hat aber den Wert

$$(\xi - 1)^2(\xi - \omega)(\xi - \overline{\omega}),$$

ist also nichts anderes als das charakteristische Polynom. Man kann durch eine andere Überlegung noch bequemer feststellen, daß das charakteristische

Polynom mit dem Fixpunktproblem zusammenhängt. Jeder Punkt y läßt sich linear aus x, x^1, x^2, x^3 ableiten, also in der Form

$$y = \alpha_0 x + \alpha_1 x^1 + \alpha_2 x^2 + \alpha_3 x^3$$

darstellen. Wendet man auf ihn die betrachtete Bewegung an, so geht er über in

$$\begin{aligned} y^1 &= \alpha_0 x^1 + \alpha_1 x^2 + \alpha_2 x^3 + \alpha_3 x^4 \\ &= \alpha_3 \lambda_0 x + (\alpha_0 + \alpha_3 \lambda_1) x^1 + (\alpha_1 + \alpha_3 \lambda_2) x^2 + (\alpha_2 + \alpha_3 \lambda_3) x^3, \end{aligned}$$

weil x^4 durch $\lambda_0 x + \lambda_1 x^1 + \lambda_2 x^2 + \lambda_3 x^3$ ersetzt werden kann, auf Grund der auch für x geltenden Relation (33). Soll nun $y^1 = \xi y$ sein, also

$$\begin{aligned} &\xi \alpha_0 x + \xi \alpha_1 x^1 + \xi \alpha_2 x^2 + \xi \alpha_3 x^3 \\ &= \alpha_3 \lambda_0 x + (\alpha_0 + \alpha_3 \lambda_1) x^1 + (\alpha_1 + \alpha_3 \lambda_2) x^2 + (\alpha_2 + \alpha_3 \lambda_3) x^3, \end{aligned}$$

so müssen folgende Gleichungen stattfinden:

$$(35) \qquad \left\{ \begin{array}{l} -\xi\alpha_0 + \ * + \ * + \lambda_0 \alpha_3 = 0, \\ \alpha_0 - \xi \alpha_1 + \ * + \lambda_1 \alpha_3 = 0, \\ * + \alpha_1 - \xi \alpha_2 + \lambda_2 \alpha_3 = 0, \\ * + \ * + \alpha_2 + (\lambda_3 - \xi) \alpha_3 = 0. \end{array} \right.$$

Multipliziert man diese Gleichungen der Reihe nach mit $1, \xi, \xi^2, \xi^3$ und addiert sie alle, so ergibt sich offenbar

$$(\lambda_0 + \lambda_1 \xi + \lambda_2 \xi^2 + \lambda_3 \xi^3 - \xi^4) \alpha_3 = 0.$$

Wäre nun $\alpha_3 = 0$, so würde die letzte Gleichung (35) sofort $\alpha_2 = 0$, die vorletzte $\alpha_1 = 0$, die drittletzte $\alpha_0 = 0$ ergeben. Da das Verschwinden sämtlicher α gerade ausgeschlossen ist, so muß man $\alpha_3 \neq 0$ annehmen. Dann folgt aber

$$\lambda_0 + \lambda_1 \xi + \lambda_2 \xi^2 + \lambda_3 \xi^3 - \xi^4 = 0.$$

Man darf ohne weiteres $\alpha_3 = 1$ setzen und findet dann aus den Gleichungen (35) mit der letzten beginnend

$$\alpha_3 = 1, \ \alpha_2 = \xi - \lambda_3, \ \alpha_1 = \xi^2 - \lambda_3 \xi - \lambda_2,$$
$$\alpha_0 = \xi^3 - \lambda_3 \xi^2 - \lambda_2 \xi - \lambda_1.$$

Setzt man diese Werte in den Ausdruck $y = \alpha_0 x + \alpha_1 x^1 + \alpha_2 x^2 + \alpha_3 x^3$ ein, so ergibt sich folgende Darstellung des Fixpunktes, der zur Würzel ξ des charakteristischen Polynoms gehört:

$$(36) \quad y = (\xi^3 - \lambda_3 \xi^2 - \lambda_2 \xi - \lambda_1)\, x + (\xi^2 - \lambda_3 \xi - \lambda_2) x^1 + (\xi - \lambda_3) x^2 + x^3.$$

Man kann dafür auch schreiben

$$(\xi^3 x + \xi^2 x^1 + \xi x^2 + \xi^0 x^3) - \lambda_3 (\xi^2 x + \xi x^1 + \xi^0 x^2) - \lambda_2 (\xi x + \xi^0 x^1) - \lambda_1 \xi^0 x.$$

Betrachtet man $x = x^0$, und x^1, x^2, x^3 als wirkliche Potenzen, so ist dieser Ausdruck der Quotient

$$(36^*) \quad \frac{(x^4 - \lambda_0 x^0 - \lambda_1 x^1 - \lambda_2 x^2 - \lambda_3 x_3) - (\xi^4 - \lambda_0 \xi^0 - \lambda_1 \xi^1 - \lambda_2 \xi^2 - \lambda_3 \xi^3)}{x - \xi}.$$

Auf diese Weise kann man ihn immer bequem herstellen.

Um das oben dargelegte Verfahren zur Bestimmung der Fixpunkte in einem konkreten Falle anzuwenden, wird man den Punkt x irgendwie spezialisieren. Interessant ist es, daß die Koeffizienten in dem Ausdruck (36) immer dieselben sind, wie man auch den Ausgangspunkt des Quadrupels x, x^1, x^2, x^3 wählen mag. Der Fixpunkt hat in bezug auf jedes solche Quadrupel dieselben Tetraederkoordinaten. Selbstverständlich ist x an die Bedingung gebunden, daß x, x^1, x^2, x^3 ein allgemeines Punktquadrupel bilden müssen. Das Verfahren gilt übrigens, wie kaum gesagt zu werden braucht, für alle Projektivitäten mit einem einzigen charakteristischen Polynom.

Betrachten wir nun eine reine Rotation

$$\begin{aligned} x_1^1 &= x_1, \\ x_2^1 &= x_2 \cos\alpha - x_3 \sin\alpha, \\ x_3^1 &= x_2 \sin\alpha + x_3 \cos\alpha, \\ x_4^1 &= x_4 \end{aligned}$$

oder

$$X_1^1 = X_1,\ X_2^1 = \omega X_2,\ X_3^1 = \bar{\omega} X_3,\ X_4^1 = X_4,$$

wobei wieder $X_1 = x_1$, $X_2 = x_2 + i x_3$, $X_3 = x_2 - i x_3$, $X_4 = x_4$ sein soll, so ergeben sich durch fortgesetzte Ausübung dieser Transformation nicht mehr als drei unabhängige Wertsysteme X, X^1, X^2, weil die Determinante

$$\begin{vmatrix} X_1 & X_2 & X_3 & X_4 \\ X_1 & \omega X_2 & \bar{\omega} X_3 & X_4 \\ X_1 & \omega^2 X_2 & \bar{\omega}^2 X_3 & X_4 \\ X_1 & \omega^3 X_2 & \bar{\omega}^3 X_3 & X_4 \end{vmatrix}$$

verschwindet. In ihren drei ersten Zeilen finden wir die Determinanten

$$\begin{vmatrix} X_1 & X_2 & X_3 \\ X_1 & \omega X_2 & \bar{\omega} X_3 \\ X_1 & \omega^2 X_2 & \bar{\omega}^2 X_3 \end{vmatrix}, \qquad \begin{vmatrix} X_2 & X_3 & X_4 \\ \omega X_2 & \bar{\omega} X_3 & X_4 \\ \omega^2 X_2 & \bar{\omega}^2 X_3 & X_4 \end{vmatrix},$$

die sich von der Cauchyschen Determinante der Größen $1, \omega, \bar{\omega}$ um $X_1 X_2 X_3$ oder $X_2 X_3 X_4$ unterscheiden. Schließen wir die Identität ($\alpha = 0$) und die Umwendung ($\alpha = \pi$) aus, so sind $1, \omega, \bar{\omega}$ voneinander verschieden. Sobald also die Produkte $X_1 X_2 X_3$ und $X_2 X_3 X_4$ nicht beide verschwinden, haben wir in X, X^1, X^2 tatsächlich drei unabhängige Wertsysteme vor uns.

Ist nun

$$X^3 = \mu_0 X + \mu_1 X^1 + \mu_2 X^2, \tag{37}$$

so müssen, wie man an den Zeilen der vierreihigen Determinante ablesen kann, folgende Gleichungen gelten:

$$\begin{aligned} 1 &= \mu_0 + \mu_1 + \mu_2, \\ \omega^3 &= \mu_0 + \mu_1 \omega + \mu_2 \omega^2, \\ \bar{\omega}^3 &= \mu_0 + \bar{\mu}_1 \omega + \mu_2 \bar{\omega}^2. \end{aligned}$$

Das charakteristische Polynom

$$\xi^3 - \mu_0 - \mu_1 \xi - \mu_2 \xi^2$$

hat also die Wurzeln $1, \omega, \bar{\omega}$ und ist daher gleich

$$(\xi - 1)(\xi - \omega)(\xi - \bar{\omega}).$$

Die Gleichung (37) gilt auch zwischen x, x^1, x^2, x^3, und zwar mit denselben Koeffizienten μ_0, μ_1, μ_2. Wir denken uns unter x ein reelles Wertsystem x_1, x_2, x_3, x_4. Dann sind auch x^1, x^2 reelle Wertsysteme. Nun wählen wir ein viertes reelles Wertsystem y, das mit x, x^1, x^2 eine von Null verschiedene Determinante bildet. Die betrachtete Rotation verwandelt es in y^1, und y^1 drückt sich linear durch x, x^1, x^2 und y aus:

$$y^1 = \sigma_0 x + \sigma_1 x^1 + \sigma_2 x^2 + \nu_0 y.$$

Schreiben wir diese Relation in der Form

$$y^1 = \tau_0 x + \tau_1(x^1 - \nu_0 x) + \tau_2(x^2 - \nu_0 x^1) + \nu_0 y,$$

wobei $\tau_0 - \nu_0\tau_1 = \sigma_0, \quad \tau_1 - \nu_0\tau_2 = \sigma_1, \quad \tau_2 = \sigma_2$ ist, also

$$\tau_0 = \nu_0^2\sigma_2 + \nu_0\sigma_1 + \sigma_0, \quad \tau_1 = \nu_0\sigma_2 + \sigma_1, \quad \tau_2 = \sigma_2,$$

so gilt für das Wertsystem $z = y - \tau_1 x - \tau_2 x^1$ die einfachere Gleichung

$$z^1 = \tau_0 x + \nu_0 z.$$

Hier ist sogar noch $\tau_0 = 0$. Wäre nämlich $\tau_0 \neq 0$, so würden die vier Wertsysteme

$$z, \quad z^1 = \tau_0 x + \nu_0 z, \quad z^2 = \tau_0 x^1 + \nu_0 z^1, \quad z^3 = \tau_0 x^2 + \nu_0 z^2,$$

aus den sich $z, \tau_0 x, \tau_0 x^1, \tau_0 x^2$ linear ableiten, ein unabhängiges Quadrupel darstellen, was nicht sein kann. Über den in $z^1 = \nu_0 z$ auftretenden Faktor läßt sich eine Aussage machen. Die Wertsysteme $x + z, x^1 + z^1, x^2 + z^2, x^3 + z^3$, d. h. $x + z, x^1 + \nu_0 z, x^2 + \nu_0^2 z, x^3 + \nu_0^3 z$ dürfen nicht linear unabhängig sein. Aus ihnen lassen sich $x + z, x^1 - \nu_0 x, x^2 - \nu_0 x^1, x^3 - \nu_0 x^2$ linear ableiten. Es muß also zwischen $x^1 - \nu_0 x, x^2 - \nu_0 x^1$ und

$$x^3 - \nu_0 x^2 = \mu_0 x + \mu_1 x^1 + (\mu_2 - \nu_0) x^2$$

$$= (\mu_0 + \mu_1\nu_0 + \mu_2\nu_0^2 - \nu_0^3) x + (\mu_1 + \mu_2\nu_0 - \nu_0^2)(x^1 - \nu_0 x) + (\mu_2 - \nu_0)(x^2 - \nu_0 x^1)$$

eine lineare Abhängigkeit bestehen, wozu die Gleichung

$$\nu_0^3 - \mu_0 - \mu_1\nu_0 - \mu_2\nu_0^2 = 0$$

erforderlich ist. ν_0 muß also eine Wurzel des ersten charakteristischen Polynoms $\xi^3 - \mu_0 - \mu_1\xi - \mu_2\xi^2$ sein. Nun liegt es aber im Wesen unseres Verfahrens, daß ν_0 reell ist. Also folgt $\nu_0 = 1$. Das zweite charakteristische Polynom $\xi - \nu_0$ lautet somit im vorliegenden Falle $\xi - 1$. Bei einer Rotation, die weder eine Umwendung noch die Identität ist, treten also statt des einen charakteristischen Polynoms $(\xi - 1)^2(\xi - \omega)(\xi - \bar{\omega})$, das wir bei der allgemeinen Bewegung hatten, zwei charakteristische Polynome auf, nämlich $(\xi - 1)(\xi - \omega)(\xi - \bar{\omega})$ und $\xi - 1$. Die Rotation gehört demnach zur zweiten Klasse der Projektivitäten und hat die Struktur 3, 1.

Es ist von Interesse, wie einfach sich auch hier das Fixpunktproblem erledigt. Wir beziehen den Fixpunkt y auf x, x^1, x^2 und z, so daß er in der Darstellung

$$y = \alpha_0 x + \alpha_1 x^1 + \alpha_2 x^2 + \beta_0 z$$

erscheint. Wenden wir die betrachtete Rotation an und bedenken, daß

$$x^3 = \mu_0 x + \mu_1 x^1 + \mu_2 x^2, \quad z^1 = z$$

ist, so ergibt sich

$$y^1 = \alpha_2\mu_0 x + (\alpha_0 + \alpha_2\mu_1)x^1 + (\alpha_1 + \alpha_2\mu_2)x^2 + \beta_0 z.$$

Die Forderung $y^1 = \xi y$ setzt sich nun in folgende Gleichungen um:

$$(38)\quad \begin{cases} -\xi\alpha_0 + * + \mu_0\alpha_2 * + * = 0, \\ \alpha_0 - \xi\alpha_1 + \mu_1\alpha_2 * + * = 0, \\ * + \alpha_1 + (\mu_2 - \xi)\alpha_2 + * = 0, \\ * + * + * + (1-\xi)\,\beta_0 = 0. \end{cases}$$

Als Determinante dieses Gleichungssystems erscheint das Produkt der beiden charakteristischen Polynome. Da das erste durch das zweite teilbar ist, genügt es, zu sagen, daß ξ eine Wurzel des ersten charakteristischen Polynoms sein muß. Aber man muß zwei Möglichkeiten unterscheiden. Entweder bringt ξ nur das erste charakteristische Polynom zum Verschwinden oder das erste und das zweite. Im vorliegenden Falle sind das die Möglichkeiten $\xi = \omega$, $\bar{\omega}$ oder $\xi = 1$.

Setzt man $\xi = \omega$ oder $\xi = \bar{\omega}$, so folgt aus der letzten Gleichung (38), da $1 - \xi \neq 0$ ist, $\beta_0 = 0$. Die drei ersten Gleichungen liefern von der dritten aufwärts

$$\alpha_1 = (\xi - \mu_2)\alpha_2, \quad \alpha_0 = (\xi^2 - \mu_2\xi - \mu_1)\alpha_2.$$

Wir finden also die beiden Fixpunkte

$$y = (\omega^2 - \mu_2\omega - \mu_1)x + (\omega - \mu_2)x^1 + x^2$$

und

$$y = (\bar{\omega}^2 - \mu_2\bar{\omega} - \mu_1)x + (\bar{\omega} - \mu_2)x^1 + x^2.$$

Setzt man $\xi = 1$, so fällt die letzte Gleichung (38) fort, d. h. β_0 darf beliebig gewählt werden. Die drei andern Gleichungen liefern

$$\alpha_1 = (1 - \mu_2)\,\alpha_2, \quad \alpha_0 = (1 - \mu_2 - \mu_1)\,\alpha_2,$$

so daß sich ergibt

$$y = \alpha_2\{(1 - \mu_2 - \mu_1)\,x + (1 - \mu_2)\,x^1 + x^2\} + \beta_0 z.$$

Zur Wurzel $\xi = 1$ gehören also unendlich viele Fixpunkte, die eine Gerade bilden, offenbar die Rotationsachse. Die beiden konjugiert imaginären Fixpunkte sind die Schnittpunkte der Normalebene dieser Achse mit dem Fernkreis.

Wir gehen jetzt zur Betrachtung einer Umschraubung über, wobei wir aber den Fall der Umwendung ausschließen. Es handelt sich also um eine Transformation, die man in folgender Weise analytisch ausdrücken kann:

$$\begin{aligned} x_1^1 &= x_1 + a x_4, \\ x_2^1 &= -x_2, \\ x_3^1 &= -x_3 \\ x_4^1 &= x_4, \end{aligned}$$

wobei $a \neq 0$ ist. Wenden wir diese Transformation wiederholt an, so erhalten wir nicht mehr als drei unabhängige Wertsysteme. Die Systeme x, x^1, x^2, x^3 bilden nämlich folgende Determinante:

$$\begin{vmatrix} x_1 \;, & x_2, & x_3, & x_4 \\ x_1 + ax_4, & -x_2, & -x_3, & x_4 \\ x_1 + 2ax_4, & x_2, & x_3, & x_4 \\ x_1 + 3ax_4, & -x_2, & -x_3, & x_4 \end{vmatrix},$$

deren Verschwinden man leicht feststellt. Dagegen sind die drei ersten Zeilen linear unabhängig. Wir finden nämlich in ihnen die Determinanten

$$\begin{vmatrix} x_1 \;, & x_2, & x_4 \\ x_1 + ax_4, & -x_2, & x_4 \\ x_1 + 2ax_4, & x_2, & x_4 \end{vmatrix}, \quad \begin{vmatrix} x_1 \;, & x_3, & x_4 \\ x_1 + ax_4, & -x_3, & x_4 \\ x_1 + 2ax_4, & x_3, & x_4 \end{vmatrix},$$

die gleich $4ax_2x_4^2$ und $4ax_3x_4^2$ sind. Wenn $x_2x_4 \neq 0$ oder $x_3x_4 \neq 0$ ist, werden also x, x^1, x^2 tatsächlich unabhängig sein. Dagegen wird sich x^3 linear durch sie ausdrücken:

$$x^3 = \mu_0 x + \mu_1 x^1 + \mu_2 x^2.$$

Man kann aus den Zeilen der Determinante folgende Aussagen über die Koeffizienten μ_0, μ_1, μ^2 ablesen:

$$\text{(39)} \qquad \begin{cases} \mu_0 + \mu_1 + \mu_2 = 1, \\ \mu_0 - \mu_1 + \mu_2 = -1, \\ \qquad \mu_1 + 2\mu_2 = 3. \end{cases}$$

Die beiden ersten bedeuten, daß das charakteristische Polynom $\xi^3 - \mu_0 - \mu_1\xi - \mu_2\xi^2$ die Wurzeln 1 und -1 hat. Sondert man von diesem Polynom den Faktor $\xi - 1$ ab, schreibt man also

$$\begin{aligned} \xi^3 - \mu_0 - \mu_1\xi - \mu_2\xi^2 &= \xi^3 - 1 - \mu_1(\xi - 1) - \mu_2(\xi^2 - 1) \\ &= (\xi - 1)\{\xi^2 + \xi + 1 - \mu_1 - \mu_2(\xi + 1)\}, \end{aligned}$$

so besagt die dritte Gleichung (39), daß der zweite Faktor auch noch die Wurzel $\xi = 1$ hat. Demnach gilt für das charakteristische Polynom folgende Zerlegung:

$$\xi^3 - \mu_0 - \mu_1\xi - \mu_2\xi^2 = (\xi - 1)^2(\xi + 1).$$

Es gibt nun ein von x, x^1, x^2 unabhängiges Wertsystem z, das eine Relation von der Form $z^1 = \nu_0 z$ erfüllt. Den Beweis kennen wir vom zuletzt behandelten Falle. Wir wissen auch, daß ν_0 eine Wurzel des ersten charakteristischen Polynoms, also $\nu_0 = 1$ oder $\nu_0 = -1$ ist. Tatsächlich ist aber nur einer der beiden Werte 1 und -1 für ν_0 zulässig. Wäre nämlich $\nu_0 = 1$, also $z^1 = z$, so müßte

$$z_1 = z_1 + az_4, \quad z_2 = -z_2, \quad z_3 = -z_3$$

sein, d. h. $z_2 = z_3 = z_4 = 0$. Dann wären aber x, x^1, x^2, z nicht unabhängig, weil die Determinante

$$\begin{vmatrix} x_1 \;, & x_2, & x_3, & x_4 \\ x_1 + ax_4, & -x_2, & -x_3, & x_4 \\ x_1 + 2ax_4, & x_2, & x_3, & x_4 \\ 1 \;, & 0, & 0, & 0 \end{vmatrix}$$

verschwindet. Daher muß $\nu_0 = -1$ sein, also $z^1 = -z$. Das zweite charakteristische Polynom lautet demnach $\xi + 1$. Die Umschraubung gehört also ebenso wie die Rotation zur zweiten Klasse der Projektivitäten und hat die Struktur 3, 1. Der Unterschied liegt in den charakteristischen Polynomen, die bei der Rotation

$$(\xi - 1)(\xi^2 - 2\xi \cos\alpha + 1), \quad \xi - 1$$

lauten, bei der Umschraubung aber

$$(\xi - 1)^2(\xi + 1), \quad \xi + 1.$$

Sucht man die Fixpunkte der Umschraubung unter Benutzung des Ansatzes

$$y = \alpha_0 x + \alpha_1 x^1 + \alpha_2 x^2 + \beta_0 z,$$

so findet man für $\xi = 1$ einen einzelnen Fixpunkt, für $\xi = -1$ eine Gerade mit lauter Fixpunkten. Der einzelne Fixpunkt ist der Achsenfernpunkt, die von Fixpunkten erfüllte Gerade die Ferngerade aller Normalebenen zur Achse.

Eine Umwendung läßt sich durch die Gleichungen

$$x_1^1 = x_1, \quad x_2^1 = -x_2, \quad x_3^1 = -x_3, \quad x_4^1 = x_4$$

kennzeichnen. Hier gewinnen wir wegen des involutorischen Charakters durch fortgesetzte Anwendung der Transformation nichts anderes als x und x^1. Solange x_2 und x_3 nicht beide verschwinden, sind das zwei unabhängige Wertsysteme. Nach der allgemeinen Theorie müssen wir nun ein drittes Wertsystem z hinzunehmen, das von x und x^1 unabhängig ist, und prüfen, ob vielleicht x, x^1, z, z^1 ein allgemeines Quadrupel bilden. Das geschieht durch Aufstellung der Determinante dieser Wertsysteme, also der Determinante

$$\begin{vmatrix} x_1 & x_2 & x_3 & x_4 \\ x_1 & -x_2 & -x_3 & x_4 \\ z_1 & z_2 & z_3 & z_4 \\ z_1 & -z_2 & -z_3 & z_4 \end{vmatrix},$$

die bis auf einen Zahlenfaktor gleich dem Produkt $(x_1 z_4 - z_1 x_4)(x_2 z_3 - z_2 x_3)$ ist. Wählt man z so, daß kein Faktor dieses Produktes verschwindet, dann bilden x, x_1, z, z^1 vier unabhängige Quadrupel. Es ist nun offenbar $x^2 = x$, $z^2 = z$, so daß die beiden charakteristischen Polynome übereinstimmend $\xi^2 - 1$ lauten. Die Umwendung gehört also zur dritten Klasse der Projektivitäten und hat die Struktur 2, 2. Die Auffindung der Fixpunkte unter Benutzung des Ansatzes

$$y = \alpha_0 x + \alpha_1 x^1 + \beta_0 y + \beta_1 y^1$$

gelingt hier sehr rasch. Man hat

$$y^1 = \alpha_0 x^1 + \alpha_1 x + \beta_0 y^1 + \beta_1 y.$$

Soll y^1 mit

$$\xi y = \alpha_0 \xi x + \alpha_1 \xi x^1 + \beta_0 \xi y + \beta_1 \xi y^1$$

übereinstimmen, so müssen folgende Gleichungen bestehen:

$$-\alpha_0 \xi + \alpha_1 = 0, \quad -\beta_0 \xi + \beta_1 = 0$$
$$\alpha_0 - \alpha_1 \xi = 0, \quad \beta_0 - \beta_1 \xi = 0.$$

Es muß also $\xi^2 - 1 = 0$ sein und

$$y = \alpha_1(\xi x + x^1) + \beta_1(\xi y + y^1).$$

Alle Punkte der Verbindungslinie von $x + x^1$ mit $y + y^1$ werden demnach Fixpunkte sein, ebenso alle Punkte der Verbindungslinie von $x - x^1$ mit $y + y^1$. Da $x + x^1$ und $y + y^1$ die Quadrupel $2x_1, 0, 0, 2x_4$ und $2y_1, 0, 0, 2y_4$ sind, ferner $x - x_1$ und $y - y^1$ die Quadrupel $0, 2x_2, 2x_3, 0$ und $0, 2y_2, 2y_3, 0$, so ist die eine Verbindungslinie die Umwendungsachse, die andere die Ferngerade aller Normalebenen der Achse. Die Umwendung ist nichts anderes als die Spiegelung an diesem Linienkreuz, was auch geometrisch unmittelbar einleuchtet.

Wir kommen nun zur Betrachtung der Translation, die wir in der Form

$$x_1^1 = x_1 + a x_4, \quad x_2^1 = x_2, \quad x_3^1 = x_3, \quad x_4^1 = x_4$$

schreiben. Hier finden wir, da offenbar $x^2 = 2x^1 - x$ ist, durch Wiederholung der Transformation nicht mehr als zwei unabhängige Wertsysteme und nur im Falle $x_4 \neq 0$ wirklich zwei. Nehmen wir ein drittes, von x, x^1 unabhängiges Quadrupel z hinzu, so liefern x, x^1, z, z^1 eine verschwindende Determinante. Wir können es so einrichten, daß $z^1 = \nu_0 z$ wird. Dabei muß nach der allgemeinen Theorie ν_0 eine Wurzel des charakteristischen Polynoms $\xi^2 - 2\xi + 1 = (\xi - 1)^2$ sein, also $\nu_0 = 1$, d. h. $z^1 = z$. Schließlich läßt sich noch ein von x, x^1, z unabhängiges viertes Wertsystem so wählen, daß die Relation $w^1 = w$ besteht. Das können wir auf Grund der allgemeinen Theorie behaupten und im vorliegenden Falle leicht direkt bestätigen. Da $z^1 = z$ ist, muß $z_4 = 0$ sein. Die Systeme x, x^1, z lauten also

$$\begin{matrix} x_1 & , x_2, & x_3, & x_4 \\ x_1 + a x_4, & x_2, & x_3, & x_4 \\ z_1 & , z_2, & z_3, & 0. \end{matrix}$$

Wir können eine Zeile von der Form $w_1, w_2, w_3, 0$ so hinzufügen, daß eine von Null verschiedene Determinante herauskommt. Diese Determinante kann nämlich in die ihr gleiche

$$\begin{vmatrix} x_1 & x_2 & x_3 & x_4 \\ a x_4 & 0 & 0 & 0 \\ z_1 & z_2 & z_3 & 0 \\ w_1 & w_2 & w_3 & 0 \end{vmatrix}$$

umgeformt werden, die sich sofort auf $a x_4^2 (z_2 w_3 - z_3 w_2)$ reduziert. Nun ist aber, da x, x^1 unabhängig sind, $x_4 \neq 0$. Ferner können z_2 und z_3 nicht beide gleich Null sein. Sonst wären x, x^1, z nicht unabhängig. Es ist also sicher möglich, w_2 und w_3 so zu wählen, daß $z_2 w_3 - z_3 w_2$ nicht verschwindet und somit auch die große Determinante einen von Null verschiedenen Wert erhält. Die Translation gehört demnach zur vierten Klasse der Projektivitäten und hat die Struktur 2, 1, 1. Ihre charakteristischen Polynome lauten $(\xi - 1)^2$, $\xi - 1, \xi - 1$. Will man hier die Fixpunkte mit Hilfe des Ansatzes

$$y = \alpha_0 x + \alpha_1 x^1 + \beta_0 z + \gamma_0 w$$

bestimmen, so ergibt sich die Gleichung

$$\alpha_0 x^1 + \alpha_1(2x^1 - x) + \beta_0 z + \gamma_0 w = \xi\alpha_0 x + \xi\alpha_1 x^1 + \xi\beta_0 z + \xi\gamma_0 w.$$

Sie zerfällt in

$$\xi\alpha_0 = -\alpha_1,\ \xi\alpha_1 = \alpha_0 + 2\alpha_1,\ \xi\beta_0 = \beta_0,\ \xi\gamma_0 = \gamma_0.$$

Diese Gleichungen lehren, daß $\xi = 1$ sein muß und $\alpha_0 = (\xi - 2)\alpha_1$, d. h. $\alpha_0 = -\alpha_1$. Man findet also folgende Fixpunktformel:

$$y = \alpha_1(x^1 - x) + \beta_0 z + \gamma_0 w.$$

Das sind die sämtlichen Fernpunkte.

Wir wollen die Ergebnisse obiger Ermittelungen kurz zusammenfassen. Die allgemeine Schraubung hat das charakteristische Polynom

$$(\xi - 1)^2(\xi^2 - 2\xi\cos\alpha + 1), \qquad \text{(Klasse I)}$$

die allgemeine Rotation die beiden charakteristischen Polynome

$$(\xi - 1)(\xi^2 - 2\xi\cos\alpha + 1),\ \xi - 1, \qquad \text{(Klasse II)}$$

die Umschraubung die beiden charakteristischen Polynome

$$(\xi - 1)^2(\xi + 1),\ \xi + 1, \qquad \text{(Klasse II)}$$

die Umwendung die beiden charakteristischen Polynome

$$\xi^2 - 1,\ \xi^2 - 1, \qquad \text{(Klasse III)}$$

die Translation die drei charakteristischen Polynome

$$(\xi - 1)^2,\ \xi - 1,\ \xi - 1. \qquad \text{(Klasse IV)}$$

Bei der Identität treten vier charakteristische Polynome

$$\xi - 1,\ \xi - 1,\ \xi - 1,\ \xi - 1 \qquad \text{(Klasse V)}$$

auf. In diesem Verzeichnis ist $\cos\alpha$ von 1 und -1 verschieden.

Zur Klasse II der Projektivitäten gehören zwei verschiedene Arten von Bewegungen, die Rotationen und die Umschraubungen. Sie unterscheiden sich dadurch, daß bei einer Umschraubung nur reelle Wurzeln auftreten, während bei einer Rotation auch imaginäre Wurzeln erscheinen. Bei allen Bewegungen treten als Faktoren der charakteristischen Polynome nur $\xi - 1$, $\xi + 1$ und $\xi^2 - 2\xi\cos\alpha + 1$ auf.

§ 4. Untersuchung des Fernkreises.

Wir sind auf den Fernkreis durch die Frage nach der Fernauswirkung der Bewegungen gekommen. Wie sich herausgestellt hat, transformieren alle Bewegungen die Fernebene projektiv in der Weise, daß der Fernkreis in sich übergeht. Wenn man von einer räumlichen Projektivität weiß, daß sie den Fernkreis invariant läßt, so ist sie dadurch noch nicht als Bewegung gekennzeichnet. Bleibt der Fernkreis invariant, so gilt dasselbe von der Fernebene. Die betrachtete Projektivität ist also jedenfalls eine Affinität. Wir können sie in homogenen cartesischen Koordinaten folgendermaßen schreiben:

$$(1)\qquad \begin{cases} x_1^1 = c_{11}x_1 + c_{12}x_2 + c_{13}x_3 + c_{14}x_4, \\ x_2^1 = c_{21}x_1 + c_{22}x_2 + c_{23}x_3 + c_{24}x_4, \\ x_3^1 = c_{31}x_1 + c_{32}x_2 + c_{33}x_3 + c_{34}x_4, \\ x_4^1 = \quad * \quad + \quad * \quad + \quad * \quad + \quad x_4. \end{cases}$$

Will man wissen, wie die Fernebene transformiert wird, so muß man $x_4 = 0$, also auch $x_4^1 = 0$ setzen. Dann verwandeln sich die Gleichungen (1) in

$$(1')\qquad \begin{cases} x_1^1 = c_{11}x_1 + c_{12}x_2 + c_{13}x_3, \\ x_2^1 = c_{21}x_1 + c_{22}x_2 + c_{23}x_3, \\ x_3^1 = c_{31}x_1 + c_{32}x_2 + c_{33}x_3. \end{cases}$$

Soll nun der Fernkreis invariant bleiben, so muß aus $x_1^2 + x_2^2 + x_3^2 = 0$ stets $(x_1^1)^2 + (x_2^1)^2 + (x_3^1)^2 = 0$ folgen oder

$$(2)\qquad \sum_r (c_{r1}x_1 + c_{r2}x_2 + c_{r3}x_3)^2 = 0.$$

Bezeichnen wir das Wertetripel c_{1s}, c_{2s}, c_{3s} mit $\mathfrak{c}_s$ und fassen $\mathfrak{c}_s$ als einen Vektor auf, so lautet die Gleichung (2)

$$(2^*)\qquad \sum_{s,t} (\mathfrak{c}_s \cdot \mathfrak{c}_t)\, x_s x_t = 0.$$

Nun ist z. B. $x_1^2 + x_2^2 + x_3^2 = 0$, wenn wir eine der drei Größen x_1, x_2, x_3 durch 1, eine zweite durch i und die dritte durch Null ersetzen. Dann reduziert sich aber (2*) auf

$$(3)\qquad (\mathfrak{c}_{s_1} \cdot \mathfrak{c}_{s_1}) + 2(\mathfrak{c}_{s_1} \cdot \mathfrak{c}_{s_2})\, i - (\mathfrak{c}_{s_2} \cdot \mathfrak{c}_{s_2}) = 0.$$

Da wir nur reelle Projektivitäten in Betracht ziehen, also alle Koeffizienten in den Gleichungen (1) als reell voraussetzen, folgt aus der Aussage (3)

$$(4)\qquad \mathfrak{c}_{s_1} \cdot \mathfrak{c}_{s_1} = \mathfrak{c}_{s_2} \cdot \mathfrak{c}_{s_2}, \quad \mathfrak{c}_{s_1} \cdot \mathfrak{c}_{s_2} = 0.$$

Die Spaltenvektoren $\mathfrak{c}_1, \mathfrak{c}_2, \mathfrak{c}_3$ sind also gleich lang und paarweise orthogonal.

Wir wollen zunächst annehmen, daß ihre gemeinsame Länge gleich 1 ist. Setzen wir dann $\mathfrak{c}_s = c_{1s}\mathfrak{i}_1 + c_{2s}\mathfrak{i}_2 + c_{3s}\mathfrak{i}_3$, wobei $\mathfrak{i}_1, \mathfrak{i}_2, \mathfrak{i}_3$ die Grundvektoren $\mathfrak{i}, \mathfrak{j}, \mathfrak{k}$ sind, so wird offenbar $c_{rs} = \mathfrak{i}_r \cdot \mathfrak{c}_s$. Die Gleichungen (1) nehmen also folgende Gestalt an:

$$\begin{aligned} x_1^1 &= (\mathfrak{i}_1 \cdot \mathfrak{c}_1)\, x_1 + (\mathfrak{i}_1 \cdot \mathfrak{c}_2)\, x_2 + (\mathfrak{i}_1 \cdot \mathfrak{c}_3)\, x_3 + c_{14}x_4, \\ x_2^1 &= (\mathfrak{i}_2 \cdot \mathfrak{c}_1)\, x_1 + (\mathfrak{i}_2 \cdot \mathfrak{c}_2)\, x_2 + (\mathfrak{i}_2 \cdot \mathfrak{c}_3)\, x_3 + c_{24}x_4, \\ x_3^1 &= (\mathfrak{i}_3 \cdot \mathfrak{c}_1)\, x_1 + (\mathfrak{i}_3 \cdot \mathfrak{c}_2)\, x_2 + (\mathfrak{i}_3 \cdot \mathfrak{c}_3)\, x_3 + c_{34}x_4, \\ x_4^1 &= \quad * \quad + \quad * \quad + \quad * \quad + \quad x_4. \end{aligned}$$

Dieselben Gleichungen kamen in § 3 unter Nummer (15*) vor, nur mit etwas anderen Bezeichnungen. Wir wissen, daß sie eine Bewegung darstellen, vorausgesetzt, daß das Tripel $\mathfrak{c}_1, \mathfrak{c}_2, \mathfrak{c}_3$ mit $\mathfrak{i}_1, \mathfrak{i}_2, \mathfrak{i}_3$ kongruent ist. Da wir die Grundvektoren $\mathfrak{i}_1, \mathfrak{i}_2, \mathfrak{i}_3$ als Rechtstripel annehmen, also $[\mathfrak{i}_1\mathfrak{i}_2\mathfrak{i}_3] = 1$ voraussetzen, so muß auch $[\mathfrak{c}_1\mathfrak{c}_2\mathfrak{c}_3] = 1$ sein, wenn wirklich eine Bewegung vorliegen soll. Nun ist aber

$$(5)\qquad [\mathfrak{c}_1\mathfrak{c}_2\mathfrak{c}_3] = \begin{vmatrix} c_{11} & c_{12} & c_{13} \\ c_{21} & c_{22} & c_{23} \\ c_{31} & c_{32} & c_{33} \end{vmatrix}.$$

Diese Determinante muß also den Wert 1 haben.

Aus unsern Betrachtungen geht jedenfalls hervor, daß eine Affinität

$$(1^*)\quad \begin{cases} x^1 = c_{11}x + c_{12}y + c_{13}z + c_{14}, \\ y^1 = c_{21}x + c_{22}y + c_{23}z + c_{24}, \\ z^1 = c_{31}x + c_{32}y + c_{33}z + c_{34} \end{cases}$$

mit der Determinante 1 eine Bewegung darstellt, sobald sie den Fernkreis invariant läßt. Der Fernkreis bleibt invariant, wenn die Bedingungen (4) erfüllt sind. Bezeichnet man die gemeinsame Länge der Vektoren $\mathfrak{c}_s$ mit l, so ergibt sich durch Quadrieren der Determinante

$$\begin{vmatrix} c_{11} & c_{12} & c_{13} \\ c_{21} & c_{22} & c_{23} \\ c_{31} & c_{32} & c_{33} \end{vmatrix}^2 = \begin{vmatrix} l^2 & 0 & 0 \\ 0 & l^2 & 0 \\ 0 & 0 & l^2 \end{vmatrix} = l^6,$$

also $l = 1$, da die Determinante gleich 1 vorausgesetzt wird.

Eine Affinität mit der Determinante 1 wird als eine **spezielle** Affinität bezeichnet. Die speziellen Affinitäten haben die Eigenschaft, jedes Tetraeder in ein inhaltgleiches zu verwandeln. Ein solcher Tetraederinhalt ist nämlich ein Sechstel der aus den Ecken gebildeten Determinante

$$(6)\quad \begin{vmatrix} x_1 & y_1 & z_1 & 1 \\ x_2 & y_2 & z_2 & 1 \\ x_3 & y_3 & z_3 & 1 \\ x_4 & y_4 & z_4 & 1 \end{vmatrix}.$$

Multipliziert man sie mit der Determinante

$$\begin{vmatrix} c_{11} & c_{12} & c_{13} & c_{14} \\ c_{21} & c_{22} & c_{23} & c_{24} \\ c_{31} & c_{32} & c_{33} & c_{34} \\ 0 & 0 & 0 & 1 \end{vmatrix} = 1,$$

und zwar unter Verknüpfung von Zeilen mit Zeilen, so ergibt sich

$$(6')\quad \begin{vmatrix} x_1^1 & y_1^1 & z_1^1 & 1 \\ x_2^1 & y_2^1 & z_2^1 & 1 \\ x_3^1 & y_3^1 & z_3^1 & 1 \\ x_4^1 & y_4^1 & z_4^1 & 1 \end{vmatrix}.$$

Die Determinanten (6) und (6') sind also gleich. Damit ist die **Volumtreue** der speziellen Affinitäten bewiesen.

Unter den speziellen Affinitäten sind, wie sich herausgestellt hat, die Bewegungen dadurch gekennzeichnet, daß sie den Fernkreis invariant lassen. Von den speziellen Affinitäten bleiben nur die Bewegungen übrig, wenn man den Fernkreis festhält.

Wir sind jetzt auch in der Lage, alle Affinitäten anzugeben, die den Fernkreis in Ruhe lassen. Wenn wir wie vorhin mit l die gemeinsame Länge der Vektoren $\mathfrak{c}_s$ bezeichnen und $\lambda = l$ oder $\lambda = -l$ setzen, je nachdem die Determinante (5) positiv oder negativ ist, so werden die Vektoren $\mathfrak{C}_s = \lambda^{-1}\mathfrak{c}_s$ auf alle Fälle ein orthogonales Rechtstripel von Einheitsvektoren bilden.

Die Gleichungen (1*) lassen sich mit Hilfe der Vektoren $\mathfrak{C}_s$ in folgender Form schreiben:

$$(7)\quad \begin{cases} x^1 = \lambda\{(\mathfrak{i}_1\cdot\mathfrak{C}_1)\,x + (\mathfrak{i}_1\cdot\mathfrak{C}_2)\,y + (\mathfrak{i}_1\cdot\mathfrak{C}_3)\,z + c_{14}\lambda^{-1}\},\\ y^1 = \lambda\{(\mathfrak{i}_2\cdot\mathfrak{C}_1)\,x + (\mathfrak{i}_2\cdot\mathfrak{C}_2)\,y + (\mathfrak{i}_2\cdot\mathfrak{C}_3)\,z + c_{24}\lambda^{-1}\},\\ z^1 = \lambda\{(\mathfrak{i}_3\cdot\mathfrak{C}_1)\,x + (\mathfrak{i}_3\cdot\mathfrak{C}_2)\,y + (\mathfrak{i}_3\cdot\mathfrak{C}_3)\,z + c_{34}\lambda^{-1}\}. \end{cases}$$

Diese Affinität kann dadurch zustande gebracht werden, daß man zuerst die Bewegung

$$\begin{aligned} X &= (\mathfrak{i}_1\cdot\mathfrak{C}_1)\,x + (\mathfrak{i}_1\cdot\mathfrak{C}_2)\,y + (\mathfrak{i}_1\cdot\mathfrak{C}_3)\,z + c_{14}\lambda^{-1},\\ Y &= (\mathfrak{i}_2\cdot\mathfrak{C}_1)\,x + (\mathfrak{i}_2\cdot\mathfrak{C}_2)\,y + (\mathfrak{i}_2\cdot\mathfrak{C}_3)\,z + c_{24}\lambda^{-1},\\ Z &= (\mathfrak{i}_3\cdot\mathfrak{C}_1)\,x + (\mathfrak{i}_3\cdot\mathfrak{C}_2)\,y + (\mathfrak{i}_3\cdot\mathfrak{C}_3)\,z + c_{34}\lambda^{-1} \end{aligned}$$

ausführt und dann noch die Transformation

$$(8)\qquad x^1 = \lambda X,\ y^1 = \lambda Y,\ z^1 = \lambda Z$$

folgen läßt. Im Falle $\lambda > 0$ ist diese Transformation eine vom Anfangspunkt aus bewirkte S t r e c k u n g. Dabei werden alle vom Anfangspunkt ausgehenden Ortsvektoren in demselben Verhältnis vergrößert oder verkleinert. Im Falle $\lambda < 0$ muß außer einer solchen Streckung noch eine Spiegelung am Anfangspunkt vorgenommen werden. Man spricht dann von einer u n e i g e n t l i c h e n S t r e c k u n g. Übrigens sind die Affinitäten von der Form (8) dadurch gekennzeichnet daß sie außer dem Anfangspunkt jeden Fernpunkt einzeln in Ruhe lassen. Legt man nicht Wert darauf, daß der Anfangspunkt fest bleibt, so treten in den Gleichungen (8) rechts noch additive Konstanten hinzu. Sie lauten dann

$$(8')\qquad x^1 = \lambda X + a,\ y^1 = \lambda Y + b,\ z^1 = \lambda Z + c.$$

Da $\lambda \neq 1$ ist, gibt es einen Punkt x_0, y_0, z_0, der bei dieser Transformation in Ruhe bleibt, also die Bedingungen

$$x_0 = \lambda x_0 + a,\ y_0 = \lambda y_0 + b,\ z_0 = \lambda z_0 + c$$

erfüllt, und zwar haben x_0, y_0, z_0 die Werte $\frac{a}{1-\lambda}, \frac{b}{1-\lambda}, \frac{c}{1-\lambda}$. Mit Hilfe dieses Punktes kann man die Transformation (8′) auf die Form bringen

$$x^1 - x_0 = \lambda(X - x_0),\ y^1 - y_0 = \lambda(Y - y_0),\ z^1 - z_0 = \lambda(Z - z_0).$$

Sie stimmt mit (8) überein, nur daß jetzt der Punkt x_0, y_0, z_0 die Rolle des Anfangspunktes übernommen hat.

Wir können jetzt genau angeben, welche Affinitäten den Fernkreis in sich überführen. Es sind die Affinitäten von der Form (7), d. h. Bewegungen in Verbindung mit Streckungen. Da eine Bewegung jede Figur in eine kongruente und eine Streckung sie in eine ähnliche Figur verwandelt, so haben die Affinitäten, welche den Fernkreis in Ruhe lassen, die Eigenschaft, alle Figuren in ähnliche überzuführen. Sie sind ä q u i f o r m e oder Ä h n l i c h k e i t s t r a n s f o r m a t i o n e n. Durch Festhalten des Kugelkreises wird also den Affinitäten G e s t a l t t r e u e aufgezwungen. Aus unseren Betrachtungen sei noch ein Ergebnis hervorgehoben, das man in folgender Weise aussprechen kann:

Zu jeder äquiformen Transformation gibt es eine Bewegung, welche in der Fernebene genau dieselbe Wirkung ausübt. Diese Bewegung ist bis auf eine Translation bestimmt.

Der Fernkreis, dessen große Bedeutung für die Geometrie bereits aus dem oben Gesagten deutlich zu erkennen ist, wird, wie wir wissen, durch die Gleichungen

$$x_1^2 + x_2^2 + x_3^2 = 0,\ x_4 = 0$$

dargestellt. Er hat keinen reellen Punkt, ist also ein rein imaginäres Gebilde. Wir wollen nun genau feststellen, welche imaginären Punkte ihm angehören. Wir reden von einem imaginären Fernpunkt, wenn drei komplexe Zahlen x_1, x_2, x_3 vorliegen, die nicht alle drei verschwinden. Unterscheiden sich zwei solche Zahlentripel nur um einen komplexen Faktor, so lassen wir ihnen denselben imaginären Fernpunkt entsprechen. Sind $\bar{x}_1, \bar{x}_2, \bar{x}_3$ die zu x_1, x_2, x_3 konjugierten Werte, so nennen wir die entsprechenden Punkte konjugiert imaginär. Es kann nicht vorkommen, daß zwei solche Punkte zusammenfallen, also $\bar{x}_1, \bar{x}_2, \bar{x}_3$ zu x_1, x_2, x_3 proportional sind. Beständen nämlich die Gleichungen

$$x_2\bar{x}_3 - x_3\bar{x}_2 = 0,\ x_3\bar{x}_1 - x_1\bar{x}_3 = 0,\ x_1\bar{x}_2 - x_2\bar{x}_1 = 0,$$

welche die Proportionalität jener beiden Wertetripel ausdrücken, so ergäben sich daraus durch die Einsetzungen

$$x_r = \xi_r + i\eta_r,\ \bar{x}_r = \xi_r - i\eta_r$$

folgende Aussagen:

$$\eta_2\xi_3 - \eta_3\xi_2 = 0,\ \eta_3\xi_1 - \eta_1\xi_3 = 0,\ \eta_1\xi_2 - \eta_2\xi_1 = 0.$$

Es müßten also die reellen Wertetripel ξ_1, ξ_2, ξ_3 und η_1, η_2, η_3 proportional sein. Da x_1, x_2, x_3 nicht alle reell sind, werden nicht alle η verschwinden. Daher wird es einen reellen Faktor ϱ geben, der die Gleichungen

$$\xi_1 = \varrho\eta_1,\ \xi_2 = \varrho\eta_2,\ \xi_3 = \varrho\eta_3$$

herstellt, aus denen man folgert

$$x_1 = (\varrho + i)\,\eta_1,\ x_2 = (\varrho + i)\,\eta_2,\ x_3 = (\varrho + i)\,\eta_3.$$

x_1, x_2, x_3 wären also proportional zu den reellen Werten η_1, η_2, η_3, d. h. der Punkt x_1, x_2, x_3 kein imaginärer Punkt entgegen unserer Annahme.

Um nun alle Werttripel x_1, x_2, x_3 zu finden, die der Gleichung $x_1^2 + x_2^2 + x_3^2 = 0$ genügen, ohne aus lauter Nullen zu bestehen, schreiben wir diese Gleichung in der Form

$$(x_1 + ix_2)(x_1 - ix_2) + x_3^2 = 0.$$

Sie besagt, daß die Determinante des Gleichungssystems

$$(9) \qquad \begin{cases} (x_1 + ix_2)\,\alpha + x_3\beta = 0, \\ -x_3\alpha + (x_1 - ix_2)\,\beta = 0 \end{cases}$$

verschwindet, während die Koeffizienten $x_1 + ix_2, x_1 - ix_2, x_3$ nicht alle gleich Null sind, weil x_1, x_2, x_3 nicht alle zu Null werden dürfen. So gibt es also eine nicht aus zwei Nullen bestehende Lösung der Gleichungen (9), die bis auf einen Proportionalitätsfaktor festliegt. Jedem Punkte des Fernkreises entspricht ein solches Wertsystem α, β. Wir wollen α, β die **homogenen komplexen Koordinaten** dieses Fernkreispunktes nennen. Aus den Gleichungen (9) folgt

$$x_1 + i x_2 = \sigma\beta, \quad x_3 = -\sigma\alpha,$$
$$x_1 - i x_2 = \tau\alpha, \quad x_3 = \tau\beta.$$

Um die beiden Angaben über x_3 in Einklang zu bringen, müssen wir noch

$$\sigma\alpha + \tau\beta = 0$$

fordern. Da es auf einen Proportionalitätsfaktor bei x_1, x_2, x_3, also auch bei σ, τ nicht ankommt, dürfen wir $\sigma = -\beta, \tau = \alpha$ setzen und erhalten dann

$$(10) \qquad x_1 + i x_2 = -\beta^2, \quad x_1 - i x_2 = \alpha^2, \quad x_3 = \alpha\beta,$$

mithin

$$(10') \qquad x_1 = \frac{1}{2}(\alpha^2 - \beta^2), \quad x_2 = \frac{i}{2}(\alpha^2 + \beta^2), \quad x_3 = \alpha\beta.$$

Aus diesen Gleichungen oder aus (10) ergeben sich wieder die Gleichungen (9). Zu jedem Fernkreispunkt gehören zwei homogene komplexe Koordinaten α, β, und umgekehrt ist jedes von 0, 0 verschiedene Wertepaar α, β das Koordinatenpaar eines Fernkreispunktes. Man kann, solange $\beta \neq 0$ ist, die komplexe Zahl $z = \frac{\alpha}{\beta}$ durch einen Punkt der Zahlenebene versinnlichen oder noch besser der Zahlenkugel, die stereographisch auf die Zahlenebene abgebildet ist. Im Falle $\beta = 0$ oder $z = \infty$ wird das Projektionszentrum als Bildpunkt des Wertsystems α, β benutzt. Man erhält auf diese Weise eine vollkommene Paarung zwischen den reellen Punkten der Zahlenkugel und den Punkten des Fernkreises, die alle imaginär sind. Jeder Punkt des Fernkreises hat seinen sichtbaren Partner.

Wir wollen nun die kleine Frage erörtern, wann zwei Punkte des Fernkreises konjugiert sind. Nach (10') ist

$$\bar{x}_1 = \frac{1}{2}(\bar{\alpha}^2 - \bar{\beta}^2), \; \bar{x}_2 = -\frac{i}{2}(\bar{\alpha}^2 + \bar{\beta}^2), \; \bar{x}_3 = \bar{\alpha}\bar{\beta}.$$

Multiplizieren wir alle drei Werte mit -1, so lauten sie

$$(11) \qquad \frac{1}{2}(\bar{\beta}^2 - \bar{\alpha}^2), \; \frac{i}{2}(\bar{\beta}^2 + \bar{\alpha}^2), \; -\bar{\beta}\bar{\alpha}.$$

Setzen wir jetzt

$$(12) \qquad \alpha' = \bar{\beta}, \; \beta' = -\bar{\alpha},$$

so erscheinen die Werte (11) in der Form

$$(11') \qquad \frac{1}{2}(\alpha'^2 - \beta'^2), \; \frac{i}{2}(\alpha'^2 + \beta'^2), \; \alpha'\beta',$$

und man sieht, daß der Punkt $\bar{x}_1, \bar{x}_2, \bar{x}_3$ die homogenen komplexen Koordinaten $\bar{\beta}, -\bar{\alpha}$ hat. Durch die Relationen (12) oder durch $z' = -\frac{1}{\bar{z}}$ wird also der Übergang zum konjugierten Fernkreispunkt vermittelt. In der Zahlenebene vollzieht sich hierbei das, was wir seinerzeit eine uneigentliche Inversion nannten. $z' = \frac{1}{\bar{z}}$ wäre die eigentliche Inversion, zu der hier noch die Spiegelung am Nullpunkt hinzutritt. Auf der Zahlenkugel läßt sich die uneigentliche Inversion noch viel einfacher kennzeichnen. Sie besteht in dem Übergange zum diametral gegenüberliegenden Kugelpunkt, dem Antipoden des Punktes z. Konjugiert imaginären Punkten des Fernkreises entsprechen also auf der Zahlenkugel zwei Antipoden.

Wenn man in der Zahlenebene mit z eine linear gebrochene Transformation vornimmt oder, was analytisch dasselbe bedeutet,

$$(13) \qquad \alpha = \gamma_{11}\alpha_* + \gamma_{12}\beta_*, \quad \beta = \gamma_{21}\alpha_* + \gamma_{22}\beta_*$$

setzt, so vollzieht sich auf dem Fernkreis gleichfalls eine Transformation, die wir mit Hilfe der Gleichungen (10′) oder (10) leicht ermitteln können. Es ist nämlich

$$x_1 + ix_2 = -(\gamma_{21}\alpha_* + \gamma_{22}\beta_*)^2, \quad x_1 - ix_2 = (\gamma_{11}\alpha_* + \gamma_{12}\beta_*)^2,$$
$$x_3 = (\gamma_{11}\alpha_* + \gamma_{12}\beta_*)(\gamma_{21}\alpha_* + \gamma_{22}\beta_*).$$

Man kann aber $\alpha_*^2, \beta_*^2, \alpha_*\beta_*$ nach (10) durch $x_1^* - ix_2^*$, $-(x_1^* + ix_2^*)$, x_3^* ersetzen. Dann lauten die obigen Gleichungen

$$x_1 + ix_2 = -\gamma_{21}^2(x_1^* - ix_2^*) - 2\gamma_{21}\gamma_{22}x_3^* + \gamma_{22}^2(x_1^* + ix_2^*),$$
$$x_1 - ix_2 = \gamma_{11}^2(x_1^* - ix_2^*) + 2\gamma_{11}\gamma_{12}x_3^* - \gamma_{12}^2(x_1 + ix_2^*),$$
$$x_3 = \gamma_{11}\gamma_{21}(x_1^* - ix_2^*) + (\gamma_{11}\gamma_{22} + \gamma_{12}\gamma_{21})x_3^* - \gamma_{12}\gamma_{22}(x_1^* + ix_2^*)$$

oder

$$(14) \quad \begin{cases} x_1 = \frac{1}{2}(\gamma_{11}^2 + \gamma_{22}^2 - \gamma_{12}^2 - \gamma_{21}^2)x_1^* + \frac{i}{2}(\gamma_{21}^2 + \gamma_{22}^2 - \gamma_{11}^2 - \gamma_{12}^2)x_2^* \\ \qquad + (\gamma_{11}\gamma_{12} - \gamma_{21}\gamma_{22})x_3^*, \\ x_2 = \frac{i}{2}(\gamma_{11}^2 + \gamma_{21}^2 - \gamma_{12}^2 - \gamma_{22}^2)x_1^* + \frac{1}{2}(\gamma_{11}^2 + \gamma_{22}^2 + \gamma_{12}^2 + \gamma_{21}^2)x_2^* \\ \qquad + i(\gamma_{11}\gamma_{12} + \gamma_{21}\gamma_{22})x_3^*, \\ x_3 = (\gamma_{11}\gamma_{21} - \gamma_{12}\gamma_{22})x_1^* - i(\gamma_{11}\gamma_{21} + \gamma_{12}\gamma_{22})x_2^* \\ \qquad + (\gamma_{11}\gamma_{22} + \gamma_{12}\gamma_{21})x_3^*. \end{cases}$$

Sie drücken dasselbe aus, wie die Gleichungen (13). Jene reden in der (α, β)-Sprache, diese in der (x_1, x_2, x_3)-Sprache. Nichts hindert uns, die lineare Transformation (14) auf die ganze Fernebene zu beziehen, obwohl sie zunächst nur für den Fernkreis galt. Die Determinante dieser linearen Transformation ist, wie man bei einiger Überlegung fast ohne Rechnung herausbringen kann, gleich $(\gamma_{11}\gamma_{22} - \gamma_{12}\gamma_{21})^3$. Ihre Koeffizienten, die wir mit

$$(15) \qquad \begin{cases} k_{11} & k_{12} & k_{13} \\ k_{21} & k_{22} & k_{23} \\ k_{31} & k_{32} & k_{33} \end{cases}$$

bezeichnen wollen, sind komplexe Zahlen und werden nur unter besonderen Bedingungen zu reellen Werten proportional sein. Es ist nach der Entstehung der Transformation (14) klar, daß sie die Gleichung $x_1^2 + x_2^2 + x_3^2 = 0$ in $(x_1^*)^2 + (x_2^*)^2 + (x_3^*)^2 = 0$ verwandeln muß. Daher werden zwischen den Koeffizienten die Relationen

$$(16) \qquad \mathfrak{k}_{s_1} \cdot \mathfrak{k}_{s_1} = \mathfrak{k}_{s_2} \cdot \mathfrak{k}_{s_2}, \quad \mathfrak{k}_{s_1} \cdot \mathfrak{k}_{s_2} = 0$$

bestehen, wobei $\mathfrak{k}_1, \mathfrak{k}_2, \mathfrak{k}_3$ die Spaltenvektoren der Matrix (15) bezeichnen.

Uns interessiert nun besonders die Frage, wann die Koeffizienten (15) bis auf einen Proportionalitätsfaktor μ reell sind. Dadurch, daß wir alle Koeffizienten γ in den Gleichungen (13) mit λ multiplizieren, verschaffen wir den Koeffizienten der linearen Transformation (14) den Faktor λ^2. Da sich jede komplexe Zahl $r(\cos\varphi + i\sin\varphi)$ als Quadrat darstellen läßt, nämlich als Quadrat von $\sqrt{r}\left(\cos\frac{\varphi}{2} + i\sin\frac{\varphi}{2}\right)$, so ist es uns möglich, $\lambda^2\mu = 1$ zu machen, wodurch dann die Koeffizienten (15), die vorher nur bis auf den Faktor μ reell waren, vollkommen reell werden. Unsere Frage wird jetzt also dahin lauten, wie die Größen γ beschaffen sein müssen, damit alle Koeffizienten (15) reelle Werte haben. Multiplizieren wir alle γ mit i, so bleiben die Koeffizienten k reell, wenn sie reell waren. Es wechselt aber die Determinante $\gamma_{11}\gamma_{22} - \gamma_{12}\gamma_{21}$ ihr Zeichen. Dasselbe geschieht mit ihrer dritten Potenz, also mit der Determinante der Transformation (14). Wir können daher stets erreichen, daß diese Determinante einen positiven Wert hat. Durch einen den Größen γ beigegebenen reellen Faktor läßt sich sogar noch bewirken, daß $\gamma_{11}\gamma_{22} - \gamma_{12}\gamma_{21} = 1$ wird. Dies denken wir uns verwirklicht und fragen nun, was von den Größen γ verlangt werden muß, wenn alle Koeffizienten k reell sein sollen.

Rechts unten steht der Koeffizient $k_{33} = \gamma_{11}\gamma_{22} + \gamma_{12}\gamma_{21}$. Soll er reell sein und zugleich $\gamma_{11}\gamma_{22} - \gamma_{12}\gamma_{21} = 1$, so müssen die Produkte $\gamma_{11}\gamma_{22}$ und $\gamma_{12}\gamma_{21}$ ebenfalls reelle Werte haben. Achtet man auf die Koeffizienten k_{11}, k_{22}, so ergibt sich, daß die Verbindungen $\gamma_{11}^2 + \gamma_{22}^2$ und $\gamma_{12}^2 + \gamma_{21}^2$ reell sind. An den Ausdrücken von k_{12} und k_{21} kann man ferner ablesen, daß $i(\gamma_{11}^2 - \gamma_{22}^2)$ und $i(\gamma_{12}^2 - \gamma_{21}^2)$ reelle Werte haben. Daher müssen $\gamma_{11}^2 - \gamma_{22}^2$ und $\gamma_{12}^2 - \gamma_{21}^2$ rein imaginäre Größen sein, d. h. solche mit verschwindendem Realteil. Da $\gamma_{11}^2 + \gamma_{22}^2$, $\gamma_{12}^2 + \gamma_{21}^2$ als reell erkannt wurden, so folgt, daß γ_{11}^2 und γ_{22}^2, ebenso γ_{12}^2 und γ_{21}^2 konjugiert imaginär sind. Es ist demnach $\gamma_{11} = \varepsilon\bar{\gamma}_{22}$, $\gamma_{12} = \varepsilon'\bar{\gamma}_{21}$, wobei ε und ε' die positive oder negative Einheit bedeuten. Unter Benutzung dieses Ergebnisses kann man nun schreiben

$$k_{13} = \varepsilon\varepsilon'\bar{\gamma}_{21}\bar{\gamma}_{22} - \gamma_{21}\gamma_{22}, \quad k_{23} = i(\varepsilon\varepsilon'\bar{\gamma}_{21}\bar{\gamma}_{22} + \gamma_{21}\gamma_{22}),$$

$$k_{31} = \varepsilon\bar{\gamma}_{22}\gamma_{21} - \varepsilon'\gamma_{22}\bar{\gamma}_{21}, \quad k_{32} = -i(\varepsilon\bar{\gamma}_{22}\gamma_{21} + \varepsilon'\gamma_{22}\bar{\gamma}_{21}).$$

Da diese Werte reell sind, so folgt, daß $\varepsilon\varepsilon'\bar{\gamma}_{21}\bar{\gamma}_{22}$ und $-\gamma_{21}\gamma_{22}$ konjugiert imaginär sein müssen, ebenso $\varepsilon\bar{\gamma}_{22}\gamma_{21}$ und $-\varepsilon'\gamma_{22}\bar{\gamma}_{21}$. Sollte $\gamma_{22} = 0$ sein, so kann man hieraus nichts über ε und ε' entnehmen. Wohl aber kann man, da wegen $\gamma_{11} = \varepsilon\bar{\gamma}_{22}$ auch γ_{11} verschwindet, ohne weiteres $\varepsilon = 1$ setzen und aus

$$\gamma_{11}\gamma_{22} - \gamma_{12}\gamma_{21} = -\varepsilon'\gamma_{21}\bar{\gamma}_{21} = 1$$

entnehmen, daß $\varepsilon' = -1$ sein muß. Im Falle $\gamma_{22} \neq 0$ und $\gamma_{21} = 0$ kann man, da wegen $\gamma_{12} = \varepsilon' \bar{\gamma}_{21}$ auch γ_{12} verschwindet, ohne weiteres $\varepsilon' = -1$ setzen und aus

$$\gamma_{11}\gamma_{22} - \gamma_{12}\gamma_{21} = \varepsilon \gamma_{22}\bar{\gamma}_{22} = 1$$

schließen, daß $\varepsilon = 1$ sein muß. Sind endlich γ_{22} und γ_{21} beide von Null verschieden, so können $\varepsilon\varepsilon' \bar{\gamma}_{21}\bar{\gamma}_{22}$ und $-\gamma_{21}\gamma_{22}$ nur konjugiert sein, wenn $\varepsilon\varepsilon' = -1$ ist. Aus

$$\gamma_{11}\gamma_{22} - \gamma_{12}\gamma_{21} = \varepsilon \gamma_{22}\bar{\gamma}_{22} - \varepsilon' \gamma_{21}\bar{\gamma}_{21} = 1$$

ersieht man, daß nur $\varepsilon = -\varepsilon' = 1$ in Frage kommt. Unter allen Umständen sind also γ_{11}, γ_{22} konjugiert und zugleich γ_{12}, γ_{21} entgegengesetzt konjugiert. Dann aber wird durch die Gleichungen (13) oder, was auf dasselbe hinauskommt, durch die Gleichung

$$z = \frac{\gamma_{11} z_* + \gamma_{12}}{\gamma_{21} z_* + \gamma_{22}}$$

eine Drehung der Zahlenkugel dargestellt.

Nun wollen wir noch untersuchen, ob alle reellen orthogonalen Transformationen mit der Determinante 1 in der Form (14) darstellbar sind. Man nennt

$$(17) \qquad \begin{cases} x_1 = k_{11}x_1^* + k_{12}x_2^* + k_{13}x_3^*, \\ x_2 = k_{21}x_1^* + k_{22}x_2^* + k_{23}x_3^*, \\ x_3 = k_{31}x_1^* + k_{32}x_2^* + k_{33}x_3^* \end{cases}$$

eine **orthogonale Transformation**, wenn die Gleichung

$$x_1^2 + x_2^2 + x_3^2 = (x_1^*)^2 + (x_2^*)^2 + (x_3^*)^2$$

besteht. Dazu sind die Bedingungen (16) erforderlich, wobei noch der gemeinsame Wert aller $\mathfrak{k}_s \cdot \mathfrak{k}_s$ gleich 1 sein muß. Die Determinante der Matrix (15) gibt ins Quadrat erhoben auf Grund jener Bedingungen 1, ist also gleich 1 oder -1. Wir wollen aber annehmen, daß sie den Wert 1 hat. Außerdem setzen wir alle Koeffizienten k als reell voraus. Solche orthogonalen Transformationen stellen, wie wir wissen, Drehungen um den Anfangspunkt dar, sobald x_1, x_2, x_3 und x_1^*, x_2^*, x_3^* als gewöhnliche cartesische Koordinaten betrachtet werden.

Bevor wir die gestellte Aufgabe angreifen, machen wir eine Bemerkung über die Koeffizientenmatrix der Transformation (17), die als orthogonale Matrix bezeichnet wird. Die Spaltenvektoren $\mathfrak{k}_1, \mathfrak{k}_2, \mathfrak{k}_3$ bilden ein orthogonales Rechtstripel von Einheitsvektoren. Daher ist

$$\mathfrak{k}_2 \times \mathfrak{k}_3 = \mathfrak{k}_1, \quad \mathfrak{k}_3 \times \mathfrak{k}_1 = \mathfrak{k}_2, \quad \mathfrak{k}_1 \times \mathfrak{k}_2 = \mathfrak{k}_3.$$

Nun sind z. B. die Koordinaten des Vektors $\mathfrak{k}_2 \times \mathfrak{k}_3$, den wir mittels der Grundvektoren $\mathfrak{i}_1, \mathfrak{i}_2, \mathfrak{i}_3$ in der Form

$$\begin{vmatrix} \mathfrak{i}_1 & \mathfrak{i}_2 & \mathfrak{i}_3 \\ k_{12} & k_{22} & k_{32} \\ k_{13} & k_{23} & k_{33} \end{vmatrix}$$

darstellen können, nichts anderes als die Komplemente von k_{11}, k_{21}, k_{31} in der Determinante

$$\begin{vmatrix} k_{11} & k_{21} & k_{31} \\ k_{12} & k_{22} & k_{32} \\ k_{13} & k_{23} & k_{33} \end{vmatrix},$$

d. h. die Faktoren von k_{11}, k_{21}, k_{31} in der entwickelten Determinante. Man ersieht also aus der Gleichung $\mathfrak{k}_2 \times \mathfrak{k}_3 = \mathfrak{k}_1$, daß diese Elemente ihren eigenen Komplementen gleich sind. Dasselbe gilt auf Grund der Relationen $\mathfrak{k}_3 \times \mathfrak{k}_1 = \mathfrak{k}_2$, $\mathfrak{k}_1 \times \mathfrak{k}_2 = \mathfrak{k}_3$ auch von den übrigen Elementen. Hieraus folgt sofort auf Grund der bekannten Eigenschaften der Komplemente, daß auch die Zeilenvektoren der orthogonalen Matrix ein orthogonales Rechtstripel von Einheitsvektoren bilden. Wesentlich ist hierbei, daß die Determinante der Matrix (15) den Wert 1 hat.

Wir wissen von vornherein, daß γ_{11}, γ_{22} konjugiert und γ_{12}, γ_{21} entgegengesetzt konjugiert sind und $\gamma_{11}\gamma_{22} - \gamma_{12}\gamma_{21} = 1$ ist. Daher machen wir den Ansatz

$$(18) \qquad \begin{cases} \gamma_{11} = -\lambda_0 - i\lambda_3, & \gamma_{22} = -\lambda_0 + i\lambda_3, \\ \gamma_{12} = \lambda_2 + i\lambda_1, & \gamma_{21} = -\lambda_2 + i\lambda_1, \end{cases}$$

wo nun $\lambda_0, \lambda_1, \lambda_2, \lambda_3$ reelle Zahlen sind. Die Bezeichnungen sind so gewählt, daß nachher möglichst übersichtliche Gleichungen herauskommen. Die Eigenschaft $\gamma_{11}\gamma_{22} - \gamma_{12}\gamma_{21} = 1$ übersetzt sich in

$$(19) \qquad \lambda_0^2 + \lambda_1^2 + \lambda_2^2 + \lambda_3^2 = 1.$$

Nun ergeben sich durch Identifizierung der Gleichungen (14) mit den Gleichungen (17) zunächst folgende Aussagen:

$$(20) \qquad \begin{cases} k_{11} = \lambda_0^2 + \lambda_1^2 - \lambda_2^2 - \lambda_3^2, \\ k_{22} = \lambda_0^2 - \lambda_1^2 + \lambda_2^2 - \lambda_3^2, \\ k_{33} = \lambda_0^2 - \lambda_1^2 - \lambda_2^2 + \lambda_3^2. \end{cases}$$

Ferner findet man

$$(21) \qquad \begin{cases} k_{23} - k_{32} = 4\lambda_0\lambda_1, & k_{23} + k_{32} = 4\lambda_2\lambda_3, \\ k_{31} - k_{13} = 4\lambda_0\lambda_2, & k_{31} + k_{13} = 4\lambda_3\lambda_1, \\ k_{12} - k_{21} = 4\lambda_0\lambda_3, & k_{12} + k_{21} = 4\lambda_1\lambda_2. \end{cases}$$

Aus (19) und (20) folgt

$$(22) \qquad 1 + k_{11} + k_{22} + k_{33} = 4\lambda_0^2.$$

Wir überzeugen uns zunächst, daß $1 + k_{11} + k_{22} + k_{33} \geqq 0$ ist. Zu diesem Zweck bilden wir die Quadratsumme

$$(23) \qquad \begin{cases} (k_{23} - k_{32})^2 + (k_{31} - k_{13})^2 + (k_{12} - k_{21})^2 \\ \qquad + (1 + k_{11} + k_{22} + k_{33})^2. \end{cases}$$

Da die Quadratsumme aller k gleich 3 ist, vereinfacht sich der Ausdruck zunächst zu

$$4 + 2(k_{11} + k_{22} + k_{33})$$
$$+ 2(k_{22}k_{33} - k_{23}k_{32}) + 2(k_{33}k_{11} - k_{31}k_{13}) + 2(k_{11}k_{22} - k_{12}k_{21}).$$

und weiter zu

$$4(1+k_{11}+k_{22}+k_{33}),$$

weil k_{11}, k_{22}, k_{33} ihren Komplementen gleich sind.

Ist nun $1+k_{11}+k_{22}+k_{33}$ von Null verschieden, so entnehmen wir aus dem linken Tripel (21) und aus (22) folgende Aussagen, wobei die Wurzel in allen vier Gleichungen dasselbe Zeichen hat:

$$(24)\qquad \begin{cases} \lambda_0 = \frac{1}{2}\sqrt{1+k_{11}+k_{22}+k_{33}}, \\ \lambda_1 = \frac{k_{23}-k_{32}}{2\sqrt{1+k_{11}+k_{22}+k_{33}}}, \\ \lambda_2 = \frac{k_{31}-k_{13}}{2\sqrt{1+k_{11}+k_{22}+k_{33}}}, \\ \lambda_3 = \frac{k_{12}-k_{21}}{2\sqrt{1+k_{11}+k_{22}+k_{33}}}. \end{cases}$$

Es muß aber noch gezeigt werden, daß die gewonnenen Werte auch allen übrigen Forderungen genügen. Nehmen wir z. B. die erste Gleichung des rechten Tripels (21), so wird sie erfüllt sein, wenn sich die Relation

$$(k_{23}+k_{32})(1+k_{11}+k_{22}+k_{33}) = (k_{31}-k_{13})(k_{12}-k_{21})$$

bestätigt. Sie lautet, etwas anders geschrieben,

$$k_{23}+k_{32}+(k_{23}+k_{32})(k_{11}+k_{22}+k_{33}) = (k_{31}-k_{13})(k_{12}-k_{21})$$

oder, wenn man k_{23} und k_{32} durch ihre Komplemente $k_{12}k_{31}-k_{11}k_{32}$, $k_{13}k_{21}-k_{11}k_{23}$ ersetzt und alles ausmultipliziert,

$$(k_{21}k_{31}+k_{22}k_{32}+k_{23}k_{33}) + (k_{12}k_{13}+k_{22}k_{23}+k_{32}k_{33}) = 0.$$

Diese Gleichung besteht aber tatsächlich, weil je zwei Zeilenvektoren und ebenso je zwei Spaltenvektoren einer orthogonalen Matrix zueinander orthogonal sind.

Nachdem wir uns überzeugt haben, daß den Gleichungen (21) durch die Werte (24) Genüge geschieht, kommen wir zu (20). Wir wissen, daß die Quadratsumme (23) gleich $4(1+k_{11}+k_{22}+k_{33})$ ist. Daher erfüllen die Werte (24) die Bedingung (19). Mit Hilfe von (19) kann man aber den Gleichungen (20) folgende Gestalt geben:

$$1+k_{11} = 2(\lambda_0^2+\lambda_1^2),\quad 1+k_{22} = 2(\lambda_0^2+\lambda_2^2),\quad 1+k_{33} = 2(\lambda_0^2+\lambda_3^2).$$

Um nun z. B. die erste als richtig zu erkennen, muß man feststellen, ob

$$\begin{aligned} &2(1+k_{11})(1+k_{11}+k_{22}+k_{33}) \\ &= (1+k_{11}+k_{22}+k_{33})^2 + (k_{23}-k_{32})^2 \end{aligned}$$

ist. Dafür kann man auch schreiben

$$(1+k_{11}+k_{22}+k_{33})(1+k_{11}-k_{22}-k_{33}) = (k_{23}-k_{32})^2$$

oder

$$(25)\qquad (1+k_{11})^2 = (k_{22}+k_{33})^2 + (k_{23}-k_{32})^2.$$

Nun ist aber

$$k_{22}^2 + k_{23}^2 = 1 - k_{21}^2, \quad k_{32}^2 + k_{33}^2 = 1 - k_{31}^2,$$
$$k_{22}k_{33} - k_{23}k_{32} = k_{11}.$$

Also lautet die rechte Seite $2 - k_{21}^2 - k_{31}^2 + 2k_{11}$ oder $1 + 2k_{11} + k_{11}^2$. Damit ist die fragliche Relation bestätigt. Ebenso hat man bei einer orthogonalen Matrix

$$(25') \quad \begin{cases} (1 + k_{22})^2 = (k_{33} + k_{11})^2 + (k_{31} - k_{13})^2, \\ (1 + k_{33})^2 = (k_{11} + k_{22})^2 + (k_{12} - k_{21})^2. \end{cases}$$

Jedenfalls erfüllen also die Werte (24) alle an sie zu stellenden Forderungen.

Nun muß noch der Fall $1 + k_{11} + k_{22} + k_{33} = 0$ erörtert werden. Da $4(1 + k_{11} + k_{22} + k_{33})$ gleich der Quadratsumme (23) ist, verschwinden dann auch die Differenzen $k_{23} - k_{32}, k_{31} - k_{13}, k_{12} - k_{21}$. Nach (22) müssen wir $\lambda_0 = 0$ setzen. Damit ist zugleich das linke Tripel der Gleichungen (21) erfüllt. (19) und (20) reduzieren sich auf

$$\lambda_1^2 + \lambda_2^2 + \lambda_3^2 = 1,$$
$$\lambda_1^2 - \lambda_2^2 - \lambda_3^2 = k_{11},$$
$$-\lambda_1^2 + \lambda_2^2 - \lambda_3^2 = k_{22},$$
$$-\lambda_1^2 - \lambda_2^2 + \lambda_3^2 = k_{33}.$$

Sie sind auf Grund der Beziehung $1 + k_{11} + k_{22} + k_{33} = 0$ miteinander verträglich und liefern die Werte

$$(26) \quad \lambda_1 = \varepsilon_1 \sqrt{\frac{1 + k_{11}}{2}}, \quad \lambda_2 = \varepsilon_2 \sqrt{\frac{1 + k_{22}}{2}}, \quad \lambda_3 = \varepsilon_3 \sqrt{\frac{1 + k_{33}}{2}},$$

wobei $\varepsilon_1, \varepsilon_2, \varepsilon_3$ gleich 1 oder -1 sind.

Daß $1 + k_{11}, 1 + k_{22}, 1 + k_{33}$ nicht negativ sind, ist eine Folge der Relationen $k_{1s}^2 + k_{2s}^2 + k_{3s}^2 = 1$, welche die Ungleichungen $k_{ss}^2 \leqq 1$ nach sich ziehen. Unmöglich können alle drei Größen $1 + k_{ss}$ verschwinden. Sonst wären alle k_{ss} gleich -1 und alle übrigen k gleich Null, die Determinante also nicht 1, wie wir voraussetzen, sondern -1. Es sei also z. B. $1 + k_{11}$ von Null verschieden. Da die Differenzen $k_{23} - k_{32}, k_{31} - k_{13}, k_{12} - k_{21}$ verschwinden, handelt es sich hier um eine symmetrische Matrix. Das rechte Gleichungstripel (21) reduziert sich daher auf

$$k_{23} = 2\lambda_2\lambda_3, \quad k_{31} = 2\lambda_3\lambda_1, \quad k_{12} = 2\lambda_1\lambda_2.$$

Diese Gleichungen werden durch die Werte (26) erfüllt, wenn man zunächst von den Vorzeichen absieht. In der Tat hat man z. B.

$$k_{23}^2 = (1 + k_{22})(1 + k_{33}),$$

d. h.

$$1 + k_{22} + k_{33} + (k_{22}k_{33} - k_{23}^2) = 0,$$

weil $k_{22}k_{33} - k_{23}^2 = k_{11}$ und $1 + k_{11} + k_{22} + k_{33} = 0$ ist. Es kommt also nur darauf an, ob sich die Zeichenfaktoren $\varepsilon_1, \varepsilon_2, \varepsilon_3$ so wählen lassen, daß jene Gleichungen auch einschließlich der Vorzeichen gelten. Ist nun, wie wir sagten, z. B. $1 + k_{11}$ von Null verschieden, so setze man nach Belieben $\varepsilon_1 = 1$ oder $\varepsilon_1 = -1$

und

$$\lambda_2 = \tfrac{1}{2}\lambda_1^{-1}k_{12}, \qquad \lambda_3 = \tfrac{1}{2}\lambda_1^{-1}k_{31}.$$

Es fragt sich, ob auch die noch fehlende Gleichung $k_{23} = 2\lambda_2\lambda_3$ erfüllt ist. Da die Relation

$$k_{23} = k_{12}k_{31} - k_{11}k_{32}$$

gilt oder

$$(1 + k_{11})\,k_{23} = k_{12}k_{31},$$

so kann man mit Rücksicht auf $\lambda_1^2 = \frac{1 + k_{11}}{2}$ und auf die schon erfüllten Gleichungen $k_{31} = 2\lambda_3\lambda_1$, $k_{12} = 2\lambda_1\lambda_2$ schreiben

$$(1 + k_{11})\,k_{23} = 4\lambda_1^2\lambda_2\lambda_3 = 2(1 + k_{11})\,\lambda_2\lambda_3.$$

Hieraus folgt, weil eben $1 + k_{11}$ von Null verschieden ist, $k_{23} = 2\lambda_2\lambda_3$, die noch fehlende Gleichung.

Es hat sich also gezeigt, daß eine reelle orthogonale Transformation mit der Determinante 1 stets in der Form (14) darstellbar ist, und zwar sind $\gamma_{11}, \gamma_{12}, \gamma_{21}, \gamma_{22}$ bis auf den Faktor -1 vollkommen bestimmt. Hat man ein brauchbares Wertsystem $\gamma_{11}, \gamma_{12}, \gamma_{21}, \gamma_{22}$ gefunden, so gibt es neben ihm nur noch ein einziges zweites, das dieselben Dienste leistet, nämlich $-\gamma_{11}, -\gamma_{12}, -\gamma_{21}, -\gamma_{22}$.

Man kann übrigens den Gleichungen (24) eine solche Gestalt geben, daß sie auch im Falle $1 + k_{11} + k_{22} + k_{33} = 0$ benutzbar sind. Um diese Umformung zu bewirken, stützen wir uns auf die Relationen (25), (25'). Danach ist z. B.

$$\begin{aligned}(k_{23} - k_{32})^2 &= (1 + k_{11})^2 - (k_{22} + k_{33})^2 \\ &= (1 + k_{11} + k_{22} + k_{33})\,(1 + k_{11} - k_{22} - k_{33}),\end{aligned}$$

also

$$k_{23} - k_{32} = \varepsilon_1\sqrt{1 + k_{11} + k_{22} + k_{33}}\,\sqrt{1 + k_{11} - k_{22} - k_{33}},$$

wobei wir die Wurzeln positiv gewählt denken und ε_1 der Zeichenfaktor ist, d. h. $\varepsilon_1 = \pm 1$. Unter Benutzung dieses Ausdrucks und der entsprechenden für $k_{31} - k_{13}$ und $k_{12} - k_{21}$ lassen sich die Gleichungen (24) in folgender Form schreiben, worauf man auch von (19) und (20) aus direkt kommen kann:

$$(24')\qquad \left\{\begin{aligned}\lambda_0 &= \frac{\varepsilon_0}{2}\sqrt{1 + k_{11} + k_{22} + k_{33}}, \\ \lambda_1 &= \frac{\varepsilon_1}{2}\sqrt{1 + k_{11} - k_{22} - k_{33}}, \\ \lambda_2 &= \frac{\varepsilon_2}{2}\sqrt{1 - k_{11} + k_{22} - k_{33}}, \\ \lambda_3 &= \frac{\varepsilon_3}{2}\sqrt{1 - k_{11} - k_{22} + k_{33}}.\end{aligned}\right.$$

Wie wir auf Grund unserer Erörterung wissen, können die Zeichenfaktoren auf alle Fälle so gewählt werden, daß sämtliche Forderungen, denen die

Größen $\lambda_0, \lambda_1, \lambda_2, \lambda_3$ genügen sollen, erfüllt sind. Ist eine solche Wahl einmal durchgeführt, so steht es uns noch frei, $\varepsilon_0, \varepsilon_1, \varepsilon_2, \varepsilon_3$ durch $-\varepsilon_0, -\varepsilon_1, -\varepsilon_2, -\varepsilon_3$ zu ersetzen.

Wird nun $1 + k_{11} + k_{22} + k_{33} = 0$, so gehen die Gleichungen (24′) in folgende über:

$$\lambda_0 = 0, \quad \lambda_1 = \varepsilon_1 \sqrt{\frac{1+k_{11}}{2}}, \quad \lambda_2 = \varepsilon_2 \sqrt{\frac{1+k_{22}}{2}}, \quad \lambda_3 = \varepsilon_3 \sqrt{\frac{1+k_{33}}{2}}.$$

Wenn man sich der Matrizensymbolik bedient, so läßt sich das Endergebnis, das uns übrigens schon früher in anderer Herleitung begegnet ist, besonders einfach ausdrücken. Wir betrachten die schiefsymmetrische Matrix

$$\mathfrak{S} = \begin{pmatrix} 0, & \lambda_3, & -\lambda_2 \\ -\lambda_3, & 0, & \lambda_1 \\ \lambda_2, & -\lambda_1, & 0 \end{pmatrix}$$

und multiplizieren sie nach der uns bekannten Regel mit sich selbst. Dadurch erhalten wir

$$\mathfrak{S}^2 = \begin{pmatrix} 0, & \lambda_3, & -\lambda_2 \\ -\lambda_3, & 0, & \lambda_1 \\ \lambda_2, & -\lambda_1, & 0 \end{pmatrix} \begin{pmatrix} 0, & \lambda_3, & -\lambda_2 \\ -\lambda_3, & 0, & \lambda_1 \\ \lambda_2, & -\lambda_1, & 0 \end{pmatrix}$$

$$= \begin{pmatrix} -\lambda_2^2 - \lambda_3^2, & \lambda_1\lambda_2, & \lambda_1\lambda_3 \\ \lambda_2\lambda_1, & -\lambda_3^2 - \lambda_1^2, & \lambda_2\lambda_3 \\ \lambda_3\lambda_1, & \lambda_3\lambda_2, & -\lambda_1^2 - \lambda_2^2 \end{pmatrix}.$$

Die r-te Zeile der Produktmatrix entsteht dadurch, daß man die r-te Zeile des ersten Faktors mit den Spalten des zweiten zusammensetzt. Außer $\mathfrak{S}$ und $\mathfrak{S}^2$ brauchen wir nur noch die Einheitsmatrix

$$\mathfrak{E} = \begin{pmatrix} 1 & 0 & 0 \\ 0 & 1 & 0 \\ 0 & 0 & 1 \end{pmatrix}.$$

Nun müssen wir wissen, daß eine Matrix mit einem Zahlenfaktor multipliziert wird, indem man alle ihre Elemente mit diesem Faktor versieht. Ein Zahlenfaktor m hat also beim Multiplizieren dieselbe Wirkung wie die Matrix

$$m\mathfrak{E} = \begin{pmatrix} m & 0 & 0 \\ 0 & m & 0 \\ 0 & 0 & m \end{pmatrix}.$$

Außerdem kommt auch die Addition der Matrizen in Frage. Die Elemente der Summenmatrix entstehen aus den gleichnamigen Elementen der Summanden durch Addition.

Der ganze Inhalt der Gleichungen (20) und (21) läßt sich unter Benutzung dieser Ausdrucksmittel in eine Formel zusammenziehen, nämlich in

$$\mathfrak{K} = \mathfrak{E} + 2\lambda_0\mathfrak{S} + 2\mathfrak{S}^2, \tag{27}$$

wobei $\mathfrak{K}$ die Matrix (15) bezeichnet.

Nach (21) ist nämlich

$$\begin{pmatrix} 0 & \frac{k_{12}-k_{21}}{2} & \frac{k_{13}-k_{31}}{2} \\ \frac{k_{21}-k_{12}}{2} & 0 & \frac{k_{23}-k_{32}}{2} \\ \frac{k_{31}-k_{13}}{2} & \frac{k_{32}-k_{23}}{2} & 0 \end{pmatrix} = \begin{pmatrix} 0, & 2\lambda_0\lambda_3, & -2\lambda_0\lambda_2 \\ -2\lambda_0\lambda_3, & 0, & 2\lambda_0\lambda_1 \\ 2\lambda_0\lambda_2, & -2\lambda_0\lambda_1, & 0 \end{pmatrix} = 2\lambda_0\mathfrak{S},$$

$$\begin{pmatrix} 0 & \frac{k_{12}+k_{21}}{2} & \frac{k_{13}+k_{31}}{2} \\ \frac{k_{21}+k_{12}}{2} & 0 & \frac{k_{23}+k_{32}}{2} \\ \frac{k_{31}+k_{13}}{2} & \frac{k_{32}+k_{23}}{2} & 0 \end{pmatrix} = \begin{pmatrix} 0 & 2\lambda_1\lambda_2 & 2\lambda_1\lambda_3 \\ 2\lambda_2\lambda_1 & 0 & 2\lambda_2\lambda_3 \\ 2\lambda_3\lambda_1 & 2\lambda_3\lambda_2 & 0 \end{pmatrix}.$$

Ferner hat man nach (20) unter Berücksichtigung von (19)

$$\begin{pmatrix} k_{11} & 0 & 0 \\ 0 & k_{22} & 0 \\ 0 & 0 & k_{33} \end{pmatrix} = \begin{pmatrix} 1-2(\lambda_2^2+\lambda_3^2), & 0, & 0 \\ 0, & 1-2(\lambda_3^2+\lambda_1^2), & 0 \\ 0, & 0, & 1-2(\lambda_1^2+\lambda_2^2) \end{pmatrix}$$

$$= \begin{pmatrix} 1 & 0 & 0 \\ 0 & 1 & 0 \\ 0 & 0 & 1 \end{pmatrix} + \begin{pmatrix} -2(\lambda_2^2+\lambda_3^2), & 0, & 0 \\ 0, & -2(\lambda_3^2+\lambda_1^2), & 0 \\ 0, & 0, & -2(\lambda_1^2+\lambda_2^2) \end{pmatrix}.$$

Durch Addition ergibt sich hieraus

$$\begin{pmatrix} k_{11} & \frac{k_{12}+k_{21}}{2} & \frac{k_{13}+k_{31}}{2} \\ \frac{k_{21}+k_{12}}{2} & k_{22} & \frac{k_{23}+k_{32}}{2} \\ \frac{k_{31}+k_{13}}{2} & \frac{k_{32}+k_{23}}{2} & k_{33} \end{pmatrix} = \mathfrak{E} + 2\mathfrak{S}^2.$$

Wenn man die Bezeichnung

$$\mathfrak{K}' = \begin{pmatrix} k_{11} & k_{21} & k_{31} \\ k_{12} & k_{22} & k_{32} \\ k_{13} & k_{23} & k_{33} \end{pmatrix}$$

für die herumgeklappte oder transponierte Matrix $\mathfrak{K}$ benutzt, so ist nach den obigen Feststellungen

$$(28) \qquad \begin{cases} \frac{1}{2}(\mathfrak{K}-\mathfrak{K}') = 2\lambda_0\mathfrak{S}, \\ \frac{1}{2}(\mathfrak{K}+\mathfrak{K}') = \mathfrak{E}+2\mathfrak{S}^2. \end{cases}$$

Hieraus folgt aber durch Addition die Gleichung (27). Den Größen λ ist hierbei die Bedingung (19) auferlegt.

Die für eine orthogonale Matrix geltenden Bedingungen lassen sich in der Formel

$$(29) \qquad \mathfrak{K}'\mathfrak{K} = \mathfrak{E}$$

zusammenfassen. Da die Zeilen von $\mathfrak{K}'$ die Spalten von $\mathfrak{K}$ sind, so besagt diese Gleichung, daß ungleichnamige Spalten von $\mathfrak{K}$ zusammengesetzt Null ergeben, gleichnamige aber 1, daß also die Spaltenvektoren von $\mathfrak{K}$ orthogonale Einheitsvektoren sind. Aus (29) folgt nun durch Anfügung des Vorderfaktors $\mathfrak{K}$

$$\mathfrak{K}\mathfrak{K}'\mathfrak{K} = \mathfrak{K}\mathfrak{E} = \mathfrak{E}\mathfrak{K}.$$

Hiernach ist $(\mathfrak{K}\mathfrak{K}' - \mathfrak{E})\,\mathfrak{K}$ eine Matrix, die aus lauter Nullen besteht, die sogenannte Nullmatrix, für die man auch, weil sie aus $\mathfrak{E}$ durch Multiplikation mit 0 entsteht, das Zahlensymbol 0 benutzt. Da nun $\mathfrak{K}$ eine von Null verschiedene Determinante hat, so kann $(\mathfrak{K}\mathfrak{K}' - \mathfrak{E})\,\mathfrak{K}$ nur dann die Nullmatrix sein, wenn $\mathfrak{K}\mathfrak{K}' - \mathfrak{E}$ sie ist. Es folgt also aus (29)

$$(29') \qquad \mathfrak{K}\mathfrak{K}' = \mathfrak{E},$$

d. h. auch die Zeilenvektoren von $\mathfrak{K}$ sind orthogonale Einheitsvektoren. Wir wollten zeigen, wie diese Eigenschaft mit den Hilfsmitteln der Matrizenrechnung aufgedeckt wird. Hat $\mathfrak{K}$ die Determinante 1 und bezeichnet man mit $\mathfrak{K}^*$ die Matrix, die aus $\mathfrak{K}$ entsteht, wenn man jedes Element durch sein Komplement ersetzt, so wird nach den Eigenschaften der Komplemente

$$\mathfrak{K}^*\mathfrak{K}' = \mathfrak{E}.$$

Also muß $\mathfrak{K}^* = \mathfrak{K}$ sein, was uns ebenfalls bekannt ist.

§ 5. Flächen zweiter Ordnung.

Eine Fläche zweiter Ordnung ist vom Standpunkt der analytischen Geometrie der Inbegriff aller Punkte, deren cartesische Koordinaten x, y, z einer Gleichung zweiten Grades genügen, also einer Gleichung von der Form

$$(1) \qquad \begin{cases} a_{11}x^2 + a_{22}y^2 + a_{33}z^2 + 2a_{23}yz + 2a_{31}zx + 2a_{12}xy \\ \qquad + 2a_{14}x + 2a_{24}y + 2a_{34}z + a_{44} = 0. \end{cases}$$

Wenn man homogene Koordinaten einführt, also x, y, z gleich $\frac{x_1}{x_4}, \frac{x_2}{x_4}, \frac{x_3}{x_4}$ setzt, so lautet die Gleichung nach Multiplikation mit x_4^2

$$(1^*) \qquad \sum_{r,s} a_{rs}x_r x_s = 0.$$

Bei der Summation durchlaufen r und s unabhängig voneinander die Werte 1, 2, 3, 4. Wir denken uns neben den zehn Koeffizienten der Gleichung (1) noch sechs neue $a_{32}, a_{13}, a_{21}, a_{41}, a_{42}, a_{43}$ eingeführt, die mit den andern durch die Gleichungen $a_{rs} = a_{sr}$ verknüpft sind. Nur dann ist die kurze Schreibung (1*) möglich. Genau entsprechend verfuhren wir seinerzeit in der Theorie der Kurven zweiter Ordnung.

Bei einer projektiven Abbildung geht eine Fläche zweiter Ordnung stets wieder in eine Fläche zweiter Ordnung über. Dies beruht darauf, daß eine solche Abbildung durch eine lineare Transformation ausgedrückt wird. Wenn man eine solche Transformation vornimmt, also in (1*)

$$(2)\qquad \begin{cases} x_1 = c_1^1\mathfrak{x}_1 + c_1^2\mathfrak{x}_2 + c_1^3\mathfrak{x}_3 + c_1^4\mathfrak{x}_4, \\ x_2 = c_2^1\mathfrak{x}_1 + c_2^2\mathfrak{x}_2 + c_2^3\mathfrak{x}_3 + c_2^4\mathfrak{x}_4, \\ x_3 = c_3^1\mathfrak{x}_1 + c_3^2\mathfrak{x}_2 + c_3^3\mathfrak{x}_3 + c_3^4\mathfrak{x}_4, \\ x_4 = c_4^1\mathfrak{x}_1 + c_4^2\mathfrak{x}_2 + c_4^3\mathfrak{x}_3 + c_4^4\mathfrak{x}_4 \end{cases}$$

einsetzt, so wird

$$\sum_{r,s} a_{rs}x_r x_s = \sum_{r,s} a_{rs}\Big(\sum_\varrho c_r^\varrho \mathfrak{x}_\varrho\Big)\Big(\sum_\sigma c_s^\sigma \mathfrak{x}_\sigma\Big) = \sum_{\varrho,\sigma} \mathfrak{a}_{\varrho\sigma}\mathfrak{x}_\varrho\mathfrak{x}_\sigma.$$

Dabei hat $\mathfrak{a}_{\varrho\sigma}$ folgende Bedeutung:

$$(3)\qquad \mathfrak{a}_{\varrho\sigma} = \sum_{r,s} a_{rs}c_r^\varrho c_s^\sigma.$$

Diese Koeffizienten haben ebenso, wie die alten, die Symmetrieeigenschaft $\mathfrak{a}_{\varrho\sigma} = \mathfrak{a}_{\sigma\varrho}$. Es ist nämlich nach (3)

$$\mathfrak{a}_{\sigma\varrho} = \sum_{r,s} a_{rs}c_r^\sigma c_s^\varrho.$$

Da aber r und s gleichberechtigte Indizes sind, so kann man sie vertauschen und erhält dann

$$\mathfrak{a}_{\sigma\varrho} = \sum_{r,s} a_{sr}c_s^\sigma c_r^\varrho = \sum_{r,s} a_{rs}c_r^\varrho c_s^\sigma.$$

Das ist genau derselbe Summenausdruck wie (3). Wir haben zuletzt die Beziehung, daß $a_{sr} = a_{rs}$ benutzt und die Faktoren c_s^σ, c_r^ϱ vertauscht.

Wir wollen das Wertequadrupel $c_1^\varrho, c_2^\varrho, c_3^\varrho, c_4^\varrho$, welches in der ϱ-ten Spalte der Transformation (2) auftritt, mit c^ϱ bezeichnen. c^ϱ ist dann das, was wir einen normierten Punkt genannt haben. Die Gleichungen (2) lassen sich, wie wir wissen, nicht nur als Ausdruck einer projektiven Abbildung ansehen, sie vermitteln auch den Übergang zu den neuen Tetraederkoordinaten, die sich auf die normierten Grundpunkte c^1, c^2, c^3, c^4 stützen. Man kann bei dieser Auffassung sagen, daß die Fläche zweiter Ordnung in beliebigen Tetraederkoordinaten stets durch das Verschwinden einer quadratischen Form gekennzeichnet wird.

Wenn wir, wie in der Theorie der Kurven zweiter Ordnung, das Symbol

$$(x \mid y)_a = \Sigma a_{rs}x_r y_s$$

einführen, so läßt sich die Formel (3) in der Form schreiben

$$(3')\qquad \mathfrak{a}_{\varrho\sigma} = (c^\varrho \mid c^\sigma)_a.$$

Wenn man auf y dieselbe lineare Transformation anwendet, wie auf x, wenn man also neben

$$x = \mathfrak{x}_1c^1 + \mathfrak{x}_2c^2 + \mathfrak{x}_3c^3 + \mathfrak{x}_4c^4$$

zugleich

$$y = \mathfrak{y}_1c^1 + \mathfrak{y}_2c^2 + \mathfrak{y}_3c^3 + \mathfrak{y}_4c^4$$

setzt, so wird

$$(x \mid y)_a = (\Sigma\mathfrak{x}_\varrho c^\varrho, \Sigma\mathfrak{y}_\sigma c^\sigma)_a = \Sigma(c^\varrho \mid c^\sigma)_a\,\mathfrak{x}_\varrho\mathfrak{y}_\sigma = \Sigma\,\mathfrak{a}_{\varrho\sigma}\mathfrak{x}_\varrho\mathfrak{y}_\sigma.$$

Es ist also

$$(4)\qquad (x \mid y)_a = (\mathfrak{x} \mid \mathfrak{y})_\mathfrak{a}.$$

Man nennt $(x \mid y)_a$ die mit x und y gebildete Polare der quadratischen Form $\Sigma a_{rs} x_r x_s$. Sie geht, wie Gleichung (4) lehrt, bei kogredienter, d. h. übereinstimmender Transformation der x und y in $(\mathfrak{x} \mid \mathfrak{y})_{\mathfrak{a}}$ über, also in die Polare der transformierten Form $\Sigma \mathfrak{a}_{\varrho\sigma} \mathfrak{x}_\varrho \mathfrak{x}_\sigma$. Das ist die Kovarianteneigenschaft der Polare, die wir aus der Theorie der Kurven zweiter Ordnung schon kennen.

Wir haben bei der obigen Herleitung der Formel (4) schon von zwei Eigenschaften der Polare Gebrauch gemacht, die sich in den Gleichungen

$$(x \mid y + z) = (x \mid y) + (x \mid z)$$

und

$$(x \mid \lambda y) = \lambda (x \mid y)$$

ausdrücken. Sie ergeben sich unmittelbar aus dem bilinearen Charakter der Polare. Außerdem muß man wissen, daß

$$(x \mid y) = (y \mid x)$$

ist, was auf folgende Weise klar wird:

$$\Sigma a_{rs} x_r y_s = \Sigma a_{sr} x_s y_r = \Sigma a_{rs} y_r x_s.$$

Zuerst haben wir r und s vertauscht und dann von $a_{rs} = a_{sr}$ Gebrauch gemacht.

Zwei Punkte x und y, welche die Polare $(x \mid y)_a$ zum Verschwinden bringen, nennt man konjugiert in bezug auf die Form $\Sigma a_{rs} x_r x_s$ oder in bezug auf die zugehörige Fläche zweiter Ordnung. Die Fläche besteht aus den Punkten, die zu sich selbst konjugiert sind.

Will man haben, daß die lineare Transformation (2) die Form $\Sigma a_{rs} x_r x_s$ auf lauter Quadrate reduziert, also in $\mathfrak{a}_{11}\mathfrak{x}_1^2 + \mathfrak{a}_{22}\mathfrak{x}_2^2 + \mathfrak{a}_{33}\mathfrak{x}_3^2 + \mathfrak{a}_{44}\mathfrak{x}_4^2$ überführt, so muß man nach (3′) verlangen. daß die Punkte c^1, c^2, c^3, c^4 paarweise konjugiert sind. Die Reduktion auf Quadrate ist eine sehr wichtige Operation. Diese Operation hängt also aufs engste zusammen mit der Herstellung von Punktquadrupeln, die aus paarweise konjugierten Punkten bestehen, und zwar müssen es allgemeine Punktquadrupel sein, weil die Determinante der linearen Transformation nicht verschwinden darf. Wir nennen ein aus paarweise konjugierten Punkten bestehendes allgemeines Quadrupel ein Polquadrupel oder Poltetraeder der Form $\Sigma a_{rs} x_r x_s$ oder der zugehörigen Fläche zweiten Grades. Als singuläre Punkte bezeichnen wir solche, die zu allen Punkten des Raumes konjugiert sind. Soll y ein solcher Punkt sein, so muß stets die Gleichung $(x \mid y) = 0$ oder $\Sigma a_{rs} x_r y_s = 0$ stattfinden, wie man auch x_1, x_2, x_3, x_4 wählen mag, d. h. es müssen die vier Gleichungen

$$\Sigma a_{1s} y_s = 0, \quad \Sigma a_{2s} y_s = 0, \quad \Sigma a_{3s} y_s = 0, \quad \Sigma a_{4s} y_s = 0 \tag{5}$$

stattfinden. Ob es singuläre Punkte gibt und in welcher Mannigfaltigkeit sie auftreten, hängt von dem Rang der Matrix

$$\left\{\begin{matrix} a_{11} & a_{12} & a_{13} & a_{14} \\ a_{21} & a_{22} & a_{23} & a_{24} \\ a_{31} & a_{32} & a_{33} & a_{34} \\ a_{41} & a_{42} & a_{43} & a_{44} \end{matrix}\right. \tag{6}$$

ab. Ist der Rang gleich k, so gibt es $(4-k)$ unabhängige Lösungen des Systems (5) und die von ihnen aufgespannte lineare Mannigfaltigkeit besteht aus lauter singulären Punkten. Wegen der Kovarianteneigenschaft der Polare hat die Beziehung $(x \mid y)_a = 0$ die Beziehung $(\mathfrak{x} \mid \mathfrak{y})_a = 0$ zur Folge. Insbesondere gehen singuläre Punkte bezüglich der Form $\Sigma a_{rs} x_r x_s$ in singuläre Punkte bezüglich der Form $\Sigma \mathfrak{a}_{\varrho\sigma} \mathfrak{x}_\varrho \mathfrak{x}_\sigma$ über. Da die Umkehrung der Transformation (2) von $\Sigma \mathfrak{a}_{\varrho\sigma} \mathfrak{x}_\varrho \mathfrak{x}_\sigma$ zu $\Sigma a_{rs} x_r x_s$ zurückführt, so ist klar, daß die Matrix (6) denselben Rang haben muß wie die Matrix

$$(6') \qquad \begin{cases} \mathfrak{a}_{11} & \mathfrak{a}_{12} & \mathfrak{a}_{13} & \mathfrak{a}_{14} \\ \mathfrak{a}_{21} & \mathfrak{a}_{22} & \mathfrak{a}_{23} & \mathfrak{a}_{24} \\ \mathfrak{a}_{31} & \mathfrak{a}_{32} & \mathfrak{a}_{33} & \mathfrak{a}_{34} \\ \mathfrak{a}_{41} & \mathfrak{a}_{42} & \mathfrak{a}_{43} & \mathfrak{a}_{44}. \end{cases}$$

Die Höchstzahl unabhängiger singulärer Punkte muß nämlich bei beiden Formen dieselbe sein.

Hat man nun die Form $\Sigma a_{rs} x_r x_s$ auf die Form $\Sigma \mathfrak{a}_{\varrho\varrho} \mathfrak{x}_\varrho^2$ reduziert, so ist der Rang k der transformierten Form offenbar gleich der Anzahl der nichtverschwindenden $\mathfrak{a}_{\varrho\varrho}$. Der Rang der Form $\Sigma a_{rs} x_r x_s$ gibt also an, auf wie viele unabhängige Quadrate sie reduzierbar ist. Man wolle bedenken, daß die durch Auflösung der Gleichungen (2) gewonnenen Ausdrücke $\mathfrak{x}_1, \mathfrak{x}_2, \mathfrak{x}_3, \mathfrak{x}_4$ vier unabhängige Linearformen in x_1, x_2, x_3, x_4 sind, d. h. solche mit von Null verschiedener Determinante. Es besteht zwischen diesen Formen keine lineare Relation. Deshalb sprachen wir von unabhängigen Quadraten.

Ausgehend von einer Reihe sukzessiv gewählter Punkte kann man ein Poltetraeder gewinnen nach einem Verfahren, das wir bereits in der Theorie der Kurven zweiter Ordnung dargelegt haben. Hier wollen wir es in etwas anderer Form auseinandersetzen. Wir wählen zunächst die Punkte $x^1, x^2, \ldots$ der Reihe nach so, daß die Determinanten

$$D_1 = (x^1 \mid x^1), \quad D_2 = \begin{vmatrix} (x^1 \mid x^1) & (x^1 \mid x^2) \\ (x^2 \mid x^1) & (x^2 \mid x^2) \end{vmatrix}, \ldots$$

von Null verschieden werden. Dies möge bis zu D_q gelingen, so daß also $D_1, \ldots, D_q$ ungleich Null sind, während D_{q+1} verschwindet, wie man auch den Punkt x^{q+1} wählen mag. Dann läßt sich zunächst feststellen, daß die Punkte

$$(7) \quad X^1 = x^1, \; X^2 = \begin{vmatrix} (x^1 \mid x^1) & x^1 \\ (x^2 \mid x^1) & x^2 \end{vmatrix}, \ldots, \; X^q = \begin{vmatrix} (x^1 \mid x^1) \ldots (x^1 \mid x^{q-1}) & x^1 \\ \cdot \; \cdot \; \cdot \; \cdot \; \cdot \; \cdot \; \cdot \\ (x^q \mid x^1) \ldots (x^q \mid x^{q-1}) & x^q \end{vmatrix}$$

unabhängig und paarweise konjugiert sind. Betrachten wir z. B. die Punkte X^r und X^s, wobei $r \leqq s$ gedacht ist. Im Falle $r < s$ ist X^r eine lineare Kombination aus $x^1, \ldots, x^{s-1}$. Man erkennt aber sofort, daß diese $s-1$ Punkte zu X^s konjugiert sind, weil die Determinante

$$(8) \qquad (x^\sigma \mid X^s) = \begin{vmatrix} (x^1 \mid x^1) \ldots (x^1 \mid x^{s-1}) & (x^1 \mid x^\sigma) \\ \cdot \; \cdot \; \cdot \; \cdot \; \cdot \; \cdot \; \cdot \; \cdot \\ (x^s \mid x^1) \ldots (x^s \mid x^{s-1}) & (x^s \mid x^\sigma) \end{vmatrix}$$

zwei übereinstimmende Spalten aufweist und verschwindet, sobald $\sigma < s$ ist. Man hat also im Falle $r < s$ stets $(X^r \mid X^s) = 0$. Die Punkte (7) sind demnach paarweise konjugiert. Klammert man ferner

$$X^s = D_{s-1} x^s + \cdots,$$

wobei die punktiert angedeuteten Bestandteile sich aus $x^1, \ldots, x^{s-1}$ aufbauen, mit X^s, so ergibt sich, da $(x^1 \mid X^s), \ldots, (x^{s-1} \mid X^s)$ verschwinden,

$$(X^s \mid X^s) = D_{s-1}(x^s \mid X^s) = D_{s-1} D_s.$$

Nach (8) ist nämlich

$$(x^s \mid X^s) = D_s.$$

Jetzt kann man sich leicht von der Unabhängigkeit der Punkte (7) überzeugen. Bestände zwischen ihnen eine Relation von der Form

$$\lambda_1 X^1 + \lambda_2 X^2 + \cdots + \lambda_q X^q = 0,$$

so ergäbe sich durch Klammern mit X^s

$$\lambda_s D_{s-1} D_s = 0,$$

also $\lambda_s = 0$, wobei s die Werte $1, \ldots, q$ annimmt.

Ist $q = 4$, so hat man in X^1, X^2, X^3, X^4 ein Poltetraeder. Im Falle $q < 4$ wähle man nach Belieben $4 - q$ Punkte $y^1, \ldots, y^{4-q}$, jedoch so, daß sie zusammen mit $x^1, \ldots, x^q$ ein allgemeines Quadrupel bilden. Ferner setze man

$$Y^t = \begin{vmatrix} (x^1 \mid x^1) \ldots (x^1 \mid x^q)\; x^1 \\ \cdot\;\cdot\;\cdot\;\cdot\;\cdot\;\cdot\;\cdot\;\cdot \\ (x^q \mid x^1) \ldots (x^q \mid x^q)\; x^q \\ (y^t \mid x^1) \ldots (y^t \mid x^q)\; y^t \end{vmatrix}. \qquad (t = 1, \ldots, 4 - q)$$

Da offenbar

$$Y^t = D_q y^t + \cdots$$

ist, wobei der punktiert angedeutete Bestandteil eine lineare Verbindung von $x^1, \ldots, x^q$ darstellt, so bilden die Punkte $x^1, \ldots, x^q, Y^1, \ldots, Y^{4-q}$ ebenfalls ein allgemeines Quadrupel. Dasselbe gilt von $X^1, \ldots, X^q, Y^1, \ldots, Y^{4-q}$. Nun gelten die Relationen

$$(Y^t \mid x^1) = 0, \ldots, (Y^t \mid x^q) = 0,$$

weil es sich hier um Determinanten mit Spaltendoubletten handelt. Diese Relationen ziehen aber die folgenden nach sich:

$$(9) \qquad (Y^t \mid X^1) = 0, \ldots, (Y^t \mid X^q) = 0.$$

Sollte $4 - q > 1$ sein, so daß es mehrere Y^t gibt, so zeigt sich, daß

$$(10) \qquad (Y^t \mid Y^{t'}) = 0$$

ist. Um sich davon zu überzeugen, bilde man unter Benutzung zweier beliebiger Faktoren λ, μ die Verbindung

$$\lambda Y^t + \mu Y^{t'} = \begin{vmatrix} (x^1 \mid x^1) \ldots & (x^1 \mid x^q) & x^1 \\ \cdot\;\cdot\;\cdot\;\cdot & \cdot\;\cdot\;\cdot\;\cdot & \cdot \\ (x^q \mid x^1) \ldots & (x^q \mid x^q) & x^q \\ (\lambda y^t + \mu y^{t'} \mid x^1) \ldots & (\lambda y^t + \mu y^{t'} \mid x^q) & \lambda y^t + \mu y^{t'} \end{vmatrix}.$$

Hier ist nun

$$\lambda Y^t + \mu Y^{t'} = D_q(\lambda y^t + \mu y^{t'}) + \cdots,$$

wobei die Punkte eine lineare Verbindung von $x^1, \ldots, x^q$ andeuten. Daher wird

$$(\lambda Y^t + \mu Y^{t'} \mid \lambda Y^t + \mu Y^{t'}) = D_q(\lambda Y^t + \mu Y^{t'} \mid \lambda y^t + \mu y^{t'}).$$

Berechnet man aber $(\lambda Y^t + \mu Y^{t'} \mid \lambda y^t + \mu y^{t'})$, so ergibt sich eine Determinante vom Typus D_{q+1}, die also verschwinden muß. Es folgt somit

$$(\lambda Y^t + \mu Y^{t'} \mid \lambda Y^t + \mu Y^{t'}) = 0,$$

d. h

$$\lambda^2(Y^t \mid Y^t) + 2\lambda\mu(Y^t \mid Y^{t'}) + \mu^2(Y^{t'} \mid Y^t) = 0.$$

Da diese Gleichung für alle Werte von λ, μ bestehen muß, so verschwinden die drei Ausdrücke $(Y^t \mid Y^t)$, $(Y^t \mid Y^{t'})$, $(Y^{t'} \mid Y^{t'})$. Die Relation (10) gilt also sowohl für $t' = t$ als auch für $t' \lessgtr t$. Somit bilden die Punkte $X^1, \ldots, X^q, Y^1, \ldots, Y^{4-q}$ ein Poltetraeder, und $Y^1, \ldots, Y^{4-q}$ sind außerdem singuläre Punkte. Jeder singuläre Punkt läßt sich als lineare Verbindung von $Y^1, \ldots, Y^{4-q}$ darstellen. Soll nämlich

$$\varrho_1 X^1 + \cdots + \varrho_q X^q + \sigma_1 Y^1 + \cdots + \sigma_{4-q} Y^{4-q}$$

ein singulärer Punkt ein, so muß beim Klammern mit $X^1, \ldots, X^q$ und $Y^1, \ldots, Y^{4-q}$ Null herauskommen. Letzteres ist von selbst der Fall, wie man aus (9) und (10) ersieht. Dagegen müssen, damit alle mit $X^1, \ldots, X^q$ gebildeten Klammern verschwinden, $\varrho_1, \ldots, \varrho_q$ gleich Null sein. Man findet also im Falle $q < 4$ ein Poltetraeder, indem man zu $X^1, \ldots, X^q$ noch $4 - q$ unabhängige singuläre Punkte hinzunimmt. Zugleich sieht man, daß die Zahl q mit dem Rang der Matrix (6) zusammenfällt. Dies gilt auch für $q = 4$, wie man sofort daran erkennt, daß es in diesem Falle keinen singulären Punkt gibt. Sollte nämlich $\tau_1 X^1 + \cdots + \tau_4 X^4$ ein solcher sein, so müßte beim Klammern mit $X^1, \ldots, X^4$ Null herauskommen. Dazu wäre aber das Verschwinden aller τ erforderlich. In der Aufstellung der Determinantenkette $D_1, D_2, \ldots$ liegt also zugleich ein Verfahren zur Rangbestimmung einer symmetrischen Matrix.

§ 6. Projektive Klassifikation der Flächen zweiter Ordnung.

Wir betrachten eine Fläche zweiter Ordnung, deren Gleichung reelle Koeffizienten hat, oder, wie wir kurz sagen, eine Fläche zweiter Ordnung mit reeller Gleichung. Wenn eine solche Fläche einer projektiven Abbildung unterworfen wird, so gehen, wie wir wissen, singuläre Punkte in singuläre Punkte über. Gibt es also bei der betrachteten Fläche $4 - q$ und nicht mehr unabhängige singuläre Punkte, so wird dasselbe bei der Bildfläche der Fall sein. Eine projektive Abbildung verwandelt nämlich unabhängige Punkte stets wieder in solche Punkte. Außerdem ist die umgekehrte Abbildung ebenfalls projektiv. Nun wissen wir, daß $4 - q$ und nicht mehr unabhängige singuläre Punkte vorhanden sind, wenn die Fläche, d. h. ihre Koeffizientenmatrix, den Rang q hat. So ist also der Rang der Fläche eine **projektive Invariante**, d. h. dieser Rang bleibt bei allen projektiven Abbildungen, denen die Fläche unterworfen wird, erhalten. Das haben wir schon früher auf andere Weise als richtig erkannt.

Es ergibt sich demnach zunächst eine Einteilung der Flächen zweiter Ordnung nach ihrem Rang. Eine Fläche zweiter Ordnung kann vom Range 1 oder 2 oder 3 oder 4 sein.

Ist eine Fläche zweiter Ordnung vom Range 1, so läßt sich nach dem in § 5 geschilderten Verfahren ein Poltetraeder

$$X^1,\ Y^1,\ Y^2,\ Y^3$$

herstellen, das drei singuläre Punkte Y^1, Y^2, Y^3 aufweist. Setzt man nun

$$x = \mathfrak{x}_1 X^1 + \mathfrak{x}_2 Y^1 + \mathfrak{x}_3 Y^2 + \mathfrak{x}_4 Y^3,$$

so wird

$$(x \mid x) = \mathfrak{x}_1^2 (X^1 \mid X^1).$$

Die Gleichung der Fläche, die $(x \mid x) = 0$ lautet, verwandelt sich also in $\mathfrak{x}_1^2 = 0$. Da $\mathfrak{x}_1 = 0$ die Gleichung einer Ebene ist, so werden wir die Fläche zweiter Ordnung als **Doppelebene** bezeichnen. Jede Fläche zweiter Ordnung vom Range 1 ist also eine Doppelebene. Dies läßt sich auch durch folgende Überlegung ohne Zuhilfenahme der Poltetraeder erkennen.

Wenn die Matrix der quadratischen Form $\Sigma a_{rs} x_r x_s$ den Rang 1 hat, so verschwinden alle zweireihigen Minoren, während die Elemente selbst nicht alle gleich Null sind. Es verschwinden insbesondere die zweireihigen Hauptminoren

$$\begin{vmatrix} a_{rr} & a_{rs} \\ a_{sr} & a_{ss} \end{vmatrix},$$

deren Hauptdiagonale in die Hauptdiagonale der Matrix fällt. Da nun $a_{rs} = a_{sr}$ ist, so hat man also

$$(1) \qquad a_{rs}^2 = a_{rr} a_{ss}.$$

Hieraus kann man schließen, daß nicht alle Hauptelemente gleich Null sein dürfen, weil sonst auch alle a_{rs}, also überhaupt sämtliche Elemente der Matrix, gleich Null wären. Ist nun z. B $a_{11} \neq 0$, so kann man schreiben

$$\begin{aligned} a_{11} \Sigma a_{rs} x_r x_s = {} & (a_{11} x_1 + a_{12} x_2 + a_{13} x_3 + a_{14} x_4)^2 \\ & + (a_{11} a_{22} - a_{12}^2) x_2^2 + (a_{11} a_{33} - a_{13}^2) x_3^2 + (a_{11} a_{44} - a_{14}^2) x_4^2 \\ & + 2(a_{11} a_{23} - a_{12} a_{13}) x_2 x_3 + 2(a_{11} a_{24} - a_{12} a_{14}) x_2 x_4 + 2(a_{11} a_{34} - a_{13} a_{14}) x_3 x_4. \end{aligned}$$

Die hier auftretenden zweireihigen Determinanten

$$\begin{vmatrix} a_{11} & a_{12} \\ a_{21} & a_{22} \end{vmatrix},\quad \begin{vmatrix} a_{11} & a_{13} \\ a_{31} & a_{33} \end{vmatrix},\quad \begin{vmatrix} a_{11} & a_{14} \\ a_{41} & a_{44} \end{vmatrix},$$

$$\begin{vmatrix} a_{11} & a_{12} \\ a_{31} & a_{32} \end{vmatrix},\quad \begin{vmatrix} a_{11} & a_{12} \\ a_{41} & a_{42} \end{vmatrix},\quad \begin{vmatrix} a_{11} & a_{13} \\ a_{41} & a_{43} \end{vmatrix},$$

sind nach Voraussetzung alle gleich Null, und man hat also

$$\Sigma a_{rs} x_r x_s = a_{11}^{-1} (a_{11} x_1 + a_{12} x_2 + a_{13} x_3 + a_{14} x_4)^2.$$

Ist nicht $a_{11} \neq 0$, sondern etwa $a_{\varrho\varrho} \neq 0$, so gilt die Gleichung

$$\Sigma a_{rs} x_r x_s = a_{\varrho\varrho}^{-1}(a_{\varrho 1} x_1 + a_{\varrho 2} x_2 + a_{\varrho 3} x_3 + a_{\varrho 4} x_4)^2.$$

Man kann dies auch mit Hilfe der früheren Betrachtung erkennen. Ein singulärer Punkt Y hat die Eigenschaft $(x \mid Y) = 0$, d. h. es ist stets $\Sigma a_{rs} x_r Y_s = 0$, wie auch x gewählt werden mag. Er erfüllt daher die Gleichungen $\Sigma a_{1s} Y_s = 0, \ldots, \Sigma a_{4s} Y_s = 0$. Zerlegt man nun (1) in

$$x_s = \mathfrak{x}_1 X_s^1 + \mathfrak{x}_2 Y_s^1 + \mathfrak{x}_3 Y_s^2 + \mathfrak{x}_4 Y_s^3, \qquad (s = 1, \ldots, 4)$$

so ergibt sich durch Multiplikation mit $a_{\varrho s}$ und Summation nach s

$$\sum_s a_{\varrho s} x_s = \mathfrak{x}_1 \sum_s a_{\varrho s} X_s^1.$$

Man ersieht hieraus, daß die Gleichung der Fläche sich in der Form $(\sum_s a_{\varrho s} x_s)^2 = 0$ schreiben läßt, falls nicht $a_{\varrho 1}, a_{\varrho 2}, a_{\varrho 3}, a_{\varrho 4}$ alle verschwinden. Nach (1) ist hierzu $a_{\varrho\varrho} \neq 0$ erforderlich, und es wird dann $\Sigma a_{rs} x_r x_s = a_{\varrho\varrho}^{-1} (\Sigma a_{\varrho s} x_s)^2$.

Hat eine Fläche zweiter Ordnung den Rang 2, so gibt es ein Poltetraeder

$$X^1, X^2, Y^1, Y^2$$

mit zwei singulären Punkten Y^1, Y^2. Setzt man alsdann

$$x = \mathfrak{x}_1 X^1 + \mathfrak{x}_2 X^2 + \mathfrak{x}_3 Y^1 + \mathfrak{x}_4 Y^2, \tag{2}$$

so wird

$$(x \mid x) = \mathfrak{x}_1^2 (X^1 \mid X^1) + \mathfrak{x}_2^2 (X^2 \mid X^2). \tag{3}$$

Wir wissen nun aus § 5, daß

$$(X^1 \mid X^1) = D_0 D_1, \quad (X^2 \mid X^2) = D_1 D_2 \tag{4}$$

ist. D_0 hat den Wert 1, während sich D_1, D_2 aus den zur Herstellung von X^1 und X^2 verwendeten Punkten x^1, x^2 in folgender Weise aufbauen:

$$D_1 = (x^1 \mid x^1), \quad D_2 = \begin{vmatrix} (x^1 \mid x^1) & (x^1 \mid x^2) \\ (x^2 \mid x^1) & (x^2 \mid x^2) \end{vmatrix}.$$

Diese Punkte x^1, x^2 wurden bei unserem Verfahren so gewählt, daß D_1 und D_2 nicht verschwindende Werte erhielten, und dann setzten wir

$$X^1 = x^1, \quad X^2 = \begin{vmatrix} (x^1 \mid x^1) & x^1 \\ (x^2 \mid x^1) & x^2 \end{vmatrix}.$$

Y^1, Y^2 sind irgend zwei voneinander verschiedene singuläre Punkte.

Nach (3) und (4) nimmt nun die Gleichung der Fläche folgende Form an:

$$\mathfrak{x}_1^2 + D_2 \mathfrak{x}_2^2 = 0. \tag{5}$$

Ist D_2 negativ, so verlangt (5), daß eine der beiden folgenden Gleichungen erfüllt ist:

$$\mathfrak{x}_1 + \mathfrak{x}_2 \sqrt{-D_2} = 0, \quad \mathfrak{x}_1 - \mathfrak{x}_2 \sqrt{-D_2} = 0.$$

Die Fläche ist also nichts weiter als ein reelles Ebenenpaar.

Im Falle $D_2 > 0$ können wir $\mathfrak{x}_1^2 + D_2 \mathfrak{x}_2^2$ in die beiden konjugiert imaginären Linearformen $\mathfrak{x}_1 + i\mathfrak{x}_2 \sqrt{D_2}$ und $\mathfrak{x}_1 - i\mathfrak{x}_2 \sqrt{D_2}$ zerlegen. Man sagt deshalb, daß die Fläche sich auf ein Paar konjugiert imaginärer Ebenen reduziert. Die einzigen reellen Punkte der Fläche liegen auf der Geraden $\mathfrak{x}_1 = 0, \mathfrak{x}_2 = 0$. Indem man noch $\mathfrak{x}_2$ mit einem Faktor versieht, kann man die Gleichung (5) zu $\mathfrak{x}_1^2 + \mathfrak{x}_2^2 = 0$ oder $\mathfrak{x}_1^2 - \mathfrak{x}_2^2 = 0$ vereinfachen.

Um den Sinn der Aussage $D_2 > 0$ oder $D_2 < 0$ zu erkennen, wollen wir uns etwas genauer mit dem Ausdruck D_2 beschäftigen. Führen wir die Bezeichnungen

$$a_{r1}x_1 + a_{r2}x_2 + a_{r3}x_3 + a_{r4}x_4 = \dot{x}_r \qquad (r = 1, \ldots, 4)$$

ein, so können wir schreiben

$$(x \mid y) = \Sigma x_r y_r = \Sigma x_r \dot{y}_r,$$

wobei y_r die entsprechende Bedeutung hat wie $\dot{x}_r$. Es wird dann

$$D_2 = \begin{vmatrix} \Sigma x_r^1 \dot{x}_r^1, & \Sigma x_s^1 \dot{x}_s^2 \\ \Sigma x_r^2 \dot{x}_r^1, & \Sigma x_s^2 \dot{x}_s^2 \end{vmatrix}.$$

Diese Determinante ist gleich der Summe der Determinanten

$$\begin{vmatrix} x_r^1 \dot{x}_r^1, & x_s^1 \dot{x}_s^2 \\ x_r^2 \dot{x}_r^1, & x_s^2 \dot{x}_s^2 \end{vmatrix} = \begin{vmatrix} x_r^1 & x_s^1 \\ x_r^2 & x_s^2 \end{vmatrix} \dot{x}_r^1 \dot{x}_s^2.$$

Da im Falle $r = s$ ein verschwindender Summand entsteht, so werden wir fortan $r \gtrless s$ annehmen. Fassen wir die zu r, s und s, r gehörigen Summanden zusammen, so ergibt sich

$$D_2 = \sum_{r<s} \begin{vmatrix} x_r^1 & x_s^1 \\ x_r^2 & x_s^2 \end{vmatrix} \begin{vmatrix} \dot{x}_r^1 & \dot{x}_s^1 \\ \dot{x}_r^2 & \dot{x}_s^2 \end{vmatrix}. \tag{6}$$

Nun kann man die Determinante

$$\begin{vmatrix} \dot{x}_r^1 & \dot{x}_s^1 \\ \dot{x}_r^2 & \dot{x}_s^2 \end{vmatrix} = \begin{vmatrix} \sum\limits_{\varrho} a_{r\varrho} x_\varrho^1, & \sum\limits_{\sigma} a_{r\sigma} x_\sigma^2 \\ \sum\limits_{\varrho} a_{s\varrho} x_\varrho^1, & \sum\limits_{\sigma} a_{s\sigma} x_\sigma^2 \end{vmatrix}$$

in derselben Weise behandeln und erhält dann

$$\begin{vmatrix} \dot{x}_r^1 & \dot{x}_s^1 \\ \dot{x}_r^2 & \dot{x}_s^2 \end{vmatrix} = \sum_{\varrho<\sigma} \begin{vmatrix} a_{r\varrho} & a_{r\sigma} \\ a_{s\varrho} & a_{s\sigma} \end{vmatrix} \begin{vmatrix} x_\varrho^1 & x_\sigma^1 \\ x_\varrho^2 & x_\sigma^2 \end{vmatrix}.$$

Durch Einsetzen dieser Ausdrücke verwandelt sich (6) in

$$D_2 = \Sigma \begin{vmatrix} a_{r\varrho} & a_{r\sigma} \\ a_{s\varrho} & a_{s\sigma} \end{vmatrix} \begin{vmatrix} x_r^1 & x_s^1 \\ x_r^2 & x_s^2 \end{vmatrix} \begin{vmatrix} x_\varrho^1 & x_\sigma^1 \\ x_\varrho^2 & x_\sigma^2 \end{vmatrix}. \qquad (r < s, \varrho < \sigma)$$

Wenn wir nun allgemein

$$\begin{vmatrix} a_{r\varrho} & a_{r\sigma} \\ a_{s\varrho} & a_{s\sigma} \end{vmatrix} = c_{rs\,|\,\varrho\sigma}$$

und

$$\begin{vmatrix} x_r^1 & x_s^1 \\ x_r^2 & x_s^2 \end{vmatrix} = z_{rs}$$

setzen, so erscheint D_2 in der Gestalt

$$D_2 = \Sigma c_{rs|\varrho\sigma} z_{rs} z_{\varrho\sigma}, \tag{6*}$$

also als quadratische Form in den Größen $z_{12}, z_{13}, z_{14}, z_{23}, z_{24}, z_{34}$, weil bei der Summation die Ungleichungen $r < s, \varrho < \sigma$ eingehalten werden. Die Koeffizienten $c_{rs|\varrho\sigma}$ haben die Symmetrieeigenschaft

$$c_{\varrho\sigma|rs} = c_{rs|\varrho\sigma}.$$

In der Tat ist

$$\begin{vmatrix} a_{r\varrho} & a_{r\sigma} \\ a_{s\varrho} & a_{s\sigma} \end{vmatrix} = \begin{vmatrix} a_{\varrho r} & a_{\sigma r} \\ a_{\varrho s} & a_{\sigma s} \end{vmatrix} = \begin{vmatrix} a_{\varrho r} & a_{\varrho s} \\ a_{\sigma r} & a_{\sigma s} \end{vmatrix}.$$

Im vorliegenden Falle, wo wir es mit einer Form $\Sigma a_{rs} x_r x_s$ vom Range 2 zu tun haben, hat die quadratische Form (6*) den Rang 1. Das läßt sich auf folgende Weise erkennen:

In der Matrix der a gibt es eine von Null verschiedene zweireihige Determinante

$$\text{(7)} \qquad \begin{vmatrix} a_{r_1 s_1} & a_{r_1 s_2} \\ a_{r_2 s_1} & a_{r_2 s_2} \end{vmatrix}.$$

Bildet man nun die dreireihige Determinante

$$\text{(8)} \qquad \begin{vmatrix} a_{r_1 s_1} & a_{r_1 s_2} & a_{r_1 s} \\ a_{r_2 s_1} & a_{r_2 s_2} & a_{r_2 s} \\ a_{r s_1} & a_{r s_2} & a_{rs} \end{vmatrix},$$

so ist sie unter allen Umständen gleich Null. Im Falle $r = r_1$ oder $r = r_2$ stimmen zwei Zeilen, im Falle $s = s_1$ oder $s = s_2$ zwei Spalten überein. Ist dagegen r von r_1 und r_2 verschieden, ebenso s von s_1 und s_2, so liegt eine dreireihige Determinante aus der Matrix der a vor. Alle diese Determinanten sind aber gleich Null, weil die Matrix den Rang 2 hat.

Entwickelt man die verschwindende Determinante (8) nach der letzten Spalte und beachtet, daß die Determinante (7) ungleich Null ist, so ergibt sich folgende Relation:

$$a_{rs} = \frac{1}{\begin{vmatrix} a_{r_1 s_1} & a_{r_1 s_2} \\ a_{r_2 s_1} & a_{r_2 s_2} \end{vmatrix}} \left\{ - \begin{vmatrix} a_{r_2 s_1} & a_{r_2 s_2} \\ a_{r s_1} & a_{r s_2} \end{vmatrix} a_{r_1 s} + \begin{vmatrix} a_{r_1 s_1} & a_{r_1 s_2} \\ a_{r s_1} & a_{r s_2} \end{vmatrix} a_{r_2 s} \right\}.$$

Es ist also allgemein, d. h. für alle Werte der Indizes r und s,

$$\text{(9)} \qquad a_{rs} = \lambda_r a_{r_1 s} + \mu_r a_{r_2 s},$$

wobei λ_r und μ_r von s völlig unabhängig sind. Hiernach wird

$$\begin{vmatrix} a_{r\varrho} & a_{r\sigma} \\ a_{s\varrho} & a_{s\sigma} \end{vmatrix} = \begin{vmatrix} \lambda_r a_{r_1\varrho} + \mu_r a_{r_2\varrho}, & \lambda_r a_{r_1\sigma} + \mu_r a_{r_2\sigma} \\ \lambda_s a_{r_1\varrho} + \mu_s a_{r_2\varrho}, & \lambda_s a_{r_1\sigma} + \mu_s a_{r_2\sigma} \end{vmatrix} = \begin{vmatrix} \lambda_r & \mu_r \\ \lambda_s & \mu_s \end{vmatrix} \begin{vmatrix} a_{r_1\varrho} & a_{r_1\sigma} \\ a_{r_2\varrho} & a_{r_2\sigma} \end{vmatrix},$$

d. h.

$$\text{(10)} \qquad c_{rs|\varrho\sigma} = \nu_{rs} c_{r_1 r_2|\varrho\sigma},$$

wenn wir für $\lambda_r \mu_s - \lambda_s \mu_r$ die Abkürzung ν_{rs} einführen.

Jetzt ist leicht zu erkennen, daß die quadratische Form (6*) den Rang 1 hat, daß also in ihrer Matrix

$$(11)\quad \begin{cases} c_{12|12} & c_{12|13} & c_{12|14} & c_{12|23} & c_{12|24} & c_{12|34} \\ c_{13|12} & c_{13|13} & c_{13|14} & c_{13|23} & c_{13|24} & c_{13|34} \\ c_{14|12} & c_{14|13} & c_{14|14} & c_{14|23} & c_{14|24} & c_{14|34} \\ c_{23|12} & c_{23|13} & c_{23|14} & c_{23|23} & c_{23|24} & c_{23|34} \\ c_{24|12} & c_{24|13} & c_{24|14} & c_{24|23} & c_{24|24} & c_{24|34} \\ c_{34|12} & c_{34|13} & c_{34|14} & c_{34|23} & c_{34|24} & c_{34|34} \end{cases}$$

alle zweireihigen Determinanten verschwinden, während die Elemente selbst nicht alle gleich Null sind. Letzteres folgt daraus, daß bei passender Wahl von x^1 und x^2 D_2 von Null verschieden ist. Eine zweireihige Determinante der Matrix (11) hat folgende Gestalt:

$$\begin{vmatrix} c_{rs|\varrho\sigma} & c_{rs|\varrho'\sigma'} \\ c_{r's'|\varrho\sigma} & c_{r's'|\varrho'\sigma'} \end{vmatrix}.$$

Auf Grund von (10) können wir dafür schreiben

$$\begin{vmatrix} \nu_{rs} & c_{r_1 r_2|\varrho\sigma}, & \nu_{rs} & c_{r_1 r_2|\varrho'\sigma'} \\ \nu_{r's'} & c_{r_1 r_2|\varrho\sigma}, & \nu_{r's'} & c_{r_1 r_2|\varrho'\sigma'} \end{vmatrix}$$

und sehen nun, daß die Determinante tatsächlich verschwindet.

Da insbesondere

$$\begin{vmatrix} c_{rs|rs} & c_{rs|r's'} \\ c_{r's'|rs} & c_{r's'|r's'} \end{vmatrix} = 0$$

ist, d. h.

$$c_{rs|rs} c_{r's'|r's'} - (c_{rs|r's'})^2 = 0,$$

so würden, wenn alle Hauptelemente der Matrix (11) gleich Null wären, überhaupt ihre sämtlichen Elemente verschwinden. Wir können also schließen, daß es ein von Null verschiedenes Hauptelement, etwa $c_{\varrho\sigma|\varrho\sigma}$ gibt. Dann aber läßt sich die quadratische Form (6*) oder D_2 in folgender Weise schreiben:

$$(12)\quad (c_{\varrho\sigma|\varrho\sigma})^{-1} (c_{\varrho\sigma|12} z_{12} + c_{\varrho\sigma|13} z_{13} + c_{\varrho\sigma|14} z_{14} + c_{\varrho\sigma|23} z_{23} + c_{\varrho\sigma|24} z_{24} + c_{\varrho\sigma|34} z_{34})^2.$$

Jetzt sind wir in der Lage, die Fälle $D_2 > 0$ und $D_2 < 0$ durch Aussagen zu kennzeichnen, die sich direkt auf die Matrix der a beziehen. Wenn die Fläche $\Sigma a_{rs} x_r x_s = 0$ den Rang 2 hat, so ist sie ein imaginäres oder ein reelles Ebenenpaar, je nachdem in der Matrix der a die zweireihigen Hauptminoren, soweit sie nicht verschwinden, alle positiv oder alle negativ sind. Das geht aus Formel (12) unmittelbar hervor. Weiß man nur, daß es auf die Zeichen dieser Hauptminoren ankommt, so kann man an Hand der kanonischen Gleichungsform $\mathfrak{x}_1^2 + D_2 \mathfrak{x}_2^2 = 0$, deren Matrix

$$\begin{matrix} 1 & 0 & 0 & 0 \\ 0 & D_2 & 0 & 0 \\ 0 & 0 & 0 & 0 \\ 0 & 0 & 0 & 0 \end{matrix}$$

lautet, den Satz jederzeit rekonstruieren.

Nun kommen wir zu den Flächen zweiter Ordnung vom Range 3. Hier gibt es ein Poltetraeder von der Form X^1, X^2, X^3, Y, wo Y der singuläre

Punkt der Fläche ist. Weil der Rang gleich 3 sein soll, kann es nur einen singulären Punkt geben. Setzt man nun

$$x = \mathfrak{x}_1 X^1 + \mathfrak{x}_2 X^2 + \mathfrak{x}_3 X^3 + \mathfrak{x}_4 Y,$$

so wird

$$(x \mid x) = \mathfrak{x}_1^2 (X^1 \mid X^1) + \mathfrak{x}_2^2 (X^2 \mid X^2) + \mathfrak{x}_3^2 (X^3 \mid X^3).$$

Die Gleichung der Fläche lautet also

$$D_0 D_1 \mathfrak{x}_1^2 + D_1 D_2 \mathfrak{x}_2^2 + D_2 D_3 \mathfrak{x}_3^2 = 0.$$

Es kommt nun auf die Zeichen der Koeffizienten $D_0 D_1$, $D_1 D_2$, $D_2 D_3$ an, und man muß zwei Fälle unterscheiden. Entweder sind die Koeffizienten alle gleich bezeichnet oder zwei haben ein gemeinsames Zeichen und der dritte das entgegengesetzte. Da wir die Gleichung mit -1 multiplizieren können und die Koordinaten $\mathfrak{x}_1$, $\mathfrak{x}_2$, $\mathfrak{x}_3$ noch umnumerieren und mit Faktoren versehen dürfen, so kommen wir entweder auf

$$\mathfrak{x}_1^2 + \mathfrak{x}_2^2 + \mathfrak{x}_3^2 = 0 \tag{13}$$

oder auf

$$\mathfrak{x}_1^2 + \mathfrak{x}_2^2 - \mathfrak{x}_3^2 = 0. \tag{14}$$

Jede Fläche zweiter Ordnung vom Range 3 läßt sich durch projektive Abbildung in eine der beiden Flächen (13) und (14) überführen.

Es handelt sich hier um sogenannte Kegelflächen. Man kann dies auch an der ursprünglichen Gleichungsform bequem erkennen. Ist x ein beliebiger Punkt der Fläche und y der singuläre Punkt, so hat man $(x \mid x) = 0$, $(x \mid y) = 0$, $(y \mid y) = 0$. Daraus folgt aber

$$(\lambda x + \mu y \mid \lambda x + \mu y) = 0,$$

weil die linke Seite sich in der Form $\lambda^2 (x \mid x) + 2 \lambda \mu (x \mid y) + \mu^2 (y \mid y)$ ausdrückt. Der Punkt $\lambda x + \mu y$ liegt also auf der Fläche, wie man auch λ, μ wählen mag, d. h. die Verbindungslinie der Punkte x und y gehört in ihrer ganzen Ausdehnung der Fläche an. Man bezeichnet Flächen dieser Art allgemein als Kegel und nennt den Punkt y die Spitze des Kegels.

Die Fläche (13) ist ein imaginärer Kegel zweiter Ordnung. Der einzige reelle Punkt dieses Kegels ist seine Spitze. Dagegen stellt (14) einen reellen Kegel dar. Sehen wir $\mathfrak{x}_1$, $\mathfrak{x}_2$, $\mathfrak{x}_3$, $\mathfrak{x}_4$ als homogene cartesische Koordinaten an, so lautet die Gleichung (14) in der gewöhnlichen Schreibung $x^2 + y^2 - z^2 = 0$. Die Ebene $z = 1$ schneidet den Kegel in einem Kreise, der um einen Punkt der z-Achse mit dem Radius 1 beschrieben ist. Es handelt sich also um einen Rotationskegel mit der z-Achse als Achse. Jede Fläche zweiter Ordnung vom Range 3 läßt sich durch projektive Abbildung in einen solchen Kegel verwandeln, wenn sie nicht nur einen reellen Punkt enthält. Wenn wir in (14) $\mathfrak{x}_3$ und $\mathfrak{x}_4$ vertauschen, so haben wir einen Rotationszylinder $x^2 + y^2 = 1$ vor uns. Die Achse ist wieder die z-Achse, der Querschnitt der Einheitskreis. Jede Fläche zweiter Ordnung vom Range 3 läßt sich projektiv in diesen Zylinder überführen, falls sie mehr als einen reellen Punkt hat.

Wir haben jetzt nur noch die Flächen zweiter Ordnung vom Range 4 zu betrachten. Es gibt bei einer solchen Fläche keinen singulären Punkt. Wir denken uns nach unserem Verfahren ein Poltetraeder X^1, X^2, X^3, X^4 gebildet und setzen

$$x = \mathfrak{x}_1 X^1 + \mathfrak{x}_2 X^2 + \mathfrak{x}_3 X^3 + \mathfrak{x}_4 X^4.$$

Dann wird

$$(x \mid x) = D_0 D_1 \mathfrak{x}_1^2 + D_1 D_2 \mathfrak{x}_2^2 + D_2 D_3 \mathfrak{x}_3^2 + D_3 D_4 \mathfrak{x}_4^2.$$

Die Flächengleichung lautet also

$$D_0 D_1 \mathfrak{x}_1^2 + D_1 D_2 \mathfrak{x}_2^2 + D_2 D_3 \mathfrak{x}_3^2 + D_3 D_4 \mathfrak{x}_4^2 = 0.$$

Haben die Koeffizienten $D_0 D_1, D_1 D_2, D_2 D_3, D_3 D_4$ alle dasselbe Zeichen, so kommt man auf die Gleichungsform

$$\mathfrak{x}_1^2 + \mathfrak{x}_2^2 + \mathfrak{x}_3^2 + \mathfrak{x}_4^2 = 0. \tag{15}$$

Die Fläche hat keinen reellen Punkt.

Sind drei Koeffizienten von gleichem Zeichen, während der vierte das entgegengesetzte Zeichen hat, so läßt sich die Gleichung, da es auf die Numerierung der $\mathfrak{x}$ nicht ankommt, auf folgende Gestalt bringen:

$$\mathfrak{x}_1^2 + \mathfrak{x}_2^2 + \mathfrak{x}_3^2 - \mathfrak{x}_4^2 = 0. \tag{16}$$

Sie stellt, wenn man $\mathfrak{x}_1, \mathfrak{x}_2, \mathfrak{x}_3, \mathfrak{x}_4$ als homogene cartesische Koordinaten ansieht, die Einheitskugel $x^2 + y^2 + z^2 = 1$ dar.

Sind endlich zwei Koeffizienten positiv und zwei negativ, so ergibt sich die Gleichungsform

$$\mathfrak{x}_1^2 + \mathfrak{x}_2^2 - \mathfrak{x}_3^2 - \mathfrak{x}_4^2 = 0. \tag{17}$$

In inhomogenen cartesischen Koordinaten lautet sie $x^2 + y^2 - z^2 = 1$. Jede Ebene $z = c$, d. h. jede Ebene senkrecht zur z-Achse, schneidet die Fläche in einem Kreise. Es handelt sich also um eine Rotationsfläche mit der z-Achse als Achse. Setzt man $y = 0$, so ergibt sich als Schnitt mit dieser Ebene die gleichseitige Hyperbel $x^2 - z^2 = 1$. Die Fläche entsteht durch Rotation dieser Hyperbel um die z-Achse. Danach kann man sich eine gute Vorstellung von ihr bilden (vgl. Fig. 1).

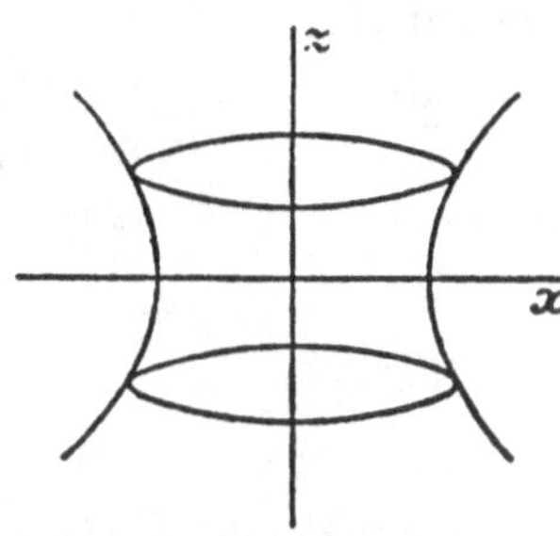

Fig. 1.

Ein grundlegender Unterschied zwischen den Flächen (16) und (17) tritt hervor, wenn man nach den Geraden fragt, die auf der Fläche liegen. Auf der Kugel $x^2 + y^2 + z^2 = 1$ gibt es keine reelle Gerade. Dagegen beherbergt die Fläche $x^2 + y^2 - z^2 = 1$ zwei Scharen von Geraden.

Schreiben wir die Gleichung (17) in der Form

$$(\mathfrak{x}_1^2 - \mathfrak{x}_3^2) + (\mathfrak{x}_2^2 - \mathfrak{x}_4^2) = 0$$

oder

$$(\mathfrak{x}_1 - \mathfrak{x}_3)(\mathfrak{x}_1 + \mathfrak{x}_3) + (\mathfrak{x}_2 - \mathfrak{x}_4)(\mathfrak{x}_2 + \mathfrak{x}_4) = 0, \tag{17'}$$

so ist sie die Bedingung dafür, daß das System

$$(18)\qquad \begin{cases} \alpha(\mathfrak{x}_1 - \mathfrak{x}_3) + \beta(\mathfrak{x}_2 - \mathfrak{x}_4) = 0, \\ -\alpha(\mathfrak{x}_2 + \mathfrak{x}_4) + \beta(\mathfrak{x}_1 + \mathfrak{x}_3) = 0 \end{cases}$$

eine Lösung α, β zuläßt, die nicht aus zwei Nullen besteht. Die Koeffizienten von α und β sind nicht alle gleich Null, weil $\mathfrak{x}_1, \mathfrak{x}_2, \mathfrak{x}_3, \mathfrak{x}_4$ nicht sämtlich verschwinden dürfen. Jedem reellen Punkt der Fläche (17) entspricht also ein reelles Wertepaar α, β, das bis auf einen Proportionalitätsfaktor festliegt. Wir können α, β als homogene Koordinaten eines Punktes P auf einer Geraden versinnlichen. Auf Grund der Relation (17′) haben aber auch die Gleichungen

$$(19)\qquad \begin{cases} \alpha'(\mathfrak{x}_1 - \mathfrak{x}_3) + \beta'(\mathfrak{x}_2 + \mathfrak{x}_4) = 0 \\ -\alpha'(\mathfrak{x}_2 - \mathfrak{x}_4) + \beta'(\mathfrak{x}_1 + \mathfrak{x}_3) = 0 \end{cases}$$

eine von 0, 0 verschiedene Lösung α', β', die ebenfalls bis auf einen Proportionalitätsfaktor bestimmt ist. Ihr ordnen wir einen Punkt P' auf derselben Geraden zu, auf welcher P liegt. So gehört also zu jedem Punkt der Fläche (17) ein Punktepaar P, P' auf einer Geraden. Der erste Punkt hat die homogenen Koordinaten α, β, die aus (18) gewonnen werden, der zweite die homogenen Koordinaten α', β', die sich aus (19) ergeben. Auf Grund von (18) kann man setzen

$$(20)\qquad \begin{cases} \mathfrak{x}_1 - \mathfrak{x}_3 = \lambda\beta, & \mathfrak{x}_2 - \mathfrak{x}_4 = -\lambda\alpha, \\ \mathfrak{x}_1 + \mathfrak{x}_3 = \mu\alpha, & \mathfrak{x}_2 + \mathfrak{x}_4 = \mu\beta. \end{cases}$$

Setzt man diese Ausdrücke in (19) ein, so erhält man folgende Aussagen:

$$\beta(\alpha'\lambda + \beta'\mu) = 0, \quad \alpha(\alpha'\lambda + \beta'\mu) = 0.$$

Bedenkt man, daß α und β nicht beide verschwinden, so kann man schließen, daß $\alpha'\lambda + \beta'\mu = 0$ ist, und darf $\lambda = -2\beta', \mu = 2\alpha'$ setzen, weil es auf einen gemeinsamen Faktor bei λ, μ nicht ankommt. Jetzt lauten die Gleichungen (20)

$$(20')\qquad \begin{cases} \mathfrak{x}_1 - \mathfrak{x}_3 = -2\beta\beta', & \mathfrak{x}_2 - \mathfrak{x}_4 = 2\alpha\beta', \\ \mathfrak{x}_1 + \mathfrak{x}_3 = 2\alpha\alpha', & \mathfrak{x}_2 + \mathfrak{x}_4 = 2\alpha'\beta. \end{cases}$$

Hieraus entnimmt man

$$(17^*)\qquad \begin{cases} \mathfrak{x}_1 = \alpha\alpha' - \beta\beta', \\ \mathfrak{x}_2 = \beta\alpha' + \alpha\beta', \\ \mathfrak{x}_3 = \alpha\alpha' + \beta\beta', \\ \mathfrak{x}_4 = \beta\alpha' - \alpha\beta'. \end{cases}$$

Dies ist eine Parameterdarstellung der Fläche (17). Man sieht, daß $\mathfrak{x}_1, \mathfrak{x}_2, \mathfrak{x}_3, \mathfrak{x}_4$ als Bilinearformen in α, β und α', β' erscheinen. Eine allgemeine Bilinearform in diesen Größen setzt sich aus den Bestandteilen $\alpha\alpha', \alpha\beta', \beta\alpha', \beta\beta'$ zusammen. Die Bilinearformen (17*) sind voneinander unabhängig. Man kann nämlich aus den Gleichungen (17*) jene Bestandteile berechnen und findet dabei die Ergebnisse (20′).

Wenn man eine projektive Abbildung anwendet, so treten vier unabhängige Linearformen der $\mathfrak{x}$ als neue Koordinaten auf. Diese neuen Koordinaten sind dann wieder unabhängige Bilinearformen in α, β und α', β', wie die $\mathfrak{x}$ es waren. Jede Fläche zweiter Ordnung, die zu (17*) in projektiver Beziehung steht, läßt sich also ähnlich wie (17*) parametrisch darstellen, und zwar sind die Koordinaten eines Flächenpunktes vier unabhängige Bilinearformen in α, β und α', β'. Man darf diese unabhängigen Bilinearformen ganz beliebig wählen und erhält immer eine Fläche, die mit (17*) projektiv verwandt ist. Insbesondere läßt sich die durch

$$\mathfrak{x}_1 = \alpha\alpha', \quad x_2 = \alpha\beta', \quad x_3 = \beta\alpha', \quad x_4 = \beta\beta'$$

dargestellte Fläche, deren Gleichung $x_1x_4 - x_2x_3 = 0$ lautet, projektiv in (17) überführen.

Mit Hilfe der Parameterdarstellung (17*) können wir nun auch die Frage nach den reellen Geraden auf dieser Fläche mit Leichtigkeit beantworten. Sind $\mathfrak{x}^1$ und $\mathfrak{x}^2$ zwei Punkte einer solchen Geraden, so müssen alle Punkte $\lambda\mathfrak{x}^1 + \mu\mathfrak{x}^2$ der Fläche angehören, d. h. es muß

$$(\lambda\mathfrak{x}^1 + \mu\mathfrak{x}^2 \mid \lambda\mathfrak{x}^1 + \mu\mathfrak{x}^2) = 0$$

sein, wie man auch λ und μ wählen mag. Da $(\mathfrak{x}^1 \mid \mathfrak{x}^1) = (\mathfrak{x}^2 \mid \mathfrak{x}^2) = 0$ ist, reduziert sich obige Gleichung auf $2\lambda\mu(\mathfrak{x}^1 \mid \mathfrak{x}^2) = 0$. Daher müssen wir $(\mathfrak{x}^1 \mid \mathfrak{x}^2) = 0$ fordern. Nun gehöre der Punkt $\mathfrak{x}^1$ zu den Parameterwerten $\alpha_1, \beta_1, \alpha', \beta'_1$, der Punkt $\mathfrak{x}^2$ zu $\alpha_2, \beta_2, \alpha_2', \beta_2'$. Wendet man auf beide Punkte die Formeln (17*) an und setzt die gewonnenen Ausdrücke in $(\mathfrak{x}^1 \mid \mathfrak{x}^2) = 0$, d. h. in

$$\mathfrak{x}_1^1\mathfrak{x}_1^2 + \mathfrak{x}_2^1\mathfrak{x}_2^2 - \mathfrak{x}_3^1\mathfrak{x}_3^2 - \mathfrak{x}_4^1\mathfrak{x}_4^2 = 0$$

ein, so ergibt sich

$$\begin{aligned}(\alpha_1\alpha_1' - \beta_1\beta_1')(\alpha_2\alpha_2' - \beta_2\beta_2') + (\beta_1\alpha_1' + \alpha_1\beta_1')(\beta_2\alpha_2' + \alpha_2\beta_2')\\ - (\alpha_1\alpha_1' + \beta_1\beta_1')(\alpha_2\alpha_2' + \beta_2\beta_2') - (\beta_1\alpha_1' - \alpha_1\beta_1')(\beta_2\alpha_2' - \alpha_2\beta_2') = 0\end{aligned}$$

oder

$$(\alpha_1\beta_2 - \beta_1\alpha_2)(\alpha_1'\beta_2' - \beta_1'\alpha_2') = 0. \tag{21}$$

In zwei Fällen bestimmt also der Punkt $\mathfrak{x}^2$ mit $\mathfrak{x}^1$ eine Gerade, die ganz auf der Fläche liegt, erstens, wenn $\alpha, \beta_2 - \beta_1\alpha_2$, zweitens, wenn $\alpha_1'\beta_2' - \beta_1'\alpha_2' = 0$ ist. Im ersten Falle können wir $\alpha_2 = \alpha_1$, $\beta_2 = \beta_1$ setzen und α_2', β_2' beliebige Werte α', β' beilegen. Dann erhalten wir noch (17*)

$$\left\{\begin{aligned}\mathfrak{x}_1^2 &= \alpha_1\alpha' - \beta_1\beta',\\ \mathfrak{x}_2^2 &= \beta_1\alpha' + \alpha_1\beta',\\ \mathfrak{x}_3^2 &= \alpha_1\alpha' + \beta_1\beta',\\ \mathfrak{x}_4^2 &= \beta_1\alpha' - \alpha_1\beta'.\end{aligned}\right. \tag{22}$$

Man sieht, daß der Punkt $\mathfrak{x}^2$ sich auf der Verbindungslinie der Punkte $\alpha_1, \beta_1, \alpha_1, \beta_1$ und $-\beta_1, \alpha_1, \beta_1, -\alpha_1$ bewegt. Wenn $\alpha' = \alpha_1'$, $\beta' = \beta_1'$ wird, fällt er mit $\mathfrak{x}^1$ zusammen.

Wir können die Bedingung (21) auch dadurch erfüllen, daß wir $\alpha_2' = \alpha_1'$, $\beta_2' = \beta_1'$ setzen und α_2, β_2 beliebige Werte α, β erteilen. Dann gelten für den Punkt $\mathfrak{x}^2$ folgende Gleichungen:

$$(22') \quad \begin{cases} \mathfrak{x}_1^2 = \alpha_1'\alpha - \beta_1'\beta, \\ \mathfrak{x}_2^2 = \beta_1'\alpha + \alpha_1'\beta, \\ \mathfrak{x}_3^2 = \alpha_1'\alpha + \beta_1'\beta, \\ \mathfrak{x}_4^2 = -\beta_1'\alpha + \alpha_1'\beta. \end{cases}$$

Der Punkt $\mathfrak{x}^2$ bewegt sich diesmal auf der Verbindungslinie der Punkte α_1', β_1', α_1', $-\beta_1'$ und $-\beta_1'$, α_1', β_1', α_1' und fällt mit $\mathfrak{x}^1$ zusammen, wenn $\alpha = \alpha_1$, $\beta = \beta_1$ wird. Die beiden Geraden (22) und (22') sind verschieden, weil die durch (22) bestimmten Punkte $\mathfrak{x}^2$ den Punktepaaren P_1, P' entsprechen, während bei (22') die Punktepaare P, P_1' in Frage kommen. Ein Zusammenfallen der Punkte (22) und (22') kann nur eintreten, wenn P mit P_1 und P' mit P_1' koinzidiert. Dann ergibt sich aber der Punkt $\mathfrak{x}_1$. Er ist also der einzige gemeinsame Punkt der beiden Geraden. Durch jeden Punkt der Fläche (17*) gehen demnach zwei Geraden, die ganz von der Fläche aufgenommen werden.

Mit Hilfe der Abbildung der Fläche (17*) auf die Punktepaare P, P' einer Geraden, die dadurch zustande kam, daß wir α, β als homogene Koordinaten eines Punktes P und α', β' als homogene Koordinaten eines Punktes P' betrachteten, läßt sich noch folgendes feststellen: Wir wissen, daß jedem Flächenpunkt ein Punktepaar P, P' entspricht, das ihn eindeutig kennzeichnet. Da wir in den Gleichungen (22) α', β' als variabel und α_1, β_1 als fest betrachtet haben, so stellen sie eine Gerade g_1 dar. Die Punkte $\mathfrak{x}^2$ dieser Geraden entsprechen den Punktepaaren P_1, P' mit einem variablen zweiten Punkt. Ersetzen wir P_1 durch einen andern Punkt P_1^*, so tritt an die Stelle von g_1 eine Gerade g_1^*, deren Punkte den Punktepaaren P_1^*, Q' entsprechen, wo wieder der zweite Punkt variabel ist. Da nun das Punktepaar P_1, P' stets von P_1^*, Q' verschieden ist, so haben die Geraden g_1 und g_1^* keinen Punkt gemein. Die Gleichungen (22) liefern also eine Schar von Geraden, die paarweise punktfremd sind und alle der Fläche angehören. Dasselbe gilt von den Geraden g_1', die durch die Gleichungen (22') bestimmt werden. Dagegen zeigten wir bereits, daß jede Gerade g_1 mit jeder Geraden g_1' einen und nur einen Punkt gemein hat. Auf der Fläche liegen also zwei Scharen gerader Linien, die sich kreuzen. Durch jeden Punkt der Fläche schickt jede Schar eine ihrer Geraden hindurch. Greift man aus einer der beiden Scharen drei Gerade heraus und wählt auf einer von ihnen einen beliebigen Punkt, so gibt es durch diesen Punkt eine einzige Gerade, die auch die beiden andern trifft. Sie ist die Schnittlinie der beiden Ebenen, die der gewählte Punkt mit jenen beiden Geraden bestimmt. Andererseits gibt es aber in der zweiten Geradenschar der Fläche eine und nur eine Gerade, die durch den genannten Punkt hindurchgeht und, wie wir wissen, alle Geraden der ersten Schar schneidet. Sie fällt also mit der Geraden, von welcher vorher die Rede war, zusammen. Man sieht auf diese Weise, daß jede der beiden Geradenscharen, die es auf der Fläche (17*) gibt, aus sämtlichen Geraden besteht, welche drei Gerade der andern Schar treffen. Diese Geradenscharen sind also zusammengehörige Regelscharen.

Wir haben uns früher einmal überzeugt, daß ein allgemeines Geradentripel, d. h. drei Gerade, die paarweise punktfremd oder, wie wir damals sagten, ungesellig sind, in jedes andere derartige Tripel projektiv übergeführt werden kann. Daher kann man behaupten, daß die Querlinien eines allgemeinen Geradentripels eine Fläche zweiter Ordnung einfach überdecken, womit gemeint ist, daß jeder Flächenpunkt einer und nur einer Querlinie angehört. Greift man drei solche Querlinien heraus, so haben sie selbst wieder eine Schar von Querlinien, die eine zweite Überdeckung der Fläche liefern.

Wir geben nun noch eine Zusammenstellung der verschiedenen Flächentypen, und zwar in gewöhnlichen cartesischen Koordinaten.

1. $x^2 = 0$ (Doppelebene), Rang 1
2. $x^2 - y^2 = 0$ (Reelles Ebenenpaar), } Rang 2
3. $x^2 + y^2 = 0$ (Imaginäres Ebenenpaar), } Rang 2
4. $x^2 + y^2 - 1 = 0$ (Reeller Zylinder), } Rang 3
5. $x^2 + y^2 + 1 = 0$ (Imaginärer Zylinder), } Rang 3
6. $x^2 + y^2 + z^2 + 1 = 0$ (Imaginäre Kugel), } Rang 4
7. $x^2 + y^2 + z^2 - 1 = 0$ (Reelle Kugel), } Rang 4
8. $x^2 + y^2 - z^2 - 1 = 0$ (Einschaliges Rotationshyperboloid). } Rang 4

Die Benennung der Fläche (8) kommt daher, daß es auch ein zweischaliges, d. h. aus zwei Teilen bestehendes Rotatioshyperboloid gibt. Ein solches wird erzeugt, wenn man die Hyperbel $x^2 - z^2 = 1$ nicht um die z-Achse, sondern um die x-Achse, die sogenannte Transversalachse dieser Hyperbel, rotieren läßt. Die so entstehende Rotationsfläche, deren Gleichung, wie leicht erkennbar, $x^2 - y^2 - z^2 = 1$ lautet, hat zwei getrennte Teile (vgl. Fig. 2). Schreibt man die Gleichung homogen, so lautet sie $x_2^2 + x_3^2 + x_4^2 - x_1^2 = 0$. Man sieht sofort, daß diese Fläche zum Typus 7 gehört, also projektiv in eine Kugel verwandelt werden kann. Die Wichtigkeit der obigen Typenliste liegt darin, daß jede durch eine reelle Gleichung dargestellte Fläche zweiter Ordnung durch eine reelle projektive Abbildung auf einen und nur einen jener acht Typen reduzierbar ist. Die Methode der Determinanten D_1, D_2, D_3, D_4 gibt uns die Möglichkeit, von vornherein zu sagen, welcher Typus in Frage kommt. Durch die Rangbestimmung wird die Anzahl der Möglichkeiten gleich zu Anfang herabgedrückt.

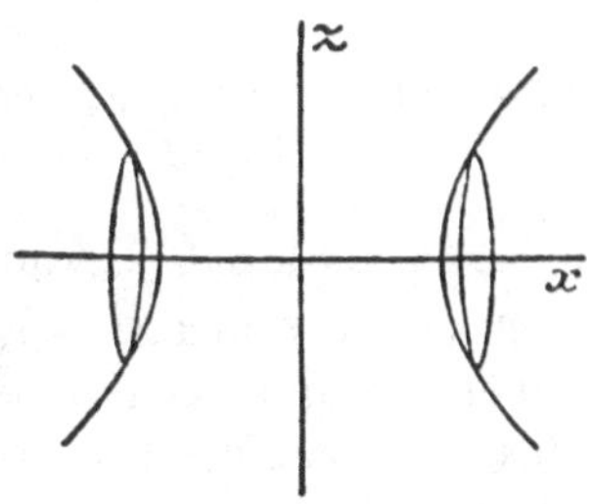

Fig. 2.

§ 7. Die Geradenscharen auf der Kugel.

Will man das Problem der Geradenscharen auch für solche Flächen behandeln, die mit der Kugel durch eine reelle Projektivität zusammenhängen, so muß man ins imaginäre Gebiet hineingehen. Zunächst wollen wir für diesen Flächentypus eine ähnliche Parameterdarstellung durchführen, wie wir sie bei den Flächen vom Typus des einschaligen Hyperboloids erreichen konnten.

Wenn wir die Gleichung $x_1^2 + x_2^2 + x_3^2 - x_4^2 = 0$ in der Form

$$(1) \qquad (x_1 + ix_2)(x_1 - ix_2) + (x_3 + x_4)(x_3 - x_4) = 0$$

schreiben, so ist sie die Lösbarkeitsbedingung für das Gleichungssystem

$$(2) \qquad \begin{cases} \alpha(x_1 + ix_2) + \beta(x_3 - x_4) = 0, \\ -\alpha(x_3 + x_4) + \beta(x_1 - ix_2) = 0, \end{cases}$$

d. h. es gibt unter der Bedingung (1) zwei komplexe Zahlen, die den Gleichungen (2) genügen, ohne daß beide verschwinden. Sie sind bis auf einen gemeinsamen Faktor bestimmt, weil $x_1 + ix_2, x_1 - ix_2, x_3 + x_4, x_3 - x_4$ nicht alle gleich Null sein können.

Wir denken uns hier x_1, x_2, x_3, x_4 als reelle Größen, betrachten also nur reelle Punkte der Kugel $x_1^2 + x_2^2 + x_3^2 - x_4^2 = 0$. Dann folgt aus (2) durch Verwandlung von i in $-i$

$$(\overline{2}) \qquad \begin{cases} \overline{\alpha}(x_1 - ix_2) + \overline{\beta}(x_3 - x_4) = 0, \\ -\overline{\alpha}(x_3 + x_4) + \overline{\beta}(x_1 + ix_2) = 0. \end{cases}$$

Aus (2) entnehmen wir

$$(3) \qquad \begin{cases} x_1 + ix_2 = \lambda\beta, \; x_3 - x_4 = -\lambda\alpha, \\ x_3 + x_4 = \mu\beta, \; x_1 - ix_2 = \mu\alpha. \end{cases}$$

Setzen wir diese Werte in $(\overline{2})$ ein, so ergeben sich die Aussagen

$$\alpha(\overline{\alpha}\mu - \overline{\beta}\lambda) = 0, \; \beta(\overline{\alpha}\mu - \overline{\beta}\lambda) = 0.$$

Da α und β nicht beide verschwinden, so folgt

$$\overline{\alpha}\mu - \overline{\beta}\lambda = 0,$$

und man sieht, daß λ, μ proportional zu $\overline{\alpha}, \overline{\beta}$ sind. Dann werden die reellen Größen $x_3 - x_4$ und $x_3 + x_4$ proportional zu $-\alpha\overline{\alpha}$ und $\beta\overline{\beta}$. Der Proportionalitätsfaktor muß ebenfalls reell sein, und wir können ihn halb zu x_1, x_2, x_3, x_4 schlagen, also einfach $\lambda = 2\overline{\alpha}$, $\mu = 2\overline{\beta}$ setzen. Dann erhalten wir aber aus (3) folgende Parameterdarstellung der Kugel:

$$(4) \quad x_1 = \alpha\overline{\beta} + \beta\overline{\alpha}, \; x_2 = i(\alpha\overline{\beta} - \beta\overline{\alpha}), \; x_3 = \beta\overline{\beta} - \alpha\overline{\alpha}, \; x_4 = \alpha\overline{\alpha} + \beta\overline{\beta}.$$

Genau dieselben Formeln erhält man bei stereographischer Projektion der Kugel auf eine Diametralebene. Wenn man die Kugel $x^2 + y^2 + z^2 = 1$ vom Punkte 0, 0, 1 auf die Ebene $z =$ projiziert und dem Kugelpunkte x, y, z der Punkt $\mathfrak{x}, \mathfrak{y}, 0$ entspricht, so wird das Quadrupel $x, y, z, 1$ eine lineare Verbindung aus 0, 0, 1, 1 und $\mathfrak{x}, \mathfrak{y}, 0, 1$ sein. Die Faktoren, mit denen man die beiden letzten Quadrupel versehen muß, um das erste herzustellen, haben offenbar die Summe 1, weil an vierter Stelle immer die 1 erscheint. Daher können wir diese Faktoren mit $1 - t$ und t bezeichnen und

$$x = t\mathfrak{x}, \; y = t\mathfrak{y}, \; z = 1 - t$$

setzen. Nun folgt aus $x^2 + y^2 + z^2 = 1$ sofort $t(\mathfrak{x}^2 + \mathfrak{y}^2 + 1) = 2$. Es ist also

$$x = \frac{2\mathfrak{x}}{\mathfrak{x}^2 + \mathfrak{y}^2 + 1}, \; y = \frac{2\mathfrak{y}}{\mathfrak{x}^2 + \mathfrak{y}^2 + 1}, \; z = \frac{\mathfrak{x}^2 + \mathfrak{y}^2 - 1}{\mathfrak{x}^2 + \mathfrak{y}^2 + 1}$$

oder, wenn man $\mathfrak{x} + i\mathfrak{y} = \frac{\mathfrak{z}_1}{\mathfrak{z}_2}$, $\mathfrak{x} - i\mathfrak{y} = \frac{\bar{\mathfrak{z}}_1}{\bar{\mathfrak{z}}_2}$ einführt,

$$x = \frac{\mathfrak{z}_1\bar{\mathfrak{z}}_2 + \mathfrak{z}_2\bar{\mathfrak{z}}_1}{\mathfrak{z}_1\bar{\mathfrak{z}}_1 + \mathfrak{z}_2\bar{\mathfrak{z}}_2}, \quad y = \frac{i(\mathfrak{z}_2\bar{\mathfrak{z}}_1 - \mathfrak{z}_1\bar{\mathfrak{z}}_2)}{\mathfrak{z}_1\bar{\mathfrak{z}}_1 + \mathfrak{z}_2\bar{\mathfrak{z}}_2}, \quad z = \frac{\mathfrak{z}_1\bar{\mathfrak{z}}_1 - \mathfrak{z}_2\bar{\mathfrak{z}}_2}{\mathfrak{z}_1\bar{\mathfrak{z}}_1 + \mathfrak{z}_2\bar{\mathfrak{z}}_2}.$$

Die homogenen Koordinaten x_1, x_2, x_3, x_4 können also den Größen

$$\mathfrak{z}_2\bar{\mathfrak{z}}_1 + \mathfrak{z}_1\bar{\mathfrak{z}}_2, \quad i(\mathfrak{z}_2\bar{\mathfrak{z}}_1 - \mathfrak{z}_1\bar{\mathfrak{z}}_2), \quad \mathfrak{z}_1\bar{\mathfrak{z}}_1 - \mathfrak{z}_2\bar{\mathfrak{z}}_2, \quad \mathfrak{z}_1\bar{\mathfrak{z}}_1 + \mathfrak{z}_2\bar{\mathfrak{z}}_2$$

gleichgesetzt werden. Es entstehen dann die Formeln (4), nur daß $\mathfrak{z}_2, \mathfrak{z}_1$ an die Stelle von α, β getreten sind.

Führt man nun eine projektive Abbildung aus, so treten an die Stelle von x_1, x_2, x_3, x_4 vier unabhängige Linearformen der x. Jede von ihnen setzt sich aus $\alpha\bar{\beta} + \beta\bar{\alpha}$, $i(\alpha\bar{\beta} - \beta\bar{\alpha})$, $\beta\bar{\beta} - \alpha\bar{\alpha}$, $\alpha\bar{\alpha} + \beta\bar{\beta}$ mit Hilfe reeller Faktoren c_1, c_2, c_3, c_4 zusammen und hat daher folgende Gestalt:

$$(5) \quad (c_4 - c_3)\alpha\bar{\alpha} + (c_1 + ic_2)\alpha\bar{\beta} + (c_1 - ic_2)\beta\bar{\alpha} + (c_4 + c_3)\beta\bar{\beta}.$$

Die Koeffizienten der reellen Größen $\alpha\bar{\alpha}$ und $\beta\bar{\beta}$ sind hier reell, die der konjugiert imaginären Größen $\alpha\bar{\beta}$ und $\bar{\alpha}\beta$ konjugiert imaginär, so daß der Ausdruck stets reell ist, wie man auch die komplexen α, β wählen mag. Man nennt eine solche stets reellwertige Bilinearform der Größen α, β und $\bar{\alpha}, \bar{\beta}$ eine H e r m i t e s c h e F o r m in α, β. Setzt man also x_1, x_2, x_3, x_4 gleich vier unabhängigen Hermiteschen Formen in α, β, so hat man die allgemeinste Fläche zweiter Ordnung vor sich, die mit der Kugel durch eine reelle Projektivität zusammenhängt. Insbesondere ist

$$x_1 = \alpha\bar{\beta} + \beta\bar{\alpha}, \quad x_2 = i(\alpha\bar{\beta} - \beta\bar{\alpha}), \quad x_3 = \alpha\bar{\alpha}, \quad x_4 = \beta\bar{\beta}$$

eine solche Fläche. Diese Parameterdarstellungen liefern nur die reellen Flächenpunkte. Will man aber z. B. bei der Kugel $x_1^2 + x_2^2 + x_3^2 - x_4^2 = 0$ auch die imaginären Punkte berücksichtigen, so braucht man nur die Forderung fallen zu lassen, daß $\bar{\alpha}, \bar{\beta}$ die zu α, β konjugierten komplexen Größen sind. Das ist aus der Herleitung der Formeln (4) deutlich zu erkennen. Die Gleichungen (2) haben nämlich unter der Bedingung (1) auf alle Fälle eine Lösung $\bar{\alpha}, \bar{\beta}$, die nicht aus zwei Nullen besteht und bis auf einen Proportionalitätsfaktor festliegt. Nur sind eben, wenn man auch imaginäre Flächenpunkte zuläßt, $\bar{\alpha}, \bar{\beta}$ nicht immer zu α, β konjugiert.

Um nun das Problem der Geradenscharen für die Kugel zu behandeln, muß man zwei Kugelpunkte x^1 und x^2 betrachten, die den Parameterwerten $\alpha_1, \beta_1, \bar{\alpha}_1, \bar{\beta}_1$ und $\alpha_2, \beta_2, \bar{\alpha}_2, \bar{\beta}_2$ entsprechen, und die Forderung stellen, daß alle Punkte der Verbindungsgeraden auf der Kugel liegen, daß also stets $(\lambda x^1 + \mu x^2 \mid \lambda x^1 + \mu x^2) = 0$ sein soll. Da $(x^1 \mid x^1)$ und $(x^2 \mid x^2)$ verschwinden, reduziert sich diese Forderung auf $(x^1 \mid x^2) = 0$ oder

$$x_1^1 x_1^2 + x_2^1 x_2^2 + x_3^1 x_3^2 - x_4^1 x_4^2 = 0.$$

Setzt man hier die aus (4) entnommenen Ausdrücke ein, so ergibt sich

$$(\alpha_1\overline{\beta}_1 + \beta_1\overline{\alpha}_1)(\alpha_2\overline{\beta}_2 + \beta_2\overline{\alpha}_2) - (\alpha_1\overline{\beta}_1 - \beta_1\overline{\alpha}_1)(\alpha_2\overline{\beta}_2 - \beta_2\overline{\alpha}_2)$$
$$+ (\beta_1\overline{\beta}_1 - \alpha_1\overline{\alpha}_1)(\beta_2\overline{\beta}_2 - \alpha_2\overline{\alpha}_2) - (\alpha_1\overline{\alpha}_1 + \beta_1\overline{\beta}_1)(\alpha_2\overline{\alpha}_2 + \beta_2\overline{\beta}_2) = 0$$

oder

$$(6) \qquad (\alpha_1\beta_2 - \alpha_2\beta_1)(\overline{\alpha}_1\overline{\beta}_2 - \overline{\alpha}_2\overline{\beta}_1) = 0.$$

Ein gleichzeitiges Verschwinden beider Faktoren würde das Zusammenfallen der Punkte x^1 und x^2 zur Folge haben. Wenn wir also x^1 als reell voraussetzen, so daß $\overline{\alpha}_1, \overline{\beta}_1$ zu α_1, β_1 konjugiert sind, dann dürfen $\overline{\alpha}_2, \overline{\beta}_2$ nicht zu α_2, β_2 konjugiert sein. Sonst würden die Faktoren in (6) beide verschwinden, sobald einer von ihnen gleich Null ist. x^2 kann also kein reeller Punkt sein.

Setzen wir nun $\alpha_2 = \alpha_1$ und $\beta_2 = \beta_1$, während $\overline{\alpha}_2$ und $\overline{\beta}_2$ beliebige komplexe Werte α', β' erhalten, so können wir nach (4) folgende Gleichungen aufstellen:

$$(7) \qquad \begin{aligned} x_1^2 &= \alpha_1\beta' + \beta_1\alpha', & x_2^2 &= i(\alpha_1\beta' - \beta_1\alpha'), \\ x_3^2 &= \beta_1\beta' - \alpha_1\alpha', & x_4^2 &= \alpha_1\alpha' + \beta_1\beta'. \end{aligned}$$

Sie besagen, daß der imaginäre Punkt x^2 durch lineare Kombination aus $\beta_1, -i\beta_1, -\alpha_1, \alpha_1$ und $\alpha_1, i\alpha_1, \beta_1, \beta_1$ gewonnen wird, und zwar mit Hilfe der Faktoren α' und β', die zwei beliebige nicht gleichzeitig verschwindende komplexe Zahlen sind. Man spricht in solchem Falle von einer imaginären Geraden. Hier liegt eine imaginäre Gerade vor, die einen reellen Punkt hat, nämlich den Punkt x^1, der sich ergibt, wenn $\alpha' = \overline{\alpha}_1, \beta' = \overline{\beta}_1$ gesetzt wird. Außer ihm ist auf der Geraden (7) kein anderer reeller Punkt vorhanden, was auch geometrisch evident ist. Nebenbei sei bemerkt, daß es auch imaginäre Geraden gibt, die keinen reellen Punkt haben, sich also ganz und gar der Anschaulichkeit entziehen. Man betrachte z. B. die Punkte $1, 0, i, 0$ und $0, 1, 0, i$. Bildet man aus ihnen mit Hilfe komplexer Faktoren eine lineare Verbindung, so lautet diese

$$\lambda,\ \mu,\ i\lambda,\ i\mu.$$

Kann es nun vorkommen, daß diese vier Werte zu einem reellen Quadrupel proportional werden, also die Form $\varrho a_1, \varrho a_2, \varrho a_3, \varrho a_4$ haben, wobei a_1, a_2, a_3, a_4 reell sind? Dann wären die konjugierten Werte $\overline{\lambda}, \overline{\mu}, -i\overline{\lambda}, -i\overline{\mu}$ gleich $\overline{\varrho}a_1, \overline{\varrho}a_2, \overline{\varrho}a_3, \overline{\varrho}a_3$, so daß die zweireihigen Determinanten, die man in der Matrix

$$\begin{matrix} \lambda & \mu & i\lambda & i\mu \\ \overline{\lambda} & \overline{\mu} & -i\overline{\lambda} & -i\overline{\mu} \end{matrix}$$

bilden kann, alle verschwinden müßten. Setzt man sie aber alle gleich Null, so ergeben sich dabei auch die Aussagen

$$\begin{vmatrix} \lambda & i\lambda \\ \overline{\lambda} & -i\overline{\lambda} \end{vmatrix} = -2i\lambda\overline{\lambda} = 0, \qquad \begin{vmatrix} \mu & i\mu \\ \overline{\mu} & -i\overline{\mu} \end{vmatrix} = -2i\mu\overline{\mu} = 0,$$

d. h. λ und μ müßten verschwinden, was gerade ausgeschlossen ist. Hier liegt also eine imaginäre Gerade vor, die keinen einzigen reellen Punkt hat.

Kehren wir nun zu der imaginären Geraden (7) zurück, deren Punkte die linearen Verbindungen aus $\beta_1, -i\beta_1, -\alpha_1, \alpha_1$ und $\alpha_1, i\alpha_1, \beta_1, \beta_1$ sind, so ergibt sich dann und nur dann ein Fernpunkt, wenn wir die Faktoren proportional oder, was hier auf dasselbe hinauskommt, gleich $-\frac{1}{2}\beta_1$ und $\frac{1}{2}\alpha_1$ setzen. Dann erhalten wir

$$(8) \quad x_1 = \frac{1}{2}(\alpha_1^2 - \beta_1^2),\ x_2 = \frac{i}{2}(\alpha_1^2 + \beta_1^2),\ x_3 = \alpha_1\beta_1,\ x_4 = 0.$$

Da die Fernpunkte der Kugel den in § 4 eingehend untersuchten Fernkreis bilden, so kann die volle Übereinstimmung der obigen Gleichungen mit der dort gegebenen Parameterdarstellung des Fernkreises nicht überraschen. Man vergleiche mit (8) die Formeln (10′) in § 4.

Wir erhalten also eine auf der Kugel liegende Gerade, wenn wir den Fernkreispunkt (8) mit dem Kugelpunkt

$$(9) \quad x_1^1 = \alpha_1\overline{\beta}_1 + \beta_1\overline{\alpha}_1,\ x_2^1 = i(\alpha_1\overline{\beta}_1 - \beta_1\overline{\alpha}_1),\ x_3^1 = \beta_1\overline{\beta}_1 - \alpha_1\overline{\alpha}_1,$$
$$x_4^1 = \alpha_1\overline{\alpha}_1 + \beta_1\overline{\beta}_1$$

verbinden.

Hätten wir die andere Möglichkeit verfolgt, also $\overline{\alpha}_2 = \overline{\alpha}_1, \overline{\beta}_2 = \overline{\beta}_1$ gesetzt und α_2, β_2 beliebige komplexe Werte α, β beigelegt, so wären wir zu der Geraden

$$(\overline{7}) \quad x_1^2 = \alpha\overline{\beta}_1 + \beta\overline{\alpha}_1,\ x_2^2 = i(\alpha\overline{\beta}_1 - \beta\overline{\alpha}_1),\ x_3^2 = \beta\overline{\beta}_1 - \alpha\overline{\alpha}_1,$$
$$x_4^2 = \alpha\overline{\alpha}_1 + \beta\overline{\beta}_1$$

gekommen. Sie ist, wie zu erwarten war, nichts anderes als die zu (7) konjugierte Gerade und verbindet den reellen Kugelpunkt (9) mit dem zu (8) konjugierten Fernkreispunkt

$$(\overline{8}) \quad x_1 = \frac{1}{2}(\overline{\alpha}_1^2 - \overline{\beta}_1^2),\ x_2 = -\frac{i}{2}(\overline{\alpha}_1^2 + \overline{\beta}_1^2),\ x_3 = \overline{\alpha}_1\overline{\beta}_1,\ x_4 = 0.$$

Die Punkte (8) und $(\overline{8})$ genügen, wie wir wissen, der Bedingung $(x^1 \mid x) = 0$ oder $x_1^1 x_1 + x_2^1 x_2 + x_3^1 x_3 - x_4^1 x_4 = 0$. Inhomogen lautet diese Gleichung $x^1 x + y^1 y + z^1 z - 1 = 0$ und stellt eine Ebene dar, die durch den Kugelpunkt x^1, y^1, z^1 hindurchgeht und senkrecht auf seinem Ortsvektor steht, also die Tangentialebene der Kugel $x^2 + y^2 + z^2 - 1 = 0$ im Punkte x^1, y^1, z^1. Die beiden konjugiert imaginären Fernkreispunkte (8) und $(\overline{8})$ liegen also in dieser Tangentialebene der Kugel. Verlangt man, daß ein Fernkreispunkt, dessen Koordinaten nach den Formeln (10′) in § 4

$$(10) \quad x_1 = \frac{1}{2}(\alpha^2 - \beta^2),\ x_2 = \frac{i}{2}(\alpha^2 + \beta^2),\ x_3 = \alpha\beta,\ x_4 = 0$$

lauten, der Gleichung $x_1^1 x_1 + x_2^1 x_2 + x_3^1 x_3 - x_4^1 x_4 = 0$ genügt, so findet man mit Rücksicht auf (9)

$$\tfrac{1}{2}(\alpha_1\overline{\beta}_1 + \beta_1\overline{\alpha}_1)(\alpha^2 - \beta^2) - \tfrac{1}{2}(\alpha_1\overline{\beta}_1 - \beta_1\overline{\alpha}_1)(\alpha^2 + \beta^2) + (\beta_1\overline{\beta}_1 - \alpha_1\overline{\alpha}_1)\alpha\beta = 0,$$

d. h.

$$\beta_1\bar{\alpha}_1\alpha^2 - \alpha_1\bar{\beta}_1\beta^2 + (\beta_1\bar{\beta}_1 - \alpha_1\bar{\alpha}_1)\alpha\beta = 0$$

oder

$$(\alpha\beta_1 - \beta\alpha_1)(\alpha\bar{\alpha}_1 + \beta\bar{\beta}_1) = 0.$$

Man muß also entweder $\alpha = \alpha_1$, $\beta = \beta_1$ setzen, was zu dem Fernkreispunkt (8) führt, oder $\alpha = \bar{\beta}_1$, $\beta = -\bar{\alpha}_1$, wodurch sich der konjugierte Punkt $(\bar{8})$ ergibt.

Jedem Wertepaar α, β, das von 0, 0 verschieden ist, entspricht nach (4) ein reeller Kugelpunkt, nach (10) ein Fernkreispunkt. Es wird auf diese Weise eine Paarung zwischen den Punkten des Fernkreises, die alle imaginär sind, und den reellen Kugelpunkten hergestellt. Diese Verknüpfung der Fernkreispunkte mit sichtbaren Partnern ergab sich in § 4 auf anderem Wege. Wenn man jeden Fernkreispunkt mit seinem reellen Partner verbindet, so erhält man die imaginären Geraden (7), also die eine Geradenschar auf der Kugel. Diametral gegenüberliegende Kugelpunkte erscheinen hierbei mit konjugiert imaginären Fernkreispunkten verbunden. Die zweite Geradenschar auf der Kugel, also die Schar $(\bar{7})$, besteht aus den zu (7) konjugiert imaginären Geraden. Je zwei konjugiert imaginäre Fernkreispunkte sind hierbei mit ihren reellen Partnern übers Kreuz verbunden. Verbinden bedeutet hier nichts Anschauliches, sondern vielmehr nur die Herstellung aller linearen Kombinationen aus zwei Koordinatenquadrupeln, und zwar wird hier immer ein reeller Punkt $x, y, z, 1$ mit einem imaginären Fernpunkt $\xi, \eta, \zeta, 0$ verbunden, wobei $x^2 + y^2 + z^2 = 1$ und $\xi^2 + \eta^2 + \zeta^2 = 0$ ist. Bildet man mit einem Faktor λ, der alle komplexen Werte annehmen darf, die Ausdrücke

$$\xi + \lambda x, \quad \eta + \lambda y, \quad \zeta + \lambda z, \quad \lambda,$$

so hat man die imaginären Punkte der betrachteten Verbindungsgeraden vor sich, deren einziger reeller Punkt $x, y, z, 1$ ist. Verschiedenen komplexen Werten λ_1 und λ_2 entsprechen verschiedene Punkte. Sollen nämlich die Determinanten der Matrix

$$\begin{matrix} \xi + \lambda_1 x, & \eta + \lambda_1 y, & \zeta + \lambda_1 z, & \lambda_1 \\ \xi + \lambda_2 x, & \eta + \lambda_2 y, & \zeta + \lambda_2 z, & \lambda_2 \end{matrix}$$

alle verschwinden, so muß

$$\xi(\lambda_1 - \lambda_2) = 0, \quad \eta(\lambda_2 - \lambda_1) = 0, \quad \zeta(\lambda_2 - \lambda_1) = 0$$

sein. Da aber ξ, η, ζ nicht zusammen gleich Null sein dürfen und λ_1, λ_2 verschieden sind, so stehen wir vor einer Unmöglichkeit. Wenn wir die komplexe Zahl λ durch einen Punkt der Zahlenebene darstellen, so ist hier eine Paarung zwischen den Punkten der betrachteten imaginären Geraden und den Punkten der Zahlenebene hergestellt. Da dem reellen Punkte der Geraden als λ-Wert ∞ entspricht, so können wir die Paarung durch stereographischen Übergang zur Zahlenkugel vervollkommnen. Auf jeder Geraden der Schar (7) und ebenso der Schar $(\bar{7})$ gibt es also eine ebenso starke Mannigfaltigkeit von Punkten, wie reelle Punkte auf einer Kugel vorhanden sind.

Wir wissen, daß jeder reelle Punkt der Kugel $x_1^2 + x_2^2 + x_3^2 - x_4^2 = 0$ einer Geraden der Schar (7) und einer Geraden der Schar ($\bar{7}$) angehört, weil eben jede solche Gerade nur einen reellen Punkt enthält. Es läßt sich nun zeigen, daß auch jeder imaginäre Punkt der Kugel die genannte Eigenschaft hat. Ein solcher Punkt kann nämlich, wie uns bekannt ist, in der Form

$$(11)\quad x_1 = \alpha\beta' + \beta\alpha',\ x_2 = i(\alpha\beta' - \beta\alpha'),\ x_3 = \beta\beta' - \alpha\alpha',\ x_4 = \alpha\alpha' + \beta\beta'$$

dargestellt werden. Wenn α', β' die zu α, β konjugierten Werte $\bar{\alpha}, \bar{\beta}$ annehmen, so liegt ein reeller Kugelpunkt vor. Wollen wir nun den Punkt (11) in eine der Geraden (7) hineinbringen, so brauchen wir nur α_1, β_1 mit α, β gleichzusetzen. Soll er in eine der Geraden ($\bar{7}$) eingeordnet werden, so genügt es, $\bar{\alpha}_1, \bar{\beta}_1$ mit α' und β' zu identifizieren. Man sieht, daß die Punkte der Kugel, und zwar die reellen und imaginären, herauskommen, wenn man jede Gerade (7) mit jeder Geraden ($\bar{7}$) zum Schnitt bringt, d. h. jedesmal den gemeinsamen reellen oder imaginären Punkt aufsucht. Je zwei Gerade (7) haben keinen Punkt gemein, ebenso je zwei Gerade ($\bar{7}$).

§ 8. Die projektive Gruppe einer Fläche zweiter Ordnung.

Eine Fläche zweiter Ordnung vom Range 4 kann durch eine reelle projektive Abbildung entweder in

$$(1)\qquad x_1 = \alpha\alpha',\quad x_2 = \alpha\beta',\quad x_3 = \beta\alpha',\quad x_4 = \beta\beta'$$

oder in

$$(2)\quad x_1 = \alpha\bar{\beta} + \beta\bar{\alpha},\quad x_2 = i(\alpha\bar{\beta} - \beta\bar{\alpha}),\quad x_3 = \alpha\bar{\alpha},\quad x_4 = \beta\bar{\beta}$$

übergeführt werden, wenn sie nicht rein imaginär ist. Wie schon mehrfach betont wurde, beschränken wir uns auf Flächen mit reeller Gleichung.

Im Falle (1) erhalten wir alle reellen Punkte der Fläche dadurch, daß wir α, β und α', β' alle möglichen reellen Werte erteilen, wobei nur ein gleichzeitiges Verschwinden sowohl von α und β als auch von α' und β' auszuschließen ist, damit nicht alle x gleich Null werden. Im Falle (2) ist α, β ein beliebiges von $0, 0$ verschiedenes komplexes Wertepaar, und $\bar{\alpha}, \bar{\beta}$ sind die zu α, β konjugierten Größen. Auch hier erhalten wir sämtliche reellen Punkte der Fläche, wenn wir α und β variieren lassen.

Es bietet sich hier Gelegenheit, ein wichtiges Gebilde kennen zu lernen, nämlich die projektive Gruppe einer solchen Fläche zweiter Ordnung. Wir betrachten zunächst die Fläche (1). Wenn wir in den Gleichungen (1)

$$(3)\qquad \begin{cases} \alpha = c_{11}\alpha_* + c_{12}\beta_*, \\ \beta = c_{21}\alpha_* + c_{22}\beta_* \end{cases}$$

setzen und zugleich

$$(4)\qquad \begin{cases} \alpha' = c'_{11}\alpha'_* + c'_{12}\beta'_*, \\ \beta' = c'_{21}\alpha'_* + c'_{22}\beta'_*, \end{cases}$$

wobei die Koeffizienten c, c' reell sind und nicht verschwindende Determinanten haben, so erhalten wir

$$(5)\qquad \begin{cases} x_1 = (c_{11}\alpha_* + c_{12}\beta_*)\,(c'_{11}\alpha'_* + c'_{12}\beta'_*), \\ x_2 = (c_{11}\alpha_* + c_{12}\beta_*)\,(c'_{21}\alpha'_* + c'_{22}\beta'_*), \\ x_3 = (c_{21}\alpha_* + c_{22}\beta_*)\,(c'_{11}\alpha'_* + c'_{12}\beta'_*), \\ x_4 = (c_{21}\alpha_* + c_{22}\beta_*)\,(c'_{21}\alpha'_* + c'_{22}\beta'_*). \end{cases}$$

Nun sind aber die Produkte

$$\alpha_*\alpha'_*,\ \alpha_*\beta'_*,\ \beta_*\alpha'_*,\ \beta_*\beta'_*$$

nichts anderes als die Koordinaten

$$x_1^*,\ x_2^*,\ x_3^*,\ x_4^*$$

eines Punktes der Fläche (1). Die Gleichungen (5) lassen sich daher auch in folgender Form schreiben:

$$(5^*)\qquad \begin{cases} x_1 = c_{11}c'_{11}x_1^* + c_{11}c'_{12}x_2^* + c_{12}c'_{11}x_3^* + c_{12}c'_{12}x_4^*, \\ x_2 = c_{11}c'_{21}x_1^* + c_{11}c'_{22}x_2^* + c_{12}c'_{21}x_3^* + c_{12}c'_{22}x_4^*, \\ x_3 = c_{21}c'_{11}x_1^* + c_{21}c'_{12}x_2^* + c_{22}c'_{11}x_3^* + c_{22}c'_{12}x_4^*, \\ x_4 = c_{21}c'_{21}x_1^* + c_{21}c'_{22}x_2^* + c_{22}c'_{21}x_3^* + c_{22}c'_{22}x_4^*. \end{cases}$$

Sie stellen jetzt eine projektive Transformation dar, und wir wissen, daß x_1, x_2, x_3, x_4 die Werte $\alpha\alpha', \alpha\beta', \beta\alpha', \beta\beta'$ annehmen, wenn wir $x_1^*, x_2^*, x_3^*, x_4^*$ die Werte $\alpha_*\alpha'_*, \alpha_*\beta'_*, \beta_*\alpha'_*, \beta_*\beta'_*$ erteilen. Die Projektivität (5*) führt also jeden Punkt x^* der betrachteten Fläche in einen Punkt x derselben Fläche über, d. h. sie transformiert die Fläche in sich. Die Koeffizientenmatrix der Transformation (5*) lautet

$$(6)\qquad \begin{pmatrix} c_{11}c'_{11}, & c_{11}c'_{12}, & c_{12}c'_{11}, & c_{12}c'_{12} \\ c_{11}c'_{21}, & c_{11}c'_{22}, & c_{12}c'_{21}, & c_{12}c'_{22} \\ c_{21}c'_{11}, & c_{21}c'_{12}, & c_{22}c'_{11}, & c_{22}c'_{12} \\ c_{21}c'_{21}, & c_{21}c'_{22}, & c_{22}c'_{21}, & c_{22}c'_{22} \end{pmatrix}.$$

Das Bildungsgesetz dieser Matrix, d. h. ihre Beziehung zu den beiden Matrizen

$$(7)\qquad \begin{pmatrix} c_{11} & c_{12} \\ c_{21} & c_{22} \end{pmatrix}, \quad \begin{pmatrix} c'_{11} & c'_{12} \\ c'_{21} & c'_{22} \end{pmatrix},$$

ist leicht zu erkennen. Bezeichnet man die Matrizen (7) mit $\mathfrak{C}$ und $\mathfrak{C}'$, so hat die Matrix (6) folgende Gestalt:

$$(6')\qquad \begin{pmatrix} c_{11}\mathfrak{C}' & c_{12}\mathfrak{C}' \\ c_{21}\mathfrak{C}' & c_{22}\mathfrak{C}' \end{pmatrix}.$$

Man erinnere sich, daß

$$(8)\qquad c_{rs}\mathfrak{C}' = \begin{pmatrix} c_{rs}c'_{11}, & c_{rs}c'_{12} \\ c_{rs}c'_{21}, & c_{rs}c'_{22} \end{pmatrix}$$

ist. Eine Matrix wird nämlich mit einem Faktor multipliziert, indem man alle ihre Elemente mit diesem Faktor versieht. Man gelangt, so kann man also sagen, von $\mathfrak{C}$ zur Matrix (6), indem man die Elemente c_{rs} der Matrix $\mathfrak{C}$ mit dem Matrizenfaktor $\mathfrak{C}'$ versieht und demgemäß jedes c_{rs} zu der zweireihigen Matrix (8) ausweitet.

Will man die Determinante der Matrix (6) berechnen, so ist es sehr nützlich, den Determinantensatz von **Laplace** zu kennen, der in dem knappen Determinantenabschnitt des ersten Bandes nicht erwähnt wurde. Wir wollen den hier in Betracht kommenden Spezialfall dieses Satzes kurz darlegen. Entwickelt man eine vierreihige Determinante

$$\begin{vmatrix} a_1 & a_2 & a_3 & a_4 \\ b_1 & b_2 & b_3 & b_4 \\ c_1 & c_2 & c_3 & c_4 \\ d_1 & d_2 & d_3 & d_4 \end{vmatrix} \tag{9}$$

nach der ersten Zeile, so ergibt sich zunächst

$$a_1 \begin{vmatrix} b_2 & b_3 & b_4 \\ c_2 & c_3 & c_4 \\ d_2 & d_3 & d_4 \end{vmatrix} - a_2 \begin{vmatrix} b_1 & b_3 & b_4 \\ c_1 & c_3 & c_4 \\ d_1 & d_3 & d_4 \end{vmatrix}$$
$$+ a_3 \begin{vmatrix} b_1 & b_2 & b_4 \\ c_1 & c_2 & c_4 \\ d_1 & d_2 & d_4 \end{vmatrix} - a_4 \begin{vmatrix} b_1 & b_2 & b_3 \\ c_1 & c_2 & c_3 \\ d_1 & d_2 & d_3 \end{vmatrix}.$$

Jede der hier auftretenden dreireihigen Determinanten kann man nach ihrer ersten Zeile entwickeln. Bedient man sich dabei der Bezeichnung

$$\begin{vmatrix} c_r & c_s \\ d_r & d_s \end{vmatrix} = q_{rs},$$

so nimmt der obige Ausdruck folgende Form an:

$$a_1(\quad b_2 q_{34} + b_3 q_{42} + b_4 q_{23}) - a_2(b_1 q_{34} - b_3 q_{14} + b_4 q_{13})$$
$$+ a_3(- b_1 q_{42} - b_2 q_{14} + b_4 q_{12}) - a_4(b_1 q_{23} - b_2 q_{13} + b_3 q_{12}).$$

Ordnet man nun nach den q_{rs} und führt die Bezeichnung

$$\begin{vmatrix} a_r & a_s \\ b_r & b_s \end{vmatrix} = p_{rs}$$

ein, so erhält man schließlich als Wert der Determinante (9)

$$\left\{ \begin{array}{l} \quad p_{12} q_{34} + p_{13} q_{42} + p_{14} q_{23} \\ + p_{34} q_{12} + p_{42} q_{13} + p_{23} q_{14}. \end{array} \right. \tag{9'}$$

Dies ist die Laplacesche Entwickelung. Die den beiden ersten Zeilen entnommenen Determinanten $p_{12}, p_{13}, p_{14}, p_{34}, p_{42}, p_{23}$ sind mit den Determinanten $q_{34}, q_{42}, q_{23}, q_{12}, q_{13}, q_{14}$ multipliziert, die den letzten beiden Zeilen entstammen. Jedesmal bilden die Spaltenindizes eine gerade Permutation von 1, 2, 3, 4. Daher werden nicht p_{24} und q_{24}, sondern p_{42} und q_{42} benutzt.

Wendet man die Entwickelung (9′) auf die Determinante (6) an, so sind offenbar die Determinanten p_{13} und p_{42} gleich Null, weil sie proportionale Spalten haben. Ebenso verschwinden q_{13} und q_{42}. Die Entwickelung (9′) reduziert sich also auf

$$p_{12} q_{34} + p_{14} q_{23} + p_{34} q_{12} + p_{23} q_{14},$$

d. h. auf

$$(c_{11}^2 c_{22}^2 - 2c_{11}c_{12}c_{21}c_{22} + c_{12}^2 c_{21}^2)(c'_{11}c'_{22} - c'_{12}c'_{21})^2$$
$$= (c_{11}c_{22} - c_{12}c_{21})^2 (c'_{11}c'_{22} - c'_{12}c'_{21})^2.$$

Mithin ist die Determinante der Transformation (5*) gleich dem quadrierten Produkt aus den Determinanten der beiden Transformationen (3) und (4), mit deren Hilfe die Transformation (5*) gewonnen wurde.

Wenn wir uns an die Bedeutung der Parameter α, β und α', β' erinnern, so können wir sagen, daß bei der Transformation (5*) jede der beiden Geradenscharen, die auf der Fläche (1) liegen, in sich selbst übergeht. Auf einer Geraden der ersten Schar liegen nämlich solche Punkte, die in den Parametern α, β übereinstimmen, auf einer Geraden der zweiten Schar solche Punkte, die gleichlautende Parameter α', β' haben. Diese Übereinstimmungen bleiben aber bei den Transformationen (3) und (4) erhalten. Denken wir an unsere früheren Betrachtungen über Regelscharen zurück, wo wir vier Geraden einer solchen Schar ein Doppelverhältnis zuschrieben, nämlich das Doppelverhältnis ihrer Schnittpunkte mit irgendeiner Querlinie, so ist klar, daß die Transformation (5*) die Geraden jeder Schar unter sich projektiv vertauscht. Wie dies geschieht, sagen uns die Gleichungen (3) und (4). Durch passende Wahl der Koeffizienten c_{rs} und c'_{rs} läßt sich erreichen, daß die Geraden jeder Schar in vorgeschriebener Weise projektiv transformiert werden. Man kann dabei innerhalb jeder Schar über drei Einzelschicksale beliebig verfügen, also fordern, daß drei Gerade der Schar in die und die Geraden dieser Schar übergehen sollen. Damit ist aber bereits alles festgelegt. Bewirken zwei Projektivitäten, welche die Fläche invariant lassen und zugleich jede der beiden Geradenscharen in sich überführen, dieselben Vertauschungen unter diesen Geraden, so üben sie auf jeden Flächenpunkt dieselbe Wirkung aus, weil durch ihn eine und nur eine Gerade aus jeder Schar hindurchgeht. Nun gibt es aber, wie man sich sofort überzeugt, auf der Fläche (1) allgemeine Punktquintupel. Daher müssen die beiden Projektivitäten im ganzen Raume übereinstimmen. Wenn es noch nötig sein sollte, auf der Fläche (1) wirklich ein allgemeines Punktequintupel direkt nachzuweisen, so setze man der Reihe nach

$$\alpha = 1,\ \beta = 0,\ \alpha' = 1,\ \beta' = 0,$$
$$\alpha = 1,\ \beta = 0,\ \alpha' = 0,\ \beta' = 1,$$
$$\alpha = 0,\ \beta = 1,\ \alpha' = 1,\ \beta' = 0,$$
$$\alpha = 0,\ \beta = 1,\ \alpha' = 0,\ \beta' = 1,$$
$$\alpha = 1,\ \beta = 1,\ \alpha' = 1,\ \beta' = 1.$$

Dann erhält man fünf Punkte mit folgenden Koordinaten x_1, x_2, x_3, x_4:

$$1,\ 0,\ 0,\ 0,$$
$$0,\ 1,\ 0,\ 0,$$
$$0,\ 0,\ 1,\ 0,$$
$$0,\ 0,\ 0,\ 1,$$
$$1,\ 1,\ 1,\ 1.$$

Jede Projektivität, welche die beiden Geradenscharen der Fläche (1) einzeln invariant läßt, kann also in der Form (5*) geschrieben werden.

Wenn man statt (3) und (4) die Parametertransformationen

$$(3') \qquad \begin{cases} \alpha = c_{11}\alpha'_* + c_{12}\beta'_*, \\ \beta = c_{21}\alpha'_* + c_{22}\beta'_* \end{cases}$$

und

$$(4') \qquad \begin{cases} \alpha' = c'_{11}\alpha_* + c'_{12}\beta_*, \\ \beta' = c'_{21}\alpha_* + c'_{22}\beta_* \end{cases}$$

benutzt, so verwandeln sich die Gleichungen (1) in

$$(5') \qquad \begin{cases} x_1 = (c_{11}\alpha'_* + c_{12}\beta'_*)(c'_{11}\alpha_* + c'_{12}\beta_*), \\ x_2 = (c_{11}\alpha'_* + c_{12}\beta'_*)(c'_{21}\alpha_* + c'_{22}\beta_*), \\ x_3 = (c_{21}\alpha'_* + c_{22}\beta'_*)(c'_{11}\alpha_* + c'_{12}\beta_*), \\ x_4 = (c_{21}\alpha'_* + c_{22}\beta'_*)(c'_{21}\alpha_* + c'_{22}\beta_*). \end{cases}$$

Ersetzt man $\alpha_*\alpha'_*, \alpha_*\beta'_*, \beta_*\alpha'_*, \beta_*\beta'_*$ durch $x_1^*, x_2^*, x_3^*, x_4^*$, so ergibt sich folgende Projektivität:

$$(5^{**}) \qquad \begin{cases} x_1 = c_{11}c'_{11}x_1^* + c_{12}c'_{11}x_2^* + c_{11}c'_{12}x_3^* + c_{12}c'_{12}x_4^*, \\ x_2 = c_{11}c'_{21}x_1^* + c_{12}c'_{21}x_2^* + c_{11}c'_{22}x_3^* + c_{12}c'_{22}x_4^*, \\ x_3 = c_{21}c'_{11}x_1^* + c_{22}c'_{11}x_2^* + c_{21}c'_{12}x_3^* + c_{22}c'_{12}x_4^*, \\ x_4 = c_{21}c'_{21}x_1^* + c_{22}c'_{21}x_2^* + c_{21}c'_{22}x_3^* + c_{22}c'_{22}x_4^*. \end{cases}$$

Wenn man $x_1^*, x_2^*, x_3^*, x_4^*$ die Werte $\alpha\alpha'_*, \alpha_*\beta'_*, \beta_*\alpha'_*, \beta_*\beta'_*$ erteilt, so werden x_1, x_2, x_3, x_4 gleich $\alpha\alpha', \alpha\beta', \beta\alpha', \beta\beta'$. Die Fläche (1) geht also bei der Projektivität (5**) in sich über. Da nach (3') und (4') Punkten mit übereinstimmenden α'_*, β'_* solche mit übereinstimmenden α, β entsprechen und Punkten mit übereinstimmenden α_*, β_* solche mit übereinstimmenden α', β', so vertauschen sich die beiden Geradenscharen der Fläche. Durch passende Wahl der Koeffizienten c_{rs} und c'_{rs} kann man das Transformationsschicksal eines Tripels aus jeder Schar beliebig vorschreiben. Wenn aber zwei Projektivitäten, welche die beiden Geradenscharen miteinander vertauschen, auf ein solches Paar von Geradentripeln die gleiche Wirkung ausüben, so stimmen sie auf der Fläche (1) und daher im ganzen Raume überein.

Jede Projektivität, welche die beiden Geradenscharen der Fläche (1) auswechselt, ist also in der Form (5**) darstellbar. Die Koeffizientenmatrix lautet diesmal

$$(6^*) \qquad \begin{pmatrix} c_{11}c'_{11}, & c_{12}c'_{11}, & c_{11}c'_{12}, & c_{12}c'_{12} \\ c_{11}c'_{21}, & c_{12}c'_{21}, & c_{11}c'_{22}, & c_{12}c'_{22} \\ c_{21}c'_{11}, & c_{22}c'_{11}, & c_{21}c'_{12}, & c_{22}c'_{12} \\ c_{21}c'_{21}, & c_{22}c'_{21}, & c_{21}c'_{22}, & c_{22}c'_{22} \end{pmatrix}.$$

Sie entsteht aus (6) durch Vertauschung der beiden mittleren Spalten. Ihre Determinante ist also gleich

$$-(c_{11}c_{22} - c_{12}c_{21})^2(c'_{11}c'_{22} - c'_{12}c'_{21})^2.$$

Wenn eine reelle Projektivität die Fläche (1) invariant läßt, so muß sie jede der beiden auf ihr liegenden Geradenscharen wieder in eine solche Geradenschar, also entweder in sich selbst oder in die andere Geradenschar, überführen. Daher läßt sie sich entweder in der Form (5*) oder in der Form (5**) schreiben. Die Transformationen (5*) haben eine positive, die Transformationen (5**) eine negative Determinante.

Wenn man die Gesamtheit aller Transformationen (5*) betrachtet, so hat man eine Transformationsgruppe vor sich. Es besteht nämlich die leicht erkennbare Eigenschaft, daß die Aufeinanderfolge zweier Transformationen (5*) wieder eine solche Transformation ist (Gruppeneigenschaft). Auch der Inbegriff aller Transformationen (5*) und (5**) stellt eine Gruppe dar. Dagegen bilden die Transformationen (5**) für sich allein keine Gruppe. Man erkennt das sofort, wenn man sich an die Produktregel der Determinanten erinnert, nach welcher beim Zusammensetzen linearer Transformationen die Determinanten sich multiplizieren. Da die Transformationen (5**) negative Determinanten haben, so geben zwei solche Transformationen nacheinander ausgeführt, eine Transformation mit positiver Determinante, also eine Transformation (5*). Die Transformationen (5*) und (5**) bilden zusammen die projektive Gruppe der Fläche (1). Sie ist wegen ihres Zerfallens in (5*) und (5**) eine sogenannte gemischte Gruppe.

Die Transformation (5*) läßt sich aus zwei einfacheren Transformationen zusammensetzen, so daß zuerst alle Geraden der einen Schar einzeln in Ruhe bleiben, dann alle Geraden der andern Schar. Wenn die Matrix $\begin{pmatrix} c_{11} & c_{12} \\ c_{21} & c_{22} \end{pmatrix}$ mit $\begin{pmatrix} 1 & 0 \\ 0 & 1 \end{pmatrix}$ zusammenfällt, nimmt (5*) folgende Gestalt an:

$$(10) \qquad \begin{cases} x_1 = c'_{11}x_1^* + c'_{12}x_2^*, & x_3 = c'_{11}x_3^* + c'_{12}x_4^*, \\ x_2 = c'_{21}x_1^* + c'_{22}x_2^*, & x_4 = c'_{21}x_3^* + c'_{22}x_4^*. \end{cases}$$

Fällt dagegen $\begin{pmatrix} c'_{11} & c'_{12} \\ c'_{21} & c'_{22} \end{pmatrix}$ mit $\begin{pmatrix} 1 & 0 \\ 0 & 1 \end{pmatrix}$ zusammen, so erhält man statt (5*) die Transformation

$$(11) \qquad \begin{cases} x_1 = c_{11}x_1^* + c_{12}x_3^*, & x_2 = c_{11}x_2^* + c_{12}x_4^*, \\ x_3 = c_{21}x_1^* + c_{22}x_3^*, & x_4 = c_{21}x_2^* + c_{22}x_4^*. \end{cases}$$

(5*) selbst ist nichts anderes als die Zusammensetzung von (10) und (11), und zwar kommt es dabei auf die Reihenfolge nicht an. Die Matrix (6) ist demgemäß das Produkt der beiden Matrizen

$$\begin{pmatrix} c_{11} & 0 & c_{12} & 0 \\ 0 & c_{11} & 0 & c_{12} \\ c_{21} & 0 & c_{22} & 0 \\ 0 & c_{21} & 0 & c_{22} \end{pmatrix}, \quad \begin{pmatrix} c'_{11} & c'_{12} & 0 & 0 \\ c'_{21} & c'_{22} & 0 & 0 \\ 0 & 0 & c'_{11} & c'_{12} \\ 0 & 0 & c'_{21} & c'_{22} \end{pmatrix},$$

wobei die Reihenfolge der Faktoren keine Rolle spielt.

Jede Transformation (5**) läßt sich aus einer speziellen Transformation von dieser Form und aus der entsprechenden Transformation (5*) zusammensetzen. Die einfachste spezielle Transformation (5**) ergibt sich, wenn man die Matrizen $\begin{pmatrix} c_{11} & c_{12} \\ c_{21} & c_{22} \end{pmatrix}$ und $\begin{pmatrix} c'_{11} & c'_{12} \\ c'_{21} & c'_{22} \end{pmatrix}$ mit $\begin{pmatrix} 1 & 0 \\ 0 & 1 \end{pmatrix}$ identifiziert. Dann verwandelt sich (5**) in

$$(12) \qquad x_1 = x_1^*, \quad x_2 = x_3^*, \quad x_3 = x_2^*, \quad x_4 = x_4^*.$$

Läßt man auf (5*) die Transformation (12) folgen, so entsteht die Transformation (5**). Die Matrix (6') ist demgemäß das Produkt aus (6) und aus

$$(13) \qquad \begin{pmatrix} 1 & 0 & 0 & 0 \\ 0 & 0 & 1 & 0 \\ 0 & 1 & 0 & 0 \\ 0 & 0 & 0 & 1 \end{pmatrix}.$$

Wenn man eine beliebige Matrix

$$\begin{pmatrix} k_{11} & k_{12} & k_{13} & k_{14} \\ k_{21} & k_{22} & k_{23} & k_{24} \\ k_{31} & k_{32} & k_{33} & k_{34} \\ k_{41} & k_{42} & k_{43} & k_{44} \end{pmatrix}$$

mit (13) als Zweitfaktor multipliziert, so kommt

$$\begin{pmatrix} k_{11} & k_{13} & k_{12} & k_{14} \\ k_{21} & k_{23} & k_{22} & k_{24} \\ k_{31} & k_{33} & k_{32} & k_{34} \\ k_{41} & k_{43} & k_{42} & k_{44} \end{pmatrix}$$

heraus. Es vertauschen sich also die beiden mittleren Spalten. Das ist aber gerade der Zusammenhang zwischen den Matrizen (6) und (6*).

Die projektive Gruppe der Fläche (2) läßt sich ebensoleicht herstellen wie die der Fläche (1). Macht man in den Gleichungen (2) die Einsetzungen

$$(14) \qquad \begin{cases} \alpha = c_{11}\alpha_* + c_{12}\beta_*, \\ \beta = c_{21}\alpha_* + c_{22}\beta_* \end{cases}$$

und

$$(\overline{14}) \qquad \begin{cases} \bar\alpha = \bar c_{11}\bar\alpha_* + \bar c_{12}\bar\beta_*, \\ \bar\beta = \bar c_{21}\bar\alpha_* + \bar c_{22}\bar\beta_*, \end{cases}$$

so nehmen sie folgende Gestalt an:

$$(15) \qquad \begin{cases} x_1 = (c_{11}\alpha_* + c_{12}\beta_*)(\bar c_{21}\bar\alpha_* + \bar c_{22}\bar\beta_*) + (\bar c_{11}\bar\alpha_* + \bar c_{12}\bar\beta_*)(c_{21}\alpha_* + c_{22}\beta_*), \\ x_2 = i(c_{11}\alpha_* + c_{12}\beta_*)(\bar c_{21}\bar\alpha_* + \bar c_{22}\bar\beta_*) - i(\bar c_{11}\bar\alpha_* + \bar c_{12}\bar\beta_*)(c_{21}\alpha_* + c_{22}\beta_*), \\ x_3 = (c_{11}\alpha_* + c_{12}\beta_*)(\bar c_{11}\bar\alpha_* + \bar c_{12}\bar\beta_*), \\ x_4 = (c_{21}\alpha_* + c_{22}\beta_*)(\bar c_{21}\bar\alpha_* + \bar c_{22}\bar\beta_*). \end{cases}$$

Nach Einführung der Bezeichnungen

$$(16) \qquad x_1^* = \alpha_*\bar\beta_* + \beta_*\bar\alpha_*, \; x_2^* = i(\alpha_*\bar\beta_* - \beta_*\bar\alpha_*), \; x_3^* = \alpha_*\bar\alpha_*, \; x_4^* = \beta_*\bar\beta_*$$

kann man schreiben

$$(15^*)\quad\begin{cases} x_1 = \frac{1}{2}(c_{11}\bar{c}_{22} + c_{12}\bar{c}_{21} + c_{21}\bar{c}_{12} + c_{22}\bar{c}_{11})x_1^* \\ \quad + \frac{1}{2}(-ic_{11}\bar{c}_{22} + ic_{12}\bar{c}_{21} - ic_{21}\bar{c}_{12} + ic_{22}\bar{c}_{11})x_2^* \\ \quad + (c_{11}\bar{c}_{21} + c_{21}\bar{c}_{11})\,x_3^* + (c_{12}\bar{c}_{22} + c_{22}\bar{c}_{12})x_4^*, \\ x_2 = \frac{1}{2}(ic_{11}\bar{c}_{22} + ic_{12}\bar{c}_{21} - ic_{21}\bar{c}_{12} - ic_{22}\bar{c}_{11})x_1^* \\ \quad + \frac{1}{2}(c_{11}\bar{c}_{22} - c_{12}\bar{c}_{21} - c_{21}\bar{c}_{12} + c_{22}\bar{c}_{11})\,x_2^* \\ \quad + (ic_{11}\bar{c}_{21} - ic_{21}\bar{c}_{11})\,x_3^* + (ic_{12}\bar{c}_{22} - ic_{22}\bar{c}_{12})\,x_4^*, \\ x_3 = \frac{1}{2}(c_{11}\bar{c}_{12} + c_{12}\bar{c}_{11})\,x_1^* + \frac{1}{2}(-ic_{11}\bar{c}_{12} + ic_{12}\bar{c}_{11})x_2^* \\ \quad + c_{11}\bar{c}_{11}x_3^* + c_{12}\bar{c}_{12}x_4^*, \\ x_4 = \frac{1}{2}(c_{21}\bar{c}_{22} + c_{22}\bar{c}_{21})x_1^* + \frac{1}{2}(-ic_{21}\bar{c}_{22} + ic_{22}\bar{c}_{21})x_2^* \\ \quad + c_{21}\bar{c}_{21}x_3^* + c_{22}\bar{c}_{22}x_4^*. \end{cases}$$

Das ist eine projektive Transformation, welche die Fläche (2) in sich überführt. Ihre Koeffizienten sind Hermitesche Formen der komplexen Größen $c_{11}, c_{12}, c_{21}, c_{22}$, haben also reelle Werte. Die Determinante ist, wie man ausrechnen kann,

$$(c_{11}c_{22} - c_{12}c_{21})^2\,(\bar{c}_{11}\bar{c}_{22} - \bar{c}_{12}\bar{c}_{21})^2,$$

also positiv.

Wenn man $\bar{\alpha}_*, \bar{\beta}_*$ von der Bedingung befreit, zu α_*, β_* konjugiert zu sein, und doch die Gleichungen $(\overline{14})$ aufrecht erhält, so brauchen auch $\bar{\alpha}\,\bar{\beta}$, nicht zu α, β konjugiert zu sein. Die Transformation (15*) erfaßt dann auch die imaginären Flächenpunkte. Man sieht, daß solche Punkte, die in α_*, β_* übereinstimmen, in Punkte übergehen, die gleichlautende α, β haben. Entsprechendes gilt hinsichtlich der überstrichenen Parameter. Daraus folgt, daß die Projektivität die beiden imaginären Geradenscharen auf der Fläche (2) einzeln invariant läßt.

Will man eine reelle Projektivität haben, welche die beiden Geradenscharen der Fläche (2) vertauscht, so muß man (14) und $(\overline{14})$ durch

$$(14')\qquad \begin{cases} \alpha = c_{11}\bar{\alpha}_* + c_{12}\bar{\beta}_*, \\ \beta = c_{21}\bar{\alpha}_* + c_{22}\bar{\beta}_*, \end{cases}$$

und

$$(\overline{14'})\qquad \begin{cases} \bar{\alpha} = \bar{c}_{11}\alpha_* + \bar{c}_{12}\beta_*, \\ \bar{\beta} = \bar{c}_{21}\alpha_* + \bar{c}_{22}\beta_* \end{cases}$$

ersetzen. Das läuft darauf hinaus, α_* mit $\bar{\alpha}_*$ und β_* mit $\bar{\beta}_*$ auszuwechseln. Man ersieht aus den Gleichungen (16), daß dann x_2^* durch $-x_2^*$ ersetzt wird. Die Koeffizienten der zweiten Spalte in (15*) erhalten also den Faktor -1, so daß die Determinante den negativen Wert

$$-(c_{11}c_{22} - c_{12}c_{21})^2\,(\bar{c}_{11}\bar{c}_{22} - \bar{c}_{12}\bar{c}_{21})^2$$

annimmt.

Es gibt also zwei Scharen von Projektivitäten, welche die Fläche (2) in sich überführen. Diese Scharen sind durch das Vorzeichen der Determinante zu unterscheiden. Zur ersten Schar rechnen wir die Projektivitäten von der

Form (15*), also diejenigen mit positiver Determinante. Die Projektivitäten der zweiten Schar lassen sich dadurch herstellen, daß man eine spezielle Projektivität dieser Schar mit allen Projektivitäten der ersten Schar in übereinstimmender Reihenfolge zusammensetzt. Die erwähnte spezielle Projektivität kann man z. B. so wählen, daß die Gleichungen (14′) und $(\overline{14'})$ die einfache Gestalt

$$\alpha = \bar{\alpha}_*, \ \beta = \bar{\beta}_*$$

und

$$\bar{\alpha} = \alpha_*, \ \bar{\beta} = \beta_*$$

haben, also $c_{11}, c_{12}, c_{21}, c_{22}$ gleich 1, 0, 0, 1 sind. Dann hat man nach (2) und (16)

$$x_1^* = x_1, \ x_2^* = -x_2, \ x_3^* = x_3 \ x_4^* = x_4. \tag{17}$$

Es wäre noch die Frage zu beantworten, ob unser Verfahren alle reellen Projektivitäten liefert, welche die Fläche (2) invariant lassen. Betrachten wir zuerst eine reelle Projektivität, die jede der beiden imaginären Geradenscharen dieser Fläche in sich überführt. Wenn man weiß, wie diese Projektivität, die wir $\mathfrak{P}$ nennen wollen, die Geraden der einen Schar vertauscht, so ist zugleich ihre Einwirkung auf die Geraden der andern Schar bekannt. Geht nämlich die imaginäre Gerade g in g' über, so muß sich die zu g konjugiert imaginäre Gerade $\bar{g}$ in $\bar{g}'$, die konjugierte zu g', verwandeln. Man kann aber durch passende Wahl der Koeffizienten c_{rs} erreichen, daß die Projektivität (15*) die Geraden der einen Schar genau ebenso transformiert wie $\mathfrak{P}$. Um diese Übereinstimmung zu verwirklichen, braucht man nur dafür zu sorgen, daß beide Projektivitäten auf drei bestimmte Geraden der Schar in derselben Weise einwirken. Daß dem so ist, beruht auf dem projektiven Charakter der Geradenvertauschungen. Transformieren nun $\mathfrak{P}$ und (15*) die Geraden der einen Schar in derselben Weise, so gilt dasselbe für die andere Schar. Sie üben dann aber auch auf die Kugelpunkte, mithin auf den ganzen Raum, die gleiche Wirkung aus. Liegt eine reelle Projektivität vor, welche die beiden Geradenscharen der Fläche (2) auswechselt, so genügt es, sie mit (17) zusammenzusetzen, um eine Transformation von der Form (15*) zu erhalten.

Die Transformationen (15*) und ihre Zusammensetzungen mit (17) bilden die **projektive Gruppe der Fläche** (2). Auch die Transformationen (15*) geben für sich eine Gruppe. Die Verhältnisse liegen also ganz ähnlich, wie bei der Fläche (1).

Der Vollständigkeit halber wollen wir auch die Gruppe aller reellen Projektivitäten betrachten, welche die imaginäre Kugel $x_1^2 + x_2^2 + x_3^2 + x_4^2 = 0$ in sich überführen. Schreiben wir die Gleichung in der Form

$$(x_1 + ix_2)(x_1 - ix_2) + (x_3 + ix_4)(x_3 - ix_4) = 0,$$

so stellt sie die Lösbarkeitsbedingung für das System

$$\begin{cases} \alpha(x_1 + ix_2) - \beta(x_3 + ix_4) = 0, \\ \alpha(x_3 - ix_4) + \beta(x_1 - ix_2) = 0 \end{cases} \tag{18}$$

und

$$(18') \qquad \begin{cases} \alpha'(x_1 + ix_2) - \beta'(x_3 - ix_4) = 0, \\ \alpha'(x_3 + ix_4) + \beta'(x_1 - ix_2) = 0 \end{cases}$$

dar. Das erste System bestimmt α und β, das zweite α' und β' bis auf einen gemeinsamen Faktor. Jedem Punkt der imaginären Kugel, d. h. jedem Quadrupel komplexer Zahlen, welche die Quadratsumme Null haben, ohne einzeln zu verschwinden, können wir also zwei Punkte P und P' der Zahlenebene oder der Zahlenkugel zuordnen, die dort durch die homogenen komplexen Koordinaten α, β und α', β' gekennzeichnet sind. Um nun zu sehen, wie x_1, x_2, x_3, x_4 von α, β und α', β' abhängen, entnehmen wir aus (18)

$$x_1 + ix_2 = \lambda\beta, \qquad x_3 + ix_4 = \lambda\alpha,$$
$$x_1 - ix_2 = \mu\alpha, \qquad x_3 - ix_4 = -\mu\beta$$

und setzen diese Ausdrücke in (18') ein. Dadurch ergibt sich, daß $\alpha(\alpha'\lambda + \beta'\mu)$ und $\beta(\alpha'\lambda + \beta'\mu)$ verschwinden müssen. Da aber α und β nicht beide gleich Null sind, so folgt $\alpha'\lambda + \beta'\mu = 0$, und wir können $\lambda = 2\beta'$, $\mu = -2\alpha'$ setzen, weil es auf den Proportionalitätsfaktor nicht ankommt. Es wird also

$$x_1 + ix_2 = 2\beta\beta', \qquad x_3 + ix_4 = 2\alpha\beta',$$
$$x_1 - ix_2 = -2\alpha\alpha', \qquad x_3 - ix_4 = 2\alpha'\beta,$$

mithin

$$(19) \quad x_1 = \beta\beta' - \alpha\alpha', \quad x_2 = -i(\alpha\alpha' + \beta\beta'), \quad x_3 = \alpha\beta' + \beta\alpha', \quad x_4 = i(\beta\alpha' - \alpha\beta').$$

Das ist die Parameterdarstellung der imaginären Kugel.

Hält man α und β fest und läßt α', β' variieren, so geben die Gleichungen (19) die Verbindungslinie der Punkte $-\alpha, -i\alpha, \beta, i\beta$ und $\beta, -i\beta, \alpha, -i\alpha$. Auf dieser imaginären Geraden, die ganz der imaginären Kugel angehört, gibt es keinen reellen Punkt. Hiermit ist, da wir α und β beliebige komplexe Werte beilegen können, eine erste Geradenschar auf der imaginären Kugel nachgewiesen. Je zwei Geraden dieser Schar sind punktfremd, und zwar deshalb, weil die Determinante

$$\begin{vmatrix} -\alpha, & -i\alpha, & \beta, & i\beta \\ \beta, & -i\beta, & \alpha, & -i\alpha \\ -\alpha_1, & -i\alpha_1, & \beta_1, & i\beta_1 \\ \beta_1, & -i\beta_1, & \alpha_1, & -i\alpha_1 \end{vmatrix}$$

nur im Falle $\alpha\beta_1 - \beta\alpha_1 = 0$ verschwindet, also von Null verschieden ist, wenn zwei verschiedene Geraden der Schar betrachtet werden. Wegen des Nichtverschwindens dieser Determinante könnten die Gleichungen

$$\beta\beta' - \alpha\alpha' = \beta_1\beta_1' - \alpha_1\alpha_1', \qquad \alpha\alpha' + \beta\beta' = \alpha_1\alpha_1' + \beta_1\beta_1',$$
$$\alpha\beta' + \beta\alpha' = \alpha_1\beta_1' + \beta_1\alpha_1', \qquad \beta\alpha' - \alpha\beta' = \beta_1\alpha_1' - \alpha_1\beta_1'$$

nur stattfinden, wenn $\beta', \alpha', \beta_1', \alpha_1'$ alle gleich Null wären.

Wenn man in den Gleichungen (19) α' und β' festhält und α, β variieren läßt, so ergibt sich ebenfalls eine Gerade, die der imaginären Kugel angehört, und man kommt auf diese Weise zu einer zweiten Geradenschar, die ebenfalls aus paarweise punktfremden Geraden besteht. Nach (19) ist jeder Punkt der Kugel der Schnittpunkt einer Geraden der einen mit einer Geraden der andern Schar. Zwei Geraden, eine aus der ersten, die andere aus der zweiten Schar herausgegriffen, haben stets einen und nur einen Punkt gemein, und dieser Punkt gehört der imaginären Kugel an.

Daß es außer den beiden Geradenscharen, von denen hier die Rede war, keine andere Gerade auf der imaginären Kugel gibt, ist leicht zu zeigen. Soll nämlich die Verbindungslinie zweier Kugelpunkte x^1 und x^2 ganz zur Kugel gehören, so muß $(\lambda^1 x^1 + \lambda^2 x^2 \mid \lambda^1 x^1 + \lambda^2 x^2) = 0$ sein, eine Gleichung, die sich auf $(x^1 \mid x^2) = 0$ reduziert. Stellt man für beide Punkte die Gleichungen (19) auf, so lautet diese Bedingung

$$(\beta_1\beta_1' - \alpha_1\alpha_1')(\beta_2\beta_2' - \alpha_2\alpha_2') - (\alpha_1\alpha_1' + \beta_1\beta_1')(\alpha_2\alpha_2' + \beta_2\beta_2')$$
$$+ (\alpha_1\beta_1' + \beta_1\alpha_1')(\alpha_2\beta_2' + \beta_2\alpha_2') - (\beta_1\alpha_1' - \alpha_1\beta_1')(\beta_2\alpha_2' - \alpha_2\beta_2') = 0$$

oder

$$(\alpha_1\beta_2 - \beta_1\alpha_2)(\alpha_1'\beta_2' - \beta_1'\alpha_2') = 0.$$

Es gibt also nur die beiden Möglichkeiten $\alpha_1\beta_2 - \beta_1\alpha_2 = 0$ oder $\alpha_1'\beta_2' - \beta_1'\alpha_2' = 0$, d. h. x^2 liegt auf einer der beiden imaginären Geraden durch x^1, deren Existenz uns schon bekannt ist.

Setzen wir nun in den Gleichungen (19)

$$\text{(20)} \qquad \begin{cases} \alpha = c_{11}\alpha_* + c_{12}\beta_*, \\ \beta = c_{21}\alpha_* + c_{22}\beta_* \end{cases}$$

und

$$\text{(20')} \qquad \begin{cases} \alpha' = c_{11}'\alpha_*' + c_{12}'\beta_*', \\ \beta' = c_{21}'\alpha_*' + c_{22}'\beta_*', \end{cases}$$

so finden wir zunächst

$$\text{(21)} \qquad \begin{cases} x_1 = (c_{21}\alpha_* + c_{22}\beta_*)(c_{21}'\alpha_*' + c_{22}'\beta_*') - (c_{11}\alpha_* + c_{12}\beta_*)(c_{11}'\alpha_*' + c_{12}'\beta_*'), \\ x_2 = -i(c_{11}\alpha_* + c_{12}\beta_*)(c_{11}'\alpha_*' + c_{12}'\beta_*') - i(c_{21}\alpha_* + c_{22}\beta_*)(c_{21}'\alpha_*' + c_{22}'\beta_*'), \\ x_3 = (c_{11}\alpha_* + c_{12}\beta_*)(c_{21}'\alpha_*' + c_{22}'\beta_*') + (c_{21}\alpha_* + c_{22}\beta_*)(c_{11}'\alpha_*' + c_{12}'\beta_*'), \\ x_4 = i(c_{21}\alpha_* + c_{22}\beta_*)(c_{11}'\alpha_*' + c_{12}'\beta_*') - i(c_{11}\alpha_* + c_{12}\beta_*)(c_{21}'\alpha_*' + c_{22}'\beta_*'). \end{cases}$$

Die rechten Seiten dieser Gleichungen lassen sich durch

$$\text{(19*)} \qquad \begin{array}{l} x_1^* = \beta_*\beta_*' - \alpha_*\alpha_*', \quad x_2^* = -i(\alpha_*\alpha_*' + \beta^*\beta_*'), \\ x_3^* = \alpha_*\beta_*' + \beta_*\alpha_*', \quad x_4^* = i(\beta_*\alpha_*' - \alpha_*\beta_*') \end{array}$$

linear ausdrücken. Es ist nämlich

$$-x_1^* + ix_2^* = 2\alpha_*\alpha_*', \quad x_1^* + ix_2^* = 2\beta_*\beta_*', \quad x_3^* + ix_4^* = 2\alpha_*\beta_*',$$
$$x_3^* - ix_4^* = 2\beta_*\alpha_*'.$$

Unter Benutzung dieser Ausdrücke nehmen die Gleichungen (21) folgende Gestalt an:

$$
\left\{
\begin{aligned}
x_1 = {} & \frac{1}{2}(c_{11}c'_{11} - c_{12}c'_{12} - c_{21}c'_{21} + c_{22}c'_{22})x_1^* \\
& \qquad + \frac{i}{2}(-c_{11}c'_{11} - c_{12}c'_{12} + c_{21}c'_{21} + c_{22}c'_{22})x_2^* \\
& + \frac{1}{2}(-c_{11}c'_{12} - c_{12}c'_{11} + c_{21}c'_{22} + c_{22}c'_{21})x_3^* \\
& \qquad + \frac{i}{2}(-c_{11}c'_{12} + c_{12}c'_{11} + c_{21}c'_{22} - c_{22}c'_{21})x_4^*, \\
x_2 = {} & \frac{i}{2}(c_{11}c'_{11} - c_{12}c'_{12} + c_{21}c'_{21} - c_{22}c'_{22})x_1^* \\
& \qquad + \frac{1}{2}(c_{11}c'_{11} + c_{12}c'_{12} + c_{21}c'_{21} + c_{22}c'_{22})x_2^* \\
& + \frac{i}{2}(-c_{11}c'_{12} - c_{12}c'_{11} - c_{21}c'_{22} - c_{22}c'_{21})x_3^* \\
& \qquad + \frac{1}{2}(c_{11}c'_{12} - c_{12}c'_{11} + c_{21}c'_{22} - c_{22}c'_{21})x_4^*, \\
x_3 = {} & \frac{1}{2}(-c_{11}c'_{21} + c_{12}c'_{22} - c_{21}c'_{11} + c_{22}c'_{12})x_1^* \\
& \qquad + \frac{i}{2}(c_{11}c'_{21} + c_{12}c'_{22} + c_{21}c'_{11} + c_{22}c'_{12})x_2^* \\
& + \frac{1}{2}(c_{11}c'_{22} + c_{12}c'_{21} + c_{21}c'_{12} + c_{22}c'_{11})x_3^* \\
& \qquad + \frac{i}{2}(c_{11}c'_{22} - c_{12}c'_{21} + c_{21}c'_{12} - c_{22}c'_{11})x_4^*, \\
x_4 = {} & \frac{i}{2}(c_{11}c'_{21} - c_{12}c'_{22} - c_{21}c'_{11} + c_{22}c'_{12})x_1^* \\
& \qquad + \frac{1}{2}(c_{11}c'_{21} + c_{12}c'_{22} - c_{21}c'_{11} - c_{22}c'_{12})x_2^* \\
& + \frac{i}{2}(-c_{11}c'_{22} - c_{12}c'_{21} + c_{21}c'_{12} + c_{22}c'_{11})x_3^* \\
& \qquad + \frac{1}{2}(c_{11}c'_{22} - c_{12}c'_{21} - c_{21}c'_{12} + c_{22}c'_{11})x_4^*.
\end{aligned}
\right.
\tag{21*}
$$

Diese Projektivität mit komplexen Koeffizienten führt, wie aus ihrer Entstehung hervorgeht, die imaginäre Kugel in sich über. Man kann sie in zwei Schritten ausführen, indem man die Parametertransformationen (20) und (20′) nicht gleichzeitig, sondern nacheinander vornimmt, z. B. zuerst (20) und nachher (20′). Beim ersten Schritt ist $c'_{11} = c'_{22} = 1$, $c'_{12} = c'_{21} = 0$ zu setzen. Die Koeffizientenmatrix von (21*) reduziert sich dann auf

$$(22)\quad \begin{cases} \frac{1}{2}(c_{11}+c_{22}), & \frac{i}{2}(-c_{11}+c_{22}), & \frac{1}{2}(-c_{12}+c_{21}), & \frac{i}{2}(c_{12}+c_{21}) \\ \frac{i}{2}(c_{11}-c_{22}), & \frac{1}{2}(c_{11}+c_{22}), & \frac{i}{2}(-c_{12}-c_{21}), & \frac{1}{2}(-c_{12}+c_{21}) \\ \frac{1}{2}(c_{12}-c_{21}), & \frac{i}{2}(c_{12}+c_{21}), & \frac{1}{2}(c_{11}+c_{22}), & \frac{i}{2}(c_{11}-c_{22}) \\ \frac{i}{2}(-c_{12}-c_{21}), & \frac{1}{2}(c_{12}-c_{21}), & \frac{i}{2}(-c_{11}+c_{22}), & \frac{1}{2}(c_{11}+c_{22}) \end{cases}$$

und hat die Determinante $(c_{11}c_{22}-c_{12}c_{21})^2$. Beim zweiten Schritt sind in (21*) die Einsetzungen $c_{11}=c_{22}=1$, $c_{12}=c_{21}=0$ zu setzen. Die Matrix lautet dann

$$(22')\quad \begin{cases} \frac{1}{2}(c'_{11}+c'_{22}), & \frac{i}{2}(-c'_{11}+c'_{22}), & \frac{1}{2}(-c'_{12}+c'_{21}), & \frac{i}{2}(-c'_{12}-c'_{21}) \\ \frac{i}{2}(c'_{11}-c'_{22}), & \frac{1}{2}(c'_{11}+c'_{22}), & \frac{i}{2}(-c'_{12}-c'_{21}), & \frac{1}{2}(c'_{12}-c'_{21}) \\ \frac{1}{2}(-c'_{21}+c'_{12}), & \frac{i}{2}(c'_{21}+c'_{12}), & \frac{1}{2}(c'_{22}+c'_{11}), & \frac{i}{2}(c'_{22}-c'_{11}) \\ \frac{i}{2}(c'_{21}+c'_{12}), & \frac{1}{2}(c'_{21}-c'_{12}), & \frac{i}{2}(-c'_{22}+c'_{11}), & \frac{1}{2}(c'_{22}+c'_{11}). \end{cases}$$

Sie entsteht aus (22), abgesehen von der Strichelung, dadurch, daß man die letzte Zeile und die letzte Spalte mit -1 multipliziert. Die Determinante der Matrix (22′) ist daher gleich $(c'_{11}c'_{22}-c'_{12}c'_{21})^2$.

Die Matrix der Transformation (21*) muß nun das Produkt der beiden Matrizen (22) und (22′) sein, und zwar kommt es hier auf die Reihenfolge der Faktoren nicht an. Die Determinante von (21*) hat den Wert

$$(c_{11}c_{22}-c_{12}c_{21})^2\,(c'_{11}c'_{22}-c'_{12}c'_{21})^2.$$

Wegen ihrer Herkunft von (20) und (20′) läßt die Projektivität (21*) jede der beiden Geradenscharen, die wir auf der imaginären Kugel feststellten, einzeln in Ruhe. Will man eine Projektivität haben, die diese Geradenscharen auswechselt, so muß man die Parametertransformationen (20) und (20′) durch

$$\alpha = c_{11}\alpha'_* + c_{12}\beta'_*,\qquad \beta = c_{21}\alpha'_* + c_{22}\beta'_*$$

und

$$\alpha' = c'_{11}\alpha_* + c'_{12}\beta_*,\qquad \beta' = c'_{21}\alpha_* + c'_{22}\beta_*$$

ersetzen. Eine spezielle Projektivität dieser Art ergibt sich, wenn man

$$\alpha=\alpha'_*,\quad \beta=\beta'_*,\quad \alpha'=\alpha^*,\quad \beta'=\beta^*$$

annimmt. Dann wird nach (19)

$$x_1=\beta_*\beta'_*-\alpha_*\alpha'_*,\quad x_2=-i(\alpha_*\alpha'_*+\beta_*\beta'_*),\quad x_3=\alpha_*\beta'_*+\beta_*\alpha'_*,\quad x_4=i(\beta'_*\alpha_*-\alpha'_*\beta_*),$$

also nach (19*)

$$(23) \qquad x_1 = x_1^*, \quad x_2 = x_2^*, \quad x_3 = x_3^*, \quad x_4 = -x_4^*.$$

Die scharenvertauschenden Projektivitäten lassen sich dadurch herstellen, daß man auf (21*) die spezielle Projektivität (23) folgen läßt. Die Wirkung dieser Zusammensetzung ist einfach die, daß die Koeffizienten der letzten Spalte in (21*) den Faktor -1 erhalten.

Der Nachweis, daß durch das obige Verfahren alle Projektivitäten zutage gefördert werden, welche die imaginäre Kugel $x_1^2 + x_2^2 + x_3^2 + x_4^2 = 0$ in sich überführen, macht keinerlei Schwierigkeiten.

Uns interessiert besonders die Frage, welche von den gewonnenen Projektivitäten reell sind. Da die Projektivität (23) reell ist, genügt es, diese Frage für die scharentreuen Projektivitäten (21*) zu erledigen. Scharentreue bedeutet, daß die Geradenscharen der betrachteten Kugel nicht ausgewechselt werden. Wann ist nun die Projektivität (21*) reell, d. h. wann sind ihre Koeffizienten zu reellen Größen proportional? Nichts hindert uns, den Proportionalitätsfaktor zu den c oder zu den c' zu schlagen. Daher könnten wir die Frage auch so aussprechen: Wann sind die Koeffizienten in (21*) alle reell? Es ist bequemer, die Lösung nicht auf direktem Wege zu suchen, sondern von dem Zusammenhang Gebrauch zu machen, der zwischen (21*) und (20), (20′) besteht. Wenn alle Koeffizienten in (21*) reell sind, so werden konjugiert imaginären Wertsystemen x^* konjugiert imaginäre Wertsysteme x entsprechen. Wir erhalten aber nach (19) das zu x_1, x_2, x_3, x_4 konjugierte Wertsystem $\bar{x}_1, \bar{x}_2, \bar{x}_3, \bar{x}_4$ dadurch, daß wir $\alpha, \beta, \alpha', \beta'$ durch $\bar{\beta}, -\bar{\alpha}, \bar{\beta}', -\bar{\alpha}'$ ersetzen. Es ergibt sich nämlich aus (19)

$$(\overline{19}) \qquad \bar{x}_1 = \bar{\beta}\bar{\beta}' - \bar{\alpha}\bar{\alpha}', \quad \bar{x}_2 = i(\bar{\alpha}\bar{\alpha}' + \bar{\beta}\bar{\beta}'), \quad \bar{x}_3 = \bar{\alpha}\bar{\beta}' + \bar{\beta}\bar{\alpha}',$$
$$\bar{x}_4 = -i(\bar{\beta}\bar{\alpha}' - \bar{\alpha}\bar{\beta}').$$

Andererseits gewinnt man aus (19) durch die angegebene Ersetzung

$$\bar{\alpha}\bar{\alpha}' - \bar{\beta}\bar{\beta}', \quad -i(\bar{\beta}\bar{\beta}' + \bar{\alpha}\bar{\alpha}'), \quad -\bar{\beta}\bar{\alpha}' - \bar{\alpha}\bar{\beta}', \quad i(-\bar{\alpha}\bar{\beta}' + \bar{\beta}\bar{\alpha}'),$$

also bis auf den Faktor -1 tatsächlich die Ausdrücke $(\overline{19})$. Was wir zu fordern haben, läßt sich hiernach in folgender Weise aussprechen: Die Werte

$$c_{11}\bar{\beta}_* - c_{12}\bar{\alpha}_*, \quad c_{21}\bar{\beta}_* - c_{22}\bar{\alpha}_*$$

müssen zu $\bar{\beta}, -\bar{\alpha}$, d. h. zu

$$\bar{c}_{21}\bar{\alpha}_* + \bar{c}_{22}\bar{\beta}_*, \quad -(\bar{c}_{11}\bar{\alpha}_* + \bar{c}_{12}\bar{\beta}_*)$$

proportional sein, ebenso die Werte

$$c'_{11}\bar{\beta}'_* - c'_{12}\bar{\alpha}'_*, \quad c'_{21}\bar{\beta}'_* - c'_{22}\bar{\alpha}'_*$$

proportional zu $\bar{\beta}', -\bar{\alpha}'$, d. h. zu

$$\bar{c}'_{21}\bar{\alpha}'_* + \bar{c}'_{22}\bar{\beta}'_*, \quad -(\bar{c}'_{11}\bar{\alpha}'_* + \bar{c}'_{12}\bar{\beta}'_*).$$

Diese Forderungen drücken sich in den beiden Gleichungen aus:

$$(24)\quad \begin{cases} (c_{11}\overline{\beta}_* - c_{12}\overline{\alpha}_*)(\overline{c}_{11}\overline{\alpha}_* + \overline{c}_{12}\overline{\beta}_*) + (c_{21}\overline{\beta}_* - c_{22}\overline{\alpha}_*)(\overline{c}_{21}\overline{\alpha}_* + \overline{c}_{22}\overline{\beta}_*) = 0, \\ (c'_{11}\overline{\beta}'_* - c'_{12}\overline{\alpha}'_*)(\overline{c}'_{11}\overline{\alpha}'_* + \overline{c}'_{12}\overline{\beta}'_*) + (c'_{21}\overline{\beta}'_* - c'_{22}\overline{\alpha}'_*)(\overline{c}'_{21}\overline{\alpha}'_* + \overline{c}'_{22}\overline{\beta}'_*) = 0. \end{cases}$$

Aus ihnen folgt weiter:

$$c_{12}\overline{c}_{11} + c_{22}\overline{c}_{21} = 0, \quad c_{11}\overline{c}_{12} + c_{21}\overline{c}_{22} = 0,$$
$$c_{11}\overline{c}_{11} + c_{21}\overline{c}_{21} = c_{12}\overline{c}_{12} + c_{22}\overline{c}_{22} = 1,$$
$$c'_{12}\overline{c}'_{11} + c'_{22}\overline{c}'_{21} = 0, \quad c'_{11}\overline{c}'_{12} + c'_{21}\overline{c}'_{22} = 0,$$
$$c'_{11}\overline{c}'_{11} + c'_{21}\overline{c}'_{21} = c'_{12}\overline{c}'_{12} + c'_{22}\overline{c}'_{22} = 1.$$

Hierbei haben wir benutzt, daß es uns freisteht, alle c mit einem gemeinsamen Faktor zu versehen, ebenso alle c'. Bezeichnen wir die Determinante $c_{11}c_{22} - c_{12}c_{21}$ mit C, so kann aus den vier ersten Gleichungen geschlossen werden

$$(25)\quad c_{11} = C\overline{c}_{22}, \quad c_{12} = -C\overline{c}_{21}, \quad c_{21} = -C\overline{c}_{12}, \quad c_{22} = C\overline{c}_{11},$$

mithin $C^2\overline{C} = C$, d. h. $C\overline{C} = 1$. Jede komplexe Zahl C vom Betrage 1 kann man aber in der Form $\overline{\gamma} : \gamma$ darstellen, d. h. als Quotienten zweier konjugiert komplexer Werte. Man muß einfach $\overline{\gamma}$ die halbe Amplitude von C geben. Da γ die entgegengesetzte Amplitude hat und sich die Amplituden bei der Division subtrahieren, so ist $\overline{\gamma} : \gamma$ tatsächlich gleich C. Macht man aber in (25) die Einsetzung $C = \dfrac{\overline{\gamma}}{\gamma}$, so nehmen diese Gleichungen folgende Gestalt an:

$$\gamma c_{11} = \overline{\gamma}\overline{c}_{22}, \quad \gamma c_{12} = -\overline{\gamma}\overline{c}_{21}, \quad \gamma c_{21} = -\overline{\gamma}\overline{c}_{12}, \quad \gamma c_{22} = \overline{\gamma}\overline{c}_{11}.$$

Schlägt man zu allen c den Faktor γ, so vereinfachen sie sich zu

$$c_{11} = \overline{c}_{22}, \quad c_{12} = -\overline{c}_{21}, \quad c_{21} = -\overline{c}_{12}, \quad c_{22} = \overline{c}_{11}.$$

Dann sind also c_{11}, c_{22} konjugiert und c_{12}, c_{21} entgegengesetzt konjugiert. Dasselbe wird nach Hinzufügung eines Faktors von den Koeffizienten c' gelten. Daher kann man setzen

$$(26)\quad \begin{cases} c_{11} = \lambda + i\mu, & c_{22} = \lambda - i\mu, & c_{12} = -\varrho - i\sigma, & c_{21} = \varrho - i\sigma, \\ c'_{11} = \lambda' + i\mu', & c'_{22} = \lambda' - i\mu', & c'_{12} = -\varrho' + i\sigma', & c'_{21} = \varrho' + i\sigma'. \end{cases}$$

Man bestätigt leicht, daß nun tatsächlich alle Koeffizienten in (21*) reelle Werte haben. Die Determinanten C und C' lauten $\lambda^2 + \mu^2 + \varrho^2 + \sigma^2$ und $\lambda'^2 + \mu'^2 + \varrho'^2 + \sigma'^2$. Wenn man will, kann man beide gleich 1 setzen. Dann wird auch bei (21*) die Determinante gleich 1 sein. Die Transformation (21*) hat jetzt die Eigenschaft, die Quadratsumme $x_1^2 + x_2^2 + x_3^2 + x_4^2$ ungeändert zu lassen, d. h. auf Grund von (21*) gilt die Gleichung

$$x_1^2 + x_2^2 + x_3^2 + x_4^2 = (x_1^*)^2 + (x_2^*)^2 + (x_3^*)^2 + (x_4^*)^2.$$

Wir haben es hier also mit orthogonalen Substitutionen in x_1, x_2, x_3, x_4 zu tun, und zwar mit solchen von der Determinante 1. Es ist uns gelungen, alle diese Substitutionen in einfacher Weise parametrisch darzustellen.

Setzt man die Werte (26) in die Matrizen (22) und (22') ein, so nehmen diese folgende Gestalt an:

$$(22_*)\qquad \begin{pmatrix} \lambda & \mu & \varrho & \sigma \\ -\mu & \lambda & -\sigma & \varrho \\ -\varrho & \sigma & \lambda & -\mu \\ -\sigma & -\varrho & \mu & \lambda \end{pmatrix}$$

und

$$(22'_*)\qquad \begin{pmatrix} \lambda' & \mu' & \varrho' & \sigma' \\ -\mu' & \lambda' & \sigma' & -\varrho' \\ -\varrho' & -\sigma' & \lambda' & \mu' \\ -\sigma' & \varrho' & -\mu' & \lambda' \end{pmatrix}.$$

Jede vierreihige orthogonale Matrix mit der Determinante 1 läßt sich als Produkt zweier Matrizen von der Form (22_*) und $(22'_*)$ schreiben. Hierbei wird vorausgesetzt, daß $\lambda^2 + \mu^2 + \varrho^2 + \sigma^2 = 1$, ebenso $\lambda'^2 + \mu'^2 + \varrho'^2 + \sigma'^2 = 1$ ist. Die Matrizen (22_*) und $(22'_*)$ sind gleichfalls orthogonal und haben die Determinante 1.

Wir wollen jetzt noch die linearen Transformationen näher betrachten, welche den Matrizen (22_*) und $(22'_*)$ entsprechen. Zu (22_*) gehört eine lineare Transformation, die wir mit Rücksicht auf die bevorstehende Überlegung in folgender Form schreiben:

$$(27)\qquad \begin{cases} x_0 = \lambda z_0 + \mu z_1 + \varrho z_2 + \sigma z_3, \\ x_1 = -\mu z_0 + \lambda z_1 - \sigma z_2 + \varrho z_3, \\ x_2 = -\varrho z_0 + \sigma z_1 + \lambda z_2 - \mu z_3, \\ x_3 = -\sigma z_0 - \varrho z_1 + \mu z_2 + \lambda z_3. \end{cases}$$

Alle hier auftretenden Buchstaben bezeichnen reelle Größen. Wir wollen nun, um eine einfachere Formulierung zu erzielen, die Hilfsmittel des Quaternionenkalküls heranziehen. Die cartesischen Fundamentalvektoren $\mathfrak{i}, \mathfrak{j}, \mathfrak{k}$ betrachten wir als spezielle Quaternionen und bezeichnen sie mit $\mathfrak{i}_1, \mathfrak{i}_2, \mathfrak{i}_3$. Setzen wir dann

$$(28)\qquad q = \lambda - \mu\mathfrak{i}_1 - \varrho\mathfrak{i}_2 - \sigma\mathfrak{i}_3,$$

so wird

$$(28')\qquad \begin{cases} \mathfrak{i}_1 q = \mu + \lambda\mathfrak{i}_1 + \sigma\mathfrak{i}_2 - \varrho\mathfrak{i}_3, \\ \mathfrak{i}_2 q = \varrho - \sigma\mathfrak{i}_1 + \lambda\mathfrak{i}_2 + \mu\mathfrak{i}_3 \\ \mathfrak{i}_3 q = \sigma + \varrho\mathfrak{i}_1 - \mu\mathfrak{i}_2 + \lambda\mathfrak{i}_3. \end{cases}$$

Um diese Angaben als richtig erkennen zu lassen, muß man bedenken, daß das Quaternionenprodukt zweier Vektoren $\mathfrak{v}_1, \mathfrak{v}_2$ nach der Formel

$$\mathfrak{v}_1\mathfrak{v}_2 = -(\mathfrak{v}_1 \cdot \mathfrak{v}_2) + (\mathfrak{v}_1 \times \mathfrak{v}_2)$$

berechnet wird. Hiernach ist z. B. $\mathfrak{i}_1\mathfrak{i}_1 = -1$, $\mathfrak{i}_1\mathfrak{i}_2 = \mathfrak{i}_1 \times \mathfrak{i}_2 = \mathfrak{i}_3$.

Faßt man die Gleichungen (27) mit Hilfe der Faktoren $1, \mathfrak{i}_1, \mathfrak{i}_2, \mathfrak{i}_3$ zusammen, so ergibt sich mit Rücksicht auf (28) und (28′)

$$\begin{aligned} &x_0 + x_1\mathfrak{i}_1 + x_2\mathfrak{i}_2 + x_3\mathfrak{i}_3 \\ &= q z_0 + \mathfrak{i}_1 q z_1 + \mathfrak{i}_2 q z_2 + \mathfrak{i}_3 q z_3. \end{aligned}$$

Da nun Zahlenfaktoren innerhalb eines Produktes beliebig verschoben werden können, ist $q z_\nu = z_\nu q$. Man kann also schreiben

$$x_0 + x_1\mathfrak{i}_1 + x_2\mathfrak{i}_2 + x_3\mathfrak{i}_3 = (z_0 + z_1\mathfrak{i}_1 + z_2\mathfrak{i}_2 + z_3\mathfrak{i}_3)q$$

oder, wenn man $x_0 + x_1 \mathfrak{i}_1 + x_2 \mathfrak{i}_2 + x_3 \mathfrak{i}_3 = x$ und $z_0 + z_1 \mathfrak{i}_1 + z_2 \mathfrak{i}_2 + z_3 \mathfrak{i}_3 = z$ setzt,

$$(27^*) \qquad x = zq.$$

Zur Matrix $(22'_*)$ gehört eine lineare Transformation, der wir folgende Form geben:

$$(29) \qquad \begin{cases} z_0 = \lambda' y_0 + \mu' y_1 + \varrho' y_2 + \sigma' y_3, \\ z_1 = -\mu' y_0 + \lambda' y_1 + \sigma' y_2 - \varrho' y_3, \\ z_2 = -\varrho' y_0 - \sigma' y_1 + \lambda' y_2 + \mu' y_3, \\ z_3 = -\sigma' y_0 + \varrho' y_1 - \mu' y_2 + \lambda' y_3, \end{cases}$$

weil wir sie nachher mit (27) zusammensetzen wollen. Führen wir die Quaternion

$$(30) \qquad q' = \lambda' - \mu' \mathfrak{i}_1 - \varrho' \mathfrak{i}_2 - \sigma' \mathfrak{i}_3$$

ein, so wird

$$(30') \qquad \begin{cases} q' \mathfrak{i}_1 = \mu' + \lambda' \mathfrak{i}_1 - \sigma' \mathfrak{i}_2 + \varrho' \mathfrak{i}_3, \\ q' \mathfrak{i}_2 = \varrho' + \sigma' \mathfrak{i}_1 + \lambda' \mathfrak{i}_2 - \mu' \mathfrak{i}_3, \\ q' \mathfrak{i}_3 = \sigma' - \varrho' \mathfrak{i}_1 + \mu' \mathfrak{i}_2 + \lambda' \mathfrak{i}_3. \end{cases}$$

Faßt man jetzt die Gleichungen (29) mit Hilfe der Faktoren $1, \mathfrak{i}_1, \mathfrak{i}_2, \mathfrak{i}_3$ zusammen, so ergibt sich mit Rücksicht auf (30) und (30′)

$$\begin{aligned} & z_0 + z_1 \mathfrak{i}_1 + z_2 \mathfrak{i}_2 + z_3 \mathfrak{i}_3 \\ & = q' y_0 + q' \mathfrak{i}_1 y_1 + q' \mathfrak{i}_2 y_2 + q' \mathfrak{i}_3 y_3, \end{aligned}$$

d. h.

$$z_0 + z_1 \mathfrak{i}_1 + z_2 \mathfrak{i}_2 + z_3 \mathfrak{i}_3 = q'(y_0 + y_1 \mathfrak{i}_1 + y_2 \mathfrak{i}_2 + y_3 \mathfrak{i}_3)$$

oder kurz

$$(29^*) \qquad z = q' y.$$

Die Zusammensetzung der linearen Transformationen (27) und (29) oder (27*) und (29*) macht nun keinerlei Umstände. Es ergibt sich aus (27*) und (29*) sofort

$$(31) \qquad x = q' y q.$$

Will man die Transformationen (27) und (29) in umgekehrter Reihenfolge zusammensetzen, so muß man schreiben $x = q'z$, $z = yq$. Das Ergebnis lautet, wie vorher $x = q'yq$. Auf diese Vertauschbarkeitsbeziehung haben wir schon früher hingewiesen.

Die andere Schar orthogonaler Transformationen entsteht, wie wir wissen, dadurch, daß man die bisher betrachteten mit der Transformation (23) zusammensetzt. Noch bequemer ist es, statt (23) die Transformation

$$(32) \qquad x_1 = x_1^*, \; x_2 = -x_2^*, \; x_3 = -x_3^*, \; x_4 = -x_4^*$$

zu benutzen. Man erhält sie, wenn man in (19) die Einsetzungen

$$\alpha = \beta'_*, \; \beta = \alpha'_*, \; \alpha' = -\beta_*, \; \beta' = -\alpha_*$$

macht. Dann wird nämlich

$$\begin{aligned}
x_1 &= \beta\beta' - \alpha\alpha' = \beta_*\beta'_* - \alpha_*\alpha'_* = x_1^*,\\
x_2 &= -i(\alpha\alpha' + \beta\beta') = i(\alpha_*\alpha'_* + \beta_*\beta'_*) = -x_2^*,\\
x_3 &= \alpha\beta' + \beta\alpha' = -(\alpha_*\beta'_* + \beta_*\alpha'_*) = -x_3^*,\\
x_4 &= i(\beta\alpha' - \alpha\beta') = -i(\beta_*\alpha'_* - \alpha_*\beta'_*) = -x_4^*.
\end{aligned}$$

Vermindern wir die Indizes um 1, so schreibt sich die Transformation (32) unter Benutzung von $\mathfrak{i}_1, \mathfrak{i}_2, \mathfrak{i}_3$ in der Form

$$x_0 + x_1\mathfrak{i}_1 + x_2\mathfrak{i}_2 + x_3\mathfrak{i}_3 = x_0^* - x_1^*\mathfrak{i}_1 - x_2^*\mathfrak{i}_2 - x_3^*\mathfrak{i}_3.$$

Links steht die Quaternion x, rechts die zu $x^* = x_0^* + x_1^*\mathfrak{i}_1 + x_2^*\mathfrak{i}_2 + x_3^*\mathfrak{i}_3$ konjugierte Quaternion, die mit $\bar{x}^*$ bezeichnet wird. Die Transformation (32) läßt sich also kurz so schreiben:

$$x = \bar{x}^* \tag{32*}$$

oder auch $\bar{x} = x^*$. Sie besteht in dem Übergange zur konjugierten Quaternion. Weiß man dies, so ergibt sich für die andere Schar orthogonaler Transformationen folgende Darstellung:

$$x = q'\bar{y}q. \tag{33}$$

q und q' sind hier, wie in Formel (31), Einheitsquaternionen, d. h. es ist $q\bar{q} = 1$, $q'\bar{q}' = 1$. Bedenkt man dies, so kann man leicht bestätigen, daß sowohl auf Grund von (31) als auch von (33) die Gleichung $x\bar{x} = y\bar{y}$ stattfindet. Man braucht sich nur darauf zu stützen, daß bei einem Produkt mehrerer Quaternionen der Übergang zum konjugierten Wert bewirkt wird, indem man die Faktoren in umgekehrter Reihenfolge nimmt und mit dem Querstrich versieht. Es folgt demnach aus (31)

$$\bar{x} = \bar{q}\bar{y}\bar{q}'$$

und weiter

$$x\bar{x} = q'yq\bar{q}\bar{y}\bar{q}' = q'y\bar{y}\bar{q}'.$$

Nun ist aber $y\bar{y}$ als Zahl mit den andern Faktoren vertauschbar. Man kann also schreiben

$$x\bar{x} = q'\bar{q}'y\bar{y} = y\bar{y}.$$

Ebenso folgt aus (33)

$$\bar{x} = \bar{q}y\bar{q}'$$

und weiter

$$x\bar{x} = q'\bar{y}q\bar{q}y\bar{q}' = q'\bar{y}y\bar{q}' = q'\bar{q}'\bar{y}y = \bar{y}y.$$

Formel (31) stellt, wenn man x_0, x_1, x_2, x_3 als rechtwinklige cartesische Koordinaten in einem vierdimensionalen Raume ansieht, eine Drehung um den Anfangspunkt dieses Raumes dar. Diese Drehungen sind definiert als geometrisches Korrelat der orthogonalen Transformationen mit der Determinante 1. Nach Formel (31) läßt sich jede solche Drehung durch zwei Einheitsquaternionen q, q' kennzeichnen. Es liegt nahe, zu fragen, wie weit diese Einheitsquaternionen durch die Drehung bestimmt sind. Soll für alle Quaternionen y die Gleichung

$$q'yq = Q'yQ$$

stattfinden, wobei Q, Q' ebenfalls Einheitsquaternionen sind, so folgt, wenn man $\bar{Q}'$ als Erstfaktor und $\bar{q}$ als Letztfaktor anfügt,

$$\bar{Q}'q'y = yQ\bar{q}.$$

Da diese Gleichung stattfinden soll, wie man auch die Quaternion $y = y_0 + y_1 i_1 + y_2 i_2 + y_3 i_3$ wählen mag, so muß sie insbesondere bestehen, wenn $y_0 = 1$ und $y_1 = y_2 = y_3 = 0$ gesetzt wird. Dann reduziert sie sich aber auf

$$\bar{Q}'q' = Q\bar{q}.$$

Es ist also $\bar{Q}'q' = r, Q\bar{q} = r$, wobei r eine Einheitsquaternion bedeutet. Diese Einheitsquaternion r muß aber mit jeder Quaternion y vertauschbar sein, weil $ry = yr$ gefordert wird. Zwei Quaternionen sind aber dann und nur dann vertauschbar, wenn ihre vektoriellen Bestandteile das äußere Produkt Null geben. Soll also die Einheitsquaternion $\mathfrak{r} = r_0 + \mathfrak{r}$ mit jeder Quaternion $y = y_0 + \mathfrak{y}$ vertauschbar sein, so darf sich $\mathfrak{r}$ von $\mathfrak{y}$ nur um einen Zahlenfaktor unterscheiden. Da nun $\mathfrak{y}$ ein beliebiger Vektor ist, so kann dieser Faktor nur gleich Null sein. Es ergibt sich somit $\mathfrak{r} = 0$ und $r_0 = \pm 1$. Bezeichnet man also mit ε die positive oder negative Einheit, so ist $\bar{Q}'q = \varepsilon$, $Q\bar{q} = \varepsilon$, d. h. $Q = \varepsilon q$ und $Q' = \varepsilon q'$. Man kann demnach in Formel (31) höchstens q und q' durch $-q$ und $-q'$ ersetzen. Sonst sind diese beiden Einheitsquaternionen eindeutig bestimmt.

Alle Punkte x des vierdimensionalen Raumes, die der Gleichung $x\bar{x} = 1$ genügen, bilden die um den Anfangspunkt beschriebene Einheitskugel dieses Raumes. $x\bar{x}$ oder $x_0^2 + x_1^2 + x_2^2 + x_3^2$ betrachtet man nämlich als das Entfernungsquadrat des Punktes x vom Anfangspunkte, so daß die Gleichung $x\bar{x} = 1$ dieser Entfernung den Wert 1 auferlegt. Unter Erinnerung an die völlig gleichlautende Definition der Einheitskugel im dreidimensionalen Raume gebraucht man hier dieselbe Benennung.

Wenn y^1 und x^1 beliebige Punkte der Einheitskugel sind, so gibt es stets Drehungen, die y^1 in x^1 überführen. Setzt man z. B. in (31) $q = \bar{y}^1$ und $q' = x^1$, so wird $x^1 = q'y^1q$. Betrachtet man nun alle Drehungen, die einen Punkt z der Einheitskugel in Ruhe lassen, so ist $z = q'zq$, woraus folgt $q' = z\bar{q}\bar{z}$. Eine solche Drehung läßt sich also durch die Formel

$$x = z\bar{q}\bar{z}yq$$

darstellen, wofür man auch schreiben kann

$$\bar{z}x = \bar{q}\bar{z}yq. \tag{34}$$

Führt man die Abkürzungen $\bar{z}x = X, \bar{z}y = Y$ ein, so sind X, Y ebenso wie x, y Punkte auf der Einheitskugel. Sie gehen aus ihnen durch die Drehung $q = 1, q' = \bar{z}$ hervor. Zwischen X und Y besteht nach (34) die Beziehung

$$X = \bar{q}Yq. \tag{34'}$$

Zerlegt man X in $X_0 + \mathfrak{A}$ und Y in $Y_0 + \mathfrak{B}$, wobei $\mathfrak{A}$ und $\mathfrak{B}$ zur Bezeichnung der vektoriellen Bestandteile dienen, so spaltet sich die rechte Seite von (34') in $\bar{q}Y_0q = Y_0$ und $\bar{q}\mathfrak{B}q$. Aus unsern früheren Betrachtungen über Drehungen im gewöhnlichen Raume wissen wir, daß $\bar{q}\mathfrak{B}q$ ein Vektor ist. Man kann dies aber auch sofort durch folgende Überlegung nachweisen: Die konjugierte Quaternion zu $\mathfrak{B}$ lautet $-\mathfrak{B}$, die konjugierte Quaternion zu $\bar{q}\mathfrak{B}q$ also $-\bar{q}\mathfrak{B}q$. Zwei konjugierte Quaternionen können aber nur dann entgegengesetzt gleich sein, wenn sie Vektoren sind. Nachdem nun feststeht, daß die rechte Seite von (34′) den skalaren Bestandteil Y_0 und den vektoriellen Bestandteil $\bar{q}\mathfrak{B}q$ hat, zerfällt diese Gleichung in

$$(34^*) \qquad X_0 = Y_0, \quad \mathfrak{A} = \bar{q}\mathfrak{B}q.$$

Die erste Aussage stellt fest, daß die skalaren Bestandteile von X, Y übereinstimmen. Da X und Y Einheitsquaternionen sind, so werden die Vektoren $\mathfrak{A}$ und $\mathfrak{B}$ dieselbe Länge haben. Die Längenquadrate dieser Vektoren lauten nämlich $1 - X_0^2$ und $1 - Y_0^2$.

Ehe wir weiter gehen, wollen wir eine Bemerkung über den Sinn der Gleichung $X_0 = Y_0$ machen. X_0 und Y_0 sind die skalaren Bestandteile von $\bar{z}x$ und $\bar{z}y$, also von

$$(z_0 - z_1 i_1 - z_2 i_2 - z_3 i_3)(x_0 + x_1 i_1 + x_2 i_2 + x_3 i_3)$$

und

$$(z_0 - z_1 i_1 - z_2 i_2 - z_3 i_3)(y_0 + y_1 i_1 + y_2 i_2 + y_3 i_3).$$

Diese lauten aber $\Sigma z_\nu x_\nu$ und $\Sigma z_\nu y_\nu$. Ihre Gleichheit war vorauszusehen, weil zwei Punkte y^1 und y^2 gegenüber allen Drehungen die Invariante

$$y_0^1 y_0^2 + y_1^1 y_1^2 + y_2^1 y_2^2 + y_3^1 y_3^2 = \tfrac{1}{2}(\bar{y}^1 y^2 + \bar{y}^2 y^1)$$

haben. Aus

$$x^1 = q' y^1 q, \quad x^2 = q' y^2 q$$

folgt nämlich

$$\bar{x}^1 x^2 = \bar{q}\bar{y}^1\bar{q}' q' y^2 q = \bar{q}\bar{y}^1 y^2 q.$$

Ebenso ist

$$\bar{x}^2 x^1 = \bar{q}\bar{y}^2 y^1 q.$$

Aus beiden Gleichungen ergibt sich mit Rücksicht auf den skalaren Charakter von $\bar{y}^1 y^2 + \bar{y}^2 y^1$, der die Verschiebbarkeit dieses Faktors mit sich bringt,

$$\tfrac{1}{2}(\bar{x}^1 x^2 + \bar{x}^2 x^1) = \tfrac{1}{2}\bar{q}(\bar{y}^1 y^2 + \bar{y}^2 y^1)q = \tfrac{1}{2}\bar{q}q(\bar{y}^1 y^2 + \bar{y}^2 y^1)$$
$$= \tfrac{1}{2}(\bar{y}^1 y^2 + \bar{y}^2 y^1).$$

Wir kehren nun zu den Gleichungen (34*) zurück und betrachten noch einen weiteren Punkt y' der Einheitskugel. Die Drehung, die z in z und y in x überführt, möge y' nach x' bringen. Dann gelten neben (34*) die Gleichungen

$$(34^{**}) \qquad X_0' = Y_0', \quad \mathfrak{A}' = \bar{q}\mathfrak{B}' q.$$

Dabei ist $\bar{z}x' = X' = X_0' + \mathfrak{A}'$ und $\bar{z}y' = Y' = Y_0' + \mathfrak{B}'$. Wir wissen, daß die erste Gleichung nichts anderes verlangt, als die Übereinstimmung von $\Sigma z_\nu x_\nu'$ und $\Sigma z_\nu y_\nu'$. Die Vektoren $\mathfrak{A}'$ und $\mathfrak{B}'$ haben dann, wie uns ebenfalls bekannt ist, dieselbe Länge.

Fassen wir nun die zweiten Gleichungen (34*) und (34**) ins Auge und erinnern uns an unsere früheren Betrachtungen über Drehungen im gewöhnlichen Raume, so können wir sagen, daß die Vektoren $\mathfrak{B}$ und $\mathfrak{B}'$ durch eine gemeinsame Drehung in $\mathfrak{A}$ und $\mathfrak{A}'$ übergehen. Diese Drehung wird durch die Einheitsquaternion q gekennzeichnet. Da bei einer solchen Drehung das innere Produkt ungeändert bleibt, so muß

$$\mathfrak{A} \cdot \mathfrak{A}' = \mathfrak{B} \cdot \mathfrak{B}' \tag{35}$$

sein. Andererseits ist diese Bedingung in Verbindung mit $X_0 = Y_0$, $X_0' = Y_0'$ auch hinreichend dafür, daß es eine Drehung gibt, die das Vektorenpaar $\mathfrak{B}, \mathfrak{B}'$ in $\mathfrak{A}, \mathfrak{A}'$ überführt. $\mathfrak{A}$ und $\mathfrak{B}$ sind nämlich gleich lang, ebenso $\mathfrak{A}'$ und $\mathfrak{B}'$. Außerdem schließen auf Grund von (35) die Vektoren $\mathfrak{A}, \mathfrak{A}'$ denselben Winkel ein, wie $\mathfrak{B}, \mathfrak{B}'$. Wir können uns also auf Euklids ersten Kongruenzsatz stützen. Um den Sinn der Bedingung (35) zu ergründen, bemerken wir, daß $\mathfrak{A}$ der vektorielle Bestandteil der Quaternion $\bar{z}x$ ist, also

$$\mathfrak{A} = z_0\mathfrak{x} - x_0\mathfrak{z} - (\mathfrak{z} \times \mathfrak{x}),$$

wobei wir $z = z_0 + \mathfrak{z}$, $x = x_0 + \mathfrak{x}$ setzen. Ebenso können wir schreiben

$$\mathfrak{A}' = z_0\mathfrak{x}' - x_0'\mathfrak{z} - (\mathfrak{z} \times \mathfrak{x}').$$

Hiernach wird

$$\begin{aligned}\mathfrak{A} \cdot \mathfrak{A}' = {} & z_0^2(\mathfrak{x} \cdot \mathfrak{x}') - z_0x_0'(\mathfrak{x} \cdot \mathfrak{z}) - z_0[\mathfrak{x}\mathfrak{z}\mathfrak{x}'] \\ & - x_0z_0(\mathfrak{z} \cdot \mathfrak{x}') + x_0x_0'(\mathfrak{z} \cdot \mathfrak{z}) - z_0[\mathfrak{z}\mathfrak{x}\mathfrak{x}'] + (\mathfrak{z} \times \mathfrak{x}) \cdot (\mathfrak{z} \times \mathfrak{x}').\end{aligned}$$

Da $[\mathfrak{x}\mathfrak{z}\mathfrak{x}'] = -[\mathfrak{z}\mathfrak{x}\mathfrak{x}']$ und

$$(\mathfrak{z} \times \mathfrak{x}) \cdot (\mathfrak{z} \times \mathfrak{x}') = \begin{vmatrix} \mathfrak{z} \cdot \mathfrak{z}, & \mathfrak{z} \cdot \mathfrak{x}' \\ \mathfrak{x} \cdot \mathfrak{z}, & \mathfrak{x} \cdot \mathfrak{x}' \end{vmatrix}$$

ist, so vereinfacht sich die obige Gleichung zu

$$\mathfrak{A} \cdot \mathfrak{A}' = \Sigma x_\nu x_\nu' - \Sigma x_\nu z_\nu \Sigma x_\nu' z_\nu.$$

Ebenso wird

$$\mathfrak{B} \cdot \mathfrak{B}' = \Sigma y_\nu y_\nu' - \Sigma y_\nu z_\nu \Sigma y_\nu' z_\nu.$$

Nun wissen wir aber, daß die Gleichungen $X_0 = Y_0$, $X_0' = Y_0'$ soviel bedeuten, wie $\Sigma x_\nu z_\nu = \Sigma y_\nu z_\nu$, $\Sigma x_\nu' z_\nu = \Sigma y_\nu' z_\nu$. Mithin reduziert sich die Bedingung (35) auf $\Sigma x_\nu x_\nu' = \Sigma y_\nu y_\nu'$. Sobald also zwei Punktepaare x, x' und y, y' auf der Einheitskugel die Bedingungen

$$(x \mid z) = (y \mid z), \quad (x' \mid z) = (y' \mid z), \quad (x \mid x') = (y \mid y')$$

erfüllen, gibt es eine Drehung, die y, y', z in x, x', z überführt. Wir benutzen hier für die Invarianten $\Sigma x_\nu z_\nu, \ldots$ die Bezeichnungen $(x \mid z), \ldots$

Aus dem obigen Ergebnis läßt sich sofort der folgende allgemeine Satz entnehmen: Wenn zwei Punkttripel x^1, x^2, x^3 und y^1, y^2, y^3 auf der Einheitskugel die Bedingungen

$$(x^2 \mid x^3) = (y^2 \mid y^3), \quad (x^3 \mid x^1) = (y^3 \mid y^1), \quad (x^1 \mid x^2) = (y^1 \mid y^2) \tag{36}$$

erfüllen, so gibt es eine Drehung $x = q'yq$, die y^1, y^2, y^3 in x^1, x^2, x^3 überführt. Zunächst kann man durch eine Drehung y^1 in x^1 überführen. Dabei werden y^2 und y^3 in x_*^2 und x_*^3 übergehen, und es werden folgende Gleichungen gelten:

$$\begin{aligned}(x_*^2 \mid x_*^3) &= (y^2 \mid y^3) = (x^2 \mid x^3), \\ (x_*^2 \mid x^1) &= (y^2 \mid y^1) = (x^2 \mid x^1), \\ (x_*^3 \mid x^1) &= (y^3 \mid y^1) = (x^3 \mid x^1).\end{aligned}$$

Auf Grund dieser Gleichungen gibt es aber eine Drehung, die x^1 in Ruhe läßt und x^2_*, x^3_* nach x^2, x^3 bringt. So sind also schließlich y^1, y^2, y^3 nach x^1, x^2, x^3 gelangt. Die beiden hierzu beanspruchten Drehungen kann man durch eine einzige ersetzen.

Uns interessiert noch die Frage, ob die Überführung des Tripels y^1, y^2, y^3 in x^1, x^2, x^3 nur durch eine oder durch verschiedene Drehungen bewirkt werden kann. Hat man y^1, y^2, y^3 durch eine solche Drehung nach x^1, x^2, x^3 gebracht, so muß untersucht werden, ob nach Festhaltung der Punkte x^1, x^2, x^3 überhaupt noch Drehungen möglich sind. Wir haben uns also mit den Gleichungen

$$x^1 = q'x^1q, \quad x^2 = q'x^2q, \quad x^3 = q'x^3q$$

zu beschäftigen. Aus der ersten entnehmen wir $q' = x^1\bar{q}\bar{x}^1$. Setzen wir diesen Wert in die beiden andern Gleichungen ein, so nehmen sie unter Benutzung der Bezeichnungen $X^2 = \bar{x}^1x^2$, $X^3 = \bar{x}^1x^3$ folgende Gestalt an:

$$X^2 = \bar{q}X^2q, \quad X^3 = \bar{q}X^3q.$$

Sind $\mathfrak{A}_2$, $\mathfrak{A}_3$ die vektoriellen Bestandteile der Quaternionen X^2, X^3, so reduzieren sich die obigen Aussagen auf

$$\mathfrak{A}_2 = \bar{q}\mathfrak{A}_2q, \quad \mathfrak{A}_3 = \bar{q}\mathfrak{A}_3q. \tag{37}$$

Hieraus folgt

$$\mathfrak{A}_2\mathfrak{A}_3 = \bar{q}\mathfrak{A}_2\mathfrak{A}_3q, \quad \mathfrak{A}_3\mathfrak{A}_2 = \bar{q}\mathfrak{A}_3\mathfrak{A}_2q,$$

mithin

$$\mathfrak{A}_2\mathfrak{A}_3 - \mathfrak{A}_3\mathfrak{A}_2 = \bar{q}(\mathfrak{A}_2\mathfrak{A}_3 - \mathfrak{A}_3\mathfrak{A}_2)q.$$

Nun ist $\mathfrak{A}_2\mathfrak{A}_3 - \mathfrak{A}_3\mathfrak{A}_2$ nichts anderes als $2(\mathfrak{A}_2 \times \mathfrak{A}_3)$. Man hat demnach

$$\mathfrak{A}_2 \times \mathfrak{A}_3 = \bar{q}(\mathfrak{A}_2 \times \mathfrak{A}_3)q. \tag{38}$$

Wenn $\mathfrak{A}_2 \times \mathfrak{A}_3$ nicht verschwindet, so gilt dasselbe von

$$[\mathfrak{A}_2, \mathfrak{A}_3, \mathfrak{A}_2 \times \mathfrak{A}_3] = (\mathfrak{A}_2 \times \mathfrak{A}_3)\cdot(\mathfrak{A}_2 \times \mathfrak{A}_3).$$

Die Vektoren $\mathfrak{A}_2$, $\mathfrak{A}_3$, $\mathfrak{A}_2 \times \mathfrak{A}_3$ sind dann also nicht komplanar, und man kann jeden Vektor $\mathfrak{r}$ in der Form

$$\mathfrak{r} = \lambda_2\mathfrak{A}_2 + \lambda_3\mathfrak{A}_3 + \lambda(\mathfrak{A}_2 \times \mathfrak{A}_3)$$

darstellen. Dann folgt aus (37) und (38) durch Anbringen der Faktoren $\lambda_2, \lambda_3, \lambda$ $\mathfrak{r} = \bar{q}\mathfrak{r}q$ oder $q\mathfrak{r} = \mathfrak{r}q$. Soll aber q mit jedem Vektor $\mathfrak{r}$ vertauschbar sein, so muß es ein Skalar sein. Da es sich um eine Einheitsquaternion handelt, so folgt $q = \varepsilon$, wobei ε die positive oder negative Einheit bedeutet. Dann wird aber auch $q' = x^1\bar{q}\bar{x}^1 = x^1\bar{x}^1\bar{q} = \varepsilon$, und die Drehung $x = q'yq$ ist nichts anderes als die Identität $x = y$.

Im Falle $\mathfrak{A}_2 \times \mathfrak{A}_3 \neq 0$ ist also nach Festhaltung der Punkte x^1, x^2, x^3 keine Drehung mehr möglich. Im Falle $\mathfrak{A}_2 \times \mathfrak{A}_3 = 0$ liegen die Dinge anders. Da unterscheiden sich $\mathfrak{A}_2$, $\mathfrak{A}_3$ um einen Zahlenfaktor, oder sie sind beide gleich Null. Jedenfalls lassen sie sich in der Form $\mathfrak{A}_2 = k_2\mathfrak{a}$, $\mathfrak{A}_3 = k_3\mathfrak{a}$ schreiben, wobei $\mathfrak{a}$ ein Einheitsvektor ist. Die Gleichungen (37) sind sicher erfüllt, wenn $q = \cos\vartheta + \mathfrak{a}\sin\vartheta$ gesetzt wird, wobei q von selbst eine Einheitsquaternion ist. In der Tat hat man

$$\bar{q}\,\mathfrak{a}\,q = (\cos\vartheta - \mathfrak{a}\sin\vartheta)\,\mathfrak{a}\,(\cos\vartheta + \mathfrak{a}\sin\vartheta) = \mathfrak{a}.$$

Da q' durch die Gleichung $q' = x^1\bar{q}\bar{x}^1$ bestimmt ist, so gibt es im Falle $\mathfrak{A}_2 \times \mathfrak{A}_3 = 0$ unendlich viele Drehungen $x = q'yq$, welche die Punkte x^1, x^2, x^3 in Ruhe lassen. Was bedeutet nun die Gleichung $\mathfrak{A}_2 \times \mathfrak{A}_3 = 0$ für diese Punkte? $\mathfrak{A}_2$ und $\mathfrak{A}_3$ sind die vektoriellen Bestandteile der Quaternionen $\bar{x}^1x^2, \bar{x}^1x^3$. Da beim Übergange zur konjugierten Quaternion der vektorielle Bestandteil sein Zeichen wechselt, während der skalare ungeändert bleibt, so kann man schreiben

$$\mathfrak{A}_2 = \tfrac{1}{2}(\bar{x}^1x^2 - \bar{x}^2x^1), \quad \mathfrak{A}_3 = \tfrac{1}{2}(\bar{x}^1x^3 - \bar{x}^3x^1).$$

Die Bedingung $\mathfrak{A}_2 \times \mathfrak{A}_3 = 0$ bedeutet, daß es zwei Zahlen α_2 und α_3 gibt, welche die Gleichung $\alpha_2\mathfrak{A}_2 + \alpha_3\mathfrak{A}_3 = 0$ herbeiführen, ohne beide gleich Null zu sein. Diese Gleichung lautet aber

$$\bar{x}^1(\alpha_2x^2 + \alpha_3x^3) = (\alpha_2\bar{x}^2 + \alpha_3\bar{x}^3)\,x^1.$$

Sie verknüpft zwei konjugierte Quaternionen und kann also nur bestehen, wenn diese Quaternionen Skalare sind. Wir können daher

$$\bar{x}^1(\alpha_2x^2 + \alpha_3x^3) = -\alpha_1$$

setzen, wobei α_1 ein Skalar ist. Dann folgt aber

$$\alpha_1x^1 + \alpha_2x^2 + \alpha_3x^3 = 0. \tag{39}$$

Die Aussage $\mathfrak{A}_2 \times \mathfrak{A}_3 = 0$ bedeutet also, daß zwischen x^1, x^2, x^3 eine lineare Relation besteht, daß also die drei Punkte mit dem Anfangspunkt in einer zweidimensionalen Ebene liegen. Hält man drei Punkte der Einheitskugel fest, welche diese Lagebeziehung nicht haben, so ist keine Drehung mehr möglich. Aus (39) folgt

$$\begin{cases} \alpha_1(x^1 \mid x^1) + \alpha_2(x^1 \mid x^2) + \alpha_3(x^1 \mid x^3) = 0, \\ \alpha_1(x^2 \mid x^1) + \alpha_2(x^2 \mid x^2) + \alpha_3(x^2 \mid x^3) = 0, \\ \alpha_1(x^3 \mid x^1) + \alpha_2(x^3 \mid x^2) + \alpha_3(x^3 \mid x^3) = 0. \end{cases} \tag{40}$$

Da die Größen α nicht alle verschwinden, so muß

$$\begin{vmatrix} (x^1 \mid x^1) & (x^1 \mid x^2) & (x^1 \mid x^3) \\ (x^2 \mid x^1) & (x^2 \mid x^2) & (x^2 \mid x^3) \\ (x^3 \mid x^1) & (x^3 \mid x^2) & (x^3 \mid x^3) \end{vmatrix} = 0 \tag{41}$$

sein. Ist die Bedingung (41) erfüllt, so gestatten die Gleichungen (40) eine Lösung $\alpha, \alpha_2, \alpha_3$, die nicht aus lauter Nullen besteht. Aus diesen Gleichungen ergibt sich aber, wenn man sie mit Hilfe der Faktoren $\alpha_1, \alpha_2, \alpha_3$ zusammenfaßt,

$$(\alpha_1x^1 + \alpha_2x^2 + \alpha_3x^3 \mid \alpha_1x^1 + \alpha_2x^2 + \alpha_3x^3) = 0,$$

d. h. $\alpha_1x^1 + \alpha_2x^2 + \alpha_3x^3 = 0$. Die Aussage (41) ist also vollkommen gleichbedeutend mit $\mathfrak{A}_2 \times \mathfrak{A}_3 = 0$.

Jetzt können wir unsern Satz über drehungsäquivalente Punkttripel auf der Einheitskugel schärfer formulieren. Zwei Punkttripel y^1, y^2, y^3 und x^1, x^2, x^3, die den Bedingungen (36) genügen, sind stets drehungsäquivalent. Wenn die Determinante der $(y^r \mid y^s)$ ungleich Null ist, gibt es nur eine Drehung, die y^1 in x^1, y^2 in x^2 und y^3 in x^3 überführt. Auf Grund der Bedingungen (36) ist übrigens die Determinante der $(y^r \mid y^s)$ gleich der Determinante der $(x^r \mid x^s)$.

Erfüllen zwei Punkttripel auf der Einheitskugel die Relationen

$$(y^2 \mid y^3) = 0, \ (y^3 \mid y^1) = 0, \ (y^1 \mid y^2) = 0$$

und

$$(x^2 \mid x^3) = 0, \ (x^3 \mid x^1) = 0, \ (x^1 \mid x^2) = 0,$$

so reduziert sich die Determinante der $(y^r \mid y^s)$ auf 1. Es gibt also eine und nur eine Drehung $x = q'yq$, die y^1 nach x^1, y^2 nach x^2 und y^3 nach x^3 bringt. Um q und q' zu bestimmen, kann man folgenden Weg einschlagen: Es wird verlangt, daß

$$x^1 = q'y^1q, \ x^2 = q'y^2q, \ x^3 = q'y^3q$$

sein soll. Aus der ersten Gleichung entnimmt man $q' = x^1\overline{q}\overline{y}^1$. Setzt man diesen Ausdruck in die beiden andern Gleichungen ein, so erhalten sie mit Hilfe der Abkürzungen $\overline{x}^1x^2 = X^2$, $\overline{x}^1x^3 = X^3$, $\overline{y}^1y^2 = Y^2$, $\overline{y}^1y^3 = Y^3$ folgende Form:

$$X^2 = \overline{q}\,Y^2q, \ X^3 = \overline{q}\,Y^3q. \tag{42}$$

Da die skalaren Bestandteile der Einheitsquaternionen X^2, X^3, Y^2, Y^3 gleich $(x^1 \mid x^2)$, $(x^1 \mid x^3)$, $(y^1 \mid y^2)$, $(y^1 \mid y^3)$ sind und daher verschwinden, so reduzieren sich die genannten Einheitsquaternionen auf Einheitsvektoren. Das innere Produkt $X^2 \cdot X^3$ ist der skalare Bestandteil von

$$X^2\overline{X}^3 = \overline{x}^1x^2\overline{x}^3x^1.$$

Da $x^2\overline{x}^3$ den skalaren Teil $(x^2 \mid x^3) = 0$ hat, also ein Vektor ist, so stellt die rechte Seite der obigen Gleichung ebenfalls einen Vektor dar, nämlich eine Drehlage des Vektors $x^2\overline{x}^3$. Wir erkennen auf diese Weise, daß $X^2 \cdot X^3 = 0$ ist. Ebenso wird $Y^2 \cdot Y^3 = 0$ sein. Die orthogonalen Einheitsvektoren Y^2, Y^3 gehen nun nach (42) bei der Drehung q in X^2, X^3 über. Das äußere Produkt $Y^2 \times Y^3$, das auch in der Form Y^2Y^3 geschrieben werden kann, wird durch dieselbe Drehung in $X^2 \times X^3$ oder X^2X^3 verwandelt. Man muß sich alle diese Vektoren von einem Punkte O ausgehend denken, so daß ihre Spitzen auf der um O beschriebenen Einheitskugel liegen. Bei der hier betrachteten Drehung q gibt es eine durch O laufende Drehungsachse, deren Schnittpunkte S und S' mit der Einheitskugel in Ruhe bleiben. Es genügt, wenn man einen dieser Punkte hat. Da die Einheitskugel als starres Gebilde um die Achse OS gedreht wird, so ist die Figur Y^2, Y^3, Y^2Y^3, OS kongruent zu X^2, X^3, X^2X^3, OS. Die Drehung q führt in der Tat die erste in die zweite über. Hieraus folgt, daß der Vektor OS in bezug auf die beiden Tripel Y^2, Y^3, Y^2Y^3 und X^2, X^3, X^2X^3 übereinstimmende Koordinaten hat, daß er mit andern Worten dieselbe lineare Verbindung aus den Vektoren des ersten, wie aus denen des zweiten ist. Man muß daher, um OS oder OS' zu finden, drei Zahlen α, β, γ so bestimmen, daß

$$\alpha Y^2 + \beta Y^3 + \gamma Y^2Y^3 = \alpha X^2 + \beta X^3 + \gamma X^2X^3$$

wird. Damit ein Einheitsvektor herauskommt, hat man noch $\alpha^2 + \beta^2 + \gamma^2 = 1$ zu fordern. Wir wollen der bequemeren Schreibung halber die beiden Vektortripel mit $\mathfrak{A}, \mathfrak{B}, \mathfrak{C}$ und $\mathfrak{A}', \mathfrak{B}', \mathfrak{C}'$ bezeichnen. Jedes besteht aus paarweise orthogonalen Einheitsvektoren, und beide Tripel sind Rechtstripel. In zwei solchen Tripeln existieren nun stets gleichnamige Kombinationen $\alpha\mathfrak{A} + \beta\mathfrak{B} + \gamma\mathfrak{C}$ und $\alpha\mathfrak{A}' + \beta\mathfrak{B}' + \gamma\mathfrak{C}'$, die denselben Vektor darstellen. Man kann auch sagen, daß es einen Vektor gibt, der von $\mathfrak{A}, \mathfrak{B}, \mathfrak{C}$ aus betrachtet dieselbe Erscheinung darbietet, wie von $\mathfrak{A}', \mathfrak{B}', \mathfrak{C}'$ aus. Er ist einem Gegenstand zu vergleichen, der in zwei verschiedenen Sprachen genau denselben Namen hat. Daß es eine solche Koinzidenz gleichbenannter Vektoren bei jenen beiden Tripeln stets gibt, ist ein wichtiger Satz, den wir aus der Drehungstheorie des gewöhnlichen Raumes bereits kennen, aber hier nochmals von einer anderen Seite beleuchten wollen. Seine Richtigkeit ist erwiesen, sobald man erkannt hat, daß für die beiden Vektortripel folgende Beziehung gilt:

$$[\mathfrak{A} - \mathfrak{A}', \quad \mathfrak{B} - \mathfrak{B}', \quad \mathfrak{C} - \mathfrak{C}'] = 0.$$

Die linke Seite zerlegt sich in

$$\begin{gathered}[\mathfrak{A}\mathfrak{B}\mathfrak{C}] - [\mathfrak{A}'\mathfrak{B}\mathfrak{C}] - [\mathfrak{A}\mathfrak{B}'\mathfrak{C}] - [\mathfrak{A}\mathfrak{B}\mathfrak{C}'] \\ + [\mathfrak{A}\mathfrak{B}'\mathfrak{C}'] + [\mathfrak{A}'\mathfrak{B}\mathfrak{C}'] + [\mathfrak{A}'\mathfrak{B}'\mathfrak{C}] - [\mathfrak{A}'\mathfrak{B}'\mathfrak{C}'].\end{gathered}$$

Da $\mathfrak{B} \times \mathfrak{C} = \mathfrak{A}$, $\mathfrak{C} \times \mathfrak{A} = \mathfrak{B}$, $\mathfrak{A} \times \mathfrak{B} = \mathfrak{C}$ ist und dieselben Relationen bei den gestrichenen Vektoren stattfinden, so läßt sich der obige Ausdruck in der Form schreiben

$$\begin{gathered}\mathfrak{A} \cdot \mathfrak{A} - (\mathfrak{A}' \cdot \mathfrak{A}) - (\mathfrak{B}' \cdot \mathfrak{B}) - (\mathfrak{C}' \cdot \mathfrak{C}) \\ + (\mathfrak{A} \cdot \mathfrak{A}') + (\mathfrak{B} \cdot \mathfrak{B}') + (\mathfrak{C} \cdot \mathfrak{C}') - \mathfrak{A}' \cdot \mathfrak{A}').\end{gathered}$$

Er reduziert sich auf $(\mathfrak{A} \cdot \mathfrak{A}) - (\mathfrak{A}' \cdot \mathfrak{A}') = 1 - 1 = 0$. Damit haben sich die Vektoren $\mathfrak{A} - \mathfrak{A}'$, $\mathfrak{B} - \mathfrak{B}'$, $\mathfrak{C} - \mathfrak{C}'$ als komplanar erwiesen, und es gibt deshalb drei Zahlen α, β, γ, welche die Gleichung

$$\alpha(\mathfrak{A} - \mathfrak{A}') + \beta(\mathfrak{B} - \mathfrak{B}') + \gamma(\mathfrak{C} - \mathfrak{C}') = 0 \tag{43}$$

verwirklichen, ohne lauter Nullen zu sein. Der Vektor auf der linken Seite ist dann und nur dann gleich Null, wenn seine inneren Produkte mit $\mathfrak{A}', \mathfrak{B}', \mathfrak{C}'$ verschwinden. Die Gleichung (43) bedeutet daher dasselbe, wie die drei Gleichungen

$$\left\{\begin{aligned} &\alpha\{(\mathfrak{A} \cdot \mathfrak{A}') - 1\} + \beta(\mathfrak{B} \cdot \mathfrak{A}') + \gamma(\mathfrak{C} \cdot \mathfrak{A}') = 0, \\ &\alpha(\mathfrak{A} \cdot \mathfrak{B}') + \beta\{(\mathfrak{B} \cdot \mathfrak{B}') - 1\} + \gamma(\mathfrak{C} \cdot \mathfrak{B}') = 0, \\ &\alpha(\mathfrak{A} \cdot \mathfrak{C}') + \beta(\mathfrak{B} \cdot \mathfrak{C}') + \gamma\{(\mathfrak{C} \cdot \mathfrak{C}') - 1) = 0. \end{aligned}\right. \tag{43*}$$

Aus der obigen Betrachtung geht hervor, daß die Determinante dieses Gleichungssystems auf alle Fälle verschwindet, weil die Lösbarkeit der Aufgabe feststeht. Hat die Determinante den Rang 2, so gibt es im wesentlichen nur eine Lösung α, β, γ. Wünscht man, daß der Rang unterhalb 2 liegen soll, so muß man alle zweireihigen Determinanten gleich Null setzen. Beschränkt man sich dabei zunächst auf die Hauptminoren, so ergeben sich folgende Gleichungen:

$$1 - (\mathfrak{A} \cdot \mathfrak{A}') - (\mathfrak{B} \cdot \mathfrak{B}') + (\mathfrak{C} \cdot \mathfrak{C}') = 0,$$
$$1 - (\mathfrak{A} \cdot \mathfrak{A}') + (\mathfrak{B} \cdot \mathfrak{B}') - (\mathfrak{C} \cdot \mathfrak{C}') = 0,$$
$$1 + (\mathfrak{A} \cdot \mathfrak{A}') - (\mathfrak{B} \cdot \mathfrak{B}') - (\mathfrak{C} \cdot \mathfrak{C}') = 0,$$

woraus man durch Addition der Aussage

$$(\mathfrak{A} \cdot \mathfrak{A}') + (\mathfrak{B} \cdot \mathfrak{B}') + (\mathfrak{C} \cdot \mathfrak{C}') = 3 \tag{44}$$

gewinnt. Bedenkt man nun, daß das innere Produkt zweier Einheitsvektoren ein Kosinus ist und zwischen -1 und 1 liegt, so kann man aus (44) den Schluß ziehen, daß $\mathfrak{A} \cdot \mathfrak{A}'$, $\mathfrak{B} \cdot \mathfrak{B}'$, $\mathfrak{C} \cdot \mathfrak{C}'$ alle drei gleich 1 sind. Dann folgt aber z. B. aus $(\mathfrak{A} \cdot \mathfrak{A}')^2 + (\mathfrak{B} \cdot \mathfrak{A}')^2 + (\mathfrak{C} \cdot \mathfrak{A}^1)^2 = 1$ sofort $\mathfrak{B} \cdot \mathfrak{A}' = \mathfrak{C} \cdot \mathfrak{A}' = 0$. Ebenso muß $\mathfrak{A} \cdot \mathfrak{B}' = \mathfrak{C} \cdot \mathfrak{B}' = 0$ sein, sowie $\mathfrak{A} \cdot \mathfrak{C}' = \mathfrak{B} \cdot \mathfrak{C}' = 0$. Die beiden Tripel $\mathfrak{A}, \mathfrak{B}, \mathfrak{C}$ und $\mathfrak{A}', \mathfrak{B}', \mathfrak{C}'$ fallen also zusammen. Dann werden selbstverständlich die Gleichungen (43*) gegenstandslos. In jedem andern Falle gibt es im wesentlichen nur eine Lösung dieser Gleichungen, also bis auf einen skalaren Faktor nur einen Vektor, der in bezug auf $\mathfrak{A}, \mathfrak{B}, \mathfrak{C}$ und $\mathfrak{A}', \mathfrak{B}', \mathfrak{C}'$ gleichlautende Ausdrücke besitzt, oder, geometrisch gesprochen, nur eine Achse, um die sich eine Drehung ausführen läßt, bei welcher das Tripel $\mathfrak{A}, \mathfrak{B}, \mathfrak{C}$ in $\mathfrak{A}', \mathfrak{B}', \mathfrak{C}'$ übergeht.

Daß die Vektoren $\mathfrak{A} - \mathfrak{A}'$, $\mathfrak{B} - \mathfrak{B}'$, $\mathfrak{C} - \mathfrak{C}'$ komplanar sind, haben wir zu Anfang der Betrachtung festgestellt. Nachdem wir wissen, daß es eine Drehung gibt, die $\mathfrak{A}, \mathfrak{B}, \mathfrak{C}$ in $\mathfrak{A}', \mathfrak{B}', \mathfrak{C}'$ überführt, ist klar, daß die Vektoren $\mathfrak{A} - \mathfrak{A}'$, $\mathfrak{B} - \mathfrak{B}'$, $\mathfrak{C} - \mathfrak{C}'$ senkrecht zur Achse gerichtet sind. Daher werden die äußeren Produkte

$$(\mathfrak{B} - \mathfrak{B}') \times (\mathfrak{C} - \mathfrak{C}'), \quad (\mathfrak{C} - \mathfrak{C}') \times (\mathfrak{A} - \mathfrak{A}'), \quad (\mathfrak{A} - \mathfrak{A}') \times (\mathfrak{B} - \mathfrak{B}')$$

Vektoren darstellen, die in die Richtung der Drehungsachse fallen. Sie lösen also, sofern sie nicht verschwinden, die Aufgabe $\alpha \mathfrak{A} + \beta \mathfrak{B} + \gamma \mathfrak{C} = \alpha \mathfrak{A}' + \beta \mathfrak{B}' + \gamma \mathfrak{C}'$. Man kann dies auch sofort bestätigen, indem man bemerkt, daß ihre inneren Produkte mit $\mathfrak{A} - \mathfrak{A}'$, $\mathfrak{B} - \mathfrak{B}'$, $\mathfrak{C} - \mathfrak{C}'$ verschwinden. Wären jene äußeren Produkte alle drei gleich Null, so hätte man

$$\mathfrak{A} - \mathfrak{A}' = \lambda \mathfrak{v}, \quad \mathfrak{B} - \mathfrak{B}' = \mu \mathfrak{v}, \quad \mathfrak{C} - \mathfrak{C}' = \nu \mathfrak{v},$$

wobei $\mathfrak{v}$ ein Einheitsvektor ist. Bildet man aus

$$\mathfrak{A}' = \mathfrak{A} - \lambda \mathfrak{v}, \quad \mathfrak{B}' = \mathfrak{B} - \mu \mathfrak{v}, \quad \mathfrak{C}' = \mathfrak{C} - \nu \mathfrak{v}$$

die äußeren Produkte und bedenkt, daß die Einheitsvektoren $\mathfrak{A}, \mathfrak{B}, \mathfrak{C}$ und $\mathfrak{A}', \mathfrak{B}', \mathfrak{C}'$ orthogonale Rechtstripel bilden, so ergibt sich

$$\mathfrak{A}' = \mathfrak{A} + \mu(\mathfrak{C} \times \mathfrak{v}) - \nu(\mathfrak{B} \times \mathfrak{v}),$$
$$\mathfrak{B}' = \mathfrak{B} + \nu(\mathfrak{A} \times \mathfrak{v}) - \lambda(\mathfrak{C} \times \mathfrak{v}),$$
$$\mathfrak{C}' = \mathfrak{C} + \lambda(\mathfrak{B} \times \mathfrak{v}) - \mu(\mathfrak{A} \times \mathfrak{v}).$$

Es ist also

$$\lambda \mathfrak{v} + \mu(\mathfrak{C} \times \mathfrak{v}) - \nu(\mathfrak{B} \times \mathfrak{v}) = 0,$$
$$\mu \mathfrak{v} + \nu(\mathfrak{A} \times \mathfrak{v}) - \lambda(\mathfrak{C} \times \mathfrak{v}) = 0,$$
$$\nu \mathfrak{v} + \lambda(\mathfrak{B} \times \mathfrak{v}) - \mu(\mathfrak{A} \times \mathfrak{v}) = 0.$$

Multipliziert man mit λ, μ, ν und addiert, so kommt man zu

$$(\lambda^2 + \mu^2 + \nu^2)\mathfrak{v} = 0,$$

also $\lambda = \mu = \nu = 0$, d. h. $\mathfrak{A} = \mathfrak{A}'$, $\mathfrak{B} = \mathfrak{B}'$, $\mathfrak{C} = \mathfrak{C}'$. Fallen die beiden Tripel nicht zusammen, so gibt also eins der äußeren Produkte, die sich aus $\mathfrak{A} - \mathfrak{A}'$, $\mathfrak{B} - \mathfrak{B}'$, $\mathfrak{C} - \mathfrak{C}'$ bilden lassen, die Lösung unserer Aufgabe.

§ 9. Andere analytische Darstellungen der Flächen zweiter Ordnung.

Wir haben gesehen, daß bei einer Fläche zweiter Ordnung $\Sigma \alpha_{rs} x_r x_s = 0$ die Betrachtung der Determinanten

$$D_1 = (x^1 \mid x^1), \quad D_2 = \begin{vmatrix} (x^1 \mid x^1) & (x^1 \mid x^2) \\ (x^2 \mid x^1) & (x^2 \mid x^2) \end{vmatrix}, \ldots$$

von Wichtigkeit ist. Dabei war $(x^\varrho \mid x^\sigma) = \Sigma a_{rs} x_r^\varrho x_s^\sigma$. Wir haben seinerzeit die Punkte $x^1, x^2, \ldots$ der Reihe nach so gewählt, daß möglichst viele von diesen Determinanten von Null verschieden wurden. Bei einer Fläche vom Range k läßt sich, wie wir wissen, erreichen, daß $D_1, \ldots, D_k$ nicht verschwinden. Dagegen ist $D_{k+1} = 0$, wie man auch die Punkte $x^1, \ldots, x^{k+1}$ wählen mag.

Wir wollen nun untersuchen, was das Verschwinden irgendeiner Determinante aus der Reihe $D_1, \ldots, D_k$ bedeutet. $D_1 = 0$ besagt, daß der Punkt x^1 die Gleichung $(x \mid x) = \Sigma a_{rs} x_r x_s = 0$ erfüllt, also ein Punkt der betrachteten Fläche ist. Bei $D_2 = 0$ oder $D_3 = 0$ wird es sich um eine besondere Lagebeziehung eines Punktepaares oder eines Punkttripels zur Fläche handeln.

x^1 und x^2 bestimmen eine Gerade, deren Punkte sich in der Form $\lambda x^1 + \mu x^2$ darstellen lassen. Will man wissen, welche von diesen Punkten der Fläche angehören, so muß man die Gleichung

$$(\lambda x^1 + \mu x^2 \mid \lambda x^1 + \mu x^2) = 0$$

aufstellen, da $\Sigma a_{rs} x_r x_s = (x \mid x)$ ist. Nun reduziert sich die obige Gleichung auf

$$(1) \qquad \lambda^2 (x^1 \mid x^1) + 2 \lambda \mu (x^1 \mid x^2) + \mu^2 (x^2 \mid x^2) = 0,$$

wobei wir die Beziehung $(x^1 \mid x^2) = (x^2 \mid x^1)$ berücksichtigt haben. Im Falle $D_2 \neq 0$ gibt es zwei verschiedene, reelle oder imaginäre Wurzeln $\lambda : \mu$. Die Gerade $x^1 \ldots x^2$ hat also zwei verschiedene Schnittpunkte mit der Fläche. Ist aber $D_2 = 0$, ohne daß alle Koeffizienten der Gleichung (1) verschwinden, so fallen die beiden Wurzeln $\lambda : \mu$ zusammen. Die Gerade $x^1 \ldots x^2$ schneidet die Fläche in zwei zusammengerückten Punkten und wird als T a n g e n t e bezeichnet. Diese Benennung hält man auch aufrecht, wenn in (1) alle Koeffizienten gleich Null sind, also die Gerade $x^1 \ldots x^2$ ganz der Fläche angehört.

In § 6 haben wir für D_2 folgenden Ausdruck hergeleitet:

$$D_2 = \Sigma \begin{vmatrix} a_{r\varrho} & a_{r\sigma} \\ a_{s\varrho} & a_{s\sigma} \end{vmatrix} \begin{vmatrix} x_r^1 & x_s^1 \\ x_r^2 & x_s^2 \end{vmatrix} \begin{vmatrix} x_\varrho^1 & x_\sigma^1 \\ x_\varrho^2 & x_\sigma^2 \end{vmatrix}. \qquad (r < s, \varrho < \sigma)$$

Wir führten damals die Bezeichnungen

$$\begin{vmatrix} a_{r\varrho} & a_{r\sigma} \\ a_{s\varrho} & a_{s\sigma} \end{vmatrix} = c_{rs|\varrho\sigma}$$

und

$$\begin{vmatrix} x_r^1 & x_s^1 \\ x_r^2 & x_s^2 \end{vmatrix} = z_{rs}$$

ein und konnten dann schreiben

$$D_2 = \Sigma c_{rs|\varrho\sigma} z_{rs} z_{\varrho\sigma}. \qquad (r < s, \varrho < \sigma)$$

Die sechs Größen $z_{12}, z_{13}, z_{14}, z_{23}, z_{24}, z_{34}$ kann man als homogene Koordinaten der geraden Linie $x^1 \ldots x^2$ betrachten. Wählt man nämlich statt x^1 und x^2 zwei andere Grundpunkte X^1 und X^2 auf dieser Geraden, so ist

$$X^1 = \alpha_{11} x^1 + \alpha_{12} x^2, \; X^2 = \alpha_{21} x^1 + \alpha_{22} x^2$$

und daher

$$Z_{rs} = \begin{vmatrix} X_r^1 & X_s^1 \\ X_r^2 & X_s^2 \end{vmatrix} = \begin{vmatrix} \alpha_{11} & \alpha_{12} \\ \alpha_{21} & \alpha_{22} \end{vmatrix} \begin{vmatrix} x_r^1 & x_s^1 \\ x_r^2 & x_s^2 \end{vmatrix} = \alpha z_{rs},$$

wenn α die Determinante $\alpha_{11}\alpha_{22} - \alpha_{12}\alpha_{21}$ bezeichnet. Die Koordinaten z_{rs} sind, da es ohnedies nur auf ihre Verhältnisse ankommt, unabhängig von der Wahl der Grundpunkte auf dieser Geraden, hängen also nur von der Geraden selbst ab. Werden umgekehrt sechs Größen $z_{12}, z_{13}, z_{14}, z_{23}, z_{24}, z_{34}$ vorgelegt, so kann man fragen, ob es eine Gerade gibt, deren Koordinaten sie sind. Betrachtet man zunächst die drei Koordinaten z_{12}, z_{13}, z_{14}, so sind sie übereinstimmende lineare Verbindungen aus x_2^1, x_2^2, aus x_3^1, x_3^2 und aus x_4^1, x_4^2. Man hat nämlich

$$(2) \qquad \begin{cases} z_{12} = x_1^1 x_2^2 - x_1^2 x_2^1, \\ z_{13} = x_1^1 x_3^2 - x_1^2 x_3^1, \\ z_{14} = x_1^1 x_4^2 - x_1^2 x_4^1. \end{cases}$$

Setzt man zur Abkürzung $x_2^1 \mathfrak{i} + x_3^1 \mathfrak{j} + x_4^1 \mathfrak{k} = \mathfrak{v}^1$ und $x_2^2 \mathfrak{i} + x_3^2 \mathfrak{j} + x_4^2 \mathfrak{k} = \mathfrak{v}^2$, betrachtet man also x_2^1, x_3^1, x_4^1, ebenso x_2^2, x_3^2, x_4^2 als Vektorkoordinaten, so ist nach (2)

$$z_{12}\mathfrak{i} + z_{13}\mathfrak{j} + z_{14}\mathfrak{k} = x_1^1 \mathfrak{v}^2 - x_1^2 \mathfrak{v}^1.$$

Nun steht der Vektor

$$\mathfrak{v}^1 \times \mathfrak{v}^2 = \begin{vmatrix} \mathfrak{i} & \mathfrak{j} & \mathfrak{k} \\ x_2^1 & x_3^1 & x_4^1 \\ x_2^2 & x_3^2 & x_4^2 \end{vmatrix} = z_{34}\mathfrak{i} - z_{24}\mathfrak{j} + z_{23}\mathfrak{k}$$

senkrecht auf $\mathfrak{v}^1$ und $\mathfrak{v}^2$, also auch auf $x_1^1 \mathfrak{v}^2 - x_1^2 \mathfrak{v}^1$, d. h. auf $z_{12}\mathfrak{i} + z_{13}\mathfrak{j} + z_{14}\mathfrak{k}$. Daher gilt zwischen den Koordinaten z_{rs} die Relation

$$(3) \qquad z_{12} z_{34} + z_{13} z_{42} + z_{14} z_{23} = 0,$$

wobei wir statt z_{24}, wie allgemein üblich, $z_{42} = - z_{24}$ benutzen, so daß $z_{42} = x_4^1 x_2^2 - x_4^2 x_2^1$ ist. Nun erhebt sich die Frage, ob sechs Größen, die nicht alle verschwinden und die Relation (3) erfüllen, stets als Koordinaten einer Geraden betrachtet werden können. Bei Behandlung dieser Frage ist es bequem, nicht nur mit den sechs Größen zu operieren, die in der Bedingungsgleichung (3) auftreten, sondern das Symbol z_{rs} in seiner allgemeinen Bedeutung $z_{rs} = x_r^1 x_s^2 - x_r^2 x_s^1$ zu gebrauchen. Multipliziert man alsdann

$$z_{rs} = x_r^1 x_s^2 - x_r^2 x_s^1,$$
$$z_{st} = x_s^1 x_t^2 - x_s^2 x_t^1,$$
$$z_{tr} = x_t^1 x_r^2 - x_t^2 x_r^1$$

der Reihe nach mit x_t^1, x_r^1, x_s^1 oder mit x_t^2, x_r^2, x_s^2, so kommt Null heraus. Ebenso wird sich Null ergeben, wenn man statt x^1 und x^2 irgendeinen Punkt $x = \lambda x^1 + \mu x^2$ der Geraden $x^1 \ldots x^2$ benutzt, also mit x_t, x_r, x_s multipliziert. Die Punkte der Geraden, zu welcher die Größen z als Koordinaten gehören sollen, müssen also die Gleichungen

$$z_{rs} x_t + z_{st} x_r + z_{tr} x_s = 0$$

erfüllen, wobei r, s, t drei beliebige Indizes aus der Reihe 1, 2, 3, 4 sein können. Wir erhalten auf diese Weise vier Gleichungen, die wir folgendermaßen schreiben können:

$$(4) \qquad \begin{cases} \ast + z_{34}x_2 + z_{42}x_3 + z_{23}x_4 = 0, \\ z_{43}x_1 + \ast + z_{14}x_3 + z_{31}x_4 = 0, \\ z_{24}x_1 + z_{41}x_2 + \ast + z_{12}x_4 = 0, \\ z_{32}x_1 + z_{13}x_2 + z_{21}x_3 + \ast = 0. \end{cases}$$

Das Koeffizientengesetz ist leicht erkennbar. Sind r und s zwei verschiedene Indizes aus der Reihe 1, 2, 3, 4 und r, s, r^*, s^* eine gerade Permutation von 1, 2, 3, 4, so steht in der r-ten Zeile und s-ten Spalte der Koeffizient $z_{r^* s^*}$. So sehen wir z. B. in der dritten Zeile und zweiten Spalte z_{41}, und wirklich ist 3, 2, 4, 1 eine gerade Permutation von 1, 2, 3, 4. Man kann sie nämlich dadurch herstellen, daß man zuerst durch Vertauschung von 1 und 3 die Anordnung 3, 2, 1, 4 herbeiführt und dann noch 1 und 4 auswechselt.

Wir haben festgestellt, daß alle Punkte der Geraden, welche den Koordinaten $z_{12}, z_{13}, z_{14}, z_{23}, z_{24}, z_{34}$ entsprechen soll, die Gleichungen (4) erfüllen müssen. Auf Grund der Relation (3) werden nun diese Gleichungen befriedigt, wenn man für x_1, x_2, x_3, x_4 eine Zeile oder Spalte der folgenden Matrix einsetzt:

$$(5) \qquad \begin{pmatrix} 0 & z_{12} & z_{13} & z_{14} \\ z_{21} & 0 & z_{23} & z_{24} \\ z_{31} & z_{32} & 0 & z_{34} \\ z_{41} & z_{42} & z_{43} & 0 \end{pmatrix}.$$

Es gilt mit andern Worten die Beziehung

$$(6) \qquad \begin{pmatrix} 0 & z_{1^* 2^*} & z_{1^* 3^*} & z_{1^* 4^*} \\ z_{2^* 1^*} & 0 & z_{2^* 3^*} & z_{2^* 4^*} \\ z_{3^* 1^*} & z_{3^* 2^*} & 0 & z_{3^* 4^*} \\ z_{4^* 1^*} & z_{4^* 2^*} & z_{4^* 3^*} & 0 \end{pmatrix} \begin{pmatrix} 0 & z_{11} & z_{12} & z_{13} \\ z_{21} & 0 & z_{23} & z_{24} \\ z_{31} & z_{32} & 0 & z_{34} \\ z_{41} & z_{42} & z_{43} & 0 \end{pmatrix} = 0,$$

d. h. das Produkt der beiden Matrizen ist die Nullmatrix, die aus lauter Nullen besteht. Übrigens bleibt die Beziehung (6) auch bei umgekehrter Reihenfolge der Faktoren bestehen, weil es sich hier um schiefsymmetrische Matrizen handelt, deren Zeilen sich von den gleichnamigen Spalten um den Faktor -1 unterscheiden. Die Matrizengleichung (6) ist nichts anderes als eine sechzehnfach variierte Schreibung der Relation (3).

Jetzt können wir die Frage, ob sechs Größen, die der Bedingung (3) genügen, ohne alle gleich Null zu sein, stets als Koordinaten zu einer Geraden gehören, mit Leichtigkeit beantworten. Außer $z_{12}, z_{13}, z_{14}, z_{34}, z_{42}, z_{23}$ führen wir noch die ihnen entgegengesetzten Größen $z_{21}, z_{31}, z_{41}, z_{43}, z_{24}, z_{32}$ ein. Ist nun z. B. z_{12} von Null verschieden, so geben wir dem Punkte x^1 die Koordinaten $0, z_{12}, z_{13}, z_{14}$, dem Punkte x^2 die Koordinaten $z_{21}, 0, z_{23}, z_{24}$. Dann lauten die Koordinaten der Geraden $x^1 \ldots x^2$ folgendermaßen:

$$\zeta_{12} = \begin{vmatrix} 0 & z_{12} \\ z_{21} & 0 \end{vmatrix}, \quad \zeta_{13} = \begin{vmatrix} 0 & z_{13} \\ z_{21} & z_{23} \end{vmatrix}, \quad \zeta_{14} = \begin{vmatrix} 0 & z_{14} \\ z_{21} & z_{24} \end{vmatrix},$$

$$\zeta_{34} = \begin{vmatrix} z_{13} & z_{14} \\ z_{23} & z_{24} \end{vmatrix}, \quad \zeta_{42} = \begin{vmatrix} z_{14} & z_{12} \\ z_{24} & 0 \end{vmatrix}, \quad \zeta_{23} = \begin{vmatrix} z_{12} & z_{13} \\ 0 & z_{23} \end{vmatrix}.$$

Wenn man bei ζ_{34} die Relation (3) berücksichtigt, kann man schreiben

$$\zeta_{12} = z_{12}z_{12}, \quad \zeta_{13} = z_{12}z_{13}, \quad \zeta_{14} = z_{12}z_{14},$$
$$\zeta_{34} = z_{12}z_{34}, \quad \zeta_{42} = z_{12}z_{42}, \quad \zeta_{23} = z_{12}z_{23}.$$

Die Koordinaten der Geraden $x^1 \ldots x^2$ sind also proportional zu $z_{12}, z_{13}, z_{14}, z_{34}, z_{42}, z_{23}$. Sollte $z_{12} = 0$ sein, so muß man die Koordinaten der Punkte x^1, x^2 in zwei andern Zeilen der Matrix (5) suchen. Ist z. B. $z_{rs} \neq 0$, so muß man die r-te und s-te Zeile herausgreifen. Auf alle Fälle findet man, wenn die Relation (3) besteht und nicht alle z verschwinden, eine Gerade, die diese z zu Koordinaten hat. Es gibt nur eine solche Gerade, weil jede Zeile der Matrix (5), die nicht aus lauter Nullen besteht, einen Punkt der Geraden liefert, wie aus unseren Betrachtungen hervorgeht. Jede der Gleichungen (4), in der nicht alle Koeffizienten verschwinden, stellt eine Ebene dar, die durch diese Gerade hindurchgeht, und wir finden unter jenen Gleichungen immer zwei unabhängige, die zur Festlegung der Geraden ausreichen. Julius Plücker hat eine neue Geometrie des Raumes begründet, in der die gerade Linie als Grundelement benutzt wird. In dieser Geometrie wird mit den sechs Linienkoordinaten $z_{12}, z_{13}, z_{14}, z_{34}, z_{42}, z_{23}$ operiert, die durch die Relation (3) verknüpft sind. Die Fläche zweiter Ordnung $\Sigma a_{rs} x_r x_s = 0$ erhält in der Plückerschen Liniengeometrie den analytischen Ausdruck $D_2 = 0$, d. h. $\Sigma c_{rs|\varrho\sigma} z_{rs} z_{\varrho\sigma} = 0$ $(r < s, \varrho < \sigma)$. Sie erscheint hierbei als Inbegriff ihrer Tangenten. Wir wissen, daß jede Fläche zweiter Ordnung vom Range 4 durch eine Gleichung von der Form $a_1 x_1^2 + a_2 x_2^2 + a_3 x_3^2 + a_4 x_4^2 = 0$ dargestellt werden kann, wenn man eine geeignete projektive Abbildung vornimmt. Dabei sind a_1, a_2, a_3, a_4 alle von Null verschieden. Wie sieht nun die Plückersche Gleichung einer solchen Fläche aus? Bedenkt man, daß $c_{rs|\varrho\sigma}$ eine zweireihige Determinante der Matrix

$$\begin{matrix} a_{11} & a_{12} & a_{13} & a_{14} \\ a_{21} & a_{22} & a_{23} & a_{24} \\ a_{31} & a_{32} & a_{33} & a_{34} \\ a_{41} & a_{42} & a_{43} & a_{44} \end{matrix}$$

ist, mit den Zeilenindizes r, s und den Spaltenindizes ϱ, σ, und daß diese Matrix im vorliegenden Falle

$$\begin{matrix} a_1 & 0 & 0 & 0 \\ 0 & a_2 & 0 & 0 \\ 0 & 0 & a_3 & 0 \\ 0 & 0 & 0 & a_4 \end{matrix}$$

lautet, so gewinnt man für die betrachtete Fläche zweiter Ordnung die Plückersche Gleichung

$$(7) \qquad \begin{cases} a_1 a_2 z_{12}^2 + a_1 a_3 z_{13}^2 + a_1 a_4 z_{14}^2 \\ + a_3 a_4 z_{34}^2 + a_4 a_2 z_{42}^2 + a_2 a_3 z_{23}^2 = 0. \end{cases}$$

Hat man es mit einer Fläche vom Range 3 zu tun, so wird einer der Koeffizienten a_ν gleich Null. Wir können ohne weiteres $a_4 = 0$ setzen, weil es uns freisteht, eine die Koordinaten x_1, x_2, x_3, x_4 vertauschende Projektivität anzuwenden. Dann verwandelt sich Gleichung (7) in

$$a_1 a_2 z_{12}^2 + a_1 a_3 z_{13}^2 + a_2 a_3 z_{23}^2 = 0,$$

wofür man auch schreiben kann

$$(7') \qquad \frac{z_{23}^2}{a_1} + \frac{z_{31}^2}{a_2} + \frac{z_{12}^2}{a_3} = 0.$$

Das ist also die Plückersche Gleichung des Kegels $a_1 x_1^2 + a_2 x_2^2 + a_3 x_3^2 = 0$. Setzt man $a_3 = a_4 = 0$, so liegt eine Fläche zweiter Ordnung vom Range 2 vor, das Ebenenpaar $a_1 x_1^2 + a_2 x_2^2 = 0$. Gleichung (7) reduziert sich jetzt auf $z_{12}^2 = 0$, enthält also nur die Aussage, daß z_{12} verschwindet. Um die Bedeutung dieser Aussage zu erkennen, greifen wir auf die Ebenen (4) zurück, die durch die Gerade mit den Koordinaten $z_{12}, z_{13}, z_{14}, z_{34}, z_{42}, z_{23}$ hindurchgehen. Im Falle $z_{12} = 0$ reduzieren sich die beiden letzten Gleichungen (4) auf $z_{24} x_1 + z_{41} x_2 = 0$ und $z_{32} x_1 + z_{13} x_2 = 0$. Wenn $z_{13}, z_{14}, z_{23}, z_{24}$ nicht alle verschwinden, so wird wenigstens eine dieser beiden Gleichungen, die übrigens auf Grund der Relation (3) nicht unabhängig sind, nicht inhaltslos sein. Man sieht, daß sie eine Ebene darstellt, die durch den Schnitt $x_1 = 0, x_2 = 0$ des Ebenenpaares $a_1 x_1^2 + a_2 x_2^2 = 0$ hindurchgeht. Die Gerade $0, z_{13}, z_{14}, z_{34}, z_{42}, z_{23}$ trifft also die Gerade $x_1 = 0, x_2 = 0$, sobald $z_{13}, z_{14}, z_{23}, z_{42}$ nicht alle verschwinden. Es bleibt nur noch zu überlegen, was von der Geraden $0, 0, 0, z_{34}, 0, 0$ zu sagen ist. Wir können uns hierbei wieder auf die Gleichungen (4) stützen, die sich jetzt auf $x_1 = 0, x_2 = 0$ reduzieren. Die Gerade fällt demnach mit der Schnittlinie des Ebenenpaares zusammen. Wir kommen also zu dem Ergebnis, daß die Plückersche Gleichung des Ebenenpaares nichts über die beiden Ebenen aussagt. Sie kennzeichnet nur die Schnittlinie des Ebenenpaares, indem sie unter allen Geraden des Raumes diejenigen hervorhebt, welche diese Schnittlinie treffen, sowie die Schnittlinie selbst, kurz alle Geraden, die zu der Schnittlinie nicht punktfremd sind. Die Plückersche Gleichung macht zwischen zwei Ebenenpaaren, welche dieselbe Schnittlinie haben, keinen Unterschied. Sie ist gegen diesen Unterschied sozusagen blind.

Wenn schließlich $a_2 = a_3 = a_4 = 0$ ist, also eine Fläche vom Range 1, d. h. die Doppelebene $x_1^2 = 0$ vorliegt, sind alle Koeffizienten der Plückerschen Gleichung (7) gleich Null. Die Gleichung wird also völlig bedeutungslos. Dies kann nicht überraschen, wenn man an die Entstehung der Plückerschen Gleichung denkt. Sie entspringt der Forderung, daß eine Gerade die Fläche in zwei zusammenfallenden Punkten schneiden oder ganz auf der Fläche liegen soll. Im Falle einer Doppelebene wird diese Forderung von jeder Geraden des Raumes erfüllt.

Wir sehen. daß beim Range 2 oder 1 die Plückersche Kennzeichnung einer Fläche zweiter Ordnung mit der Kennzeichnung in Punktkoordinaten nicht Schritt halten kann. Andererseits gibt es Fälle, wo man mit den Plückerschen Linienkoordinaten weiter kommt als mit den Punktkoordinaten. Z. B kann es sein, daß eine Gleichung zwischen Linienkoordinaten ein Gebilde darstellt, das sich überhaupt durch keine Gleichung in Punktkoordinaten kennzeichnen läßt. Ein berühmtes Beispiel dieser Art ist folgendes: Es werde von einer Geraden verlangt, daß sie vier Ebenen nach einem festen Doppelverhältnis schneidet, z. B. die Ebenen $x_1 = 0, x_2 = 0, x_3 = 0, x_4 = 0$. Ist die Gerade durch die Punkte x^1 und x^2 festgelegt, so wird der Punkt $\lambda_1^\nu x^1 + \lambda_2^\nu x^2$ in die Ebene $x_\nu = 0$ fallen, wenn wir $\lambda_1^\nu = x_\nu^2$, $\lambda_2^\nu = -x_\nu^1$ setzen. Das Doppelverhältnis der vier Schnittpunkte läßt sich dann in bekannter Weise aus den Determinanten der Matrix

$$\begin{matrix} \lambda_1^1 & \lambda_1^2 & \lambda_1^3 & \lambda_1^4 \\ \lambda_2^1 & \lambda_2^2 & \lambda_2^3 & \lambda_2^4 \end{matrix}$$

berechnen, und die der Geraden auferlegte Bedingung drückt sich durch folgende Gleichung aus:

$$\frac{(x_1^1 x_3^2 - x_1^2 x_3^1)(x_2^1 x_4^2 - x_2^2 x_4^1)}{(x_1^1 x_4^2 - x_1^2 x_4^1)(x_2^1 x_3^2 - x_2^2 x_3^1)} = k,$$

d. h. durch

$$z_{13} z_{42} + k z_{14} z_{23} = 0. \tag{8}$$

Der berühmte, mit starker Intuition begabte, aber ganz in der Anschauung befangene Geometer J a k o b S t e i n e r hat die Frage aufgeworfen, welche Fläche von allen Geraden umhüllt wird, die der obigen Gleichung genügen. Da die Gleichung eine ähnliche Form hat wie die Plückersche Gleichung einer Fläche zweiter Ordnung, so könnte auch ein rein analytisch arbeitender Geometer auf diese Frage kommen und sogar denken, die besagte Fläche wäre vielleicht eine Fläche zweiter Ordnung. In Wirklichkeit ist die ganze Fragestellung falsch. Es liegt hier eine Mannigfaltigkeit von Geraden vor, die mit einer Fläche gar nichts zu tun haben.

Auch wenn man eine lineare Gleichung zwischen den Plückerschen Linienkoordinaten aufstellt, werden dadurch Geraden definiert, die nicht etwa Tangenten einer Fläche sind. Sie bilden das, was Plücker einen l i n e a r e n L i n i e n k o m p l e x nennt, während die Gleichung (8) einen quadratischen Linienkomplex darstellt. Der lineare Linienkomplex ist ein überaus wichtiges Gebilde, das z. B. für die Mechanik eine besondere Bedeutung hat. In der Plückerschen Liniengeometrie steht es gleich am Eingang des Aufbaus, wie die Gerade in der ebenen und die Ebene in der räumlichen Geometrie. Wir wollen zunächst den sogenannten speziellen linearen Komplex betrachten. Wenn die Geraden $x^1 \ldots x^2$ und $y^1 \ldots y^2$ sich schneiden, so bedeutet dies, daß eine lineare Verbindung aus x^1 und x^2 existiert, die zugleich eine lineare Verbindung aus y^1 und y^2 ist. Stellt man die vier Gleichungen auf, die in

$$\lambda_1 x^1 + \lambda_2 x^2 = \mu_1 y^1 + \mu_2 y^2$$

zusammengefaßt sind und bedenkt, daß weder λ_1, λ_2 noch μ_1, μ_2 beide verschwinden, so folgt, daß die Determinante

$$(9) \qquad \begin{vmatrix} x_1^1 & x_2^1 & x_3^1 & x_4^1 \\ x_1^2 & x_2^2 & x_3^2 & x_4^2 \\ y_1^1 & y_2^1 & y_3^1 & y_4^1 \\ y_1^2 & y_2^2 & y_3^2 & y_4^2 \end{vmatrix}$$

verschwinden muß. Ist umgekehrt diese Determinante gleich Null, so gibt es vier Zahlen $\lambda_1, \lambda_2, \mu_1, \mu_2$, die nicht alle gleich Null sind und die Gleichung $\lambda_1 x^1 + \lambda_2 x^2 = \mu_1 y^1 + \mu_2 y^2$ herbeiführen. Da x^1 und x^2 verschiedene Punkte sein sollen, ebenso y^1 und y^2, so können weder λ_1, λ_2 noch μ_1, μ_2 beide verschwinden. Die Geraden $x^1 \ldots x^2$ und $y^1 \ldots y^2$ haben also einen gemeinsamen Punkt. Entwickelt man nun die Determinante (9) nach den beiden ersten Zeilen und benutzt dabei die Abkürzungen

$$z_{rs} = x_r^1 x_s^2 - x_r^2 x_s^1, \quad \zeta_{rs} = y_r^1 y_s^2 - y_r^2 y_s^1,$$

so ergibt sich als Schnittbedingung für die Geraden $x^1 \ldots x^2$ und $y^1 \ldots y^2$ folgende Gleichung:

$$(10) \qquad z_{12}\zeta_{34} + z_{13}\zeta_{42} + z_{14}\zeta_{23} + z_{34}\zeta_{12} + z_{42}\zeta_{13} + z_{23}\zeta_{14} = 0.$$

Hält man die Werte $\zeta_{12}, \zeta_{13}, \zeta_{14}, \zeta_{34}, \zeta_{42}, \zeta_{23}$, die der Bedingung

$$(11) \qquad \zeta_{12}\zeta_{34} + \zeta_{13}\zeta_{42} + \zeta_{14}\zeta_{23} = 0$$

genügen, fest, so wird Gleichung (10) von allen Treffgeraden der festen Geraden $\zeta_{12}, \zeta_{13}, \zeta_{14}, \zeta_{34}, \zeta_{42}, \zeta_{23}$ und von dieser Geraden selbst befriedigt. Den Inbegriff aller dieser Geraden nennt man einen speziellen linearen Komplex. Eine lineare homogene Gleichung zwischen den Plückerschen Linienkoordinaten $z_{12}, z_{13}, z_{14}, z_{34}, z_{42}, z_{23}$, also eine Gleichung von der Form (10), stellt einen solchen Komplex dar, wenn ihre Koeffizienten die Bedingung (11) erfüllen. Der Sonderfall $z_{12} = 0$ ist uns bereits begegnet.

Ein allgemeiner linearer Komplex liegt vor, wenn die Koeffizienten der Gleichung (10) die Bedingung (11) nicht erfüllen. Um die Bedeutung eines solchen Linienkomplexes zu ergründen, wollen wir für die Linienkoordinaten z_{rs} ihre Determinantenausdrücke einsetzen. Dann nimmt Gleichung (10) folgende Gestalt an, wobei wir neben $\zeta_{34}, \zeta_{42}, \zeta_{23}, \zeta_{12}, \zeta_{13}, \zeta_{14}$ die entgegengesetzten Größen $\zeta_{43}, \zeta_{24}, \zeta_{32}, \zeta_{21}, \zeta_{31}, \zeta_{41}$ einführen:

$$\begin{aligned} &x_1^1\,(\;*\;+\zeta_{34}x_2^2+\zeta_{42}x_3^2+\zeta_{23}x_4^2)\\ &+x_2^1\,(\zeta_{43}x_1^2+\;*\;+\zeta_{14}x_3^2+\zeta_{31}x_4^2)\\ &+x_3^1\,(\zeta_{24}x_1^2+\zeta_{41}x_2^2+\;*\;+\zeta_{12}x_4^2)\\ &+x_4^1\,(\zeta_{32}x_1^2+\zeta_{13}x_2^2+\zeta_{21}x_3^2+\;*\;)=0. \end{aligned}$$

Der Koeffizient von $x_r^1 x_s^2$ ist hier mit ζ_{r*s*} bezeichnet, wobei r, s, r^*, s^* eine gerade Permutation von 1, 2, 3, 4 darstellt. Es wird bequemer sein, $\zeta_{r*s*} = c_{rs}$ zu setzen. Dann besteht die Beziehung $c_{rs} = -c_{sr}$. Führt man noch $c_{rr} = 0$ ein, so erscheint Gleichung (10) in der Form

$$(10^*) \qquad \Sigma c_{rs} x_r^1 x_s^2 = 0, \qquad (c_{rs} + c_{sr} = 0)$$

und es besteht noch die Bedingung

$$c_{12}c_{34} + c_{13}c_{42} + c_{14}c_{23} \neq 0,$$

die aus $\xi_{12}\zeta_{34} + \zeta_{13}\zeta_{42} + \zeta_{14}\zeta_{2} \neq 0$ auf Grund der Relationen $\zeta_{r*s*} = c_{rs}$ entstanden ist. Einen Ausdruck, wie er auf der linken Seite der Gleichung (10*) steht, bezeichnet man als schiefe Bilinearform in $x_1^1, x_2^1, x_3^1, x_4^1$ und $x_{1}^2, x_2^2, x_3^2, x_4^2$. Man nennt ferner

$$(12) \qquad \begin{vmatrix} c_{11} & c_{12} & c_{13} & c_{14}\\ c_{21} & c_{22} & c_{23} & c_{24}\\ c_{31} & c_{32} & c_{33} & c_{34}\\ c_{41} & c_{42} & c_{43} & c_{44} \end{vmatrix}$$

die Determinante dieser Bilinearform. In ihr sind c_{rs} und c_{sr} stets entgegengesetzt gleich, wodurch insbesondere das Verschwinden der Hauptelemente c_{rr} bedingt wird. Solche Determinanten, und zwar mit beliebiger Reihenzahl, kommen bei vielen wichtigen Problemen vor und werden als schiefsymmetrisch bezeichnet. Eine schiefsymmetrische Determinante mit ungerader Reihenzahl ist stets gleich Null. Wenn man nämlich jedes c_{rs} durch c_{sr} ersetzt, so kommt das auf ein Herumklappen der Determinante um die Hauptdiagonale hinaus. Wir wissen, daß hierdurch keine Wertänderung der Determinante bewirkt wird. Andererseits ist aber $c_{sr} = -c_{rs}$, d. h. alle n Zeilen der Determinante haben sich mit -1 multipliziert und daher die Determinante selbst mit $(-1)^n = -1$, weil n ungerade sein soll. Beides verträgt sich nur dann miteinander, wenn die Determinante verschwindet. Die schiefsymmetrischen Determinanten mit gerader Reihenzahl lassen sich als Quadrate darstellen. Z. B. ist

$$\begin{vmatrix} c_{11} & c_{12}\\ c_{21} & c_{22} \end{vmatrix} = \begin{vmatrix} 0 & c_{12}\\ -c_{12} & 0 \end{vmatrix} = c_{12}^2.$$

Ebenso kann man durch Rechnung feststellen, daß die Determinante (12) den Wert

$$(c_{12}c_{34} + c_{13}c_{42} + c_{14}c_{23})^2$$

hat. Der allgemeine Satz für schiefsymmetrische Determinanten mit gerader Reihenzahl n läßt sich schrittweise als richtig erkennen. Da $c_{nn} = 0$ ist, so können wir die mit c_{nn} behafteten Bestandteile unberücksichtigt lassen. Dann enthält jedes Glied der entwickelten Determinante

$$(13)\qquad \begin{vmatrix} c_{11} & \dots & c_{1,n-1} & c_{1n} \\ \cdot & \cdot & \cdot & \cdot \\ c_{n-1,1} & \dots & c_{n-1,n-1} & c_{n-1,n} \\ c_{n1} & \dots & c_{n,n-1} & c_{nn} \end{vmatrix}$$

einen Faktor c_{rn} und zugleich einen Faktor c_{ns}, wobei r und s der Reihe $1, \dots, n-1$ angehören. Ein solches Glied lautet

$$(14)\qquad \varepsilon c_{rn} c_{ns} c_{r_1 s_1} \dots c_{r_{n-1} s_{n-1}},$$

wobei $\varepsilon = \pm 1$ ist. Es entspricht ihm ein Glied

$$(15)\qquad \varepsilon' c_{rs} c_{r_1 s_1} \dots c_{r_{n-1} s_{n-1}}$$

in der entwickelten Determinante

$$(16)\qquad \begin{vmatrix} c_{11} & \dots & c_{1,n-1} \\ \cdot & \cdot & \cdot \\ c_{n-1,1} & \dots & c_{n-1,n-1} \end{vmatrix}.$$

ε ist gleich 1 oder -1, je nachdem die Anordnung $r, n, r_1, \dots, r_{n-1}$ durch eine gerade oder ungerade Anzahl von Transpositionen in $n, s, s_1, \dots, s_{n-1}$ übergeführt werden kann. Ähnlich hängt ε' von den Anordnungen $r, r_1, \dots, r_{n-1}$ und $s, s_1, \dots, s_{n-1}$ ab. Wendet man nun die Transpositionen, die $r, r_1, \dots, r_{n-1}$ schließlich in $s, s_1, \dots, s_{n-1}$ verwandeln, auf $r, n, r_1, \dots, r_{n-1}$ an, so entsteht $s, n, s_1, \dots, s_{n-1}$, und es bedarf noch einer Transposition, nämlich der Vertauschung von s und n, um zu $n, s, s_1 \dots, s_{n-1}$, zu gelangen. Daraus kann man schließen, daß $\varepsilon = -\varepsilon'$ ist. Summiert man (15) unter Festhaltung von r und s, so ergibt sich $c_{rs} C_{rs}$, wobei C_{rs} das Komplement von c_{rs} in der Determinante (16) bezeichnet. Um C_{rs} zu erhalten, muß man bekanntlich in (16) die r-te Zeile und die s-te Spalte streichen und noch den Faktor $(-1)^{r+s}$ hinzufügen. Da $\varepsilon = -\varepsilon'$ ist, so führt die Summation von (14) unter Festhaltung von r und s zu $-c_{rn} c_{ns} C_{rs}$. Daher hat die Determinante (13) den Wert $-\Sigma c_{rn} c_{ns} C_{rs}$ oder $\Sigma c_{rn} c_{sn} C_{rs}$, wobei r und s die Werte $1, \dots, n-1$ durchlaufen. Diese Determinante ist demnach eine quadratische Form in $c_{1n}, \dots, c_{n-1,n}$. Man überzeugt sich sofort, daß $C_{rs} = C_{sr}$ ist, so daß die gewöhnliche Schreibung einer quadratischen Form vorliegt. Die Determinante (16) ist als schiefsymmetrische Determinante von ungerader Reihenzahl gleich Null. Bei einer verschwindenden Determinante besteht aber die Eigenschaft, daß die Matrix der Komplemente höchstens den Rang 1 hat. Man kann dies mit Hilfe des Superdeterminantensatzes erkennen oder auch durch folgende Überlegung: Es seien $C_{r1}, \dots, C_{r,n-1}$ und $C_{\varrho 1}, \dots, C_{\varrho,n-1}$ die Komplemente, welche zur r-ten und ϱ-ten Zeile der Determinante (16) gehören. Sie sind, abgesehen vom Vorzeichen, $(n-2)$-reihige Determinanten, die sich aus $n-3$ gemeinsamen Zeilen der Determinante (16) in Verbindung mit der ϱ-ten bzw. r-ten Zeile aufbauen. Wegen des Verschwindens der Determinante (16) besteht zwischen ihren $n-1$ Zeilen eine lineare Relation. Sind an dieser nur jene $n-3$ gemeinsamen Zeilen beteiligt, so sind $C_{r1}, \dots, C_{r,n-1}$ und $C_{\varrho 1}, \dots, C_{\varrho,n-1}$ alle gleich Null. Kommt dagegen in der linearen Relation z. B. die r-te Zeile wirklich vor, so ist sie bis auf eine lineare Verbindung jener $n-3$ gemeinsamen Zeilen proportional zur ϱ-ten Zeile, d. h. die Determinanten $C_{r1}, \ldots, C_{r,n-1}$ sind proportional zu $C_{\varrho 1}, \ldots, C_{\varrho, n-1}$. Die Zeichenreihen $(-1)^{r+1}, \ldots, (-1)^{r+n-1}$ und $(-1)^{\varrho+1}, \ldots, (-1)^{\varrho+n-1}$ sind nämlich ebenfalls proportional.

Nachdem man nun weiß, daß die Relationen

$$\begin{vmatrix} C_{rs} & C_{rs'} \\ C_{r's} & C_{r's'} \end{vmatrix} = 0 \tag{17}$$

bestehen, kann man schreiben

$$C_{\varrho\varrho} \sum c_{rn} c_{sn} C_{rs} = \Big(\sum_{\sigma} c_{\sigma n} C_{\sigma\varrho}\Big)^2. \tag{18}$$

Aus (17) ersieht man aber, daß

$$C_{\sigma\varrho}^2 = C_{\varrho\varrho} C_{\sigma\sigma} \tag{17'}$$

ist. Andererseits weiß man, wenn der in Rede stehende Satz für den Fall $n-2$ als bewiesen gilt, daß $C_{11}, \ldots, C_{n-1,n-1}$ Quadrate sind. Hat man über das Zeichen von $\sqrt{C_{\varrho\varrho}}$ beliebig verfügt, so läßt sich $\sqrt{C_{\sigma\sigma}}$ derart bestimmen, daß $C_{\sigma\varrho} = \sqrt{C_{\varrho\varrho}}\sqrt{C_{\sigma\sigma}}$ wird. Es ergibt sich dann aus (18) unter der Annahme $C_{\varrho\varrho} \neq 0$ folgende Darstellung der Determinante (13):

$$\Sigma c_{rn} c_{sn} C_{rs} = \left(c_{1n}\sqrt{C_{11}} + c_{2n}\sqrt{C_{22}} + \cdots + c_{n-1,n}\sqrt{C_{n-1,n-1}}\right)^2.$$

Diese Gleichung gilt aber auch, wenn $C_{11}, \ldots, C_{n-1,n-1}$ alle verschwinden, weil dann nach (17') alle C_{rs} gleich Null sind.

Wir müssen noch eine Bemerkung über die Signierung der Ausdrücke $\sqrt{C_{\sigma\sigma}}$ machen. Wenn in der Reihe $1, \ldots, n-1$ die beiden Indizes ϱ und σ gestrichen werden, so mögen $\tau_1, \ldots, \tau_{n-3}$ stehen bleiben. Schreiben wir nun die Determinante (13) in der Form

$$\begin{vmatrix} c_{\tau_1\tau_1} & \ldots & c_{\tau_1\tau_{n-3}} & c_{\tau_1\varrho} & c_{\tau_1\sigma} \\ \cdot & \cdot & \cdot & \cdot & \cdot \\ c_{\tau_{n-3}\tau_1} & \ldots & c_{\tau_{n-3}\tau_{n-3}} & c_{\tau_{n-3}\varrho} & c_{\tau_{n-3}\sigma} \\ c_{\varrho\tau_1} & \ldots & c_{\varrho\tau_{n-3}} & c_{\varrho\varrho} & c_{\varrho\sigma} \\ c_{\sigma\tau_1} & \ldots & c_{\sigma\tau_{n-3}} & c_{\sigma\varrho} & c_{\sigma\sigma} \end{vmatrix}, \tag{13*}$$

so sieht man, daß $C_{\varrho\varrho}$ und $C_{\sigma\sigma}$ die Determinanten

$$\begin{vmatrix} c_{\tau_1\tau_1} & \ldots & c_{\tau_1\tau_{n-3}} & c_{\tau_1\sigma} \\ \cdot & \cdot & \cdot & \cdot \\ c_{\tau_{n-3}\tau_1} & \ldots & c_{\tau_{n-3}\tau_{n-3}} & c_{\tau_{n-3}\sigma} \\ c_{\sigma\tau_1} & \ldots & c_{\sigma\tau_{n-3}} & c_{\sigma\sigma} \end{vmatrix}, \quad \begin{vmatrix} c_{\tau_1\tau_1} & \ldots & c_{\tau_1\tau_{n-3}} & c_{\tau_1\varrho} \\ \cdot & \cdot & \cdot & \cdot \\ c_{\tau_{n-3}\tau_1} & \ldots & c_{\tau_{n-3}\tau_{n-3}} & c_{\tau_{n-3}\varrho} \\ c_{\varrho\tau_1} & \ldots & c_{\varrho\tau_{n-3}} & c_{\varrho\varrho} \end{vmatrix}$$

sind. Ferner ist offenbar

$$C_{\sigma\varrho} = -\begin{vmatrix} c_{\tau_1\tau_1} & \ldots & c_{\tau_1\tau_{n-3}} & c_{\tau_1\sigma} \\ \cdot & \cdot & \cdot & \cdot \\ c_{\tau_{n-3}\tau_1} & \ldots & c_{\tau_{n-3}\tau_{n-3}} & c_{\tau_{n-3}\sigma} \\ c_{\varrho\tau_1} & \ldots & c_{\varrho\tau_{n-3}} & c_{\varrho\sigma} \end{vmatrix},$$

weil $C_{\sigma\varrho}$ den Faktor von $c_{\sigma\varrho}$ in der entwickelten Determinante (13) oder (13*) bezeichnet. Wir wollen nun mit $\gamma_{\tau\tau'}$, das Komplement von $c_{\tau\tau'}$ in der schiefsymmetrischen Determinante

$$\begin{vmatrix} c_{\tau_1 \tau_1} & \dots & c_{\tau_1 \tau_{n-3}} \\ \cdot & \cdot & \cdot \\ c_{\tau_{n-3} \tau_1} & \dots & c_{\tau_{n-3} \tau_{n-3}} \end{vmatrix}$$

bezeichnen. Dann können wir schreiben

$$C_{\varrho\varrho} = \Sigma \gamma_{\tau\tau'} c_{\tau\sigma} c_{\tau'\sigma}, \quad C_{\sigma\sigma} = \Sigma \gamma_{\tau\tau'} c_{\tau\varrho} c_{\tau'\varrho}$$

und

$$C_{\sigma\varrho} = -\Sigma \gamma_{\tau\tau'} c_{\tau\sigma} c_{\tau'\varrho}.$$

Wir wissen, daß bei geeigneter Signierung der Wurzeln

$$\gamma_{\tau\tau'} = \sqrt{\gamma_{\tau\tau}} \sqrt{\gamma_{\tau'\tau'}}$$

ist. Daher lauten die obigen Gleichungen

$$C_{\varrho\varrho} = \left(\sum_\tau c_{\tau\sigma} \sqrt{\gamma_{\tau\tau}}\right)^2, \quad C_{\sigma\sigma} = \left(\sum_\tau c_{\tau\varrho} \sqrt{\gamma_{\tau\tau}}\right)^2,$$

$$C_{\sigma\varrho} = -\left(\sum_\tau c_{\tau\sigma} \sqrt{\gamma_{\tau\tau}}\right)\left(\sum_\tau c_{\tau\varrho} \sqrt{\gamma_{\tau\tau}}\right).$$

Um die Gleichung $C_{\sigma\varrho} = \sqrt{C_{\varrho\varrho}} \sqrt{C_{\sigma\sigma}}$ herbeizuführen, muß man also setzen

$$\sqrt{C_{\varrho\varrho}} = \varepsilon \Sigma c_{\tau\sigma} \sqrt{\gamma_{\tau\tau}}, \quad \sqrt{C_{\sigma\sigma}} = -\varepsilon \Sigma c_{\tau\varrho} \sqrt{\gamma_{\tau\tau}},$$

wobei ε die positive oder negative Einheit bedeutet. Man muß es mit andern Worten so einrichten, daß $-\sqrt{C_{\sigma\sigma}}$ dieselbe Linearform in den Größen $c_{\tau\varrho}$ ist, wie $\sqrt{C_{\varrho\varrho}}$ in den Größen $c_{\tau\varrho}$. Jedesmal sind das die Größen, die in dem andern Ausdruck gar nicht vorkommen. Man kann auch sagen, daß der Bestandteil $c_{\varrho n} \sqrt{C_{\varrho\varrho}}$ dadurch in $c_{\sigma n} \sqrt{C_{\sigma\sigma}}$ übergeht, daß man die Indizes ϱ und σ vertauscht und zugleich noch den Faktor -1 anbringt. Damit ist ein einfaches Mittel zur Herstellung des Ausdrucks $c_{1n} \sqrt{C_{11}} + \dots + c_{n-1,n} \sqrt{C_{n-1,n-1}}$ gewonnen. Im Falle $n = 4$ ist z. B.

$$C_{33} = \begin{vmatrix} c_{11} & c_{12} \\ c_{21} & c_{22} \end{vmatrix} = c^2_{12}.$$

Setzt man also $\sqrt{C_{33}} = c_{12}$, so wird man aus $c_{34} \sqrt{C_{33}} = c_{12} c_{34}$ die beiden andern Bestandteile $c_{14} \sqrt{C_{11}}$ und $c_{24} \sqrt{C_{22}}$ dadurch gewinnen, daß man 1 und 3 oder 2 und 3 auswechselt und jedesmal noch den Faktor -1 anbringt. Dadurch entstehen die Ausdrücke $-c_{32} c_{14}$ und $-c_{13} c_{24}$, d. h. $c_{14} c_{23}$ und $c_{13} c_{42}$. Es wird also

$$c_{14} \sqrt{C_{11}} + c_{24} \sqrt{C_{22}} + c_{34} \sqrt{C_{33}} = c_{12} c_{34} + c_{13} c_{42} + c_{14} c_{23},$$

was mit unsern früheren Angaben im Einklang steht.

Im Falle $n = 6$ setzen wir

$$\sqrt{C_{55}} = c_{12} c_{34} + c_{13} c_{42} + c_{14} c_{23}$$

und erhalten aus

$$c_{56} \sqrt{C_{55}} = c_{12} c_{34} c_{56} + c_{13} c_{42} c_{56} + c_{14} c_{23} c_{56}$$

die übrigen Bestandteile, indem wir 1 mit 5 oder 2 mit 5 oder 3 mit 5 oder 4 mit 5 auswechseln und jedesmal alle Zeichen ändern. Diese Bestandteile lauten demnach

$$\begin{aligned} c_{16}\sqrt{C_{11}} &= -c_{52}c_{34}c_{16} - c_{53}c_{42}c_{16} - c_{54}c_{23}c_{16}, \\ c_{26}\sqrt{C_{22}} &= -c_{15}c_{34}c_{26} - c_{13}c_{45}c_{26} - c_{14}c_{53}c_{26}, \\ c_{36}\sqrt{C_{33}} &= -c_{12}c_{54}c_{36} - c_{15}c_{42}c_{36} - c_{14}c_{25}c_{36}, \\ c_{46}\sqrt{C_{44}} &= -c_{12}c_{35}c_{46} - c_{13}c_{52}c_{46} - c_{15}c_{23}c_{46}. \end{aligned}$$

Die Quadratwurzel der schiefsymmetrischen Determinante (13) läßt sich also im Falle $n = 6$ folgendermaßen schreiben:

$$(19)\quad \begin{cases} c_{12}c_{34}c_{56} - c_{12}c_{35}c_{46} + c_{12}c_{36}c_{45} - c_{13}c_{24}c_{56} + c_{13}c_{25}c_{46} \\ -c_{13}c_{26}c_{45} + c_{14}c_{23}c_{56} - c_{14}c_{25}c_{36} + c_{14}c_{26}c_{35} - c_{15}c_{23}c_{46} \\ +c_{15}c_{24}c_{36} - c_{15}c_{26}c_{34} + c_{16}c_{23}c_{45} - c_{16}c_{24}c_{35} + c_{16}c_{25}c_{34}. \end{cases}$$

Bei jedem Gliede sieht man die sechs Indizes zu drei Paaren gruppiert. Innerhalb jedes Paares steht immer der kleinere Index an erster Stelle. Bilden die Indizes eine gerade Permutation, so steht vor dem betreffenden Gliede das Pluszeichen, andernfalls das Minuszeichen.

Beim Übergange zu $n = 8$ tritt zu allen Gliedern des Ausdrucks (19) als vierter Faktor c_{78} hinzu. Um die andern Bestandteile zu finden, muß man die Indizes $1, \ldots, 6$ einzeln mit 7 auswechseln und jedesmal den Faktor -1 anbringen. Dann wird der Charakter der Indexpermutation auch in den neuen Bestandteilen durch die voranstehenden Zeichen richtig angegeben. Will man das Gesetz aufrechterhalten, daß in jedem Indexpaare der kleinere Index den Anfang bildet, so muß man bei manchen Gliedern von der Beziehung $c_{rs} = -c_{sr}$ Gebrauch machen. Die Auswechselung von r und s ist von einem Zeichenwechsel begleitet, und zugleich ändert die Indexpermutation ihren Charakter. Die Vorzeichenregel bleibt also immer noch in Kraft. Das Bildungsgesetz des Ausdrucks (19) erhält sich, wie man sieht, im Falle $n = 8$. Es ist überhaupt allgemeingültig.

Man nennt solche Ausdrücke wie c_{12}, $c_{12}c_{34} - c_{13}c_{24} + c_{14}c_{23}$, (19) usw. Pfaffsche Aggregate oder auch Halbdeterminanten. Sie teilen viele Eigenschaften mit den Determinanten, und es lassen sich wichtige Begriffe, die wir aus der Determinantentheorie kennen, auf sie übertragen. Wie Jacobi eine n-reihige Determinante durch ihr Hauptglied mit vorangesetzten $\pm$ und Σ bezeichnet, z. B. die Determinante (13) mit

$$(20)\qquad \Sigma \pm c_{11}c_{22}\ldots c_{nn},$$

kann man auch ein Pfaffsches Aggregat durch sein Hauptglied mit vorgefügtem $\Sigma \pm$ symbolisieren, also die Quadratwurzel der Determinante (13) durch

$$(21)\qquad \Sigma \pm c_{12}c_{34}\ldots c_{n-1,n}.$$

Vielfach benutzt man auch, wenn es auf die Hervorhebung der Elemente c_{rs} nicht ankommt, die farblose Bezeichnung $(1, 2, \ldots, n)$, wobei dann $(r, s) = c_{rs}$ ist.

Im Falle (20) entstehen die Determinantenglieder aus dem hingeschriebenen Hauptgliede dadurch, daß man die ersten Indizes (oder auch die zweiten) auf alle Arten permutiert und überall, wo eine gerade Permutation erscheint, vom vorgesetzten Doppelzeichen das obere, überall, wo eine ungerade Permutation erscheint, das untere Zeichen beibehält. Ganz entsprechend ist es bei der Halbdeterminante (21). Die Indizes $1, 2, \ldots, n$ werden auf alle Arten permutiert und man behält im Falle einer geraden Permutation den oberen, im Falle einer ungeraden Permutation den unteren Bestandteil von $\pm$ bei. Auf diese Weise entstehen aber zu viele Glieder. Man muß sie in Klassen einteilen, indem man zwei Glieder, die in den Indexpaaren übereinstimmen, zu derselben Klasse rechnet. Solche Glieder sind auf Grund der Relationen $c_{rs} = -c_{sr}$ unter sich gleich. Wenn man aus jeder Klasse einen Repräsentanten herausgreift, so ist deren Summe die Halbdeterminante (21). Es gibt, wie man sich leicht klarmacht, in jeder Klasse $2 \cdot 4 \ldots n$ Glieder, also $1 \cdot 3 \ldots (n-1)$ Klassen und ebensoviele Glieder in der Halbdeterminante.

Aus der obigen Erklärung geht unmittelbar eine Grundeigenschaft der Pfaffschen Aggregate hervor, die sie mit den Determinanten gemein haben. Ein Pfaffsches Aggregat ändert lediglich sein Zeichen, wenn man zwei Indizes auswechselt.

Der in der Determinantentheorie so wichtige Begriff des Komplements ist auch in der Theorie der Pfaffschen Aggregate vorhanden. Das Komplement von c_{rs} $(r \gtrless s)$ ist der Gesamtfaktor, mit dem c_{rs} in dem Pfaffschen Aggregat (21) auftritt. Wie bei einer Determinante das Komplement eine nach bestimmtem Gesetz signierte Unterdeterminante ist, so hier ein niederes Pfaffsches Aggregat. Der Beweis gelingt ebenso einfach wie in der Determinantentheorie. Es seien $r_1, r_2, \ldots, r_{n-2}$ die Indizes, die in der Reihe $1, 2, \ldots, n$ nach Streichung von r und s übrigbleiben. ε_{rs} sei das Signum der Permutation $r, s, r_1, r_2, \ldots, r_{n-2}$. Dann ist

$$(22) \qquad \varepsilon_{rs} c_{rs} c_{r_1 r_2} \ldots c_{r_{n-3} r_{n-2}}$$

ein Glied des Pfaffschen Aggregats. Alle Glieder, die den Faktor c_{rs} haben oder sich unter Benutzung von $c_{sr} = -c_{rs}$ so schreiben lassen, daß sie ihn enthalten, ergeben sich aus (22) dadurch, daß man $r_1, r_2, \ldots, r_{n-3}, r_{n-2}$ permutiert und im Falle einer ungeraden Permutation den Faktor -1 beigibt. Die Summe aller mit c_{rs} behafteten Glieder lautet demnach

$$(23) \qquad \varepsilon_{rs} c_{rs} \Sigma \pm c_{r_1 r_2} \ldots c_{r_{n-3} r_{n-2}}.$$

Über ε_{rs} wäre noch zu sagen, daß es gleich 1 oder -1 ist, je nachdem es in der Reihe $r, s, r_1, r_2, \ldots, r_{n-2}$ eine gerade oder ungerade Zahl von Fehlständen gibt. $r_1, r_2, \ldots, r_{n-2}$ sind richtig, d. h. nach aufsteigender Größe, geordnet. Ist $r < s$, so kommen die $r-1$ Indizes $1, \ldots, r-1$ in der Reihe $r_1, \ldots, r_{n-2}$ vor und bilden mit r ebensoviele Fehlstände. Ferner stehen hinter s die kleineren Indizes $1, \ldots, s-1$ mit Ausnahme von r. Das gibt noch $s-2$ Fehlstände. Im ganzen haben wir somit $r+s-3$ Fehlstände, so daß $\varepsilon_{rs} = (-1)^{r+s-3}$ ist. Im Falle $r > s$ tritt noch ein Fehlstand hinzu. Man hat also $\varepsilon_{sr} = -\varepsilon_{rs}$.

Das Komplement von c_{rs} lautet nach (23)

$$(23') \qquad c_{rs}^* = \varepsilon_{rs} \Sigma \pm c_{r_1 r_2} \ldots c_{r_{n-1} r_{n-2}}.$$

Da in jedem Gliede der Halbdeterminante irgendwo der Index r auftritt, so kann man sie in der Form

$$(24) \qquad \sum_s c_{rs} c_{rs}^*$$

darstellen, wobei $s = r$ auszuschließen wäre. Man kann aber auch von einer besonderen Hervorhebung dieses Ausschlusses absehen, weil $c_{rr} = 0$ ist. Das Glied $c_{rr} c_{rr}^*$ fällt also von selbst fort, wie man auch c_{rr}^* definieren mag. Wir machen die Festsetzung $c_{rr}^* = 0$.

Wenn man nun in (24) die Faktoren $c_{r1}, c_{r2}, \ldots, c_{rn}$ durch $c_{\varrho 1}, c_{\varrho 2}, \ldots c_{\varrho n}$ ersetzt, also $c_{\varrho 1}, c_{\varrho 2}, \cdots, c_{\varrho n}$ nicht mit den eigenen, sondern mit fremden Komplementen verknüpft, so kommt Null heraus, d. h. es ist

$$(25) \qquad \sum_s c_{\varrho s} c_{rs}^* = 0 \qquad (\varrho \gtrless r).$$

Da in c_{rs}^* die Indizes r, s gar nicht auftreten, so geht das Quadrat des Ausdrucks (25) aus der Determinante (13) dadurch hervor, daß man $c_{r1}, \ldots, c_{rn}$ außer c_{rr} durch $c_{\varrho 1}, \ldots, c_{\varrho n}$ und $c_{1r}, \ldots, c_{nr}$ außer c_{rr} durch $c_{1\varrho}, \ldots, c_{n\varrho}$ ersetzt. Dadurch erhält aber die Determinante zwei übereinstimmende Zeilen und zwei übereinstimmende Spalten, wird also gleich Null. Würden wir nicht die Festsetzung $c_{rr}^* = 0$ machen, so wäre die Gleichung (25) nicht erfüllt.

Mit Rücksicht auf $\varepsilon_{sr} = -\varepsilon_{rs}$ ergibt sich aus (23')

$$c_{sr}^* = -c_{rs}^*.$$

Da außerdem $c_{rr}^* = 0$ ist, so bilden die Komplemente c_{rs}^* ebenfalls eine schiefsymmetrische Matrix. Man kann daher die Relation (25) auch in der Form

$$(25') \qquad \sum_s c_{s\varrho} c_{sr}^* = 0 \qquad (\varrho \gtrless r)$$

schreiben und das Pfaffsche Aggregat (21) durch

$$(24') \qquad \sum_s c_{sr} c_{sr}^*$$

darstellen. Die Formeln (24), (24'), (25), (25') braucht man bei der Auflösung linearer Gleichungssysteme mit schiefsymmetrischer Koeffizientenmatrix.

In dem Pfaffschen Aggregat

$$c_{12} c_{34} + c_{13} c_{42} + c_{14} c_{23}$$

kann man das Komplement von c_{rs} durch $c_{r^* s^*}$ ausdrücken, wobei r, s, r^*, s^* eine gerade Permutation von 1, 2, 3, 4 bilden. Hier ist also $c_{rs}^* = c_{r^* s^*}$.

Nach dieser Abschweifung in ein wichtiges Kapitel der Determinantentheorie kehren wir zur Betrachtung des allgemeinen linearen Komplexes zurück, den wir durch die Gleichung (10*) dargestellt haben. Die linke Seite dieser Gleichung gab als schiefe Bilinearform den Anstoß zur Betrachtung schiefsymmetrischer Determinanten. Da wir es mit einem allgemeinen linearen

Komplex zu tun haben, ist $c_{12}c_{34} + c_{13}c_{42} + c_{14}c_{23} \neq 0$ und somit die Determinante der c_{rs} von Null verschieden.

Zwei Punkte x^1 und x^2, die zusammen der Gleichung (10*) genügen, also eine Gerade des Komplexes bestimmen, wollen wir als konjugiert bezeichnen. Da $c_{rs} + c_{sr} = 0$ ist, erfüllt jeder Punkt x^1 die Gleichung $\Sigma c_{rs} x_r^1 x_s^1 = 0$, d. h. er ist zu sich selbst konjugiert. Die zu einem Punkte x konjugierten Punkte X sind durch die Gleichung

$$\Sigma c_{rs} X_r x_s = 0$$

oder $\sum U_r X_r = 0$ gekennzeichnet, wenn wir $U_r = \sum_s c_{rs} x_s$ setzen. Die Koeffizienten U_1, U_2, U_3, U_4 in einer Ebenengleichung werden als Koordinaten der Ebene betrachtet. Jedem Punkte x ist also durch den linearen Komplex eine Ebene zugeordnet, deren Koordinaten mit denen des Punktes in folgender Weise zusammenhängen:

$$(26) \qquad \begin{cases} U_1 = c_{11}x_1 + c_{12}x_2 + c_{13}x_3 + c_{14}x_4, \\ U_2 = c_{21}x_1 + c_{22}x_2 + c_{23}x_3 + c_{24}x_4, \\ U_3 = c_{31}x_1 + c_{32}x_2 + c_{33}x_3 + c_{34}x_4, \\ U_4 = c_{41}x_1 + c_{42}x_2 + c_{43}x_3 + c_{44}x_4. \end{cases}$$

Es kann niemals vorkommen, daß die Zuordnungsregel versagt, d. h. daß U_1, U_2, U_3, U_4 für irgendeinen Punkt x alle gleich Null werden. Dann müßte nämlich die Determinante der c_{rs} verschwinden, was bei einem allgemeinen linearen Komplex gerade ausgeschlossen ist. Wegen des Nichtverschwindens der Determinante lassen sich die Gleichungen (26) nach x_1, x_2, x_3, x_4 auflösen. Wenn also eine beliebige Ebene vorgelegt wird, gibt es immer einen und nur einen Punkt, dem sie auf Grund der Zuordnungsregel entspricht.

Man nennt eine Zuordnung zwischen Punkten und Ebenen, die durch eine lineare Transformation vermittelt wird, eine Korrelation. Die Korrelation (26) hat die Besonderheit, daß ihre Koeffizienten eine schiefsymmetrische Matrix bilden. Man bezeichnet eine derartige Korrelation als ein Nullsystem. Charakteristisch für ein Nullsystem ist die Eigenschaft, daß die einem Punkte x zugeordnete Ebene stets durch ihn selbst hindurchgeht, daß also auf Grund von (26) die Gleichung

$$(27) \qquad U_1x_1 + U_2x_2 + U_3x_3 + U_4x_4 = 0$$

besteht. Setzt man alle x bis auf x_r gleich Null, so reduziert sich diese Gleichung auf $c_{rr} = 0$. Nimmt man x_r und x_s von Null verschieden an ($r \gtrless s$), während die übrigen x verschwinden, so verwandelt sie sich in $U_r x_r + U_s x_s = 0$, also mit Rücksicht auf (26) in $(c_{rs} + c_{sr})\, x_r x_s = 0$, d. h. $c_{rs} + c_{sr} = 0$.

Die Nullsysteme sind, wie die obige Betrachtung gezeigt hat, die einzigen Korrelationen, bei welchem sich Punkt und zugeordnete Ebene stets in vereinigter Lage befinden, also der Bedingung (27) genügen. Wenn man durch jeden Punkt die Geraden zieht, die der zugeordneten Ebene angehören, so erhält man sämtliche Geraden eines allgemeinen linearen Komplexes. Umgekehrt bilden bei jedem solchen Komplexe die durch einen Punkt hindurchgehenden Geraden ein Geradenbüschel, und es entsteht ein Nullsystem, wenn man jedesmal dem Scheitel des Büschels seine Ebene zuordnet.

Wenn die Gleichungen (26) eine beliebige Korrelation darstellen, also nicht mehr die Bedingungen $c_{rs} + c_{sr} = 0$ gestellt werden, so kann man leicht erkennen, daß den Punkten x einer Ebene u die Ebenen U durch einen Punkt X entsprechen. Es folgt nämlich aus (26)

$$\Sigma\, U_\nu X_\nu = \Sigma\, u_\nu x_\nu, \tag{28}$$

wenn man

$$\left\{\begin{aligned} u_1 &= c_{11} X_1 + c_{21} X_2 + c_{31} X_3 + c_{41} X_4,\\ u_2 &= c_{12} X_1 + c_{22} X_2 + c_{32} X_3 + c_{42} X_4,\\ u_3 &= c_{13} X_1 + c_{23} X_3 + c_{33} X_3 + c_{43} X_4,\\ u_4 &= c_{14} X_1 + c_{24} X_2 + c_{34} X_3 + c_{44} X_4 \end{aligned}\right. \tag{26'}$$

setzt. Bezeichnet man mit C die Determinante der c_{rs}, mit C_{rs} das Komplement von c_{rs} in C und setzt $\gamma_{rs} = C^{-1} C_{rs}$, so kann man die Gleichungen (26′) auch in folgender Form schreiben:

$$\left\{\begin{aligned} X_1 &= \gamma_{11} u_1 + \gamma_{12} u_2 + \gamma_{13} u_3 + \gamma_{14} u_4,\\ X_2 &= \gamma_{21} u_1 + \gamma_{22} u_2 + \gamma_{23} u_3 + \gamma_{24} u_4,\\ X_3 &= \gamma_{31} u_1 + \gamma_{32} u_2 + \gamma_{33} u_3 + \gamma_{34} u_4,\\ X_4 &= \gamma_{41} u_1 + \gamma_{42} u_2 + \gamma_{43} u_3 + \gamma_{44} u_4. \end{aligned}\right. \tag{26*}$$

Auf Grund von (28) folgt nun aus $\Sigma\, u_\nu x_\nu = 0$ stets $\Sigma\, U_\nu X_\nu = 0$, d. h. den Punkten x der Ebene u entsprechen die Ebenen durch einen Punkt X, der mit u nach dem Gesetz (26*) zusammenhängt. Eine Korrelation ordnet also nicht nur jedem Punkt x eine Ebene U, sondern zugleich jeder Ebene u einen Punkt X, und zwar so, daß einem Punkt und einer Ebene in vereinigter Lage eine Ebene und ein Punkt in vereinigter Lage entsprechen.

Wir wollen noch die Frage beantworten, wann eine Korrelation involutorisch ist, d. h. bei zweimaliger Anwendung die Identität liefert. Beim ersten Schritt geht der Punkt x nach der Regel (26) in die Ebene U über. Beim zweiten Schritt verwandelt sich diese Ebene U in einen Punkt X, dessen Koordinaten durch (26*) bestimmt sind, wo wir u durch U ersetzen müssen. Im involutorischen Falle ist X derselbe Punkt wie x, so daß

$$\begin{pmatrix} \gamma_{11} & \cdots & \gamma_{14} \\ \cdot & \cdots & \cdot \\ \gamma_{41} & \cdots & \gamma_{44} \end{pmatrix} \begin{pmatrix} c_{11} & \cdots & c_{14} \\ \cdot & \cdots & \cdot \\ c_{41} & \cdots & c_{44} \end{pmatrix} = \lambda\, \mathfrak{E}$$

sein muß, wobei $\mathfrak{E}$ die Einheitsmatrix bedeutet. Hieraus folgt, wenn man die Relation

$$\begin{pmatrix} c_{11} & \cdots & c_{41} \\ \cdot & \cdots & \cdot \\ c_{14} & \cdots & c_{41} \end{pmatrix} \begin{pmatrix} \gamma_{11} & \cdots & \gamma_{14} \\ \cdot & \cdots & \cdot \\ \gamma_{41} & \cdots & \gamma_{44} \end{pmatrix} = \mathfrak{E}$$

berücksichtigt,

$$\begin{pmatrix} c_{11} & \cdots & c_{14} \\ \cdot & \cdots & \cdot \\ c_{41} & \cdots & c_{44} \end{pmatrix} = \lambda \begin{pmatrix} c_{11} & \cdots & c_{41} \\ \cdot & \cdots & \cdot \\ c_{14} & \cdots & c_{44} \end{pmatrix},$$

d. h. $c_{rs} = \lambda c_{sr}$. Da auch $c_{sr} = \lambda c_{rs}$ ist, so ergibt sich weiter $c_{rs} = \lambda^2 c_{rs}$, also $\lambda^2 = 1$ oder $\lambda = \pm 1$. Im Falle $\lambda = -1$, d. h. $c_{rs} = -c_{sr}$, liegt ein Nullsystem vor. Im Falle $\lambda = 1$ oder $c_{rs} = c_{sr}$ ist die Matrix der c_{rs} symmetrisch. Die Ebene U, welche dem Punkte x zugeordnet ist, hat die Gleichung $\Sigma U_r X_r$ oder noch (26) $\Sigma c_{rs} X_r x_s = 0$. Ihre Punkte sind zu x konjugiert in bezug auf die Fläche zweiter Ordnung $\Sigma c_{rs} s_r z_s = 0$. Die Ebene U ist die Polarebene des Punktes x in bezug auf diese Fläche. Man nennt eine solche Korrelation ein Polarsystem. Die einzigen involutorischen Korrelationen sind also die Nullsysteme und Polarsysteme.

Die Punkte der Fläche $\Sigma c_{rs} z_r z_s = 0$ kann man durch die Eigenschaft kennzeichnen, daß sie in ihrer Polarebene liegen, d. h. zu sich selbst konjugiert sind. Die Polarebene eines solchen Flächenpunktes bezeichnet man als Tangentialebene. Verbindet man nämlich den Flächenpunkt z mit einem Punkte dieser Ebene, so fallen die Schnittpunkte der Verbindungslinie und der Fläche beide in z zusammen, d. h. man erhält eine Tangente der Fläche mit dem Berührungspunkt z.

Man kann nun die Fläche zweiter Ordnung durch ihre Tangentialebenen kennzeichnen. Ist u die Polarebene des Flächenpunktes z, so gelten folgende Gleichungen:

$$(29)\qquad \begin{cases} c_{11}z_1 + c_{12}z_2 + c_{13}z_3 + c_{14}z_4 = u_1, \\ c_{21}z_1 + c_{22}z_2 + c_{23}z_3 + c_{24}z_4 = u_2, \\ c_{31}z_1 + c_{32}z_2 + c_{33}z_3 + c_{34}z_4 = u_3, \\ c_{41}z_1 + c_{42}z_2 + c_{43}z_3 + c_{44}z_4 = u_4, \\ u_1 z_1 + u_2 z_2 + u_3 z_3 + u_4 z_4 = 0\,. \end{cases}$$

Die vier ersten sagen aus, daß u die Polarebene des Punktes z ist. Nach der letzten Gleichung liegt z in der Ebene u, d. h. z gehört der Fläche an und u ist ihre Tangentialebene im Punkte z. Aus (29) folgt nun, da diese Gleichungen in z_1, z_2, z_3, z_4 und -1 linear und homogen sind, wenn man jedes u_r als $(-1)\,u_r$ auf die linke Seite bringt,

$$(30)\qquad \begin{vmatrix} c_{11} & c_{12} & c_{13} & c_{14} & u_1 \\ c_{21} & c_{22} & c_{23} & c_{24} & u_2 \\ c_{31} & c_{32} & c_{33} & c_{34} & u_3 \\ c_{41} & c_{42} & c_{43} & c_{44} & u_4 \\ u_1 & u_2 & u_3 & u_4 & 0 \end{vmatrix} = 0$$

oder auch

$$(30')\qquad \Sigma C_{rs} u_r u_s = 0.$$

Die Gleichungsform (30′) ergibt sich entweder durch Entwicklung der Determinante (30) oder dadurch, daß man die vier ersten Gleichungen (29) nach z_1, z_2, z_3, z_4 auflöst und die gefundenen Ausdrücke in die fünfte Gleichung einsetzt.

Man nennt (30) die Gleichung der Fläche zweiter Ordnung in Ebenenkoordinaten. Da die Determinante der C_{rs}, ebenso wie die der c_{rs}, von Null verschieden ist, hat die quadratische Form $\Sigma C_{rs} u_r u_s$ den Rang 4. Eine allgemeine Fläche zweiter Ordnung wird also sowohl in Punkt- als auch in Ebenenkoordinaten durch das Verschwinden einer quadratischen Form vom Range 4 dargestellt.

Wir können zu der Gleichung (30) oder (30′) auch auf einem andern Wege gelangen. Ist $(z \mid z) = \Sigma c_{rs} z_r z_s = 0$ eine Fläche zweiter Ordnung vom Range 4, so wird die mit drei Punkten z^1, z^2, z^3 gebildete Determinante

$$D_3 = \begin{vmatrix} (z^1 \mid z^1) & (z^1 \mid z^2) & (z^1 \mid z^3) \\ (z^2 \mid z^1) & (z^2 \mid z^2) & (z^2 \mid z^3) \\ (z^3 \mid z^1) & (z^3 \mid z^2) & (z^3 \mid z^3) \end{vmatrix}$$

im allgemeinen von Null verschieden sein. Ist sie gleich Null, so bedeutet das eine besondere Eigenschaft der drei Punkte z^1, z^2, z^3. Dabei nehmen wir an, daß diese Punkte nicht in gerader Linie liegen, weil in diesem Falle D_3 verschwindet, ohne daß dem Punkttripel irgendeine ausgezeichnete Beziehung zur betrachteten Fläche nachzusagen wäre. Wenn nun $D_3 = 0$ ist, so läßt sich in der Ebene z^1, z^2, z^3 ein Punkt $z = \lambda_1 z^1 + \lambda_2 z^2 + \lambda_3 z^3$ finden, der zu z^1, z^2, z^3 und daher zu allen Punkten der genannten Ebene konjugiert ist. Man kann nämlich die Gleichungen $(z^1 \mid z) = 0$, $(z^2 \mid z) = 0$, $z^3 \mid z) = 0$, d. h.

$$(31) \qquad \begin{cases} \lambda_1 (z^1 \mid z^1) + \lambda_2 (z^1 \mid z^2) + \lambda_3 (z^1 \mid z^3) = 0, \\ \lambda_1 (z^2 \mid z^1) + \lambda_2 (z^2 \mid z^2) + \lambda_3 (z^2 \mid z^3) = 0, \\ \lambda_1 (z^3 \mid z^1) + \lambda_2 (z^3 \mid z^2) + \lambda_3 (z^3 \mid z_3) = 0, \end{cases}$$

wegen des Verschwindens der Determinante D_3 durch drei Werte $\lambda_1, \lambda_2, \lambda_3$ erfüllen, die nicht alle gleich Null sind. Umgekehrt muß im Falle einer solchen Erfüllbarkeit D_3 verschwinden. $D_3 = 0$ ist also die kennzeichnende Bedingung dafür, daß drei Punkte z_1, z_2, z_3, die nicht in gerader Linie liegen, eine Tangentialebene der betrachteten Fläche bestimmen. Um von der Gleichung $D_3 = 0$ direkt zu (30) zu gelangen, ohne die eben angestellte Überlegung, kann man in folgender Weise vorgehen: u sei die Ebene der drei Punkte z^1, z^2, z^3, also

$$\Sigma u_\nu z_\nu^1 = 0, \quad \Sigma u_\nu z_\nu^2 = 0, \quad \Sigma u_\nu z_\nu^3 = 0.$$

Man nehme noch einen vierten Punkt z^4 hinzu, der dieser Ebene nicht angehört, so daß $\Sigma u_\nu z_\nu^4$ nicht 0, sondern 1 ist. Multipliziert man nun die in (30) auftretende Determinante, die $\triangle$ heißen möge, mit

$$D = \begin{vmatrix} z_1^1 & z_2^1 & z_3^1 & z_4^1 & 0 \\ z_1^2 & z_2^2 & z_3^2 & z_4^2 & 0 \\ z_1^3 & z_2^3 & z_3^3 & z_4^3 & 0 \\ z_1^4 & z_2^4 & z_3^4 & z_4^4 & 0 \\ 0 & 0 & 0 & 0 & 1 \end{vmatrix}$$

und benutzt dabei die Bezeichnungen $\dot{z}_r = \sum\limits_s c_{rs} z_s$, so ergibt sich

$$D \triangle = \begin{vmatrix} \dot{z}_1^1 & \dot{z}_2^1 & \dot{z}_3^1 & \dot{z}_4^1 & 0 \\ \dot{z}_1^2 & \dot{z}_2^2 & \dot{z}_3^2 & \dot{z}_4^2 & 0 \\ \dot{z}_1^3 & \dot{z}_2^3 & \dot{z}_3^3 & \dot{z}_4^3 & 0 \\ \dot{z}_1^4 & \dot{z}_2^4 & \dot{z}_3^4 & \dot{z}_4^4 & 1 \\ u_1 & u_2 & u_3 & u_4 & 0 \end{vmatrix}.$$

Bei nochmaliger Multiplikation mit D kommt man auf

$$D^2 \triangle = \begin{vmatrix} (z^1 \mid z^1) & (z^1 \mid z^2) & (z^1 \mid z^3) & (z^1 \mid z^4) & 0 \\ (z^2 \mid z^1) & (z^2 \mid z^2) & (z^2 \mid z^3) & (z^2 \mid z^4) & 0 \\ (z^3 \mid z^1) & (z^3 \mid z^2) & (z^3 \mid z^3) & (z^3 \mid z^4) & 0 \\ (z^4 \mid z^1) & (z^4 \mid z^2) & (z^4 \mid z^3) & (z^4 \mid z^4) & 1 \\ 0 & 0 & 0 & 1 & 0 \end{vmatrix} = -D_3.$$

Da D einen von Null verschiedenen Wert hat, weil die Punkte z^1, z^2, z^3, z^4 nicht in einer gemeinsamen Ebene liegen, so folgt aus $D_3 = 0$ notwendig $\triangle = 0$. Man sieht also, daß die Ebene u eine Tangentialebene der betrachteten Fläche ist.

Wenn eine Fläche zweiter Ordnung vom Range 3 vorliegt, so kann man auch noch die Gleichung (30′) aufstellen. Da aber die Matrix der C_{rs} den Rang 1 hat, so nimmt diese Gleichung die Form

$$(C_1 u_1 + C_2 u_2 + C_3 u_3 + C_4 u_4)^2 = 0$$

an. Sie enthält also die Aussage, daß die Ebene u durch einen festen Punkt hindurchgeht, nämlich durch den Punkt C_1, C_2, C_3, C_4. Da der singuläre Punkt der Fläche zu allen Punkten des Raumes konjugiert ist, so werden die Gleichungen (29) erfüllt sein, wenn man darin unter z den singulären Punkt und unter u eine beliebige durch ihn hindurchgehende Ebene versteht. Rechts muß man jedes u_ν mit dem Faktor 0 versehen. Jede durch den singulären Punkt hindurchgehende Ebene genügt, da nicht alle z_ν verschwinden, der Gleichung (30′). Daher sind C_1, C_2, C_3, C_4 die Koordinaten des singulären Punktes. Die Gleichung in Ebenenkoordinaten gibt hier also keinerlei Aufschluß über die Fläche selbst. Sie beschränkt sich auf die Hervorhebung des singulären Punktes. Alle Flächen zweiter Ordnung vom Range 3, die denselben singulären Punkt haben, werden hier in einen Topf geworfen. Ähnliche Erscheinungen lernten wir bei der Darstellung der Flächen zweiter Ordnung in Linienkoordinaten kennen. Ist eine Fläche zweiter Ordnung von niedrigerem Range als 3, so wird die Gleichung (30′) völlig bedeutungslos, weil alle C_{rs} verschwinden. Ebenenpaare und Doppelebenen entziehen sich also dieser Darstellungsweise ganz und gar.

Man kann sich nun aber auf den Standpunkt stellen, ganz allgemein solche Gebilde zu betrachten, die durch eine Gleichung von der Form (30′) dargestellt werden. Sie werden als Gebilde zweiter Klasse bezeichnet. Die Koeffizienten C_{rs} sind nur an die Symmetriebedingung $C_{rs} = C_{rs}$ gebunden und werden hier als reell vorausgesetzt. Wenn man eine projektive Abbildung vornimmt, also eine lineare Transformation in homogenen Punktkoordinaten aufstellt, so ist damit eine lineare Transformation in Ebenenkoordinaten verbunden, die uns darüber belehrt, wie bei der betrachteten Projektivität die Ebenen des Raumes transformiert werden. Wird die Projektivität durch die Gleichungen

$$(32)\quad \begin{cases} X_1 = \mathfrak{k}_{11}x_1 + \mathfrak{k}_{12}x_2 + \mathfrak{k}_{13}x_3 + \mathfrak{k}_{14}x_4, \\ X_2 = \mathfrak{k}_{21}x_1 + \mathfrak{k}_{22}x_2 + \mathfrak{k}_{23}x_3 + \mathfrak{k}_{24}x_4, \\ X_3 = \mathfrak{k}_{31}x_1 + \mathfrak{k}_{32}x_2 + \mathfrak{k}_{33}x_3 + \mathfrak{k}_{34}x_4, \\ X_4 = \mathfrak{k}_{41}x_1 + \mathfrak{k}_{42}x_2 + \mathfrak{k}_{43}x_3 + \mathfrak{k}_{44}x_4 \end{cases}$$

ausgedrückt, so ergibt sich durch Multiplikation mit U_1, U_2, U_3, U_4 und Addition

$$(33)\quad \Sigma U_\nu X_\nu = \Sigma u_\nu x_\nu,$$

wenn man schreibt

$$(32')\quad \begin{cases} u_1 = \mathfrak{k}_{11} U_1 + \mathfrak{k}_{21} U_2 + \mathfrak{k}_{31} U_3 + \mathfrak{k}_{41} U_4, \\ u_2 = \mathfrak{k}_{12} U_1 + \mathfrak{k}_{22} U_2 + \mathfrak{k}_{32} U_3 + \mathfrak{k}_{42} U_4, \\ u_3 = \mathfrak{k}_{13} U_1 + \mathfrak{k}_{23} U_2 + \mathfrak{k}_{33} U_3 + \mathfrak{k}_{43} U_4, \\ u_4 = \mathfrak{k}_{14} U_1 + \mathfrak{k}_{24} U_2 + \mathfrak{k}_{34} U_3 + \mathfrak{k}_{44} U_4. \end{cases}$$

Aus (33) ersieht man, daß $\Sigma u_\nu x_\nu = 0$ die Gleichung $\Sigma U_\nu X_\nu = 0$ nach sich zieht. Die Punkte der Ebene u werden also durch Projektivität in die Punkte der Ebene U übergeführt, die mit u durch die lineare Transformation (32′) zusammenhängt. Man kann (32′) natürlich auch in aufgelöster Form schreiben, so daß links U_1, U_2, U_3, U_4 stehen. Die lineare Transformation (32′) gibt an, wie die projektive Abbildung (32) die Ebenen des Raumes vertauscht. Wenn man eine beliebige lineare Transformation in Ebenenkoordinaten aufstellt, so ist sie immer die Begleiterin einer linearen Transformation in Punktkoordinaten, d. h. sie ist die zu einer gewissen Projektivität gehörige Ebenentransformation. Übrigens nennt man die Quadrupel x und u, wenn sie so transformiert werden, daß $\Sigma u_\nu x_\nu$ invariant bleibt, kontragredient. Punktkoordinaten und Ebenenkoordinaten sind also bei projektiven Abbildungen kontragredient.

Liegt nun ein Gebilde zweiter Klasse vor, so können wir die lineare Transformation (32′) so wählen, daß die Gleichung (30′) auf Quadrate reduziert wird. Es ergeben sich dabei ähnlich wie bei den Gebilden zweiter Ordnung folgende acht Typen:

$$\begin{gathered} u_1^2 = 0, \quad u_1^2 + u_2^2 = 0, \quad u_1^2 - u_2^2 = 0, \\ u_1^2 + u_2^2 + u_3^2 = 0, \quad u_1^2 + u_2^2 - u_3^2 = 0, \\ u_1^2 + u_2^2 + u_3^2 + u_4^2 = 0, \\ u_1^2 + u_2^2 + u_3^2 - u_4^2 = 0, \\ u_1^2 + u_2^2 - u_3^2 - u_4^2 = 0. \end{gathered}$$

Wenn man die Flächen zweiter Ordnung $x_1^2 + x_2^2 + x_3^2 + x_4^2 = 0$, $x_1^2 + x_2^2 + x_3^2 - x_4^2 = 0$, $x_1^2 + x_2^2 - x_3^2 - x_4^2 = 0$ in Ebenenkoordinaten darstellt, so findet man die drei letzten Gleichungen des obigen Verzeichnisses. $u_1^2 = 0$ ist die Gleichung eines doppelt zählenden Punktes, $u_1^2 - u_2^2 = (u_1 + u_2)(u_1 - u_2) = 0$ die eines reellen Punktepaares, $u_1^2 + u_2^2 = (u_1 + iu_2)(u_1 - iu_2) = 0$ die Gleichung eines Paares konjugiert imaginärer Punkte. Über $u_1^2 + u_2^2 - u_3^2 = 0$ ist folgendes zu sagen: Die Ebene $u_1 = 0$, $u_2 = 0$, $u_3 = 0$, $u_4 = 1$ oder $x_4 = 0$ wird als die singuläre Ebene dieses Gebildes bezeichnet. Jede andere Ebene $\Sigma u_\nu x_\nu = 0$, die der Gleichung $u_1^2 + u_2^2 - u_3^2 = 0$ genügt, schneidet die singuläre Ebene $x_4 = 0$ in der Geraden $x_4 = 0$, $u_1 x_1 + u_2 x_2 + u_3 x_3 = 0$, und über diese Gerade allein macht jene Gleichung eine Aussage. Alle Ebenen, die durch eine solche Gerade hindurchgehen, erfüllen die Gleichung. Es handelt sich also um eine Mannigfaltigkeit von Ebenenbüscheln, deren Träger gewisse Geraden der Ebene $x_4 = 0$ sind.

Wenn man in der Ebene $x_4 = 0$ die Kurve zweiter Ordnung $x_1^2 + x_2^2 - x_3^2 = 0$ betrachtet und verlangt, daß die Gerade $u_1 x_1 + u_2 x_2 + u_3 x_3 = 0$ eine ihrer Tangenten sein soll, so kommt man auf die Bedingungsgleichung $u_1^2 + u_2^2 - u_3^2 = 0$. Man kann also sagen, daß diese Gleichung von allen Ebenen erfüllt wird, welche die Kurve zweiter Ordnung $x_4 = 0$, $x_1^2 + x_2^2 - x_3^2 = 0$ berühren, wozu auch die Ebene der Kurve gerechnet wird. Im Falle $u_1^2 + u_2^2 + u_3^2 = 0$ handelt es sich um die imaginäre Kurve zweiter Ordnung $x_4 = 0$, $x_1^2 + x_2^2 + x_3^2 = 0$, also um den Fernkreis. Was hier in Punktkoordinaten durch zwei Gleichungen ausgedrückt wird, läßt sich bei Benutzung von Ebenenkoordinaten in eine einzige Gleichung hineinbringen.

§ 10. Affine Klassifikation der Flächen zweiter Ordnung.

Eine Affinität ist eine Projektivität, bei welcher die Fernebene in sich übergeht. Zwei Flächen zweiter Ordnung, die zueinander affin, also durch eine Affinität ineinander transformierbar sind, gehören auch vom projektiven Standpunkt in dieselbe Klasse. Das Umgekehrte gilt aber nicht immer. Es ergibt sich also bei der affinen Klassifikation eine reichere Gliederung. Die Klassen zerfallen in Unterklassen.

Wir wollen noch einmal an die Konstruktion der Poltetraeder erinnern, um ihr zugleich eine andere Formulierung zu geben. Es liege irgendeine Fläche zweiter Ordnung $\Sigma a_{rs} x_r x_s = 0$ vor. Dann lautet die Bedingung für zwei konjugierte Punkte $(y \mid z) = \Sigma a_{rs} y_r z_s = 0$. Die Punkte der Fläche sind zu sich selbst konjugiert, weil sich die Flächengleichung in der Form $(x \mid x) = 0$ schreiben läßt.

Man bilde nun eine Reihe von Punkten $x^1, x^2, x^3, \ldots$, die folgenden Bedingungen genügen:

$$(1) \quad \begin{cases} (x^1 \mid x^1) \neq 0, & (x^1 \mid x^2) = 0, & (x^1 \mid x^3) = 0, \ldots \\ & (x^2 \mid x^2) \neq 0, & (x^2 \mid x^3) = 0, \ldots \\ & & (x^3 \mid x^3) \neq 0, \ldots \\ & & \ldots\ldots\ldots \end{cases}$$

Jeder Punkt der Reihe $x^1, x^2, x^3, \ldots$ ist zu den vorangehenden konjugiert, aber nicht zu sich selbst, d. h. er liegt nicht auf der Fläche. Man erkennt sofort, daß zwischen $x^1, x^2, \ldots, x^q$ keine lineare Relation besteht. Wäre nämlich

$$\lambda_1 x^1 + \lambda_2 x^2 + \cdots + \lambda_q x^q = 0,$$

so hätte man

$$(\lambda_1 x^1 + \lambda_2 x^2 + \cdots + \lambda_q x^q \mid x^r) = 0,$$

wobei r eine der Zahlen $1, \ldots, q$ sein soll. Diese Gleichung reduziert sich aber wegen der Relationen (1) auf $\lambda_r(x^r \mid x^r) = 0$ oder $\lambda_r = 0$. Es müssen daher $\lambda_1, \ldots, \lambda_q$ alle gleich Null sein. Da es im Raume höchstens vier unabhängige Punkte gibt, so kann die Reihe $x, x^2, x^3, \ldots$ nicht mehr als vier Glieder enthalten.

Ist es gelungen, die Punkte $x^1, \ldots, x^q$ den Bedingungen (1) gemäß zu wählen, so wird der nächste Punkt, wenn es einen solchen gibt, auf folgende Weise gewonnen: Man nimmt einen beliebigen Punkt x und sucht die Faktoren $\varrho_1, \ldots, \varrho_q$ derart zu bestimmen, daß $X = x + \varrho_1 x^1 \cdots + \varrho_q x^q$ zu $x^1, \ldots, x^q$ konjugiert ist. Dadurch erhält man die Aussagen

$$(2) \qquad (x \mid x^1) + \varrho_1(x^1 \mid x^1) = 0, \ldots, (x \mid x^q) + \varrho_q(x^q \mid x^q) = 0,$$

aus denen sich $\varrho_1, \ldots, \varrho_q$ bestimmen lassen, weil die Faktoren $(x^1 \mid x^1), \ldots, (x^q \mid x^q)$ von Null verschieden sind. $X = x + \varrho_1 x^1 + \cdots + \varrho_q x^q$ kann also als x^{q+1} verwendet werden, wenn nicht $(X \mid X)$ verschwindet. Da nun $(X \mid x^1), \ldots, (X \mid x^q)$ alle gleich Null sind, so wird

$$\begin{aligned}(X \mid X) &= (X \mid x + \varrho_1 x^1 + \cdots + \varrho_q x^q) = (X \mid x) \\ &= (x \mid x) + \varrho_1(x \mid x^1) + \cdots + \varrho_q(x \mid x^q).\end{aligned}$$

Mit Rücksicht auf (2) kann man also schreiben

$$(X \mid X) = (x \mid x) - \frac{(x \mid x^1)^2}{(x^1 \mid x^1)} - \cdots - \frac{(x \mid x^q)^2}{(x^q \mid x^q)}.$$

Solange die rechtsstehende quadratische Form nicht lauter verschwindende Koeffizienten hat, kann man x so wählen, daß $(X \mid X) \neq$ wird. Die Fortsetzung der Reihe $x^1, \ldots, x^q$ wird also nur dann unmöglich, wenn

$$(3) \qquad (x \mid x) = \frac{(x \mid x^1)^2}{(x^1 \mid x^1)} + \cdots + \frac{(x \mid x^q)^2}{(x^q \mid x^q)}$$

ist. In diesem Falle läßt sich die quadratische Form, wie man sieht, durch die Quadrate von q unabhängigen Linearformen ausdrücken. Daß $(x \mid x^1), \ldots, (x \mid x^q)$ tatsächlich linear unabhängig sind, wird sofort klar, wenn man x mit einem der Punkte $x^1, \ldots, x^q$, z. B. mit x^r, zusammenfallen läßt. Die r-te Form wird hierbei ungleich Null, während alle andern verschwinden. Es ist also unmöglich, daß sich irgendeine Form durch die übrigen linear ausdrückt.

Macht man in (3) die Einsetzung $x = \lambda y + \mu z$, so lautet der Faktor von $2\lambda\mu$ auf der linken Seite $(y \mid z)$, auf der rechten $\sum \frac{(y \mid x^r)(z \mid x^r)}{(x^r \mid x^r)}$. Es ist demnach

$$(4) \qquad (y \mid z) = \frac{(y \mid x_1)(z \mid x^1)}{(x^1 \mid x^1)} + \cdots + \frac{(y \mid x^q)(z \mid x^q)}{(x^q \mid x^q)}.$$

Hieraus ersieht man, daß ein Punkt y, der die Gleichungen

$$(5) \qquad (y \mid x^1) = 0, \ldots, (y \mid x^q) = 0$$

erfüllt, zu allen Punkten des Raumes konjugiert, also singulär ist. Umgekehrt muß ein singulärer Punkt, weil er zu allen Punkten des Raumes konjugiert ist, insbesondere zu $x^1, \ldots, x^q$ konjugiert sein, d. h. er muß den

Gleichungen (5) genügen. Da diese Gleichungen unabhängig sind, so gibt es $4-q$ unabhängige singuläre Punkte $x^{q+1}, \ldots, x^4$, aus denen sich alle andern linear herleiten lassen.

Nachdem wir uns diese wichtigen Tatsachen auf neue Weise klargemacht haben, wollen wir zunächst eine allgemeine Fläche zweiter Ordnung, d. h. eine Fläche vom Range 4, betrachten. Bei ihr besteht die Reihe $x^1, x^2, x^3, \ldots$ aus vier Punkten. Sie bilden ein Poltetraeder. Wenn man zu einem dieser Punkte die Polarebene konstruiert, so enthält sie die drei andern Punkte. Da bei einer Fläche vom Range 4 jede Ebene einen Pol hat, d. h. einen Punkt, dessen Polarebene sie ist, so wird auch zur Fernebene ein bestimmter Pol gehören. Es ergeben sich nun zwei Möglichkeiten. Der Pol der Fernebene kann ein eigentlicher Punkt oder ein Fernpunkt sein. Im zweiten Falle befinden sich die Fernebene und ihr Pol in vereinigter Lage, im ersten Falle liegen sie getrennt. Es ist offenbar unmöglich, den einen Fall durch eine Affinität in den andern zu verwandeln.

Wenn der Pol der Fernebene ein eigentlicher Punkt ist, so können wir ihn zum ersten Punkt der Reihe x^1, x^2, x^3, x^4 machen. Dann sind x^2, x^3, x^4 drei unter sich konjugierte Fernpunkte. Nach (3) lautet die Gleichung der Fläche

$$(6) \qquad \frac{(x \mid x^1)^2}{(x^1 \mid x^1)} + \frac{(x \mid x^2)^2}{(x^2 \mid x^2)} + \frac{(x \mid x^3)^2}{(x^3 \mid x^3)} + \frac{(x \mid x^4)^2}{(x^4 \mid x^4)} = 0.$$

Da x^2, x^3, x^4 den Ausdruck $(x \mid x^1)$ zum Verschwinden bringen, so ist $(x \mid x^1) = 0$ die Gleichung der Fernebene und fällt also mit $x_4 = 0$ zusammen. Setzt man daher

$$(x \mid x^2) = \mathfrak{x}_1, \quad (x \mid x^3) = \mathfrak{x}_2, \quad (x \mid x^4) = \mathfrak{x}_3, \quad (x \mid x^1) = \mathfrak{x}_4,$$

so hat man eine affine Transformation, welche $\Sigma a_{rs} x_r x_s = 0$ in

$$(6') \qquad \mathfrak{a}_1 \mathfrak{x}_1^2 + \mathfrak{a}_2 \mathfrak{x}_2^2 + \mathfrak{a}_3 \mathfrak{x}_3^2 + \mathfrak{a}_4 \mathfrak{x}_4^2 = 0$$

verwandelt, wobei alle Koeffizienten $\mathfrak{a}$ von Null verschieden sind. Da jetzt nur Affinitäten und nicht mehr beliebige Projektivitäten erlaubt sind, darf an $\mathfrak{x}_4$ nicht gerüttelt werden. Durch Division mit $\mathfrak{a}_4$ können wir $\mathfrak{x}_4^2$ den Koeffizienten 1 geben. Es ist mit andern Worten erlaubt, $\mathfrak{a}_4 = 1$ anzunehmen. Sind $\mathfrak{a}_1, \mathfrak{a}_2, \mathfrak{a}_3$ alle positiv und zieht man ihre Quadratwurzeln zu $\mathfrak{x}_1, \mathfrak{x}_2, \mathfrak{x}_3$, so nimmt die Gleichung (6′) folgende Gestalt an:

$$(7) \qquad \mathfrak{x}_1^2 + \mathfrak{x}_2^2 + \mathfrak{x}_3^2 + \mathfrak{x}_4^2 = 0.$$

Sind $\mathfrak{a}_1, \mathfrak{a}_2, \mathfrak{a}_3$ negativ, so kommt man dadurch, daß die Quadratwurzeln von $-\mathfrak{a}_1, -\mathfrak{a}_2, -\mathfrak{a}_3$ zu $\mathfrak{x}_1, \mathfrak{x}_2, \mathfrak{x}_3$ geschlagen werden, auf die Gleichung

$$(8) \qquad \mathfrak{x}_1^2 + \mathfrak{x}_2^2 + \mathfrak{x}_3^2 - \mathfrak{x}_4^2 = 0.$$

Jetzt kommen noch zwei Möglichkeiten in Betracht, die zu den Gleichungsformen

$$(9) \qquad \mathfrak{x}_1^2 + \mathfrak{x}_2^2 - \mathfrak{x}_3^2 - \mathfrak{x}_4^2 = 0$$

und

$$(10) \qquad \mathfrak{x}_1^2 - \mathfrak{x}_2^2 - \mathfrak{x}_3^2 - \mathfrak{x}_4^2 = 0$$

führen, wobei wir benutzt haben, daß die Numerierung von $\mathfrak{x}_1, \mathfrak{x}_2, \mathfrak{x}_3$ belanglos ist. In (9) erkennen wir das einschalige Hyperboloid wieder. (10) tritt als neuer selbständiger Typus auf. Vom projektiven Standpunkt gehören (8) und (10) zusammen. Wir klassifizieren jetzt aber nach der Affinität, und da sind (8) und (10) zwei wesentlich verschiedene Typen. Man erkennt dies sofort daran, daß es unter den Fernpunkten der Fläche (8), die durch $\mathfrak{x}_4 = 0$, $\mathfrak{x}_1^2 + \mathfrak{x}_2^2 + \mathfrak{x}_3^2 = 0$ gekennzeichnet werden, keinen reellen Punkt gibt, während die Fläche (10) reelle Fernpunkte hat. Wir wollen den Inbegriff der Fernpunkte einer Fläche, also die Punkte, die sie mit der Fernebene $\mathfrak{x}_4 = 0$ gemein hat, den Fernschnitt nennen. Bei (7) und (8) ist der Fernschnitt rein imaginär, bei (9) und (10) reell. (7) und (8) sind projektiv verschieden, ebenso (9) und (10).

Man bezeichnet die Fläche (10), die sich hier als affiner Sonderfall der reellen Kugel ergibt, als zweischaliges Hyperboloid. Um sich ein Bild von der Fläche zu machen, betrachte man $\frac{\mathfrak{x}_1}{\mathfrak{x}_4} = \mathfrak{x}$, $\frac{\mathfrak{x}_2}{\mathfrak{x}_4} = \mathfrak{y}$, $\frac{\mathfrak{x}^3}{\mathfrak{x}_4} = \mathfrak{z}$ als gewöhnliche cartesische Koordinaten. Dann sieht man aus der Gleichung

$$\mathfrak{x}^2 - \mathfrak{y}^2 - \mathfrak{z}^2 = 1,$$

daß es sich um eine Rotationsfläche handelt. Die $\mathfrak{x}$-Achse ist die Rotationsachse. Die rotierende Kurve erhalten wir durch die Einsetzung $\mathfrak{z} = 0$. Ihre Gleichung lautet $\mathfrak{x}^2 - \mathfrak{y}^2 = 1$. Es handelt sich also um eine gleichseitige Hyperbel, die um ihre Transversalachse rotiert. Wir haben schon an einer früheren Stelle (Seite 77) auf diese Fläche hingewiesen, die man sich in allen möglichen affinen Abwandlungen denken muß.

Man bezeichnet die Flächen (7), (8), (9), (10) als Mittelpunktsflächen. Der Pol der Fernebene ist der Mittelpunkt. Jede durch ihn gelegte Gerade schneidet die Fläche in zwei Punkten, die symmetrisch zum Mittelpunkt liegen, weil sie durch ihn und durch die Fernebene harmonisch getrennt werden. Durch Spiegelung am Mittelpunkt geht die Fläche in sich über.

Wir müssen uns jetzt noch mit denjenigen Flächen zweiter Ordnung beschäftigen, die vom Range 4 sind, aber keinen eigentlichen Mittelpunkt haben. Bei ihnen ist der Pol der Fernebene ein Fernpunkt x^0. Die Fernebene gehört also zu den Tangentialebenen der Fläche. Ihr Pol ist der Berührungspunkt. Man kann hier die Konstruktion des Poltetraeders mit einem Fernpunkt x^1 beginnen, der nicht zur Fläche gehört. Es werden nicht etwa alle Fernpunkte zur Fläche gehören. Wäre nämlich für irgendeinen von x^1 verschiedenen Fernpunkt y^1 immer $(\lambda x^1 + \mu y^1 \mid \lambda x^1 + \mu y^1) = 0$, so würde daraus folgen $(x^1 \mid y^1) = 0$, d. h. je zwei Fernpunkte wären konjugiert, während doch x der einzige zu allen andern konjugierte Fernpunkt ist. Hat man nun den Fernpunkt x^1 der Bedingung $(x^1 \mid x^1) \neq 0$ gemäß gewählt, so wird seine Polarebene die Fernebene in einer Geraden schneiden, die durch x^0, aber nicht durch x^1 hindurchgeht. Ist x^2 ein von x^0 verschiedener Punkt auf dieser Geraden, so kann er unmöglich zu sich selbst konjugiert sein. Weil er nämlich schon zu x^0 und x^1 konjugiert ist, so würde er zu allen Fernpunkten konjugiert sein, da sich jeder solche Punkt in der Form $\lambda_0 x^0 + \lambda_1 x^1 + \lambda_2 x^2$ darstellen läßt. Wir kämen also in Widerspruch zu der Tatsache, daß x^0 allein zu allen Fernpunkten konjugiert ist. Es muß daher $(x^2 \mid x^2) \neq 0$ sein. Wir haben jetzt also zwei Fernpunkte x^1 und x^2, die den Bedingungen $(x^1 \mid x^1) \neq 0$, $(x^1 \mid x^2) = 0$, $(x^2 \mid x^2) \neq 0$ genügen. Wird die Konstruktion des Poltetraeders fortgesetzt, so kommen noch zwei Punkte x^3, x^4 hinzu, die zu x^1, x^2 und untereinander konjugiert sind und den Bedingungen $(x^3 \mid x^3) \neq 0$, $(x^4 \mid x^4) \neq 0$ genügen. Keiner der Punkte x^3, x^4 kann ein Fernpunkt sein. Sonst wäre der andere der Pol der Fernebene und müßte mit x^0 zusammenfallen, so daß x^1, x^2, x^3, x^4 alle in der Fernebene lägen, während sie doch ein allgemeines Punktquadrupel bilden. Drückt man x^0 linear durch x^1, x^2, x^3, x^4 aus, $x^0 = \varrho_1 x^1 + \varrho_2 x^2 + \varrho_3 x^3 + \varrho_4 x^4$, so müssen auf Grund der Relationen $(x^0 \mid x^1) = 0$, $(x^0 \mid x^2) = 0$ die Koeffizienten ϱ_1, ϱ_2 verschwinden. Es wird also $x^0 = \varrho_3 x^3 + \varrho_4 x^4$ sein oder, wenn man ϱ_3 zu x^3 und ϱ_4 zu x^4 schlägt, $x^0 = x^3 + x^4$. Aus $(x^0 \mid x^0) = 0$ ersieht man noch, daß die Beziehung gilt

$$(x^3 \mid x^3) + (x^4 \mid x^4) = 0. \tag{11}$$

Die Gleichung der betrachteten Fläche lautet nun mit Rücksicht auf (11)

$$\frac{(x \mid x^1)^2}{(x^1 \mid x^1)} + \frac{(x \mid x^2)^2}{(x^2 \mid x^2)} + \frac{(x \mid x^3)^2 - (x \mid x^4)^2}{(x^3 \mid x^3)} = 0$$

oder

$$\frac{(x \mid x^1)^2}{(x^1 \mid x^1)} + \frac{(x \mid x^2)^2}{(x^2 \mid x^2)} + \frac{(x \mid x^0)\,(x \mid y^0)}{(x^3 \mid x^3)} = 0, \tag{12}$$

wobei

$$x^0 = x^3 + x^4, \quad y^0 = x^3 - x^4$$

ist. x^0, y^0 sind offenbar die Schnittpunkte der Fläche mit der Geraden $x^3 \ldots x^4$. Die Tangentialebenen in diesen Punkten, d. h. die Polarebenen $(x^3 \mid x) + (x^4 \mid x) = 0$ und $(x^3 \mid x) - (x^4 \mid x) = 0$, haben $x^1 \ldots x^2$ zur Schnittlinie.

Da $(x \mid x^0) = 0$ die Fernebene darstellt, so ist

$$\mathfrak{x}_1 = (x \mid x^1), \quad \mathfrak{x}_2 = (x \mid x^2), \quad \mathfrak{x}_3 = (x \mid y^0), \quad \mathfrak{x}_4 = (x \mid x^0)$$

eine Affinität. Man hat noch die Möglichkeit, $\mathfrak{x}_1, \mathfrak{x}_2, \mathfrak{x}_3, \mathfrak{x}_4$ mit Faktoren zu versehen und kommt dadurch auf folgende Gleichungstypen:

$$\mathfrak{x}_1^2 + \mathfrak{x}_2^2 - \mathfrak{x}_3 \mathfrak{x}_4 = 0 \tag{13}$$

und

$$\mathfrak{x}_1^2 - \mathfrak{x}_2^2 - \mathfrak{x}_3 \mathfrak{x}_4 = 0. \tag{14}$$

(12) ist das elliptische, (14) das hyperbolische Paraboloid. Schreibt man

$$\mathfrak{x}_3 \mathfrak{x}_4 = \left(\frac{\mathfrak{x}_3 + \mathfrak{x}_4}{2}\right)^2 - \left(\frac{\mathfrak{x}_3 - \mathfrak{x}_4}{2}\right)^2,$$

so wird klar, daß das elliptische Paraboloid mit der reellen Kugel, das hyperbolische Paraboloid dagegen mit dem einschaligen Hyperboloid projektiv verwandt ist.

Wir wollen nun alle affinen Typen allgemeiner Flächen zweiter Ordnung übersichtlich zusammenstellen und jedesmal diejenigen Typen, die projektiv verwandt sind, durch eine Klammer zusammenfassen. Es ergibt sich auf diese Weise folgendes Verzeichnis:

I. Imaginäre Kugel, $\mathfrak{x}_1^2 + \mathfrak{x}_2^2 + \mathfrak{x}_3^2 + \mathfrak{x}_4^2 = 0$,

$\left\{\begin{array}{l}\text{II. Reelle Kugel, } \mathfrak{x}_1^2 + \mathfrak{x}_2^2 + \mathfrak{x}_3^2 - \mathfrak{x}_4^2 = 0, \\ \text{III. Zweischaliges Hyperboloid, } \mathfrak{x}_1^2 - \mathfrak{x}_2^2 - \mathfrak{x}_3^2 - \mathfrak{x}_4^2 = 0, \\ \text{IV. Elliptisches Paraboloid, } \mathfrak{x}_1^2 + \mathfrak{x}_2^2 - \mathfrak{x}_3\mathfrak{x}_4 = 0,\end{array}\right.$

$\left\{\begin{array}{l}\text{V. Einschaliges Hyperboloid, } \mathfrak{x}_1^2 + \mathfrak{x}_2^2 - \mathfrak{x}_3^2 - \mathfrak{x}_4^2 = 0, \\ \text{VI. Hyperbolisches Paraboloid, } \mathfrak{x}_1^2 - \mathfrak{x}_2^2 - \mathfrak{x}_3\mathfrak{x}_4 = 0.\end{array}\right.$

Die Fläche $\mathfrak{x}_1^2 + \mathfrak{x}_2^2 - \mathfrak{x}_3\mathfrak{x}_4 = 0$ oder, inhomogen geschrieben, $\mathfrak{x}^2 + \mathfrak{y}^2 - \mathfrak{z} = 0$ entsteht dadurch, daß man die Parabel $\mathfrak{z} = \mathfrak{x}^2$ um ihre Achse rotieren läßt. Man muß sich diese Fläche in allen affinen Abwandlungen vorstellen. Statt $\mathfrak{x}_1^2 - \mathfrak{x}_2^2 - \mathfrak{x}_3\mathfrak{x}_4 = 0$ kann man auch $\mathfrak{x}_1\mathfrak{x}_2 - \mathfrak{x}_3\mathfrak{x}_4 = 0$ oder $\mathfrak{x}\mathfrak{y} - \mathfrak{z} = 0$ als typische Gleichung benutzen. Jede Ebene senkrecht zur $\mathfrak{z}$-Achse schneidet die Fläche in einer gleichseitigen Hyperbel, deren Asymptoten parallel zur $\mathfrak{x}$-Achse und zur $\mathfrak{y}$-Achse sind. Je nachdem die schneidende Ebene oberhalb oder unterhalb von $\mathfrak{z} = 0$ liegt, befindet sich die Hyperbel über dem ersten und dritten oder über dem zweiten und vierten Quadranten der $(\mathfrak{x}, \mathfrak{y})$-Ebene. Jede Ebene durch die $\mathfrak{z}$-Achse schneidet die Fläche in einer Parabel, deren Achse die $\mathfrak{z}$-Achse ist, während der Scheitel im Anfangspunkt liegt. Man erkennt dies durch die Einsetzungen $\mathfrak{x} = t\cos\alpha$, $\mathfrak{y} = t\sin\alpha$, wodurch die Flächengleichung in $t^2\cos\alpha\sin\alpha = \mathfrak{z}$ übergeht. Je nachdem $\sin 2\alpha$ positiv oder negativ ist, öffnet sich die Parabel nach oben oder nach unten. Die Fläche sieht sattelförmig aus (vgl. Fig. 3).

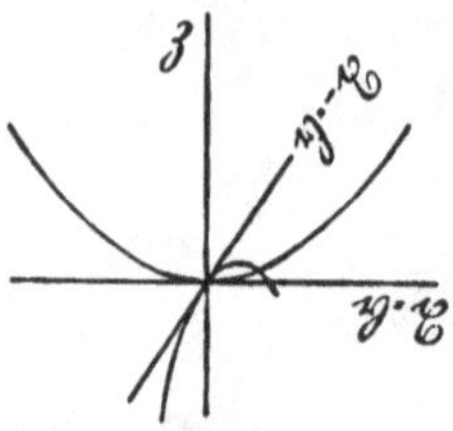

Fig. 3.

Eine Fläche zweiter Ordnung vom Range 3 hat, wie wir wissen, einen einzigen singulären Punkt. Es ergeben sich also vom Standpunkt der Affinität zwei wesentlich verschiedene Möglichkeiten. Entweder liegt der singuläre Punkt x^0 im Endlichen oder er ist ein Fernpunkt. Im ersten Falle wird die Fläche als Kegel, im zweiten als Zylinder bezeichnet.

Wenn man unter Einhaltung der Bedingungen (1) eine Punktreihe $x^1, x^2, \ldots$ konstruiert, so bricht sie mit dem dritten Punkt ab, und die Flächengleichung lautet

$$\frac{(x^1 \mid x)^2}{(x^1 \mid x^1)} + \frac{(x^2 \mid x)^2}{(x^2 \mid x^2)} + \frac{(x^3 \mid x)^2}{(x^3 \mid x^3)} = 0.$$

Der singuläre Punkt wird durch $(x \mid x^1) = 0$, $(x \mid x^2) = 0$, $(x \mid x^3) = 0$ bestimmt. Beim Kegel ist er ein eigentlicher Punkt, was darin zum Ausdruck kommt, daß die Linearformen $(x \mid x^1)$, $(x \mid x^2)$, $(x \mid x^3)$ und x_4 unabhängig sind. Setzt man also

$$\mathfrak{x}_1 = (x^1 \mid x), \quad \mathfrak{x}_2 = (x^2 \mid x), \quad \mathfrak{x}_3 = (x^3 \mid x), \quad \mathfrak{x}_4 = x_4,$$

so hat man eine affine Transformation vor sich, die den Kegel in

$$\mathfrak{x}_1^2 + \mathfrak{x}_2^2 + \mathfrak{x}_3^2 = 0 \tag{15}$$

oder

$$\mathfrak{x}_1^2 + \mathfrak{x}_2^2 - \mathfrak{x}_3^2 = 0 \tag{16}$$

überführt, wenn man noch die $\mathfrak{x}$ mit Faktoren versieht und umnumeriert, was gleichfalls eine affine Transformation bedeutet. Es gibt also bei der affinen Klassifikation nur zwei Kegeltypen. (15) stellt einen imaginären Kegel dar, bei dem nur die Spitze ein reeller Punkt ist, (16) einen reellen Kegel, und zwar einen Rotationskegel. Alle reellen Kegel sind also unter sich affin verwandt, weil sie sich alle durch affine Abbildung in den Kegel (16) überführen lassen. Im Falle des Zylinders läßt sich die Form x_4 durch $(x^1 \mid x)$, $(x^2 \mid x)$, $(x^3 \mid x)$ linear ausdrücken, so daß die Fernebene $x_4 = 0$ in der Gestalt

$$(\lambda_1 x^1 + \lambda_2 x^2 + \lambda_3 x^3 \mid x) = 0$$

erscheint. Setzt man nun $X^1 = \lambda_1 x^1 + \lambda_2 x^2 + \lambda_3 x^3$ und ist $(X^1 \mid X^1) \neq 0$, so lassen sich noch zwei weitere Punkte X^2, X^3 finden, die zusammen mit X^1 den Bedingungen (1) genügen. Die Gleichung des Zylinders lautet dann

$$\frac{(X^1 \mid x)^2}{(X^1 \mid X^1)} + \frac{(X^2 \mid x)^2}{(X^2 \mid X^2)} + \frac{(X^3 \mid x)^2}{(X^3 \mid X^3)} = 0.$$

Setzt man $(X^2 \mid x) = \mathfrak{x}_1$, $(X^3 \mid x) = \mathfrak{x}_2$, $(X^1 \mid x) = \mathfrak{x}_4$ und $\mathfrak{x}_3$ gleich einer vierten, von $\mathfrak{x}_1, \mathfrak{x}_2, \mathfrak{x}_3$ unabhängigen Linearform, so hat man, da $(X^1 \mid x)$ bis auf einen Faktor mit x_4 zusammenfällt, eine affine Transformation vor sich und kommt schließlich auf die Gleichungsformen

$$\mathfrak{x}_1^2 + \mathfrak{x}_2^2 + \mathfrak{x}_4^2 = 0 \tag{17}$$

oder

$$\mathfrak{x}_1^2 + \mathfrak{x}_2^2 - \mathfrak{x}_4^2 = 0 \tag{18}$$

oder

$$\mathfrak{x}_1^2 - \mathfrak{x}_2^2 - \mathfrak{x}_4^2 = 0. \tag{19}$$

Dabei muß man noch benutzen, daß die $\mathfrak{x}$ mit beliebigen Faktoren versehen und $\mathfrak{x}_1, \mathfrak{x}_2$ vertauscht werden können. (17) stellt einen imaginären Zylinder dar, dessen einziger reeller Punkt der singuläre Punkt ist. (18) wird als *elliptischer*, (19) als *hyperbolischer Zylinder* bezeichnet. Beide unterscheiden sich dadurch, daß der Fernschnitt, d. h. der Schnitt mit der Fernebene $\mathfrak{x}_4 = 0$, im Falle (18) ein imaginäres, im Falle (19) ein reelles Geradenpaar ist. Vom projektiven Standpunkt betrachtet gehören die beiden reellen Zylinder (18) und (19) demselben Typus an. Geht man zur inhomogenen Schreibung über, so nehmen (18) und (19) die Gestalt $\mathfrak{x}^2 + \mathfrak{y}^2 - 1 = 0$ und $\mathfrak{x}^2 - \mathfrak{y}^2 - 1 = 0$ an. Die beiden Zylinder entstehen dadurch, daß man in allen Punkten eines

Kreises und einer gleichseitigen Hyperbel Lote auf der Ebene dieser Kurven errichtet.

Die Aufzählung der Zylindertypen vom affinen Standpunkt ist hiermit keineswegs beendigt. Wir müssen noch die Möglichkeit ins Auge fassen, daß der mit X^1 bezeichnete Punkt die Gleichung $(X^1 \mid X^1) = 0$ erfüllt, also dem Zylinder angehört. Da $(X^1 \mid x) = 0$ mit $x_4 = 0$ zusammenfällt, so können wir auch sagen, daß X^1 im Falle $(X^1 \mid X^1) = 0$ ein Fernpunkt ist. Er fällt aber nicht mit dem singulären Punkt x^0 zusammen, weil sonst die Form $(X^1 \mid x)$ immer gleich Null wäre, während sie doch mit x_4 identisch ist. Alle Punkte der Geraden $x^0 \ldots X^1$ gehören dem Zylinder an, weil $(\lambda x^0 + \mu X^1 \mid \lambda x^0 + \mu X^1)$ stets verschwindet. Außerhalb dieser Geraden gibt es keinen Fernpunkt X^2, der auf dem Zylinder liegt. Sonst wäre, da alle Fernpunkte zu x^0 und X^1 konjugiert sind, $(\lambda x^0 + \mu X^1 + \nu X^2 \mid \lambda x^0 + \mu X^1 + \nu X^2) = 0$, d. h. alle Fernpunkte würden dem Zylinder angehören. Dies ist aber mit dem Range 3 unvereinbar. Man erkennt es sofort, wenn man verlangt, daß $\Sigma a_{rs} x_r x_s$ verschwinden soll, sobald $x_4 = 0$ ist. Es müßten dann nämlich alle Glieder fortfallen, die nicht mit x_4 behaftet sind, so daß sich $\Sigma a_{rs} x_r x_s$ in $x_4(2a_{14}x_1 + 2a_{24}x_2 + 2a_{34}x_4 + x_4)$ zerlegen würde.

Sobald also der Fernpunkt X^2 nicht auf die Gerade $x^0 \ldots X^1$ fällt, wird $(X^2 \mid X^2) \neq 0$ sein. Jetzt sei x^3 ein beliebiger Punkt im Endlichen. Dann lassen sich die Faktoren ϱ und σ derart bestimmen, daß $x^3 + \varrho X^1 + \sigma X^2$ zu X^2 und zu sich selbst konjugiert ist. Die erste Forderung führt zu der Gleichung

$$(x^3 \mid X^2) + \sigma (X^2 \mid X^2) = 0,$$

die sich wegen $(X^2 \mid X^2) \neq 0$ erfüllen läßt. Die zweite schlägt sich in

$$(x^3 + \sigma X^2 \mid x^3 + \sigma X^2) + 2\varrho (x^3 \mid X^1) = 0$$

nieder. Auch diese Gleichung kann befriedigt werden, da $(x^3 \mid X^1) \neq 0$ ist. Da nämlich $(x^0 \mid X^1)$, $(X^1 \mid X^1)$, $(X^2 \mid X^1)$ bereits verschwinden, so wäre im Falle $(x^3 \mid X^1) = 0$ der Punkt X^1 zu allen Punkten konjugiert, eine Eigenschaft, die nur x^0 zukommt. Setzt man, nachdem ϱ und σ in der angegebenen Weise bestimmt sind, $X^3 = x^3 + \varrho X^1 + \sigma X^2$, so gelten die Relationen

$$(20) \quad \begin{cases} (x^0 \mid x^0) = 0, & (x^0 \mid X^1) = 0, & (x^0 \mid X^2) = 0, & (x^0 \mid X^3) = 0, \\ & (X^1 \mid X^1) = 0, & (X^1 \mid X^2) = 0, & (X^1 \mid X^3) \neq 0, \\ & & (X^2 \mid X^2) \neq 0, & (X^2 \mid X^3) = 0, \\ & & & (X^3 \mid X^3) = 0. \end{cases}$$

Jeder Punkt x läßt sich nun in der Form

$$x = \mathfrak{x}_1 x^0 + \mathfrak{x}_2 X^1 + \mathfrak{x}_3 X^2 + \mathfrak{x}_4 X^3$$

darstellen, wobei $\mathfrak{x}_1, \mathfrak{x}_2, \mathfrak{x}_3, \mathfrak{x}_4$ Linearformen in x_1, x_2, x_3, x_4 bedeuten. $\mathfrak{x}_4 = 0$ ist offenbar die Bedingung dafür, daß x in der Ebene x^0, X^1, X^2, d. h. in der Fernebene liegt. Daher wird die Form $\mathfrak{x}_4$ bis auf einen Faktor mit x_4 zusammenfallen, so daß der Übergang von x_1, x_2, x_3, x_4 zu $\mathfrak{x}_1, \mathfrak{x}_2, \mathfrak{x}_3, \mathfrak{x}_4$ eine Affinität bedeutet. Auf Grund der Relationen (20) ergibt sich aber

$$(x \mid x) = 2\mathfrak{x}_2 \mathfrak{x}_4 (X^1 \mid X^3) + \mathfrak{x}_3^2 (X^2 \mid X^2).$$

Die Gleichung des Zylinders lautet also, wenn man noch den Faktor $(X^1 | X^3)(X^2 | X^2)^{-1}$ zu $\mathfrak{x}_2$ schlägt,

$$(21) \qquad 2\mathfrak{x}_2\mathfrak{x}_4 + \mathfrak{x}_3^2 = 0.$$

Das ist ein parabolischer Zylinder.

Die affine Klassifikation der Flächen zweiter Ordnung vom Range 2 und 1 (Ebenenpaare und Doppelebenen) bietet kein besonderes Interesse.

§ 11. Äquiforme Klassifikation der Flächen zweiter Ordnung.

Die äquiformen Transformationen sind unter den Projektivitäten dadurch gekennzeichnet, daß sie den Fernkreis $x_1^2 + x_2^2 + x_3^2 = 0$, $x_4 = 0$ invariant lassen. Sollen also die Flächen zweiter Ordnung vom äquiformen Standpunkt oder, wie man auch sagen kann, nach der Ähnlichkeit klassifiziert werden, so kommt es auf das Verhalten einer solchen Fläche zum Fernkreis an. Wir betrachten nur Flächen, deren Gleichung $\Sigma\, a_{rs} x_r x_s = 0$ reelle Koeffizienten hat, und beschränken uns auf reelle äquiforme Transformationen.

Der Fernschnitt der Fläche wird durch die Gleichungen $x_4 = 0$ und $\Sigma'\, a_{rs} x_r x_s = 0$ dargestellt, wobei der Akzent bei Σ den Ausschluß des Index 4 andeuten soll. Da man in der Fernebene x_1, x_2, x_3 als Koordinaten benutzen kann, so sieht man, daß der Fernschnitt einer Fläche zweiter Ordnung nichts anderes ist als eine Kurve zweiter Ordnung. Wenn wir uns auf Flächen vom Range 3 und 4 beschränken, so können in der Gleichung $\Sigma'\, a_{rs} x_r x_s = 0$ niemals alle Koeffizienten gleich Null sein.

Wir wollen nun untersuchen, welche Punkte der Fernschnitt der betrachteten Fläche mit dem Fernkreis gemein hat. In § 4 haben wir eine analytische Darstellung des Fernkreises gegeben, durch die seine sämtlichen Punkte erfaßt werden. Sie lautet, etwas anders geschrieben als damals,

$$(1) \qquad x_1 = \alpha^2 - \beta^2,\; x_2 = i(\alpha^2 + \beta^2),\; x_3 = 2\alpha\beta,\; x_4 = 0.$$

Dabei sind α und β zwei komplexe Parameter, die nicht gleichzeitig verschwinden. Zwei Fernkreispunkte, die zu α, β und α_1, β_1 gehören, fallen dann und nur dann zusammen, wenn $\alpha\beta_1 - \beta\alpha_1 = 0$ ist, also α_1, β_1 proportional zu α, β. Konjugiert imaginär sind die beiden Fernkreispunkte, wenn α_1, β_1 bis auf einen Faktor mit $\bar{\beta}, -\bar{\alpha}$ übereinstimmen, d. h. wenn $\alpha_1\bar{\alpha} + \beta_1\bar{\beta} = 0$ ist. In § 4 haben wir gesehen, welche Wirkung eine Drehung im Raume auf die Punkte des Fernkreises ausübt. Wir fanden, daß die homogenen komplexen Parameter α, β eine lineare Transformation erfahren,

$$(2) \qquad \begin{cases} \alpha = \gamma_{11}\alpha' + \gamma_{12}\beta', \\ \beta = \gamma_{21}\alpha' + \gamma_{22}\beta', \end{cases}$$

wobei aber die komplexen Werte γ_{11}, γ_{22} konjugiert und γ_{12}, γ_{21} entgegengesetzt konjugiert sind. Wenn man $\frac{\alpha}{\beta} = \zeta$ und $\frac{\alpha'}{\beta'} = \zeta'$ durch Punkte der Zahlenkugel darstellt, so stellen die Gleichungen (2) eine Drehung dieser Kugel dar, und jede solche Drehung läßt sich in der Form (2) ausdrücken.

Zu konjugiert imaginären Fernkreispunkten α, β und α_1, β_1 gehören zwei diametral gegenüberliegende Punkte der Zahlenkugel. Es besteht nämlich zwischen $\zeta = \frac{\alpha}{\beta}$ und $\zeta_1 = \frac{\alpha_1}{\beta_1}$ auf Grund von $\alpha_1 \bar{\alpha} + \beta_1 \bar{\beta} = 0$ die Beziehung $\zeta_1 = -\frac{1}{\bar{\zeta}}$, die gerade jene geometrische Bedeutung hat.

Nach diesen Vorbereitungen können wir die Frage, welche Punkte des Fernkreises dem Fernschnitt der Fläche $\Sigma a_{rs} x_r x_s = 0$ angehören, leicht erledigen. Für die gesuchten Punkte ergibt sich, wenn man die Ausdrücke (1) einsetzt, folgende Gleichung:

$$a_{11}(\alpha^2 - \beta^2)^2 - a_{22}(\alpha^2 + \beta^2)^2 + 4a_{33}\alpha^2\beta^2$$
$$+ 4ia_{23}(\alpha^2 + \beta^2)\alpha\beta + 4a_{13}(\alpha^2 - \beta^2)\alpha\beta + 2ia_{12}(\alpha^2 - \beta^2)(\alpha^2 + \beta^2) = 0$$

oder in geordneter Schreibung

$$(3) \quad \begin{cases} (a_{11} - a_{22} + 2ia_{12})\alpha^4 + (a_{11} - a_{22} - 2ia_{12})\beta^4 + 2(2a_{33} - a_{11} - a_{22})\alpha^2\beta^2 \\ \quad + 4(ia_{23} + a_{13})\alpha^3\beta + 4(ia_{23} - a_{13})\alpha\beta^3 = 0. \end{cases}$$

Wenn α, β dieser Gleichung genügen, so gilt dasselbe von $\bar{\beta}, -\bar{\alpha}$. Das wissen wir bereits, können es aber auch leicht an Gleichung (3) ablesen, indem wir zu den konjugiert komplexen Größen übergehen.

Eine erste Möglichkeit ist nun die, daß in (3) alle Koeffizienten verschwinden. Dann werden a_{11}, a_{22}, a_{33} einander gleich und a_{23}, a_{13}, a_{12} gleich Null. Die Gleichung der Fläche lautet, da wir den Rang gleich 4 oder 3 annehmen, also ein gleichzeitiges Verschwinden von a_{11}, a_{22}, a_{33} ausschließen müssen,

$$x_1^2 + x_2^2 + x_3^2 + 2a_{14}x_1x_4 + 2a_{24}x_2x_4 + 2a_{34}x_3x_4 + a_{44}x_4^2 = 0$$

oder

$$(x_1 + a_{14}x_4)^2 + (x_2 + a_{24}x_4)^2 + (x_3 + a_{34}x_4)^2 + a_{44}^* x_4^2 = 0.$$

Setzt man noch

$$x_1 + a_{14}x_4 = \mathfrak{x}_1, \quad x_2 + a_{24}x_4 = \mathfrak{x}_2, \quad x_3 + a_{34}x_4 = \mathfrak{x}_3, \quad x_4 = \mathfrak{x}_4,$$

was eine Translation bedeutet, so kommt man auf

$$\mathfrak{x}_1^2 + \mathfrak{x}_2^2 + \mathfrak{x}_3^2 + a_{44}^* \mathfrak{x}_4^2 = 0.$$

Dadurch, daß man $\mathfrak{x}_1, \mathfrak{x}_2, \mathfrak{x}_3$ mit einem gemeinsamen Faktor versieht, kann man a_{44}^*, falls es nicht verschwindet, auf den Wert 1 oder -1 bringen. Es ergibt sich also entweder

$$(4) \qquad \mathfrak{x}_1^2 + \mathfrak{x}_2^2 + \mathfrak{x}_3^2 + \mathfrak{x}_4^2 = 0,$$

die imaginäre Einheitskugel, oder

$$(5) \qquad \mathfrak{x}_1^2 + \mathfrak{x}_2^2 + \mathfrak{x}_3^2 - \mathfrak{x}_4^2 = 0,$$

die reelle Einheitskugel, oder

$$(6) \qquad \mathfrak{x}_1^2 + \mathfrak{x}_2^2 + \mathfrak{x}_3^2 = 0,$$

die Nullkugel, die auch als imaginärer Kegel betrachtet werden kann. Dieser Kegel wird von den imaginären Geraden gebildet, welche den Anfangspunkt mit den Punkten des Fernkreises verbinden. Man bezeichnet ihn als Minimalkegel, weil seine Erzeugenden Minimalgeraden sind.

Wenn in (3) nicht alle Koeffizienten verschwinden, so liegt eine Gleichung vierten Grades für $\zeta = \frac{\alpha}{\beta}$ vor. Es werden dann durch diese Gleichung zwei Paare diametral gegenüberliegender Punkte auf der Zahlenkugel bestimmt. Dadurch, daß man eine passende Drehung im Raume vornimmt, kann man eine beliebige Drehung der Zahlenkugel herbeiführen.

Es kann nun sein, daß die beiden Punktepaare auf der Zahlenkugel miteinander zusammenfallen. Dann läßt sich erreichen, daß sie aus den Punkten $\zeta = 0$ und $\zeta = \infty$ ($\alpha = 0, \beta = 1$ und $\alpha = 1, \beta = 0$) bestehen. Die Gleichung (3) wird sich nach dieser Vereinfachung auf $\alpha^2\beta^2 = 0$ reduzieren. Alle Koeffizienten mit Ausnahme von $2a_{33} - a_{11} - a_{22}$ müssen also verschwinden. Hierdurch ergeben sich folgende Aussagen:

$$a_{11} = a_{22} \neq a_{33}, \quad a_{23} = a_{13} = a_{12} = 0.$$

Die Flächengleichung lautet demnach

$$(7) \quad a_{11}(x_1^2 + x_2^2) + a_{33}x_3^2 + 2a_{14}x_1x_4 + 2a_{24}x_2x_4 + 2a_{34}x_3x_4 + a_{44}x_4^2 = 0.$$

Sind a_{11} und a_{33} beide von Null verschieden, so kann man durch eine passende Translation a_{14}, a_{24}, a_{34} zum Verschwinden bringen und kommt auf diese Weise zu einer Gleichung von der Form

$$\mathfrak{x}_1^2 + \mathfrak{x}_2^2 + k\mathfrak{x}_3^2 + l\mathfrak{x}_4^2 = 0,$$

wobei k von 0 und 1 verschieden ist. Dadurch, daß man $\mathfrak{x}_1, \mathfrak{x}_2, \mathfrak{x}_3$ mit einem gemeinsamen Faktor versieht, läßt sich l, falls es nicht verschwindet, zu 1 oder -1 machen. Man findet also schließlich folgende Flächentypen:

$$(8) \quad \mathfrak{x}_1^2 + \mathfrak{x}_2^2 + k\mathfrak{x}_3^2 + \mathfrak{x}_4^2 = 0,$$

$$(9) \quad \mathfrak{x}_1^2 + \mathfrak{x}_2^2 + k\mathfrak{x}_3^2 - \mathfrak{x}_4^2 = 0,$$

$$(10) \quad \mathfrak{x}_1^2 + \mathfrak{x}_2^2 + k\mathfrak{x}_3^2 = 0.$$

Es handelt sich um Rotationsflächen mit der Achse $\mathfrak{x}_1 = \mathfrak{x}_2 = 0$. Die erzeugende Kurve wird erhalten, indem man $\mathfrak{x}_1 = 0$ setzt. Im Falle $k > 0$ ist (8) ein imaginäres Rotationsellipsoid, (9) ein reelles Rotationsellipsoid, (10) ein imaginärer Rotationskegel. Durch $k \neq 1$ werden hier die Kugeln (4), (5), (6) ausgeschlossen. Im Falle $k < 0$ ist (8) ein zweischaliges Rotationshyperboloid. Die in der Ebene $\mathfrak{x}_1 = 0$ liegende Hyperbel $(-k)\,\mathfrak{x}_3^2 - \mathfrak{x}_2^2 = \mathfrak{x}_4^2$ rotiert um ihre Transversalachse. (9) ist bei negativem k ein einschaliges Rotationshyperboloid. Die Hyperbel $\mathfrak{x}_1 = 0$, $\mathfrak{x}_2^2 - (-k)\,\mathfrak{x}_3^2 = \mathfrak{x}_4^2$ rotiert nicht um die Transversalachse, sondern um die andere, die sogenannte Längsachse. (10) stellt bei negativem k einen reellen Rotationskegel dar.

Zurückkehrend zur Gleichung (7), in der $a_{11} \neq a_{33}$ ist, machen wir nun die Annahme $a_{33} = 0$, also $a_{11} \neq 0$. Dann können wir durch eine passende Translation a_{14} und a_{24} zu Null machen und im Falle $a_{34} \neq 0$ auch noch a_{44}, so daß die Gleichung die Form

$$a_{11}(\mathfrak{x}_1^2 + \mathfrak{x}_2^2) + 2a_{34}\mathfrak{x}_3\mathfrak{x}_4 = 0$$

annimmt oder nach Anbringung eines gemeinsamen Faktors bei $\mathfrak{x}_1, \mathfrak{x}_2, \mathfrak{x}_3$

$$(11) \qquad \mathfrak{x}_1^2 + \mathfrak{x}_2^2 - 2\mathfrak{x}_3\mathfrak{x}_4 = 0.$$

Sie stellt ein Rotationsparaboloid dar. Die Parabel $\mathfrak{x}_1 = 0$, $\mathfrak{x}_2^2 = 2\mathfrak{x}_3\mathfrak{x}_4$ rotiert um ihre Achse.

Im Falle $a_{34} = 0$ kommt man durch eine passende Translation auf

$$a_{11}(\mathfrak{x}_1^2 + \mathfrak{x}_2^2) + a_{44}\mathfrak{x}_4^2 = 0$$

und kann noch einen gemeinsamen Faktor zu $\mathfrak{x}_1$ und $\mathfrak{x}_2$ schlagen. Dadurch erhält man entweder den imaginären Rotationszylinder

$$(12) \qquad \mathfrak{x}_1^2 + \mathfrak{x}_2^2 + \mathfrak{x}_4^2 = 0$$

oder den reellen Rotationszylinder

$$(13) \qquad \mathfrak{x}_1^2 + \mathfrak{x}_2^2 - \mathfrak{x}_4^2 = 0.$$

Ist in Gleichung (7) $a_{11} = 0$, also $a_{33} \neq 0$, so können a_{14} und a_{24} nicht alle beide verschwinden, weil die Fläche sonst ein Ebenenpaar wäre. Man kann daher durch Translation a_{34} und a_{44} zu Null machen. Ferner kann man durch eine passende Drehung um die Achse $x_1 = 0, x_2 = 0$ erreichen, daß an die Stelle von $a_{14}x_1 + a_{24}x_2$ ein Ausdruck von der Form $a\mathfrak{x}_1$ tritt. Dann bleibt noch die Möglichkeit, $\mathfrak{x}_1, \mathfrak{x}_2, \mathfrak{x}_3$ mit einem gemeinsamen Faktor zu versehen, wodurch man die Gleichung

$$(14) \qquad \mathfrak{x}_3^2 - 2\mathfrak{x}_1\mathfrak{x}_4 = 0$$

herstellen kann. Man kommt also auf einen parabolischen Zylinder.

Wir kehren nun wieder zur Gleichung (3) zurück und nehmen jetzt an, daß sie vier verschiedene Wurzeln $\frac{\alpha}{\beta}$ hat. Wir wissen, daß diesen Wurzeln zwei Durchmesser der Zahlenkugel entsprechen, deren Endpunkte die vier Wurzeln bildlich darstellen. Es läßt sich nun durch eine passende Drehung im Raume erreichen, daß die beiden Durchmesser in die Äquatorebene der Kugel fallen und ihre Winkel von den Achsen halbiert werden. Die vier Wurzeln haben dann folgendes Aussehen:

$$\zeta_1, \quad -\zeta_1, \quad \bar{\zeta}_1, \quad -\bar{\zeta}_1$$

oder homogen geschrieben

$$\alpha_1, \beta_1; \quad -\alpha_1, \beta_1; \quad \bar{\alpha}_1, \bar{\beta}_1; \quad -\bar{\alpha}_1, \bar{\beta}_1.$$

Die linke Seite der Gleichung (3) darf sich von

$$(\alpha\beta_1 - \beta\alpha_1)(\alpha\beta_1 + \beta\alpha_1)(\alpha\bar{\beta}_1 - \beta\bar{\alpha}_1)(\alpha\bar{\beta}_1 + \beta\alpha_1),$$

d. h. von

$$(3') \qquad \alpha^4\beta_1^2\bar{\beta}_1^2 + \beta^4\alpha_1^2\bar{\alpha}_1^2 - \alpha^2\beta^2(\alpha_1^2\bar{\beta}_1^2 + \beta_1^2\bar{\alpha}_1^2)$$

nur um einen konstanten Faktor unterscheiden. Im Falle $\alpha_1 = 0$ oder $\beta_1 = 0$ würden die Wurzeln nicht voneinander verschieden sein. Daher darf weder α_1 noch β_1 verschwinden. Nun sind in (3) die Koeffizienten von α^4 und β^4

konjugiert imaginär, in (3') dagegen reell. Also muß der Faktor, um den sich (3) und (3') unterscheiden, zu sich selbst konjugiert, mithin reell sein. Weiß man dies alles, so kann man folgende Aussage machen:

$$a_{11} - a_{22} \neq 0, \quad a_{12} = 0, \quad a_{23} = 0, \quad a_{13} = 0.$$

Außerdem darf, da die Wurzeln voneinander verschieden sind,

$$(2a_{33} - a_{11} - a_{22})^2 - (a_{11} - a_{22})^2 = 4(a_{33} - a_{11})(a_{33} - a_{22})$$

nicht verschwinden. Es gibt also unter den Koeffizienten a_{11}, a_{22}, a_{33} keine Koinzidenzen, so daß höchstens einer von ihnen gleich Null sein kann. Dagegen sind a_{23}, a_{13}, a_{12} alle drei gleich Null.

Es ergeben sich nun, wenn a_{11}, a_{22}, a_{33} nicht verschwinden und a_{14}, a_{24}, a_{34} durch Translation beseitigt sind, folgende Möglichkeiten:

(15) $\dfrac{\mathfrak{x}_1^2}{a_1^2} + \dfrac{\mathfrak{x}_2^2}{a_2^2} + \dfrac{\mathfrak{x}_3^2}{a_3^2} + \mathfrak{x}_4^2 = 0$ (Imaginäres Ellipsoid),

(16) $\dfrac{\mathfrak{x}_1^2}{a_1^2} + \dfrac{\mathfrak{x}_2^2}{a_2^2} + \dfrac{\mathfrak{x}_3^2}{a_3^2} - \mathfrak{x}_4^2 = 0$ (Reelles Ellipsoid),

(17) $\dfrac{\mathfrak{x}_1^2}{a_1^2} + \dfrac{\mathfrak{x}_2^2}{a_2^2} - \dfrac{\mathfrak{x}_3^2}{a_3^2} - \mathfrak{x}_4^2 = 0$ (Einschaliges Hyperboloid),.

(18) $\dfrac{\mathfrak{x}_1^2}{a_2^2} - \dfrac{\mathfrak{x}_2^2}{a_3^2} - \dfrac{\mathfrak{x}_3^2}{a_3^2} - \mathfrak{x}_4^2 = 0$ (Zweischaliges Hyperboloid).

Durch Hinzufügung eines gemeinsamen Faktors bei $\mathfrak{x}_1, \mathfrak{x}_2, \mathfrak{x}_3$ läßt sich a_1 auf den Wert 1 bringen.

Ist einer der drei Koeffizienten a_{11}, a_{22}, a_{33} gleich Null, z. B. a_{11}, so werden a_{22}, a_{33} voneinander und von Null verschieden sein. Man kann durch Translation a_{24}, a_{34} und im Falle $a_{14} \neq 0$ auch a_{44} zu Null machen, so daß

$$a_{22}\mathfrak{x}_2^2 + a_{33}\mathfrak{x}_3^2 + 2a_{14}\mathfrak{x}_1\mathfrak{x}_4 = 0$$

herauskommt. Durch einen gemeinsamen Faktor bei $\mathfrak{x}_1, \mathfrak{x}_2, \mathfrak{x}_3$ läßt sich a_{14} auf den Wert 1 oder -1 bringen, und man erhält entweder

(19) $\dfrac{\mathfrak{x}_2^2}{a_2^2} + \dfrac{\mathfrak{x}_3^2}{a_3^2} - 2\mathfrak{x}_1\mathfrak{x}_4 = 0$ (Elliptisches Paraboloid)

oder

(20) $\dfrac{\mathfrak{x}_2^2}{a_2^2} - \dfrac{\mathfrak{x}_3^2}{a_3^2} - 2\mathfrak{x}_1\mathfrak{x}_4 = 0$ (Hyperbolisches Paraboloid).

Im Falle $a_{14} = 0$ kann man die Gleichung der Fläche durch Translation auf die Form bringen

$$a_{22}\mathfrak{x}_2^2 + a_{33}\mathfrak{x}_3^2 + a_{44}^*\mathfrak{x}_4^2 = 0.$$

Da wir die Ebenenpaare ausschließen, muß $a_{44}^* \neq 0$ sein. Es ergeben sich also folgende Möglichkeiten:

(21) $\dfrac{\mathfrak{x}_2^2}{a_2^2} + \dfrac{\mathfrak{x}_3^2}{a_3^2} + \mathfrak{x}_4^2 = 0$ (Imaginärer Zylinder),

(22) $\dfrac{\mathfrak{x}_2^2}{a_2^2} + \dfrac{\mathfrak{x}_3^2}{a_3^2} - \mathfrak{x}_4^2 = 0$ (Reeller elliptischer Zylinder),

(23) $\frac{\mathfrak{x}_2^2}{a_3^2} - \frac{\mathfrak{x}_3^2}{a_3^2} - \mathfrak{x}_4^2 = 0$ (Hyperbolischer Zylinder).

Man kann noch a_2 auf den Wert 1 bringen.

Unsre Betrachtungen leisten im Grunde genommen noch mehr als wir uns vorgenommen hatten. Sie enthalten alles, was zur Klassifikation der Flächen zweiter Ordnung nach der Kongruenz nötig ist. Z. B. kann man aus ihnen schließen, daß eine allgemeine Fläche zweiter Ordnung bei geeigneter Wahl der rechtwinkligen Achsen durch eine der folgenden Gleichungen dargestellt wird:

$$\frac{x^2}{a^2} + \frac{y^2}{b^2} + \frac{z^2}{c^2} + 1 = 0,$$
$$\frac{x^2}{a^2} + \frac{y^2}{b^2} + \frac{z^2}{c^2} - 1 = 0,$$
$$\frac{x^2}{a^2} + \frac{y^2}{b^2} - \frac{z^2}{c^2} - 1 = 0,$$
$$\frac{x^2}{a^2} - \frac{y^2}{b^2} - \frac{z^2}{c^2} - 1 = 0,$$
$$\frac{y^2}{b^2} + \frac{z^2}{c^2} - 2x = 0,$$
$$\frac{y^2}{b^2} - \frac{z^2}{c^2} - 2x = 0.$$

§ 12. Bemerkungen über die einzelnen Flächen zweiter Ordnung.

Wir betrachten zunächst eine reelle Mittelpunktsfläche zweiter Ordnung vom Range 4, also ein Ellipsoid, ein einschaliges oder ein zweischaliges Hyperboloid. Eine solche Fläche wird bei geeigneter Wahl der Achsen, die man als **Hauptachsen** bezeichnet, durch eine Gleichung von der Form

(1) $$k_1 x_1^2 + k_2 x_2^2 + k_3 x_3^2 - x_4^2 = 0$$

dargestellt. Wir wollen Rotationsflächen ausschließen, so daß k_1, k_2, k_3 voneinander verschieden sind. Wegen des Ranges 4 sind sie auch von Null verschieden. Die Achsen denken wir uns so numeriert, daß $k_1 > k_2 > k_3$ ist. Der Fernschnitt der Fläche hat mit dem Fernkreis vier Punkte gemein, die sich aus den Gleichungen

(2) $$\begin{cases} k_1 x_1^2 + k_2 x_2^2 + k_3 x_3^2 = 0, \\ x_1^2 + x_2^2 + x_3^2 = 0 \end{cases}$$

in Verbindung mit $x_4 = 0$ ergeben. Wir nennen sie die **absoluten Punkte** der Fläche, weil man den Fernkreis als **absolutes Gebilde** bezeichnet. Aus (2) folgen die Gleichungen

(3) $$\begin{cases} (k_1 - k_2)\, x_2^2 + (k_1 - k_3)\, x_3^2 = 0, \\ (k_1 - k_2)\, x_1^2 - (k_2 - k_3)\, x_3^2 = 0, \\ (k_1 - k_3)\, x_1^2 + (k_2 - k_3)\, x_3^2 = 0. \end{cases}$$

Je zwei von ihnen sind vollkommen gleichwertig mit dem System (2). Jede Gleichung (3) bestimmt verbunden mit $x_4 = 0$ ein Geradenpaar in der Fernebene. Diese Geradenpaare sind nichts anderes als die Gegenseitenpaare in dem Viereck der absoluten Punkte. Die Diagonalpunkte des absoluten Vierecks, wie wir kurz sagen, d. h. die Punkte $x_2 = x_3 = x_4 = 0$, $x_3 = x_1 = x_4 = 0$, $x_1 = x_2 = x_4 = 0$ sind die Fernpunkte der Hauptachsen. Die Hauptachsen verbinden also den Mittelpunkt, den Pol der Fernebene, mit den Diagonalpunkten des absoluten Vierecks. Diese Kenntnis genügt, um die Hauptachsen zu bestimmen, d. h. das Hauptachsenproblem zu lösen. Bei der Aufsuchung der absoluten Punkte kann man sich der Gleichung (3) aus § 11 bedienen. Man braucht aber zur Lösung des Hauptachsenproblems nicht einmal diese Punkte selbst, sondern nur das zugehörige Diagonaldreieck. Dieses ist das gemeinsame Poldreieck des Fernschnitts der Fläche und des Fernkreises. Jede Ecke des Poldreiecks hat in bezug auf den Fernschnitt der Fläche und in bezug auf den Fernkreis dieselbe Polare, nämlich die Verbindungslinie der beiden andern Ecken. Liegt also die Fläche in der unreduzierten Darstellung $\Sigma a_{rs} x_r x_s = 0$ vor, wo der Fernschnitt durch die Gleichungen $x_4 = 0$, $\Sigma' a_{rs} x_r x_s = 0$ bestimmt ist, so muß, wenn $y_1, y_2, y_3, 0$ der Fernpunkt einer Hauptachse sein soll, die Gleichung $\Sigma' a_{rs} x_r y_s = 0$ mit $\Sigma' x_r y_s = 0$ gleichbedeutend sein, d. h. es müssen Relationen von der Form

$$(4)\qquad \begin{cases} a_{11} y_1 + a_{12} y_2 + a_{13} y_3 = \varrho y_1, \\ a_{21} y_1 + a_{22} y_2 + a_{23} y_3 = \varrho y_2, \\ a_{31} y_1 + a_{32} y_2 + a_{33} y_3 = \varrho y_3 \end{cases}$$

stattfinden. Man muß also, um die Fernpunkte der Hauptachsen zu finden, die Wurzeln der Gleichung

$$(5)\qquad \begin{vmatrix} a_{11} - \varrho, & a_{12}, & a_{13} \\ a_{21}, & a_{22} - \varrho, & a_{23} \\ a_{31}, & a_{32}, & a_{33} - \varrho \end{vmatrix} = 0$$

bestimmen. Für jede Wurzel haben die Gleichungen (4) eine von 0, 0, 0 verschiedene Lösung, die einen Hauptachsenfernpunkt kennzeichnet. Im Falle einer Fläche vom Typus (1) hat die Gleichung (5) drei verschiedene reelle Wurzeln.

Kehren wir nun zu den Gegenseitenpaaren des absoluten Vierecks der Fläche (1) zurück, so ist, wie der Anblick der Gleichungen (3) unter Erinnerung an $k_1 > k_2 > k_3$ zeigt, nur eins dieser Gegenseitenpaare reell, nämlich

$$(6)\qquad (k_1 - k_2) x_1^2 - (k_2 - k_3) x_3^2 = 0.$$

Die beiden Ebenen

$$(7)\qquad x_1 \sqrt{k_1 - k_2} + x_3 \sqrt{k_2 - k_3} + \alpha x_4 = 0$$

und

$$(8)\qquad x_1 \sqrt{k_1 - k_2} - x_3 \sqrt{k_2 - k_3} + \beta x_4 = 0$$

treffen die Fernebene in dem Geradenpaar (6). Die Kurve zweiter Ordnung, die eine solche Ebene auf der Fläche (1) ausschneidet, geht durch die Fernkreispunkte dieser Ebene hindurch und ist daher ein Kreis. Man kann sich davon auch auf folgende Weise überzeugen: Die Ebenen (7) und (8) lassen sich durch eine einzige Gleichung darstellen, die man aus (7) und (8) durch Multiplikation erhält. Diese Gleichung lautet

$$(9)\qquad \begin{aligned} E = (k_1 - k_2)\, x_1^2 - (k_2 - k_3)\, x_3^2 + (\alpha + \beta)\, x_1 x_4 \sqrt{k_1 - k_2} \\ - (\alpha - \beta)\, x_3 x_4 \sqrt{k_2 - k_3} + \alpha\beta x_4^2 = 0. \end{aligned}$$

Das Ebenenpaar $E = 0$ hat nun mit der Fläche (1), d. h. mit

$$F = k_1 x_1^2 + k_2 x_2^2 + k_3 x_3^2 - x_4^2 = 0$$

die Punkte gemein, welche den Gleichungen

$$(10)\qquad E = 0, \quad F = 0$$

genügen. Genau dieselben Punkte ergeben sich, wenn man die Gleichungen

$$(10')\qquad E = 0, \quad F - E = 0$$

aufstellt. Nun ist aber

$$\begin{aligned} F - E = k_2 (x_1^2 + x_2^2 + x_3^2) - (\alpha + \beta)\, x_1 x_4 \sqrt{k_1 - k_2} \\ + (\alpha - \beta)\, x_3 x_4 \sqrt{k_2 - k_3} - (1 + \alpha\beta)\, x_4^2, \end{aligned}$$

also $F - E = 0$ die Gleichung einer Kugel, auf der das Ebenenpaar $E = 0$ zwei Kreise ausschneidet. Diese beiden Kreise sind es also, die durch die Gleichungen (10′) und die mit ihnen äquivalenten Gleichungen (10) bestimmt werden. Man erkennt auf diese Weise nicht nur, daß sowohl die Ebene (7) als auch die Ebene (8) stets einen Kreisschnitt mit der Fläche (1) liefert, sondern auch noch, daß die beiden so erhaltenen Kreise der Kugel $F - E = 0$ oder

$$(11)\qquad \begin{aligned} k_2 (x_1^2 + x_2^2 + x_3^2) - (\alpha + \beta)\, x_1 x_4 \sqrt{k_1 - k_2} \\ + (\alpha - \beta)\, x_3 x_4 \sqrt{k_2 - k_3} - (1 + \alpha\beta)\, x_4^2 = 0 \end{aligned}$$

angehören. Da die Gleichungen (10) dasselbe besagen wie $F - E = 0$ und $F = 0$, so ist hier eine Mannigfaltigkeit von Kugeln gewonnen, die alle auf der Fläche (1) Kreispaare ausschneiden. Jedesmal ist die Ebene des einen Kreises parallel zu $x_1 \sqrt{k_1 - k_2} + x_3 \sqrt{k_2 - k_3} = 0$, die des andern parallel zu $x_1 \sqrt{k_1 - k_2} - x_3 \sqrt{k_2 - k_3} = 0$, weil die Kreisebenen mit (7) und (8) zusammenfallen. Wir wollen die durch (11) dargestellte Kugel mit $K_{\alpha,\beta}$ bezeichnen, die den Ebenen (7) und (8) entsprechenden Kreisschnitte mit K_α und K_β. Dann liegen also die Kreise K_α und K_β auf der Kugel $K_{\alpha\beta}$. Sind α_1 und α_2 zwei beliebige Einzelwerte von α, so kann man sagen, daß die Kugeln $K_{\alpha_1,\beta}$ und $K_{\alpha_2,\beta}$ sich in dem Kreise K_β schneiden. Läßt man β variieren, so ergeben sich zwei Kugelbüschel. Eins dieser Büschel besteht aus allen Kugeln durch K_{α_1}, das andere aus allen Kugeln durch K_{α_2}. Die Kugeln des einen Büschels sind mit denen des andern in besonderer Weise gepaart, eben durch Vermittlung des Parameters β, und es schneiden sich dann je zwei entsprechende Kugeln beider Büschel in einem Kreise, der auf der Fläche (1) liegt. Bei variierendem β erhält man die ganze Schar der Kreisschnitte K_β.

Eine zweite Erzeugung der Fläche (1) ergibt sich, wenn man das Büschel aller Kugeln durch K_{β_1} und das Büschel aller Kugeln durch K_{β_2} betrachtet und K_{α,β_1}, K_{α,β_2} einander zuordnet. Dann erhält man bei variierendem α alle Kreisschnitte K_α. Diese Erzeugung durch Kugelbüschel ist etwas ganz ähnliches wie die Erzeugung einer Regelfläche zweiter Ordnung durch Ebenenbüschel. Z. B. ergibt sich die Fläche $x_1x_4 - x_2x_3 = 0$, wenn man jede Ebene $\lambda x_1 + \mu x_2 = 0$ mit der Ebene $\lambda x_3 + \mu x_4 = 0$ zum Schnitt bringt, weil aus beiden Gleichungen $x_1 x_4 - x_2 x_3 = 0$ folgt und umgekehrt, sobald diese Gleichung besteht, ein von 0,0 verschiedenes Wertepaar λ, μ existiert, das die Ausgangsgleichungen erfüllt. Es handelt sich hier um zwei projektiv aufeinander bezogene Ebenenbüschel, und je zwei zusammengehörige Ebenen beider Büschel werden zum Schnitt gebracht, wodurch sich die eine Geradenschar der Fläche ergibt. Eine zweite Erzeugung derselben Fläche kommt zustande, wenn man die Ebenen $\varrho x_1 + \sigma x_3 = 0$ und die Ebenen $\varrho x_2 + \sigma x_4 = 0$ betrachtet. Man erhält dann die andere Geradenschar der Fläche. Jede Gerade der ersten Schar liegt mit jeder Geraden der zweiten Schar in einer Ebene, deren Gleichung eine lineare Kombination aus $\lambda x_1 + \mu x_2 = 0$, $\lambda x_3 + \mu x_4 = 0$, aber auch aus $\varrho x_1 + \sigma x_3 = 0$, $\varrho x_2 + \sigma x_4 = 0$ ist und demgemäß

$$\lambda\varrho x_1 + \mu\varrho x_2 + \lambda\sigma x_3 + \mu\sigma x_4 = 0$$

lautet. Diese Ebenen, übrigens die Tangentialebenen der Fläche $x_1x_4 - x_2x_3 = 0$, spielen hier dieselbe Rolle wie jene Kugeln $K_{\alpha\beta}$.

Wir betrachten jetzt ein Paraboloid

$$k_1x_1^2 + k_2x_2^2 - 2x_3x_4 = 0, \tag{12}$$

wobei $k_1 > k_2$ und $k_1k_2 \neq 0$ vorausgesetzt wird. Die absoluten Punkte einer solchen Fläche ergeben sich aus den Gleichungen

$$k_1x_1^2 + k_2x_2^2 = 0, \quad x_1^2 + x_2^2 + x_3^2 = 0, \tag{13}$$

womit man $x_4 = 0$ verbinden muß. Aus (13) folgt noch

$$(k_1 - k_2)x_2^2 + k_1x_3^2 = 0, \quad (k_1 - k_2)x_1^2 - k_2x_3^2 = 0. \tag{14}$$

Die absoluten Punkte bilden ein Viereck, dessen Gegenseitenpaare durch die erste Gleichung (13) und die Gleichungen (14) dargestellt werden.

Ist (12) ein elliptisches Paraboloid, also $k_1 > k_2 > 0$, so findet man als einziges reelles Gegenseitenpaar des absoluten Vierecks

$$(k_1 - k_2)x_1^2 - k_2x_3^2 = 0, \quad x_4 = 0.$$

Jede Ebene

$$x_1\sqrt{k_1 - k_2} + x_3\sqrt{k_2} + \alpha x_4 = 0 \tag{15}$$

schneidet die Fläche (12) in einem Kreise, ebenso jede Ebene

$$x_1\sqrt{k_1 - k_2} - x_3\sqrt{k_2} + \beta x_4 = 0. \tag{16}$$

Man kann die beiden Ebenengleichungen zusammenfassen zu

$$E = (k_1 - k_2)x_1^2 - k_2x_3^2 + (\alpha + \beta)x_1x_4\sqrt{k_1 - k_2} - (\alpha - \beta)x_3x_4\sqrt{k_2} + \alpha\beta x_4^2 = 0.$$

Der Schnitt des Ebenenpaares mit der Fläche (12) oder $F = 0$ ist durch die Gleichungen $E = 0, F = 0$ bestimmt, die mit $E = 0, F - E = 0$ gleichbedeutend sind. $F - E = 0$ lautet aber

$$k_2(x_1^2 + x_2^2 + x_3^2) - (\alpha + \beta)\, x_1 x_4 \sqrt{k_1 - k_2} + \{(\alpha - \beta)\sqrt{k_2} - 2\}\, x_3 x_4 - \alpha\beta x_4^2 = 0$$

und stellt eine Kugel dar. So bestätigt sich die obige Angabe, daß die Ebenen (15) und (16) Kreisschnitte liefern.

Ist (12) ein hyperbolisches Paraboloid, also $k_1 > 0$, $k_2 < 0$, so sind die Geradenpaare (14) imaginär. $k_1 x_1^2 + k_2 x_2^2 = 0$, $x_4 = 0$ ist das einzige reelle Gegenseitenpaar des absoluten Vierecks. Faßt man die Ebenengleichungen

$$(17) \qquad x_1 \sqrt{k_1} + x_2 \sqrt{-k_2} + \alpha x_4 = 0$$

und

$$(18) \qquad x_1 \sqrt{k_1} - x_2 \sqrt{-k_2} + \beta x_4 = 0$$

zu

$$E' = k_1 x_1^2 + k_2 x_2^2 + (\alpha + \beta) x_1 x_4 \sqrt{k_1} - (\alpha - \beta) x_2 x_4 \sqrt{-k_2} + \alpha\beta x_4^2 = 0$$

zusammen, so ergibt sich aus $E' = 0$ und $F = 0$

$$E' - F = (\alpha + \beta) x_1 x_4 \sqrt{k_1} - (\alpha - \beta) x_2 x_4 \sqrt{-k_2} + 2 x_3 x_4 + \alpha\beta x_4^2 = 0.$$

Entweder ist also $x_4 = 0$ und $k_1 x_1^2 + k_2 x_2^2 = 0$, oder es gilt

$$(\alpha + \beta) x_1 \sqrt{k_1} - (\alpha - \beta) x_2 \sqrt{-k_2} + 2 x_3 + \alpha\beta x_4 = 0$$

in Verbindung mit (17) oder (18). Es ergeben sich also als Kreisschnitte die beiden Geradenscharen des hyperbolischen Paraboloids.

Wir kommen jetzt zu einer sehr interessanten Deformationseigenschaft der Regelflächen zweiter Ordnung, wobei es sich eigentlich nicht um die Flächen selbst, sondern nur um ihre Linienskelette handelt. Die Geraden der Fläche sind in ihren Schnittpunkten durch Scharniere verbunden, und es zeigt sich dann, daß ein solches Linienskelett deformierbar ist und in jeder Deformation eine Fläche zweiter Ordnung aufspannt. Diese Flächen stehen zueinander in einer wichtigen Beziehung, die wir nachher aufdecken werden.

Die einzigen Regelflächen zweiter Ordnung sind das einschalige Hyperboloid

$$(19) \qquad \frac{x^2}{a^2} + \frac{y^2}{b^2} - \frac{z^2}{c^2} = 1$$

und das hyperbolische Paraboloid

$$(20) \qquad \frac{x^2}{a^2} - \frac{y^2}{b^2} = 2z.$$

Schreibt man die Gleichung (19) in der Form

$$\left(\frac{y}{b} - \frac{z}{c}\right)\left(\frac{y}{b} + \frac{z}{c}\right) = \left(1 - \frac{x}{a}\right)\left(1 + \frac{x}{a}\right),$$

so kann man setzen

$$\frac{y}{b} - \frac{z}{c} = 2\alpha\alpha',$$

$$\frac{y}{b} + \frac{z}{c} = 2\beta\beta',$$

$$1 - \frac{x}{a} = 2\alpha\beta',$$

$$1 + \frac{x}{a} = 2\beta\alpha'.$$

Hieraus ergibt sich

$$x = a(\beta\alpha' - \alpha\beta'), \quad y = b(\alpha\alpha' + \beta\beta'), \quad z = c(\beta\beta' - \alpha\alpha')$$
$$1 = \alpha\beta' + \beta\alpha'.$$

Verwendet man die inhomogenen Parameter $\frac{\beta}{\alpha} = u$, $\frac{\beta'}{\alpha'} = v$, so erhält man folgende Parameterdarstellung der Fläche (19):

$$(21) \qquad x = \frac{a(u-v)}{u+v}, \qquad y = \frac{b(uv+1)}{u+v}, \qquad z = \frac{c(uv-1)}{u+v}.$$

Legt man v fest und läßt u allein variieren, so beschreibt der Punkt x, y, z eine Gerade der einen Schar. Wir nennen sie eine u-Linie. Bei konstantem u und variierendem v bewegt sich der Punkt auf einer Geraden der zweiten Schar, auf einer v-Linie.

Nun seien P und P' zwei Punkte einer v-Linie. Dann gehört zu ihnen derselbe Parameterwert u, dagegen zwei Werte v und v' des andern Parameters. Für P gelten die Gleichungen (21), für P' die folgenden:

$$(21') \qquad x' = \frac{a(u-v')}{u+v'}, \; y' = \frac{b(uv'+1)}{u+v'}, \; z' = \frac{c(uv'-1)}{u+v'}.$$

Aus (21) und (21') ergeben sich für die Koordinatendifferenzen der Punkte P, P' die Ausdrücke

$$x - x' = -\frac{2au(v-v')}{(u+v)(u+v')}, \; y - y' = \frac{b(u^2-1)(v-v')}{(u+v)(u+v')},$$

$$z - z' = \frac{c(u^2+1)(v-v')}{(u+v)(u+v')}.$$

Als Entfernungsquadrat der beiden Punkte findet man hiernach

$$(22) \qquad PP'^2 = \frac{\{(b^2+c^2)(u^2-1)^2 + 4(a^2+c^2)u^2\}(v-v')^2}{(u+v)^2(u+v')^2}.$$

Sind Q und Q' zwei Punkte einer u-Linie, so gilt die Gleichung

$$(23) \qquad QQ'^2 = \frac{\{(b^2+c^2)(v^2-1)^2 + 4(a^2+c^2)v^2\}(u-u')^2}{(u+v)^2(u'+v)^2}.$$

Vertauscht man nämlich in (21) die Parameter u, v, so bleiben y und z ungeändert, während x in $-x$ übergeht, was aber auf $(x-x')^2$ keinen Einfluß hat.

Geht man nun von der Fläche (19) zu einer andern

$$(19_1)\qquad \frac{x_1^2}{a_1^2}+\frac{y_1^2}{b_1^2}-\frac{z_1^2}{c_1^2}=1$$

über und schreibt für sie die Parameterdarstellung

$$(21_1)\qquad x_1=\frac{a_1(u-v)}{u+v},\ y_1=\frac{b_1(uv+1)}{u+v},\ z_1=\frac{c_1(uv-1)}{u+v}$$

nieder, so sind die beiden Flächen (19) und (19_1) durch Vermittlung der Parameter u, v aufeinander abgebildet. Es entsprechen sich immer zwei solche Punkte, die durch dasselbe u und dasselbe v gekennzeichnet werden. Den u-Linien der einen sind die u-Linien der andern Fläche zugeordnet, ebenso den v-Linien die v-Linien. Da in den Formeln (22) und (23) nur die Verbindungen a^2+c^2 und b^2+c^2 auftreten, so wird die Abbildung der u-Linien auf die u-Linien und der v-Linien auf die v-Linien längentreu sein, sobald die Gleichungen

$$(24)\qquad a_1^2+c_1=a^2+c^2,\ b_1^2+c_1=b^2+c^2$$

stattfinden. Setzt man $a_1^2=a^2+\lambda$, $b_1^2=b^2+\lambda$, $c_1=c^2-\lambda$, so sind diese Gleichungen erfüllt. Das Linienskelett der Fläche

$$(25)\qquad \frac{x_1^2}{a^2+\lambda}+\frac{y_1^2}{b^2+\lambda}-\frac{z_1^2}{c^2-\lambda}=1$$

erfährt bei variierendem λ eine Deformation, die durch Anbringen von Scharnieren in den Kreuzungspunkten der Geradenscharen mechanisch ermöglicht wird. Wenn man die Achsen so benennt, daß $a^2\geqq b^2$ ist, so sind λ die Grenzen $-b^2$ und c^2 gesetzt, damit die Nenner $a^2+\lambda$, $b^2+\lambda$, $c^2-\lambda$ positiv bleiben. Wir haben in (25) eine Schar von einschaligen Hyperboloiden vor uns, in die das Hyperboloid (19) mit $\lambda=0$ eingeordnet ist. Setzt man $\lambda=c^2$, so wird $a_1^2=a^2+c^2$, $b_1^2=b^2+c^2$, $c_1^2=0$, und man erhält aus (21_1)

$$x_1=\frac{a_1(u-v)}{u+v},\ y_1=\frac{b_1(uv+1)}{u+v},\ z_1=0.$$

Die u-Linien und die v-Linien sind jetzt die Tangenten der Ellipse

$$\frac{x_1^2}{a^2+c^2}+\frac{y_1^2}{b^2+c^2}=1,\ z_1=0,$$

wie man leicht bestätigen kann. Setzt man $\lambda=-b^2$, so wird $a_1^2=a^2-b^2$, $b_1^2=0$, $c_1^2=b^2+c^2$ und es ergibt sich aus (21_1)

$$x_1=\frac{a_1(u-v)}{u+v},\ y_1=0,\ z_1=\frac{c_1(uv-1)}{u+v}.$$

Die u-Linien und v-Linien sind jetzt die Tangenten der Hyperbel

$$\frac{x_1^2}{a^2-b^2}-\frac{z_1^2}{b^2+c^2}=1,\ y_1=0.$$

An dem Henricischen Modell kann man diese flachgedrückten Formen des Linienskeletts sehr schön sehen.

Ganz ähnlich läßt sich die Deformierbarkeit des Linienskeletts beim hyperbolischen Paraboloid (20) nachweisen. Schreibt man die Gleichung (20) in der Form

$$\left(\frac{x}{a}+\frac{y}{b}\right)\left(\frac{x}{a}-\frac{y}{b}\right)=2z$$

und setzt

$$\frac{x}{a}+\frac{y}{b}=2u,\ \frac{x}{a}-\frac{y}{b}=2v,$$

so wird $z=2uv$. Man hat also

$$x=a(u+v),\ y=b(u-v),\ z=2uv.$$

Hält man u fest und erteilt dem andern Parameter die Werte v, v', so ergibt sich

$$x-x'=a(v-v'),\ y-y'=-b(v-v'),\ z-z'=2u(v-v').$$

Zwei Punkte P, P' einer v-Linie haben also das Entfernungsquadrat

$$PP'^2=(a^2+b^2+4u^2)(v-v')^2.$$

Da bei Vertauschung von u und v nur y sein Zeichen wechselt, während x und z ungeändert bleiben, so lautet das Entfernungsquadrat zweier Punkte einer u-Linie

$$QQ'^2=(a^2+b^2+4v^2)(u-u')^2.$$

Die Konstanten a, b erscheinen hier nur in der Verbindung a^2+b^2. Setzt man also $a_1^2=a^2+\lambda$, $b_1^2=b^2-\lambda$ und

$$x_1=a_1(u+v),\ y_1=b_1(u-v),\ z_1=2uv,$$

so werden die beiden Paraboloide

$$\frac{x^2}{a^2}-\frac{y^2}{b^2}=2z,\ \frac{x_1^2}{a_1^2}-\frac{y_1^2}{b_1^2}=2z_1$$

durch Vermittlung der Parameter u, v derart aufeinander abgebildet, daß die u-Linien auf die u-Linien und die v-Linien auf die v-Linien längentreu bezogen sind. Das Hyperboloid (20) ist hiermit in eine Schar von Hyperboloiden

$$\text{(26)}\qquad \frac{x_1^2}{a^2+\lambda}-\frac{y_1^2}{b^2-\lambda}=2z_1 \qquad (-a^2\leqq\lambda\leqq b^2)$$

eingeordnet, und bei variierendem λ erfährt das Linienskelett der Fläche (26) eine Deformation, die durch Anbringen von Scharnieren in den Kreuzungspunkten der Geradenscharen mechanisch ermöglicht wird.

Im Falle $\lambda=-a^2$ ergibt sich $a_1^2=0$, $b_1^2=a^2+b^2$ und

$$x_1=0,\ y_1=b_1(u-v),\quad z_1=2uv.$$

Die u-Linien und v-Linien sind jetzt die Tangenten der Parabel

$$z_1=-\frac{y_1^2}{2(a^2+b^2)},\quad x_1=0.$$

Im Falle $\lambda = b^2$ wird $a_1^2 = a^2 + b^2$, $b_1^2 = 0$, also

$$x_1 = a_1(u + v), \quad y_1^2 = 0, \quad z_1 = 2uv.$$

u-Linien und v-Linien sind dann die Tangenten der Parabel

$$z_1 = \frac{x_1^2}{2(a^2 + b^2)}, \quad y_1 = 0.$$

Wir wollen noch eine Bemerkung über die beiden Kegelschnitte machen, die zu den Flachformen des skelettierten einschaligen Hyperboloids gehören. Der eine war die Ellipse

$$\frac{x^2}{a^2 + c^2} + \frac{y^2}{b^2 + c^2} = 1$$

in der Ebene $z = 0$, der andere die Hyperbel

$$\frac{x^2}{a^2 - b^2} - \frac{z^2}{b^2 + c^2} = 1$$

in der Ebene $y = 0$. Da wir $a^2 \geqq b^2$ voraussetzen, liegen die Brennpunkte der Ellipse auf der x-Achse und haben die Abszissen $x = \pm\sqrt{a^2 - b^2}$. Sie fallen also mit den Scheiteln der Hyperbel zusammen. Die Brennpunkte der Hyperbel liegen ebenfalls auf der x-Achse, und zwar an den Stellen $x = \pm\sqrt{a^2 + c^2}$, wo sich die Endpunkte der großen Ellipsenachse befinden. Die Tangente der Ellipse wird durch

$$\frac{xX}{a^2 + c^2} + \frac{yY}{b^2 + c^2} - 1 = 0, \quad Z = 0$$

dargestellt. Daher ist

$$\frac{xX}{a^2 + c^2} + \frac{yY}{b^2 + c^2} + kZ - 1 = 0$$

die Gleichung einer Ebene, welche die Ellipse berührt. Ihre homogenen Koordinaten lauten

$$u_1 = \frac{x}{a^2 + c^2}, \quad u_2 = \frac{y}{b^2 + c^2}, \quad u_3 = k, \quad u_4 = -1.$$

Setzt man

$$x = -\frac{(a^2 + c^2)u_1}{u_4}, \quad y = -\frac{(b^2 + c^2)u_2}{u_4}$$

in die Ellipsengleichung ein, so ergibt sich

$$(*) \qquad (a^2 + c^2)u_1^2 + (b^2 + c^2)u_2^2 = u_4^2$$

als Gleichung der Ellipse in Ebenenkoordinaten. Ebenso wird die Hyperbel durch

$$(**) \qquad (a^2 - b^2)u_1^2 - (b^2 + c^2)u_3^2 = u_4^2$$

dargestellt.

Beide Gleichungen stehen nun in einer bemerkenswerten Beziehung. Es läßt sich aus ihnen durch lineare Kombination, und zwar durch Subtraktion, die Gleichung des Fernkreises $u_1^2 + u_2^2 + u_3^2 = 0$ herleiten. Man findet nämlich

$$\{(a^2 + c^2)u_1^2 + (b^2 + c^2)u_2^2 - u_4^2\} - \{(a^2 - b^2)u_1^2 - (b^2 + c^2)u_3^2 - u_4^2\}$$
$$= (b^2 + c^2)(u_1^2 + u_2^2 + u_3^2).$$

Außer dem Fernkreis läßt sich nur noch eine Kurve zweiter Ordnung durch lineare Kombination der Gleichungen (*), (**) gewinnen. Eine solche Kombination hat in der Tat die Form

$$(27)\quad \{\lambda(a^2 + c^2) + \mu(a^2 - b^2)\}\, u_1^2 + \lambda(b^2 + c^2)u_2^2 - \mu(b^2 + c^2)u_3^2$$
$$= (\lambda + \mu)u_4^2.$$

Soll diese Gleichung nicht eine Fläche zweiter Ordnung, sondern eine Kurve zweiter Ordnung darstellen, so muß ein Koeffizient verschwinden. $\mu = 0$ führt zur Ellipse (*), $\lambda = 0$ zur Hyperbel (**), $\lambda + \mu = 0$ zum Fernkreis. Es bleibt aber noch die Möglichkeit $\lambda(a^2 + c^2) + \mu(a^2 - b^2) = 0$, also $\lambda = a^2 - b^2$, $\mu = -(a^2 + c^2)$. Für diesen Fall lautet die Gleichung (27)

$$(28)\qquad (a^2 - b^2)u_2^2 + (a^2 + c^2)u_3^2 + u_4^2 = 0.$$

Sie stellt eine imaginäre Ellipse in der Ebene $x = 0$ dar.

Das Auftreten des Fernkreises unter den aus (*) und (**) linear ableitbaren Kurven zweiter Ordnung gestattet nun verschiedene Schlußfolgerungen, von denen wir nur eine einzige Probe geben wollen. Wenn man die beiden Kegelschnitte (*) und (**) in beliebiger Reihenfolge mit $\mathfrak{K}_1$ und $\mathfrak{K}_2$ bezeichnet und dem Fernkreis die Benennung $\mathfrak{F}$ gibt, zugleich aber auch die Gleichungen dieser Gebilde durch $\mathfrak{K}_1 = 0$, $\mathfrak{K}_2 = 0$ und $\mathfrak{F} = 0$ andeutet, so ist klar, daß jede Ebene u, die den Gleichungen $\mathfrak{K}_1 = 0$, $\mathfrak{K}_2 = 0$ genügt, auch $\mathfrak{F} = 0$ erfüllt. Nun stelle man sich vor, daß irgendein Punkt P_1 von $\mathfrak{K}_1$ mit sämtlichen Punkten von $\mathfrak{K}_2$ geradlinig verbunden wird. Dadurch entsteht ein Kegel zweiter Ordnung mit der Spitze P_1. Seine Tangentialebenen berühren $\mathfrak{K}_2$ und gehen durch P_1 hindurch. Zwei von ihnen, u^1 und u^2, werden die Tangente von $\mathfrak{K}_1$ im Punkte P_1 enthalten. Dies beruht darauf, daß sich von dem Schnittpunkt Q_1 der genannten Tangente mit der Ebene der Kurve $\mathfrak{K}_2$ zwei Tangenten an $\mathfrak{K}_2$ ziehen lassen. Da die beiden Ebenen u^1 und u^2 den Gleichungen $\mathfrak{K}_1 = 0$, $\mathfrak{K}_2 = 0$ genügen, müssen sie auch die Gleichung $\mathfrak{F} = 0$ erfüllen. Es gibt also zwei Tangentialebenen des Kegels P_1, $\mathfrak{K}_2$, die zugleich Tangentialebenen des Fernkreises sind. Daher berührt der Fernschnitt des Kegels den Fernkreis in zwei Punkten, d. h. die vier absoluten Punkte des Kegels sind zu je zweien zusammengerückt. Denkt man sich P_1 als Anfangspunkt, so lautet die Gleichung des Kegels nach passender Drehung des Achsensystems

$$a_1x^2 + a_2y^2 + a_3z^2 = 0.$$

Die absoluten Punkte bestimmen sich aus der Gleichung

$$a_1(\alpha^2 - \beta^2)^2 - a_2(\alpha^2 + \beta^2)^2 + 4a_3\alpha^2\beta^2 = 0$$

oder

$$(a_1 - a_2)(\alpha^4 + \beta^4) + 2(2a_3 - a_1 - a_2)\alpha^2\beta^2 = 0.$$

Sollen zwei Doppelwurzeln auftreten, so muß

$$(2a_3 - a_1 - a_2)^2 - (a_1 - a_2)^2 = 0$$

sein, also

$$(a_3 - a_1)(a_3 - a_2) = 0,$$

d. h. $a_3 = a_1$ oder $a_3 = a_2$. Jedenfalls liegt ein Rotationskegel vor. Alle Kegel, die einen Punkt von $\mathfrak{K}_1$ zur Spitze haben und ihre Geraden durch $\mathfrak{K}_2$ hindurchschicken, sind also Rotationskegel.

Wenn man von P_1 alle Tangenten an die Fläche (27) zieht, so bilden sie ebenfalls einen Rotationskegel oder, wie man kurz sagt, einen runden Kegel. Solche Punkte, zu denen ein runder Tangentialkegel gehört, werden als Brennpunkte der betreffenden Fläche bezeichnet. Alle Flächen (27) haben also dieselben Brennpunkte, nämlich die Punkte der Kegelschnitte (*) und (**). Würde man auch imaginäre Brennpunkte in Betracht ziehen, so kämen noch die Punkte der imaginären Ellipse (28) hinzu. Damit sind aber, wie sich zeigen läßt, die Brennpunkte der konfokalen Flächen (27) erschöpft.

Zu diesen Flächen gehört auch die Fläche

$$a^2u_1^2 + b^2u_2^2 - c^2u_3^2 - u_4^2 = 0,$$

d. h. das Hyperboloid (19), geschrieben in Ebenenkoordinaten.

Zu den Flachformen des skelettierten hyperbolischen Paraboloids gehörten zwei Parabeln, nämlich

$$z = -\frac{y^2}{2(a^2 + b^2)}$$

in der Ebene $x = 0$ und

$$z = \frac{x^2}{2(a^2 + b^2)}$$

in der Ebene $y = 0$. Durch Translationen in der z-Richtung läßt sich erreichen, daß der Brennpunkt jeder Parabel zugleich der Scheitel der andern wird. Wir wollen die erste Parabel um $\frac{a^2 + b^2}{4}$ nach oben, d. h. in der positiven z-Richtung, verschieben, die zweite um $\frac{a^2 + b^2}{4}$ nach unten. Die Scheitel sind dann um $\frac{a^2 + b^2}{2}$ voneinander entfernt. So groß ist aber auch bei jeder der beiden Parabeln der Abstand des Brennpunkts vom Scheitel. Die Gleichungen der Parabeln lauten nach dieser Verschiebung

$$z = -\frac{y^2}{2(a^2 + b^2)} + \frac{a^2 + b^2}{4}, \; x = 0$$

und

$$z = \frac{x^2}{2(a^2 + b^2)} - \frac{a^2 + b^2}{4}, \; y = 0.$$

Wir können jede Parabel durch eine einzige Gleichung in Ebenenkoordinaten darstellen. Die Tangente der ersten Parabel wird durch

$$z + Z = -\frac{yY}{a^2+b^2} + \frac{a^2+b^2}{2}, \quad X = 0$$

dargestellt, eine sie enthaltende Ebene durch

$$kX + \frac{yY}{a^2+b^2} + Z + z - \frac{a^2+b^2}{2} = 0.$$

Diese Ebene hat die Koordinaten

$$u_1 = k, \; u_2 = \frac{y}{a^2+b^2}, \; u_3 = 1, \; u_4 = z - \frac{a^2+b^2}{2}.$$

Setzt man die Ausdrücke

$$y = \frac{(a^2+b^2)\,u_2}{u_3}, \; z = \frac{a^2+b^2}{2} + \frac{u_4}{u_3}$$

in die Parabelgleichung ein, so ergibt sich

$$(29) \qquad 2(a^2+b^2)\,u_2^2 + (a^2+b^2)\,u_3^2 + 4u_3\,u_4 = 0.$$

Für die andere Parabel findet man die Gleichung

$$(30) \qquad 2(a^2+b^2)u_1^2 + (a^2+b^2)u_3^2 - 4u_3u_4 = 0.$$

Aus beiden Gleichungen läßt sich als lineare Kombination die Gleichung des Fernkreises herleiten, und zwar braucht man nur (29) und (30) zu addieren. Will man haben, daß eine lineare Kombination aus (29) und (30)

$$(31) \quad 2(a^2+b^2)(\lambda u_1^2 + \mu u_2^2) + (\lambda+\mu)(a^2+b^2)u_3^2 - 4(\lambda-\mu)u_3u_4 = 0$$

keine Fläche, sondern eine Kurve zweiter Ordnung darstellt, so muß man die Determinante

$$\begin{vmatrix} 2\lambda(a^2+b^2), & 0, & 0, & 0 \\ 0\;, & 2\mu a(^2+b^2), & 0, & 0 \\ 0\;, & 0\;, & (\lambda+\mu)(a^2+b^2), & (2\mu-\lambda) \\ 0\;, & 0\;, & 2(\mu-\lambda)\;, & 0 \end{vmatrix}$$

gleich Null setzen. Dadurch erhält man

$$\lambda\mu(\mu-\lambda)^2 = 0.$$

Es gibt also außer den Parabeln (29) und (30) nur eine (doppelt zählende) lineare Kombination, die eine Kurve darstellt, und zwar ist diese Kurve der Kugelkreis. Die Punkte der beiden Parabeln sind für alle Flächen (31) Brennpunkte. Es entsteht stets ein Rotationskegel, wenn man einen Punkt der einen Parabel mit allen Punkten der andern geradlinig verbindet.

Zu den Flächen (31) gehört auch das hyperbolische Paraboloid (20), geschrieben in Ebenenkoordinaten.

Grundbegriffe der Differential- und Integralrechnung.

§ 1. Veränderliche und Funktionen.

Eine **Veränderliche** ist eine Größe, die verschiedene Werte annimmt, eine **Konstante** dagegen eine Größe, die ihren Wert nicht ändert. Der Kurs des englischen Pfunds ist ein sehr zeitgemäßes Beispiel. Früher war es eine Konstante, jetzt ist es eine Veränderliche, deren Änderungsgesetz in Dunkel gehüllt ist. Wenn wir vom Änderungsgesetz reden, berühren wir bereits den Funktionsbegriff. y heißt eine **Funktion** von x, wenn zu jedem Wert von x ein Wert von y gehört. Ist z. B. x die Zeit, gerechnet von irgendeinem Anfangspunkt, und y der Kurs des englischen Pfunds, so gehört zu jedem Wert von x ein bestimmter Wert von y, d. h. der Kurs des Pfundes ist eine Funktion der Zeit. Aber wir brauchen nicht ein so modernes Beispiel heranzuziehen. Der Funktionsbegriff begegnet uns überall im weiten Gebiet der Naturwissenschaften. Jedes physikalische Gesetz enthält die Festlegung einer funktionalen Abhängigkeit durch eine Formel. Die Endgeschwindigkeit v eines fallenden Körpers hängt mit der Fallhöhe s nach der Formel $v^2 = 2gs$ zusammen. Man kann sowohl v als Funktion von s betrachten und über diese Funktion die Aussage $v = \sqrt{2gs}$ machen oder auch s als Funktion von v, wobei dann $s = \frac{v^2}{2g}$ ist. Im ersten Falle ist s die **unabhängige** und v die **abhängige** Veränderliche, im zweiten Falle sind die Rollen vertauscht.

Um auszudrücken, daß y eine Funktion von x ist, schreibt man $y = f(x)$, in Worten: y gleich f von x. Hat man gleichzeitig verschiedene Funktionen zu betrachten, so wendet man statt f andere Buchstaben an, schreibt also $g(x), h(x), \ldots, \varphi(x), \psi(x), \ldots$ Betrachtet man y einmal als Funktion von x, ein zweites Mal als Funktion einer andern Veränderlichen $\mathfrak{x}$, so kann man die Verschiedenheit dieser funktionalen Abhängigkeiten dadurch andeuten, daß man denselben Buchstaben f verwendet, aber anders geformte Klammern benutzt, daß man also schreibt

$$y = f(x), \; y = f\{\mathfrak{x}\}.$$

Der Funktionsbegriff gestattet verschiedene Abwandlungen und Verallgemeinerungen. Er überträgt sich z. B. auf mehrere unabhängige Veränderliche. z heißt eine Funktion von x und y, wenn zu jedem Wertsystem x, y ein Wert z gehört. x, y sind hier die unabhängigen Veränderlichen, z die abhängige Veränderliche. Man schreibt $z = f(x, y)$ und benutzt statt f nötigenfalls andere Buchstaben. Wird z neben dieser Abhängigkeit von x und y als Funktion anderer Veränderlicher $\mathfrak{x}, \mathfrak{y}$ betrachtet, so kann man diese neue Abhängigkeit durch anders geformte Klammern andeuten und $z = f\{\mathfrak{x}, \mathfrak{y}\}$ schreiben. Der Inhalt eines Rechtecks ist z. B. eine Funktion der beiden Seiten, das Volumen einer Gasmenge eine Funktion von Druck und Temperatur. In entsprechender Weise definiert man Funktionen von drei, vier, ... Veränderlichen. Neuerdings werden auch Funktionen unendlich vieler Veränderlicher benutzt.

Die cartesischen Koordinaten bieten ein einfaches Hilfsmittel zur geometrischen Darstellung oder Veranschaulichung der Funktionen. Wenn z. B. $y = f(x)$ ist, so kann man x als Abszisse, y als Ordinate in bezug auf ein rechtwinkliges cartesisches Achsensystem betrachten. Zu jeder Abszisse x gehört dann eine bestimmte Ordinate y, die man im Abszissenendpunkt als Lot auf der x-Achse errichtet, nach oben oder nach unten, je nachdem y positiv oder negativ ist (vgl. Fig. 4). Die Endpunkte dieser Lote liegen auf der Bildkurve der Funktion. Von dieser graphischen Darstellung einer Funktion wird in ausgiebiger Weise Gebrauch gemacht, vielfach so stark, daß man von Mißbrauch sprechen könnte. Der Wert solcher graphischen Darstellungen oder Schaubilder von Funktionen liegt darin, daß die Funktionswerte alle zusammen sich vor dem Beschauer ausbreiten. Man kann den Gang der Funktion, d. h. ihr Steigen und Fallen bei wachsendem x mit einem Blick übersehen, die Haussen und Baissen treten deutlich hervor, an manchen Stellen zeigt sich ein besonders starker Anstieg oder Abfall.

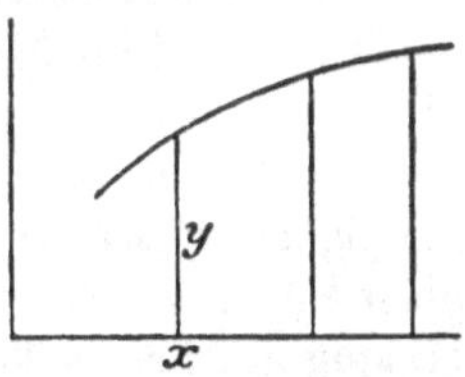

Fig. 4.

Will man für eine Funktion von zwei Veränderlichen, $z = f(x, y)$, eine anschauliche Darstellung haben, so wird man drei rechtwinklige cartesische Achsen im Raume benutzen. In jedem Punkte der (x, y)-Ebene muß man den Funktionswert als Lot auf dieser Ebene errichten, nach oben oder nach unten, je nachdem er positiv oder negativ ist. Die Endpunkte dieser Lote geben die Bildfläche der Funktion. Bei diesen Bildflächen, ebenso bei den oben besprochenen Bildkurven wird manchmal zu allen Funktionswerten ein gemeinsamer Faktor hinzugefügt, der die Lote verkleinert oder vergrößert. Man erhält auf diese Weise eine bequemere Form des Bildes.

Eine ganz andere, aber ebenso wichtige Darstellung der Funktionen beruht auf dem Gedanken der Funktionsskala und kommt z. B. beim Rechenschieber zur Anwendung. Ist $y = f(x)$ eine Funktion, die keine Dubletten enthält, d. h. verschiedenen x-Werten verschiedene y-Werte zuordnet (vgl. Fig. 5), so denke man sich die Punkte P der Bildkurve auf die y-Achse projiziert und neben der Projektion Q des Punktes P den Abzissenwert x notiert.

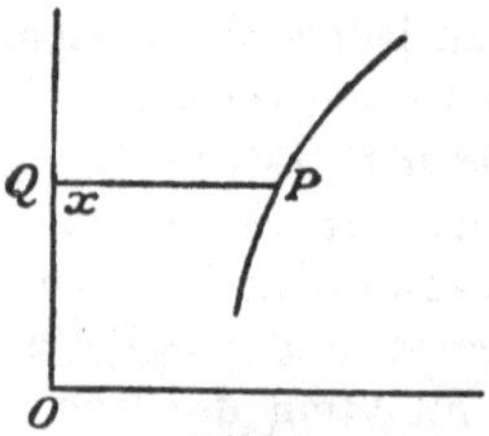

Fig. 5.

Der Ordinatenwert braucht nicht vermerkt zu werden, da er durch Länge und Richtung von OQ bestimmt ist. Diese mit x-Notierungen bedeckte y-Achse nennt man die Skala der Funktion. Solche Skalen werden gewöhnlich in der Weise konstruiert, daß man eine Reihe äquidistanter Punkte Q verwendet und die x-Notierungen einträgt. Man kann die y-Achse auch waagerecht legen.

Bei Funktionen zweier Veränderlicher werden zur Veranschaulichung vielfach Schichtlinien oder Niveaulinien verwendet. Wenn man alle Punkte der (x, y)-Ebene betrachtet, denen derselbe Funktionswert entspricht, so bilden sie eine Schicht- oder Niveaulinie. Hat man eine Reihe solcher Linien gezeichnet und an jede den zugehörigen Funktionswert herangeschrieben, so ist das Schichtlinienbild der Funktion gewonnen. Die Isohypsen in der Geographie liefern ein Beispiel für diese Art der bildlichen Darstellung, die man deshalb braucht, weil die Bildfläche der Funktion $f(x, y)$ im Raum liegt und doch alles in der Ebene gezeichnet werden muß.

Es ist eine bemerkenswerte Erscheinung, daß man in dem weiten Gebiet der angewandten Mathematik mit wenigen Funktionen auskommt, die als elementare Funktionen bezeichnet werden. Allerdings muß man sich dabei mit einer angenäherten Wiedergabe der tatsächlich vorliegenden Abhängigkeiten begnügen. Ein berühmtes Beispiel der Unzulänglichkeit dieser noch näher zu kennzeichnenden elementaren Funktionen zur genauen Erfassung ganz einfacher Vorgänge bildet das mathematische Pendel.

Wenn wir nun an die Aufzählung der elementaren Funktionen herantreten, so wäre als einfachste, aber auch uninteressanteste Funktion die Konstante zu nennen. Sie ist eine Funktion, die sich immer gleichbleibt. Allen Werten von x wird hier derselbe Wert y zugeordnet. Die Bildkurve ist eine Parallele zur x-Achse.

Die verschiedenen Potenzen von x, also $x, x^2, x^3, \dots$ sind ebenfalls Funktionen von x. Eine lineare Verbindung solcher Potenzen, vermehrt um eine Konstante, also ein Ausdruck von der Form

$$(1) \qquad y = a_0 + a_1 x + a_2 x^2 + \cdots + a_n x^n$$

wird als Polynom bezeichnet. Die Konstanten und die Potenzen $x, x^2, x^3, \dots$ sind spezielle Polynome. Die Polynome bilden eine Funktionenklasse, mit der sich die Algebra beschäftigt. Dort werden z. B. die Wurzeln der Polynome betrachtet, d. h. diejenigen x-Werte, denen ein verschwindender Funktionswert entspricht. Geometrisch entsprechen ihnen die Schnittpunkte der Bildkurve des Polynoms mit der x-Achse, solange es sich um reelle Wurzeln handelt.

Ist $a_n \neq 0$, so nennt man den Ausdruck (1) ein Polynom n-ten Grades, die Bildkurve eine Newtonsche Parabel n-ten Grades. Im Falle $n = 1$ ist diese Kurve eine gerade Linie, im Falle $n = 2$ eine gewöhnliche Parabel, deren Achse parallel zur y-Achse läuft. Newton hat die Polynome zur angenäherten Darstellung beliebiger Funktionen benutzt. Wenn von einer Funktion $f(x)$ nur die Werte bekannt sind, die sie an p verschiedenen Stellen $x_1, \ldots, x_p$ annimmt, so gibt es immer ein Polynom $(p-1)$-ten Grades, das an diesen Stellen mit $f(x)$ übereinstimmt und daher zur angenäherten Darstellung von $f(x)$ benutzt werden kann. Mit Hilfe dieses Polynoms kann man sich ein ungefähres Bild davon machen, wie die Funktion $f(x)$, die man nur an den Stellen $x_1, \ldots, x_p$ kennt, an den Zwischenstellen aussieht. Daher wird dieses Verfahren als Interpolation bezeichnet. Es werden zwischen $f(x_1), \ldots, f(x_p)$ Funktionswerte eingeschaltet, so daß eine volle Bildkurve herauskommt, die freilich nur die Bildkurve des Polynoms ist, aber doch wegen der p Koinzidenzen mit $f(x)$ eine gewisse Annäherung an die Bildkurve der unbekannten Funktion bietet, wobei über die Güte der Annäherung und über die Schätzung dieser Güte noch geredet werden muß.

Eine weitere Klasse elementarer Funktionen ergibt sich, wenn man $y = \frac{P(x)}{Q(x)}$ setzt und unter $P(x)$ und $Q(x)$ Polynome versteht. Man nennt diese Ausdrücke rationale Funktionen. Einen besonders wichtigen Fall bilden die linear gebrochenen Funktionen

$$y = \frac{\alpha x + \beta}{\gamma x + \delta},$$

die uns, übertragen auf das komplexe Gebiet, schon begegnet sind, als wir die Kreisverwandtschaften betrachteten. Auch haben wir sie beim Studium der Projektivitäten angetroffen. Die Polynome sind spezielle rationale Funktionen. Sie entstehen, wenn das Nennerpolynom $Q(x)$ vom nullten Grade, also eine Konstante ist.

Auch die Exponentialfunktion a^x, wobei a eine positive Konstante bedeutet, rechnet man zu den elementaren Funktionen. Mit ihrer Bildkurve hat sich Leibniz eingehend beschäftigt und damit zur Einbürgerung der Exponentialfunktion beigetragen. Er geht von der Bemerkung aus, daß bei dieser Funktion einer arithmetischen Reihe von x-Werten stets eine geometrische Reihe von y-Werten entspricht. Läßt man x die arithmetische Reihe

$$x_0, x_0 + h, \quad x_0 + 2h, \ldots$$

durchlaufen, so lauten die zugehörigen Funktionswerte $a^{x_0}, a^{x_0+h}, a^{x_0+2h}, \ldots$ oder

$$a^{x_0}, \; a^{x_0} a^h, \; a^{x_0}(a^h)^2, \ldots,$$

bilden also eine geometrische Reihe mit dem Anfangsglied a^{x_0} und dem Quotienten a^h. Die Exponentialfunktion ist uns für den Fall $a = 10$ durch die Logarithmentafel bekannt. In der Logarithmentafel wird jede positive Zahl y in der Form a^x dargestellt. x heißt der Logarithmus von y. Auch wenn a irgendeinen andern positiven Wert hat, der nur nicht gleich 1 sein darf, kann man jede positive Zahl y in der Form a^x schreiben und x den Logarithmus von y zur Basis a nennen. Der Logarithmus einer Veränderlichen zur Basis a ist ebenfalls eine Funktion, die man in den Kreis der elementaren

Funktionen aufgenommen hat und die **Umkehrung** der Exponentialfunktion nennt. Man schreibt, wenn $a^x = y$ ist, $x = {}^a\log y$. Es darf nicht stören, daß die unabhängige Veränderliche hier einmal y und die abhängige x heißt. Namen sind in der Mathematik belanglos.

Es fehlen in dieser Aufzählung der elementaren Funktionen noch die **trigonometrischen Funktionen** $\sin x$, $\cos x$, $\tan x$, $\cot x$ und ihre Umkehrungen. Über diese Umkehrungen ist noch folgendes zu bemerken: Wenn z. B. $y = \sin x$ ist, so schreibt man $x = \operatorname{arc} \sin y$, in Worten: x gleich arcus sinus y. Wir wissen, daß x ein Bogen (arcus) des Einheitskreises ist. arcus sinus y soll soviel bedeuten, wie arcus, cuius sinus est y, d. h. ein Bogen mit dem sinus y. Ähnlich schreibt und spricht man, wenn $y = \cos x$, $y = \tan x$, $y = \cot x$ ist, $x = \operatorname{arc} \cos y$, $x = \operatorname{arc} \tan y$, $x = \operatorname{arc} \cot y$. Man nennt diese Umkehrungen der trigonometrischen Funktionen **zyklometrische Funktionen**. Vielfach werden auch **sin, cos, tan, cot** als die direkten und **arc sin, arc cos, arc tan, arc cot** als die indirekten oder umgekehrten **Kreisfunktionen** bezeichnet. Die umgekehrten Kreisfunktionen ordnen sich zunächst nicht der oben gegebenen Erklärung des Funktionalbegriffs unter. Es gibt zu jedem Sinus, Kosinus, Tangens und Kotangens unendlich viele Kreisbögen. Man kann aber, indem man dem Bogen gewisse Grenzen vorschreibt, leicht die Eindeutigkeit herstellen. Wenn z. B. x von $-\frac{\pi}{2}$ bis $\frac{\pi}{2}$ geht, so durchläuft $\sin x$ alle Werte zwischen -1 und 1, also alle Werte, die ein Sinus überhaupt annehmen kann. Wenn man daher unter $\operatorname{arc} \sin y$ einen Bogen zwischen $-\frac{\pi}{2}$ und $\frac{\pi}{2}$ versteht, dessen Sinus gleich y ist, so gehört zu jedem Wert y von -1 bis 1 ein einziger Funktionswert. Bei $\operatorname{arc} \cos y$ sind als Grenzen des Funktionswertes 0 und π verwendbar, bei $\operatorname{arc} \tan y$ wieder $-\frac{\pi}{2}$ und $\frac{\pi}{2}$, bei $\operatorname{arc} \cot y$ endlich 0 und π.

Später werden wir noch die sogenannten **Hyperbelfunktionen** kennenlernen, die man ebenfalls zu den elementaren Funktionen rechnet.

Wenn man elementare Funktionen durch die elementaren Rechnungsoperationen (Addition, Subtraktion, Multiplikation, Division) verknüpft, so werden die entstehenden Ausdrücke gleichfalls als elementare Funktionen bezeichnet. Es braucht kaum gesagt zu werden, daß hierbei nur eine endliche Anzahl von Additionen, Subtraktionen, Multiplikationen und Divisionen zugelassen wird. Bezeichnen f und g zwei elementare Funktionen, so betrachtet man auch $f(g(x))$ als eine solche. Es werden hier zwei Funktionen hintereinander geschaltet. Man nennt solche Ausdrücke Funktionen von Funktionen.

Bei allen obigen Erklärungen handelt es sich stets um reelle Veränderliche. Um das Wesen einer reellen Veränderlichen richtig zu erfassen, ist volle Klarheit über den Zahlbegriff nötig. Die Werte der reellen Veränderlichen sind nämlich Zahlen, aber nicht nur ganze oder gebrochene, d. h. rationale Zahlen, sondern auch andere, die man als irrational bezeichnet. Wir haben uns in den beiden ersten Kapiteln auf den Standpunkt gestellt, es als selbstverständlich zu betrachten, daß man jede Strecke auf einer Geraden durch eine Zahl kennzeichnen kann, wenn eine Einheitsstrecke vorliegt. Würde man nur die rationalen Zahlen zulassen, so wäre diese Möglichkeit nicht immer vorhanden. Daher haben bereits die alten Griechen von inkommensurablen Strecken gesprochen. Ein berühmtes Beispiel einer Inkommensurabilität bilden die Seite und die Diagonale eines Quadrats. Es gibt keine Maßstrecke, die in der Seite und zugleich in der Diagonale eines Quadrats aufgeht, so daß die Seite das m-fache, die Diagonale das n-fache einer gewissen Maßstrecke wäre, wobei m und n ganze Zahlen bedeuten. Das mit der Maßstrecke konstruierte Quadrat wäre dann in dem Quadrat $ABCD$ (vgl. Fig. 6) m^2-mal, in dem Quadrat $ACEF$ aber n^2-mal enthalten. Nun ist dieses zweite Quadrat augenscheinlich zweimal so groß wie das erste. Es müßte daher $n^2 = 2m^2$ sein. Da bei ungeraden n auch n^2 ungerade ist, so kann n nur gerade sein, also $n = 2n_1$. Dann folgt aber aus $(2n_1)^2 = 2m^2$ sofort $m^2 = 2n_1^2$, und auch m muß gerade sein, $m = 2m_1$. Setzt man diesen Wert ein, so entsteht die Gleichung $n_1^2 = 2m_1^2$, aus welcher sich genau wie soeben im Falle $n^2 = 2m^2$ folgern läßt, daß n_1 und m_1 beide gerade sein müssen, $n_1 = 2n_2$, $m_1 = 2m_2$. Man gelangt durch Einsetzen dieser Werte weiter zu $n_2^2 = 2m_2^2$, und es zwingt sich der Schluß auf, daß auch n_2 und m_2 beide gerade sein müssen, $n_2 = 2n_3$, $m_2 = 2n_3$. Durch Einsetzen dieser Werte findet man $n_3^2 = 2m_3^2$ und steht wieder vor der Notwendigkeit, zu erklären, daß n_3 und m_3 durch 2 teilbar sind. Wäre also die Seite eines Quadrats mit der Diagonale kommensurabel, so würde das heißen, daß zwei ganze Zahlen m und n existieren, die sich beliebig oft durch 2 dividieren lassen, was eine reine Unmöglichkeit ist, weil sich die Zahlen bei jeder Division auf die Hälfte verkleinern und unterhalb jeder Zahl k doch nur $k - 1$ kleinere Zahlen liegen. Die Entdeckung der Inkommensurabilität ist eine der größten Leistungen der altgriechischen Mathematik. Sie führte zur Erweiterung des Zahlbegriffs über die rationalen Zahlen hinaus. Die in Euklids Elementen dargelegte Proportionenlehre ist nichts anderes als eine Theorie der Irrationalzahlen, die allen Anforderungen mathematischer Strenge genügt. Was in unserer Zeit auf diesem Gebiet geboten wird, ist nur eine andere Formulierung jener klassischen Theorie. Besonders gilt das von Dedekinds Grundlegung, die sich der altgriechischen am meisten nähert.

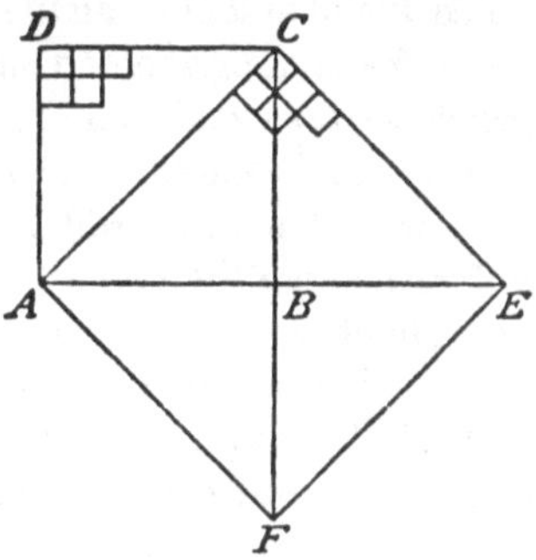

Fig. 6.

Dedekind geht davon aus, daß jede rationale Zahl r eine Einteilung sämtlicher Rationalzahlen in drei Klassen bewirkt. Zur ersten Klasse gehören alle Rationalzahlen, die kleiner sind als r, zur zweiten Klasse r selbst, zur dritten alle Rationalzahlen, die größer als r sind. Jede Zahl der ersten Klasse ist kleiner als jede Zahl der dritten. Deshalb wird die erste Klasse auch die **untere**, die dritte die **obere** genannt. r grenzt diese beiden Klassen gegeneinander ab. Ist r_1 eine Zahl der unteren Klasse, so gilt dasselbe von $\frac{1}{2}(r + r_1)$. Hieraus kann man schließen, daß es in der unteren Klasse keine größte Zahl gibt. Erhöbe nämlich r_1 den Anspruch, die größte Zahl der unteren Klasse zu sein, so würde sich ihr sofort $\frac{1}{2}(r + r_1)$ als noch größere Zahl dieser Klasse entgegenstellen. Ebenso überzeugt man sich, daß in der oberen Klasse keine kleinste Zahl existiert.

Wenn man nun bedenkt, daß es keine rationale Zahl gibt, deren Quadrat gleich 2 ist, so zerfallen die positiven Rationalzahlen in zwei Klassen. Zu der einen Klasse gehören diejenigen, deren Quadrat kleiner als 2 ist, zur andern alle, deren Quadrat größer als 2 ist. Jede Zahl der ersten Klasse, die wir die untere nennen, ist kleiner als jede Zahl der zweiten Klasse, die als die obere bezeichnet wird. Man überzeugt sich leicht, daß es weder in der unteren Klasse eine größte noch in der oberen eine kleinste Zahl gibt. Dazu dient folgende Überlegung: Wir denken uns unter x, y, x_1, y_1 positive ganze Zahlen und gehen von der Gleichung aus

$$(x^2 - 2y^2)(x_1^2 - 2y_1^2) = (xx_1 + 2yy_1)^2 - 2(yx_1 + xy_1)^2.$$

Wenn nun $x_1^2 - 2y_1^2$ positiv ist, so haben

$$x^2 - 2y^2,\ (xx_1 + 2yy_1)^2 - 2(yx_1 + xy_1)^2$$

dasselbe Zeichen, d. h. die Rationalzahlen

$$\frac{x}{y},\ \frac{xx_1 + 2yy_1}{yx_1 + xy_1}$$

gehören derselben Klasse an. Bildet man ihre Differenz

$$\frac{x}{y} - \frac{xx_1 + 2yy_1}{yx_1 + xy_1} = \frac{y_1(x^2 - 2y^2)}{y(yx_1 + xy_1)},$$

so sieht man, daß diese dasselbe Zeichen hat wie $x^2 - 2y^2$. Ist $x^2 - 2y^2 > 0$, gehört also $\frac{x}{y}$ zur oberen Klasse, so haben wir in $\frac{xx_1 + 2yy_1}{yx_1 + xy_1}$ eine kleinere Zahl dieser Klasse vor uns. Ist $x^2 - 2y^2 < 0$, also $\frac{x}{y}$ in der unteren Klasse enthalten, so stellt $\frac{xx_1 + 2yy_1}{yx_1 + xy_1}$ eine größere Zahl dieser Klasse dar. Die Bedingung $x_1^2 - 2y_1^2 > 0$ ist z. B. erfüllt, wenn man $x_1 = 2$, $y_1 = 1$ setzt. Wir können also sagen, daß sich in der unteren Klasse zu jeder Zahl $\frac{x}{y}$ eine größere $\frac{2x + 2y}{x + 2y}$, in der oberen zu jeder Zahl $\frac{x}{y}$ eine kleinere $\frac{2x + 2y}{x + 2y}$ nachweisen läßt. Setzt man $\frac{x}{y} = s$, so wird $\frac{2x + 2y}{x + 2y} = \frac{2s + 2}{s + 2}$. Die linear gebrochene Transformation $s' = \frac{2s + 2}{s + 2}$ hat hiernach die Eigenschaft, jede

Zahl der oberen Klasse in eine kleinere Zahl der oberen Klasse und jede Zahl der unteren Klasse in eine größere Zahl der unteren Klasse zu verwandeln. An den Gleichungen

$$s' - s = \frac{2 - s^2}{s + 2}, \quad s'^2 - 2 = \frac{2(s^2 - 2)}{(s + 2)^2}$$

kann man dies nochmals bestätigen.

Vergleicht man nun diese Klasseneinteilung der Rationalzahlen mit jener zuerst betrachteten, die durch eine Rationalzahl r hervorgebracht wurde, so ist in beiden Fällen jede Zahl der unteren kleiner als jede Zahl der oberen Klasse. Ferner gibt es in beiden Fällen weder in der unteren Klasse eine größte noch in der oberen Klasse eine kleinste Zahl. Nur darin unterscheiden sich die beiden Einteilungen, daß im ersten Falle eine einzige Zahl r vorhanden ist, die zwischen den Klassen liegt, während im zweiten Falle keine solche Zwischenzahl existiert, von der man sagen könnte, daß sie die Einteilung oder, wie Dedekind es nennt, den Schnitt in der Skala der Rationalzahlen hervorbringt. Man denkt sich am besten die Rationalzahlen durch Punkte der positiven x-Achse dargestellt. Diese Punkte werden als rationale Punkte bezeichnet. Dann kann man sich vorstellen, daß im ersten Falle der Schnitt, durch den man die Achse in zwei Stücke zerlegt, den rationalen Punkt r trifft und gewissermaßen zerschneidet, während im zweiten Falle keine Verletzung irgendeines rationalen Punktes erfolgt. Daß ein solches Zerschneiden der Achse trotz des dichten Gewimmels der rationalen Punkte überhaupt möglich ist, darin liegt eben das von den alten Griechen entdeckte Phänomen des Irrationalen. Dedekind stellt sich nun auf den Standpunkt, daß wir, wenn ein irrationaler Schnitt vorliegt, also ein Schnitt, der keinen rationalen Punkt trifft, d. h. durch keine rationale Zahl r hervorgebracht wird, etwas Neues schaffen müssen. Dieses Neue ist die Irrationalzahl, welche die Rolle der Zwischenzahl r übernimmt. Sie gilt im Vergleich zu jeder Rationalzahl der oberen Klasse als kleiner, im Vergleich zu jeder Rationalzahl der unteren Klasse als größer. Diese irrationale Zwischenzahl ist zugleich das arithmetische Korrelat der Schnittstelle auf der x-Achse. Es werden dieser Achse so viele irrationale Punkte zugeschrieben, als es irrationale Schnitte gibt.

Wir wollen hier auf eine vollständige Darlegung der Dedekindschen Theorie verzichten und nur einen Punkt noch berühren, das Vergleichen zweier Irrationalzahlen. Wenn zwei verschiedene Irrationalzahlen ϱ_1 und ϱ_2 vorliegen, d. h. zwei verschiedene Einteilungen sämtlicher Rationalzahlen in eine Klasse der kleineren (untere Klasse) und eine Klasse der größeren (obere Klasse), so gibt es eben wegen der Verschiedenheit der beiden Einteilungen eine Rationalzahl s, die bei dem einen Schnitt in die obere, bei dem andern in die untere Klasse fällt, also z. B. bei ϱ_1 in die obere, bei ϱ_2 in die untere. Dann ist nach dem oben Gesagten $\varrho_1 < s < \varrho_2$, und es wird nun vereinbart, daß dann ϱ_1 als die kleinere und ϱ_2 als die größere Irrationalzahl gelten soll.

Es können sich hierbei niemals Widersprüche ergeben, so daß etwa neben $\varrho_1 < s < \varrho_2$ noch die Beziehung $\varrho_2 < t < \varrho_1$ sich einstellte, wobei s und t Rationalzahlen sind. Aus $s < \varrho_2 < t$ wäre dann nämlich zu ersehen, daß s zur unteren, t zur oberen Klasse des irrationalen Schnittes gehört, woraus $s < t$ folgt. Ebenso wäre aber $t < \varrho_1 < s$ und daher $t < s$, was neben $s < t$ ausgeschlossen ist.

Nachdem man die positiven und in entsprechender Weise die negativen Irrationalzahlen eingeführt hat, kann man den Begriff der reellen Zahl erklären. Die reellen Zahlen sind nichts anderes als die Rationszahlen und Irrationalzahlen zusammengenommen. Eine reelle Veränderliche x ist eine Größe, die allen reellen Zahlen gleich werden kann. Vielfach wird die Freiheit der Veränderlichen irgendwie eingeschränkt. Sie kann z. B. an ein Intervall $\alpha \ldots \beta$ gebunden sein, so daß sie den Bedingungen $\alpha \leqq x \leqq \beta$ genügt. α und β heißen die Grenzen des Intervalls, α die untere, β die obere. Es kann sein, daß man die Gleichheitszeichen ausschließt und $\alpha < x < \beta$ fordert. Dann spricht man von einem offenen Intervall. Im Falle $\alpha \leqq x < \beta$ sagt man, das Intervall sei oben offen, im Falle $\alpha < x \leqq \beta$, es sei unten offen. Es gibt aber auch andere Möglichkeiten, der Veränderlichen x Fesseln anzulegen. Wie dies auch geschehen mag, immer wird es eine endliche oder unendliche Menge von Werten geben, die der Veränderlichen erlaubt sind. Sie bilden ihren Spielraum. Dieser Wertmenge entspricht auf der Zahlenlinie eine Punktmenge. Bei unendlichen Punktmengen macht es Schwierigkeiten, sich über die Festlegung einer solchen Menge zu einigen. Wann soll, so lautet die Frage, eine unendliche Punktmenge als wohldefiniert gelten? Die Entwicklung der modernen Mathematik drängt, wie es scheint, darauf hin, mit unendlichen Mengen vorsichtiger umzugehen, als man es in der ersten Blütezeit der durch Georg Cantor begründeten Mengenlehre tat. Es wird sich möglicherweise der Standpunkt der katholischen Philosophie, die das aktual Unendliche ablehnt, immer mehr durchsetzen. Ein großer Umbau wird dann in der höheren Mathematik kommen, der viel stärkere Kräfte erfordert als etwa die Reinigungsaktion, die Weierstraß durchführte. Bedeutsame Erfolge nach dieser Richtung finden wir in den Arbeiten von Brouwer und Weyl.

Wir müssen noch einen Gedanken verfolgen, der sich nach Einführung der Irrationalzahlen sofort aufdrängt. Gibt es vielleicht eine Möglichkeit, über die Irrationalzahlen hinauszukommen und neue Zahlen zu schaffen, indem man Schnitte im Gebiet der reellen Zahlen betrachtet? Die Frage ist zu verneinen. Wenn eine Einteilung der reellen Zahlen in eine Klasse der kleineren und eine Klasse der größeren vorliegt, so gibt es, wie wir sehen werden, entweder in der unteren Klasse eine größte oder in der oberen Klasse eine kleinste Zahl. Nimmt man sie aus der Klasse heraus, so hat man wie im Falle der rationalen Schnitte die Zwischenzahl gewonnen, die jene Einteilung hervorbringt. Zweiklassenschnitte im Gebiete der reellen Zahlen, die weder in der unteren Klasse eine größte noch in der oberen eine kleinste Zahl aufweisen, gibt es nicht. Man kommt also niemals in die Lage, durch schöpferischen Akt, wie Dedekind es nennt, eine fehlende Zwischenzahl entstehen zu lassen. Angenommen, es wäre ein Zweiklassenschnitt $\mathfrak{S}$ im Gebiet der reellen Zahlen möglich, bei welchem die untere Klasse keine größte und die obere Klasse keine kleinste Zahl enthält. Ist dann r eine Rationalzahl, die der unteren Klasse von $\mathfrak{S}$ angehört, so gibt es in dieser Klasse eine reelle Zahl ϱ, die größer als r ist. Zwischen r und ϱ läßt sich aber stets eine rationale Zahl r' wählen. Ist ϱ rational, so genügt es, $r' = \frac{1}{2}(r + \varrho)$ zu setzen. Ist ϱ irrational, so gibt es in der unteren Klasse des zu ϱ gehörigen Schnittes eine Rationalzahl r', die r übertrifft. Jedenfalls kann unter den Rationalzahlen, die zur unteren Klasse des Schnittes $\mathfrak{S}$ gehören, keine die größte sein. Auf dieselbe Weise überzeugt man sich, daß unter den Rationalzahlen, die in die obere Klasse des Schnittes $\mathfrak{S}$ fallen, keine kleinste existiert. Dann aber gibt es eine Irrationalzahl ϱ, welche die Rationalzahlen der beiden Klassen des Schnittes $\mathfrak{S}$ voneinander scheidet. Da nun jede reelle Zahl einer Klasse dieses Schnittes angehört, so wird sich auch jene Zahl ϱ entweder der unteren oder der oberen Klasse einordnen. Gehört sie zur unteren Klasse, die laut Voraussetzung keine größte Zahl aufweist, so gibt es in dieser Klasse eine Zahl ϱ', die ϱ übertrifft. Eine zwischen beiden liegende Rationalzahl s wäre dann größer als ϱ, müßte also in die obere Klasse fallen und daher größer als ϱ' sein, während doch $\varrho < s < \varrho'$ ist. Auch die andere Möglichkeit, daß ϱ in die obere Klasse von $\mathfrak{S}$ fällt, führt zu einer Unmöglichkeit. Es gibt also im Gebiete der reellen Zahlen keinen Schnitt ohne Zwischenzahl. Diese Feststellung ist von grundlegender Bedeutung. Wichtige Folgerungen gehen von ihr aus.

Es liege z. B. eine Menge $\mathfrak{M}$ reeller Zahlen vor, die eine obere Schranke hat, also eine Zahl, die von keinem Gliede der Menge übertroffen wird. Dann gibt es unter den oberen Schranken eine kleinste. Man kann dies sofort mit Hilfe des oben bewiesenen Fundamentalsatzes erkennen. Die reellen Zahlen zerfallen nämlich in zwei Klassen. Zu der einen gehört jede Zahl, welche von irgendeinem Gliede der Menge $\mathfrak{M}$ übertroffen wird, zu der andern jede Zahl, die eine obere Schranke von $\mathfrak{M}$ ist. Die Zahlen der ersten Klasse sind offenbar die kleineren, die der zweiten Klasse die größeren. Es liegt also ein Schnitt im Gebiete der reellen Zahlen vor. In der unteren Klasse ist keine größte Zahl vorhanden. Jede Zahl der unteren Klasse wird nämlich von irgendeinem Gliede der Menge $\mathfrak{M}$ übertroffen. Daher hat auch jede zwischen beiden gewählte Zahl immer noch die Eigenschaft, welche die untere Klasse kennzeichnet. Nach dem Fundamentalsatz muß es daher in der oberen Klasse eine kleinste Zahl geben, die dann die kleinste obere Schranke der Menge $\mathfrak{M}$ ist. Man nennt sie auch die obere Grenze. Gehört sie zu $\mathfrak{M}$, so stellt sie die größte Zahl dieser Menge dar. Es kann aber auch sein, daß sie sich nicht in $\mathfrak{M}$ einfügt. Dann gibt es in $\mathfrak{M}$ keine größte Zahl. Wenn man irgendein Glied aus $\mathfrak{M}$ herausgreift, so muß es kleiner als die obere Grenze sein, wird aber immer noch von irgendeinem Gliede der Menge $\mathfrak{M}$ übertroffen, das also zwischen ihm und der oberen Grenze liegt. Eine Menge $\mathfrak{M}$, die kein größtes

Glied hat, ist notwendig unendlich. Jede Zahl, die unterhalb der oberen Grenze liegt, wird von unendlich vielen Gliedern der Menge übertroffen.

Ebenso zeigt man, daß es unter den unteren Schranken einer Menge, wenn solche Schranken überhaupt vorhanden sind, eine größte gibt. Man nennt sie die untere Grenze der Menge. Eine untere Schranke ist eine Zahl, die von keinem Gliede der Menge untertroffen wird.

Wenn eine Menge $\mathfrak{M}_1$ unterhalb einer zweiten Menge $\mathfrak{M}_2$ liegt, so daß also jedes Glied von $\mathfrak{M}_1$ kleiner ist als jedes Glied von $\mathfrak{M}_2$, dann bildet offenbar jedes Glied von $\mathfrak{M}_2$ eine obere Schranke für $\mathfrak{M}_1$ und jedes Glied von $\mathfrak{M}_1$ eine untere Schranke für $\mathfrak{M}_2$. Es gibt also eine obere Grenze g_1 für $\mathfrak{M}_1$ und eine untere Grenze g_2 für $\mathfrak{M}_2$. Offenbar kann g_1 nicht größer als g_2 sein. Sonst gäbe es eine rationale Zahl g, die den Ungleichungen $g_1 > g > g_2$ genügt. Da g_1 die kleinste obere Schranke für $\mathfrak{M}_1$ ist, so wird die kleinere Zahl g von irgendeinem Gliede m_1 der Menge $\mathfrak{M}_1$ übertroffen. Ebenso gibt es, weil g_2 die größte untere Schranke von $\mathfrak{M}_2$ ist, in $\mathfrak{M}_2$ irgendein Glied m_2, das die größere Zahl g untertrifft. Aus $m_1 > g > m_2$ folgt aber $m_1 > m_2$ im Widerspruch mit $m_1 < m_2$. Daher muß $g_1 \leqq g_2$ sein. In jedes Intervall $g_1' \ldots g_2'$, das $g_1 \ldots g_2$ umfaßt ($g_1' < g_1 \leqq g_2 < g_2'$), dringen Glieder von $\mathfrak{M}_1$ und $\mathfrak{M}_2$ ein. $g_1 \ldots g_2$ ist also das umfassendste Zwischenintervall zwischen $\mathfrak{M}_1$ und $\mathfrak{M}_2$.

Wir wollen nicht unerwähnt lassen, daß ein wichtiger Teil der Dedekindschen Theorie in der Erklärung der Addition, Subtraktion, Multiplikation und Division der reellen Zahlen und der Begründung der Rechnungsregeln besteht, worauf wir hier aber nicht eingehen. Es zeigt sich, daß die für rationale Zahlen geltenden Rechnungsregeln in dem erweiterten Zahlengebiet in Kraft bleiben.

§ 2. Konvergente Zahlenfolgen und Grenzwerte.

Von großer Bedeutung für die strenge Begründung der Differentialrechnung sind die Zahlenfolgen. Die natürlichen Zahlen 1, 2, 3, ... bieten das einfachste Beispiel einer Zahlenfolge. Jede andere Zahlenfolge entsteht hieraus, indem man sich die Glieder irgendwie abgeändert denkt, so daß 1 durch eine Zahl u_1, ebenso 2 durch eine Zahl u_2 und überhaupt jedes n durch ein gewisses u_n ersetzt wird. Eine Zahlenfolge hat also folgendes Aussehen:

$$u_1, u_2, u_3, \ldots$$

Da man nie alle Glieder einer solchen Folge wirklich aufschreiben kann, muß sie durch irgendein Gesetz bestimmt sein, das vorschreibt, welche Zahl u_n an der n-ten Stelle stehen soll. Eine Zahlenfolge ist also nichts anderes als eine Funktion, die für die positiven ganzzahligen Werte der unabhängigen Veränderlichen erklärt ist. Man könnte statt u_n auch schreiben $u(n)$.

Wenn es für die Werte u_n sowohl eine untere als auch eine obere Schranke gibt, spricht man von einer beschränkten oder, wie es neuerdings heißt, geschränkten Zahlenfolge. Mit solchen geschränkten Folgen wollen wir uns jetzt näher beschäftigen. Die untere Grenze, d. h. die größte untere Schranke heiße g, die obere Grenze, d. h. die kleinste obere Schranke, G. Dann ist also g die größte Zahl, die von keinem u_n untertroffen wird, G die kleinste Zahl, die von keinem u_n übertroffen wird, und $g \ldots G$ das engste Intervall, das die Folge $u_1, u_2, u_3, \ldots$ umschließt.

Wenn man das Glied u_1 streicht, reduziert sich die Folge $u_1, u_2, u_3, \ldots$ auf $u_2, u_3, u_4, \ldots$. Ihre untere Grenze heiße g_1, ihre obere Grenze G. Dann hat man $g \leqq g_1 \leqq G_1 \leqq G$. Da für $u_2, u_3, u_4, \ldots$ offenbar g eine untere und G eine obere Schranke ist, so kann g_1 als größte untere Schranke dieser Folge nicht unterhalb g liegen und G_1 als kleinste obere Schranke nicht oberhalb G. Läßt man auch u_2 fort und bezeichnet mit g_2 die untere, mit G_2 die obere Grenze der Folge $u_3, u_4, u_5, \ldots$, so wird $g_1 \leqq g_2 \leqq G_2 \leqq G_1$ sein. Nennt man allgemein g_n die untere und G_n die obere Grenze der Folge $u_{n+1}, u_{n+2}, u_{n+3}, \ldots$, die aus $u_1, u_2, u_3, \ldots$ durch Abwerfen der n-ersten Glieder entsteht, so wird jedes der Intervalle $g \ldots G$, $g_1 \ldots G_1$, $g_2 \ldots G_2, \ldots$ das folgende umschließen. Nun sei g^* die obere Grenze der Werte $g, g_1, g_2, \ldots$ und G^* die untere Grenze der Werte $G, G_1, G_2, \ldots$. Dann ist nach den Betrachtungen, die wir am Schlusse des § 1 entwickelt haben, $g^* \ldots G^*$ das umfassendste Zwischenintervall zwischen den Werten $g, g_1, g_2, \ldots$ und den Werten $G, G_1, G_2, \ldots$, also das umfassendste Intervall, das von sämtlichen Intervallen $g_n \ldots G_n$ umschlossen wird. Erweitert man das Intervall $g^* \ldots G^*$ nach links oder rechts, wobei man sich alles auf der Zahlenlinie dargestellt denken wolle, so geht diese Eigenschaft sofort verloren. Das erweiterte Intervall wird nicht mehr von sämtlichen Intervallen $g_n \ldots G_n$ umschlossen sein. Wir wollen $g^* \ldots G^*$ das Divergenzintervall der Zahlenfolge $u_1, u_2, u_3, \ldots$ nennen. Schrumpft das Divergenzintervall auf einen Punkt zusammen, ist also $g^* = G^*$, so heißt die Zahlenfolge $u_1, u_2, u_3, \ldots$ konvergent, und der gemeinsame Wert von g^* und G^* wird als der Grenzwert der Zahlenfolge bezeichnet.

Es ist sehr wichtig, sich diese grundlegenden Begriffe noch durch andere Überlegungen klar zu machen. Vor allem muß über g^* und G^* noch einiges gesagt werden. g^* ist die obere Grenze (kleinste obere Schranke) aller g_n und g_n die untere Grenze (größte untere Schranke) der Werte $u_{n+1}, u_{n+2}, u_{n+3}, \ldots$ Eine Zahl g', die kleiner als g^* ist, wird also nicht mehr eine obere Schranke aller g_n sein. Vielmehr wird es irgendein g_ν geben, das g' übertrifft. Aus $g_\nu > g'$ folgt dann, daß $u_{\nu+1}, u_{\nu+2}, u_{\nu+3}, \ldots$ alle größer als g' sind. Jedenfalls ist klar, daß g' nur von endlich vielen Gliedern der Folge $u_1, u_2, u_3, \ldots$ untertroffen wird, da hierfür eben nur $u_1, u_2, \ldots, u_\nu$ in Frage kommen. Anders verhält sich eine Zahl g'', die größer als g^* ist. Sie wird von unendlich vielen Gliedern u_n untertroffen. Wäre es nicht so, dann wäre bei hinlänglich großem n die Zahl g'' eine untere Schranke der Folge $u_{n+1}, u_{n+2}, u_{n+3}, \ldots$, deren untere Grenze (größte untere Schranke) g_n heißt. Es müßte also $g'' \leqq g_n$ sein, während doch $g_n \leqq g^* < g''$ ist. Wir haben somit festgestellt, daß unterhalb g' nur endlich viele Glieder der Folge $u_1, u_2, u_3, \ldots$ liegen, unterhalb g'' aber unendlich viele. Daraus folgt, daß in jedes um g^* konstruierte Intervall $g' \ldots g''$ oder, wie man sagt, in jede Umgebung von g^* unendlich viele Glieder der Folge $u_1, u_2, u_3, \ldots$ fallen. Auf Grund dieser Eigenschaft nennt man g^* einen Häufungswert oder im Hinblick auf die Zahlenlinie eine Häufungsstelle jener Folge. Unterhalb g^* kann es keinen Häufungswert von $u_1, u_2, u_3, \ldots$ geben. Ist nämlich $\gamma < g^*$, so kann man γ' und γ'' derart wählen, daß die Ungleichungen $\gamma' < \gamma < \gamma'' < g^*$ gelten. Wir wissen, daß γ'' nur von endlich vielen u_n untertroffen wird. Daher können in der Umgebung $\gamma' \ldots \gamma''$ von γ nur endlich viele u_n liegen, und γ besitzt also nicht die kennzeichnende Eigenschaft eines Häufungswertes. Von g^* läßt sich demnach sagen, daß es der kleinste oder unterste Häufungswert der Folge $u_1, u_2, u_3, \ldots$ ist. Ebenso kommt man zu der Einsicht, daß G^* der größte oder oberste Häufungswert der genannten Folge ist. Das Divergenzintervall einer beschränkten Zahlenfolge wird also von ihrem kleinsten und größten Häufungswert gebildet. Erweitert man das Divergenzintervall, wenn auch noch so wenig, nach links und nach rechts, so liegen nur endlich viele Glieder der Folge außerhalb dieses erweiterten Intervalles. Das erweiterte Divergenzintervall umfaßt das Gros der Glieder oder, wie ich zu sagen pflege, fast alle Glieder der Folge. „Fast alle" bedeutet soviel wie „alle mit einer endlichen Anzahl von Ausnahmen".

Bei einer konvergenten Folge reduziert sich das Divergenzintervall auf einen Punkt, es wird also $g^* = G^*$, der kleinste Häufungswert ist zugleich der größte, d. h. der einzige Häufungswert der Folge. Eine konvergente Folge läßt sich also auch definieren als eine beschränkte Folge mit einem einzigen Häufungswert, den man, wie schon gesagt wurde, den Grenzwert der Folge nennt. Jede um den Grenzwert konstruierte Umgebung läßt sich hier als Erweiterung des Divergenzintervalles auffassen und enthält daher fast alle Glieder der betrachteten Folge. Steht umgekehrt eine Zahl u zu der Folge $u_1, u_2, u_3, \ldots$ in solcher Beziehung, daß in jeder Umgebung von u fast alle Glieder der Folge enthalten sind, so ist die Folge konvergent und u ihr Grenzwert. Zunächst ist nämlich klar, daß die Folge beschränkt sein muß. Konstruiert man nämlich um u eine Umgebung $u' \ldots u''$, so liegen außerhalb dieser Umgebung nur endlich viele u_n. Sie bilden zusammen mit u' und u'' eine endliche Zahlenmenge, in der es eine kleinste Zahl U' und eine größte Zahl U'' gibt. Offenbar umschließt dann das Intervall $U' \ldots U''$ sämtliche Glieder der Folge. Daß die Folge außer u keinen anderen Häufungswert haben kann, ist leicht zu erkennen. Man kann im Falle $h_1 < u < h_2$ um h_1, u, h_2 Umgebungen konstruieren, die nichts miteinander gemein haben. Es genügt hierfür, die Ungleichungen

$$h_1' < h_1 < h_1'' < u' < u < u'' < h_2' < h_2 < h_2''$$

zu erfüllen. Da es außerhalb $u' \ldots u''$ nur endlich viele u_n gibt, so fallen auch in die Intervalle $h_1' \ldots h_1''$ und $h_2' \ldots h_2''$ nur endlich viele u_n, so daß weder h_1 noch h_2 ein Häufungswert sein kann. Es gibt also weder unterhalb noch oberhalb u einen Häufungswert. Daß u selbst ein Häufungswert ist, darüber brauchen wir kaum ein Wort zu verlieren. u ist sogar ein Häufungswert höherer Art, weil in jeder Umgebung von u nicht nur unendlich viele, sondern fast alle Glieder der betrachteten Folge liegen.

Hat eine Folge $u_1, u_2, u_3, \ldots$ den Grenzwert u, so sagt man auch, daß sie nach u konvergiert oder auch, daß u_n nach u konvergiert, oft mit dem Zusatz „bei wachsendem n". Man stellt sich gewöhnlich vor, daß u_n die Werte $u_1, u_2, u_3, \ldots$ durchläuft. Man kann diesen aus unendlich vielen Schritten bestehenden Vorgang, wenn man will, in einen endlichen Zeitraum hineinbringen. Z. B. kann man sich denken, daß zuerst der Wert u_1 angenommen wird, nach einer Stunde der Wert u_2, eine halbe Stunde später der Wert u_2, eine Viertelstunde danach der Wert u_3 usw. Dann ist klar, daß man, wie weit auch der Vorgang verfolgt wird, nicht über zwei Stunden hinauskommt. Geometrisch entspricht diesem u_n, das eine konvergente Folge von Werten durchläuft, ein Punkt, der sich auf der Zahlenlinie ruckweise bewegt und schließlich nur noch so kleine Rucke macht, daß er zu ruhen scheint, wie fein auch die Beobachtung arbeiten mag.

Jacob Bernoulli nennt den Grenzwert von u_n, d. h. den Grenzwert der konvergenten Folge $u_1, u_2, u_3, \ldots$, den letzten Wert von u_n. Gegen diesen Ausdruck ist nichts einzuwenden, wenn nur der richtige Begriff damit verbunden wird, wenn man also den Grenzwert damit meint. Auch Newton spricht, wie wir später sehen werden, von solchen letzten Werten. Es würde nichts schaden, wenn wir diese Redeweise wieder einführen möchten. Man könnte auch nichts dagegen einwenden, wenn unter Anlehnung an Cantors Theorie der transfinitien Zahlen der Grenzwert von u_n mit u_ω bezeichnet würde, wobei ω die Cantorsche Bezeichnung für das kleinste Unendlich darstellt, jene kleinste transfininite Zahl, die hinter allen endlichen Zahlen $1, 2, 3, \ldots$ sozusagen an erster Stelle steht. Diese Bezeichnungsweise hat sich aber nicht eingebürgert. Vielmehr nennt man den Grenzwert von u_n bei wachsendem n gewöhnlich $\lim u_n$ (in Worten: „limes u_n"). limes ist das lateinische Wort für Grenze. Die Formel $\lim u_n = u$ will sagen, daß u der Grenzwert von u_n, d. h. der Grenzwert der Zahlenfolge $u_1, u_2, u_3 \ldots$ ist, daß also in jeder Umgebung von u fast alle Glieder dieser Folge enthalten sind. Eine andere viel benutzte Schreibung für die Grenzwertbeziehung oder Limesbeziehung ist $u_n \to u$. Der Pfeil ist ein treffendes Symbol für das Konvergieren, das Hinstreben nach dem Grenzwert.

Es gibt eine wichtige Klasse von Zahlenfolgen, deren Konvergenz an eine ganz einfache Bedingung geknüpft ist, nämlich die monotonen Folgen. Eine Folge $u_1, u_2, u_3, \ldots$ heißt aufsteigend, wenn die Ungleichungen $u_n \leqq u_{n+1}$ gelten, absteigend, wenn $u_n \geqq u_{n+1}$ ist ($n = 1, 2, 3 \ldots$). Aufsteigende und absteigende Folgen bilden zusammen die Klasse der monotonen Folgen. Wenn eine monotone Folge beschränkt ist, so strebt sie, wie wir zeigen werden, einem Grenzwert zu. Die Beschränktheit, die wir als notwendige Konvergenzbedingung bereits kennen, ist also bei einer monotonen

Folge auch hinreichend, um die Konvergenz zu sichern. Es liege z. B. eine aufsteigende Folge $u_1, u_2, u_3, \ldots$ vor, deren Glieder die obere Schranke K haben. Dann gibt es, wie wir wissen, unter den oberen Schranken eine kleinste, die man die obere Grenze nennt. Wir wollen sie mit k bezeichnen. Jede Zahl k', die unterhalb k liegt, ist keine obere Schranke mehr, wird also von irgendeinem Gliede u_ν der Folge übertroffen und wegen des aufsteigenden Charakters der Folge auch von $u_{\nu+1}, u_{\nu+2}, \ldots$ Fast alle Glieder der Folge übertreffen somit die Zahl k'. Andererseits sind sie, weil k die obere Grenze, also eine obere Schranke ist, nicht größer als k. In jeder Umgebung $k' \ldots k''$ von k liegen daher fast alle Glieder der Folge $u_1, u_2, u_3, \ldots$, d. h. k ist der Grenzwert dieser Folge, $\lim u_n = k$. Die obere Grenze einer beschränkten aufsteigenden erweist sich also als ihr Grenzwert. Ebenso ist bei einer beschränkten absteigenden Folge die untere Grenze zugleich der Grenzwert. Beschränkte monotone Folgen sind also stets konvergent. Wir wollen einige besonders wichtige Beispiele hierzu betrachten. Ein sogenannter unendlicher Dezimalbruch $0{,}a_1a_2a_3\ldots$, wobei a_n eine der Ziffern $0, 1, \cdots, 9$ bedeutet, ist verknüpft mit der Zahlenfolge

$$(*) \qquad 0{,}a_1; \quad 0{,}a_1a_2; \quad 0{,}a_1a_2a_3; \ldots$$

Hier handelt es sich um eine aufsteigende Zahlenfolge, und zwar um eine beschränkte. Offenbar ist nämlich $0{,}a_1a_2\ldots a_n$ höchstens gleich

$$\frac{9}{10}+\frac{9}{10^2}+\cdots+\frac{9}{10^n}.$$

Wenn man aber von dieser Summe ein Zehntel ihres Betrages abzieht, so bleiben neun Zehntel übrig. Neun Zehntel der Summe sind also gleich der Differenz

$$\left(\frac{9}{10}+\frac{9}{10^2}+\cdots+\frac{9}{10^n}\right)-\left(\frac{9}{10^2}+\frac{9}{10^3}+\cdots+\frac{9}{10^{n+1}}\right),$$

d. h. gleich

$$\frac{9}{10}-\frac{9}{10^{n+1}},$$

jedenfalls also kleiner als $\frac{9}{10}$. Daher muß die Summe selbst kleiner als 1 sein. Alle Glieder der aufsteigenden Zahlenfolge (*) sind demnach kleiner als 1. Nach unserm allgemeinen Satz über beschränkte monotone Folgen können wir also schließen, daß die Folge (*) konvergent ist, daß also der Grenzwert

$$\lim 0{,}a_1a_2\ldots a_n$$

existiert. Dieser Grenzwert ist gemeint, wenn man von dem unendlichen Dezimalbruch $0{,}a_1a_2a_3\ldots$ redet. Damit hat dieses schon in der Schulmathematik vorkommende Symbol eine genaue Erklärung gefunden, und wir können nun sagen, daß jeder unendliche Dezimalbruch $0{,}a_1a_2a_3\ldots$ eine Zahl a darstellt, wissen jetzt aber genau, welchen Sinn diese Aussage hat. Sie bedeutet nichts anderes als

$$\lim 0, a_1 a_2 \ldots a_n = a.$$

Als zweites Beispiel betrachten wir den unendlichen Kettenbruch

$$\cfrac{1}{p_1 + \cfrac{1}{p_2 + \cfrac{1}{p_3 + \ddots}}},$$

wobei $p_1, p_2, p_3, \ldots$ positive ganze Zahlen bedeuten. Ein solcher Kettenbruch ist verknüpft mit der Zahlenfolge

$$\frac{1}{p_1}, \quad \cfrac{1}{p_1 + \cfrac{1}{p_2}}, \quad \cfrac{1}{p_1 + \cfrac{1}{p_2 + \cfrac{1}{p_3}}}, \ldots$$

Wenn man die Glieder der Folge auf einen einzigen Bruchstrich bringt, so findet man die Ausdrücke

$$\frac{1}{p_1}, \quad \frac{p_2}{p_1 p_2 + 1}, \quad \frac{p_2 p_3 + 1}{(p_1 p_2 + 1) p_3 + p_1}, \ldots$$

Bezeichnet man Zähler und Nenner des n-ten Bruches mit a_n und b_n, so erkennt man, daß z. B. für $n = 3$ das Gesetz

$$(\dagger) \qquad \begin{cases} a_n = a_{n-1} p_n + a_{n-2}, \\ b_n = b_{n-1} p_n + b_{n-2} \end{cases}$$

gilt. Da nun $a_{n+1} : b_{n+1}$ aus $a_n : b_n$ dadurch entsteht, daß man p_n durch $p_n + \frac{1}{p_{n+1}}$ ersetzt, so kann man schreiben

$$\frac{a_{n+1}}{b_{n+1}} = \frac{a_{n-1}\left(p_n + \frac{1}{p_{n+1}}\right) + a_{n-2}}{b_{n-1}\left(p_n + \frac{1}{p_{n+1}}\right) + b_{n-2}}$$

$$= \frac{(a_{n-1} p_n + a_{n-2}) p_{n+1} + a_{n-1}}{(b_{n-1} p_n + b_{n-2}) p_{n+1} + b_{n-1}} = \frac{a_n p_{n+1} + a_{n-1}}{b_n p_{n+1} + b_{n-1}},$$

d. h. das Gesetz $(\dagger)$ erweist sich als allgemein gültig. Es bleibt übrigens auch für $n = 2$ in Kraft, wenn man $a_0 = 0$ und $b_0 = 1$ annimmt, und sogar für $n = 1$, wenn man $a_{-1} = 1$, $b_{-1} = 0$ festsetzt. Die Brüche $\frac{a_n}{b_n}$ lassen sich nicht kürzen, d. h. a_n und b_n sind teilerfremd. Dies erkennt man auf folgende Weise: Aus $(\dagger)$ folgt durch Elimination von p_n

$$a_{n-1} b_n - b_{n-1} a_n = -(a_{n-2} b_{n-1} - b_{n-2} a_{n-1})$$

oder

$$(-1)^n (a_{n-1} b_n - b_{n-1} a_n) = (-1)^{n-1} (a_{n-2} b_{n-1} - b_{n-2} a_{n-1}).$$

Man ersieht aus dieser Relation, daß $(-1)^n(a_{n-1}b_n - b_{n-1}a_n)$ für alle n denselben Wert hat. Da $(-1)^0(a_{-1}b_0 - b_{-1}a_0) = 1$ ist, so gilt die Gleichung

$$(1) \qquad (-1)^n (a_{n-1}b_n - b_{n-1}a_n) = 1.$$

Sie läßt unmittelbar erkennen, daß die nach den Formeln (†) sukzessiv berechneten Zahlen a_n, b_n stets teilerfremd sind, daß man also die Brüche $\frac{a_n}{b_n}$, die sogenannten Näherungsbrüche des unendlichen Kettenbruchs, nicht kürzen kann.

Aus der Grundformel (1) folgt nun weiter

$$(1') \qquad \frac{a_{n-1}}{b_{n-1}} - \frac{a_n}{b_n} = \frac{(-1)^n}{b_{n-1}b_n}.$$

Die Differenzen

$$\frac{a_1}{b_1} - \frac{a_2}{b_2}, \ \frac{a_2}{b_2} - \frac{a_3}{b_3}, \ldots$$

sind also abwechselnd positiv und negativ. Ihre absoluten Beträge

$$\frac{1}{b_1b_2}, \ \frac{1}{b_2b_3}, \ldots$$

bilden eine absteigende Folge, weil offenbar b_n mit wachsendem n beständig zunimmt. Trägt man also die Werte $u_n = \frac{a_n}{b_n}$ als Abszissen auf, so liegen die Punkte $u_1, u_2, u_3, \ldots$ so, wie Fig. 7 es andeutet. Wenn ein Punkt die Lagen $u_1, u_2, u_3, \ldots$ durchläuft, so bewegt er sich abwechselnd nach links und

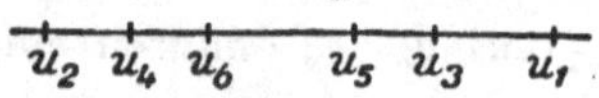

Fig. 7.

nach rechts, macht aber immer vor der vorletzten Station Halt, die Schwingungen, die er ausführt, werden immer kleiner. Die Folge $u_2, u_4, u_6, \ldots$ ist offenbar aufsteigend, die Folge $u_1, u_3, u_5, \ldots$ absteigend, und beide Folgen sind beschränkt. Es existieren daher die Grenzwerte $\lim u_{2n}$ und $\lim u_{2n-1}$. Der erste Grenzwert ist die kleinste obere Schranke aller u_{2n}, der zweite die größte untere Schranke aller u_{2n-1}. Da jedes u mit geradem Index kleiner ist als jedes u mit ungeradem Index, so stellt $u_{2\nu-1}$ stets eine obere Schranke aller u_{2n} dar und übertrifft somit die kleinste obere Schranke aller u_{2n}, d. h. es gilt die Ungleichung $\lim u_{2n} < u_{2\nu-1}$. Weil wir nun $\nu = 1, 2, 3, \ldots$ setzen können, ergibt sich aus dieser Ungleichung, daß $\lim u_{2n}$ eine untere Schranke von $u_1, u_3, u_5, \ldots$ ist. Daher kann $\lim u_{2n}$ nicht größer sein als $\lim u_{2n-1}$, d. h. als die kleinste untere Schranke von $u_1, u_3, u_5, \ldots$. Man hat also

$$u_{2n} < \lim u_{2n} \leqq \lim u_{2n-1} < u_{2n-1}.$$

Hieraus folgt aber mit Notwendigkeit

$$\lim u_{2n} = \lim u_{2n-1}.$$

Wäre nämlich die Differenz

$$\delta = \lim u_{2n-1} - \lim u_{2n}$$

größer als Null, so könnte

$$u_{2n-1} - u_{2n} = \frac{a_{2n-1}}{b_{2n-1}} - \frac{a_{2n}}{b_{2n}} = \frac{1}{b_{2n-1}\,b_{2n}}$$

nicht unter den Betrag δ herabsinken. Es müßte also

$$b_{2n-1}\,b_{2n} > \frac{1}{\delta}$$

sein, was sich sofort als unmöglich erweist. Da nämlich $b_1, b_2, b_3, \ldots$ positive ganze Zahlen sind, so würden nach der obigen Ungleichung b_{2n-1} und b_{2n} kleiner als $\frac{1}{\delta}$ sein, d. h. die Zahlen $b_1, b_2, b_3, \ldots$ lägen alle unterhalb $\frac{1}{\delta}$. Bedenkt man nun, daß stets $b_{n+1} > b_n$ ist, also $b_n \geqq n$, so wäre $\frac{1}{\delta}$ eine obere Schranke aller ganzen Zahlen, eine reine Unmöglichkeit.

Wenn man nun den gemeinsamen Grenzwert der Folgen $u_1, u_3, u_5, \ldots$ und $u_2, u_4, u_6, \ldots$ mit u bezeichnet, so liegen in jeder Umgebung von u sowohl fast alle u_{2n-1} als auch fast alle u_{2n}, d. h. fast alle u_n, so daß u auch der Grenzwert der Folge $u_1, u_2, u_3, \ldots$ ist. Dieser Limes stellt den Wert des betrachteten unendlichen Kettenbruchs dar, und man schreibt dann

$$u = \cfrac{1}{p_1 + \cfrac{1}{p_2 + \cfrac{1}{p_3 + \ddots}}}\,.$$

Eine solche Gleichung bedeutet also nichts anderes als

$$u = \lim \left(\cfrac{1}{p_1 + \cfrac{\ddots}{\ddots + \cfrac{1}{p_n}}} \right).$$

Die Näherungsbrüche eines unendlichen Kettenbruchs bilden, wie sich hier gezeigt hat, stets eine konvergente Zahlenfolge $u_1, u_2, u_3, \ldots$, deren Limes der Wert des Kettenbruches ist. Zugleich hat sich ergeben, daß u_{2n-1} absteigend und u_{2n} aufsteigend diesem Limes zustrebt.

Jede zwischen 0 und 1 liegende Irrationszahl u läßt sich in einen unendlichen Kettenbruch von der hier betrachteten Form entwickeln. Um diesen Kettenbruch zu finden, muß man folgendermaßen vorgehen: In der Folge $1, \frac{1}{2}, \frac{1}{3}, \ldots$ ist das erste Glied größer als u. Man kommt aber, wenn man diese Folge durchläuft, sicher zu Gliedern, die kleiner als u sind. Sonst wäre $\frac{1}{u}$ eine obere Schranke aller ganzen Zahlen. Es sei also $\frac{1}{p_1}$ das letzte Glied in der Folge $1, \frac{1}{2}, \frac{1}{3}, \ldots$, das noch größer als u ist, während alle späteren

Glieder schon unterhalb u liegen. Dann wird u von den Brüchen $\frac{1}{p_1 + 1}$ und $\frac{1}{p_1}$ eingeschlossen, und es ist

$$u = \frac{1}{p_1 + u_1},$$

wobei u_1 ebenso wie u eine Irrationalzahl zwischen 0 und 1 bedeutet. Wir können also auf u_1 dasselbe Verfahren anwenden und gelangen so zu einer Gleichung von der Form

$$u_1 = \frac{1}{p_2 + u_2},$$

wo p_2 eine positive ganze Zahl ist und u_2 eine Irrationalzahl zwischen 0 und 1, die in derselben Weise behandelt werden kann wie u und u_1. Das Verfahren läßt sich offenbar unbegrenzt fortsetzen. Nach n Schritten kommt man zu einer Irrationalzahl u_n, die zwischen 0 und 1 liegt und mit u durch folgende Beziehung verknüpft ist:

$$u = \frac{1}{p_1 +} \frac{1}{p_2 +} \cdots + \frac{1}{p_n + u_n}.$$

Der gewonnene Ausdruck entsteht offenbar aus

$$\frac{a_{n+1}}{b_{n+1}} = \frac{1}{p_1 +} \frac{1}{p_2 +} \cdots + \frac{1}{p_n +} \frac{1}{p_{n+1}}$$

oder aus

$$\frac{a_n p_{n+1} + a_{n-1}}{b_n p_{n+1} + b_{n-1}}$$

dadurch, daß man p_{n+1} durch $\frac{1}{u_n}$ ersetzt, d. h. es ist

$$(2) \qquad u = \frac{a_n + u_n a_{n-1}}{b_n + u_n b_{n-1}}.$$

Hieraus kann man mit Rücksicht auf (1) folgern

$$(3) \qquad u - \frac{a_{n-1}}{b_{n-1}} = \frac{(-1)^{n-1}}{b_{n-1}(b_n + u_n b_{n-1})}.$$

Diese Relation läßt erkennen, daß die Näherungsbrüche $\frac{a_1}{b_1}, \frac{a_2}{b_2}, \frac{a_3}{b_3}, \ldots$ abwechselnd oberhalb und unterhalb u liegen. Ferner sehen wir aus (3), daß der Unterschied zwischen u und $\frac{a_{n-1}}{b_{n-1}}$ kleiner ist als $\frac{1}{b_{n-1} b_n}$. Da dieser

Bruch bei wachsendem n nach Null konvergiert, so werden in jeder um u konstruierten Umgebung $u - \delta \cdots u + \delta$ fast alle Näherungsbrüche enthalten sein, so daß u nichts anderes ist als der Grenzwert, dem die Folge der Näherungsbrüche zustrebt. Wir hätten die Überlegung auch so durchführen können, daß wir uns auf unsere früheren Betrachtungen über die Folge der Näherungsbrüche stützten. Danach ist der Grenzwert dieser Folge sowohl die kleinste obere Schranke von $\frac{a_2}{b_2}, \frac{a_4}{b_4}, \ldots$ als auch die größte untere Schranke von $\frac{a_1}{b_1}, \frac{a_3}{b_3}, \ldots$ Da sich nun auch u als obere Schranke der ersten und als untere Schranke der zweiten Folge erwies, so kann es nicht kleiner und auch nicht größer als jener Grenzwert sein und muß daher mit $\lim \left(\frac{a_n}{b_n}\right)$ zusammenfallen. Wenn man $\frac{a_2}{b_2}, \frac{a_4}{b_4}, \ldots$ die unteren und $\frac{a_1}{b_1}, \frac{a_3}{b_3}, \ldots$ die oberen Näherungsbrüche nennt, so gibt es, wie man sieht, nur eine einzige Zahl, die zwischen den unteren und oberen Näherungsbrüchen enthalten ist. Es beruht dies darauf, daß die Differenz $\frac{a_n}{b_n} - \frac{a_{n-1}}{b_{n-1}}$ bei wachsendem n nach Null konvergiert. Gäbe es zwischen den unteren und den oberen Näherungsbrüchen zwei Zwischenzahlen, neben u noch eine größere u', so könnte jene Differenz nicht unter $u' - u$ herabsinken, also nicht in jede Nähe der Null gelangen.

Im Anschluß an das Beispiel, das die unteren und oberen Näherungsbrüche eines unendlichen Kettenbruchs darbieten, hat man eine Definition der Irrationalzahlen konstruiert, die gewisse Vorteile bietet. Es seien zwei Folgen $r_1, r_2, r_3, \ldots$ und $R_1, R_2, R_3, \ldots$ bestehend aus rationalen Zahlen gegeben, derart, daß jedes r_p kleiner ist als jedes R_q und man also von einer unteren und einer oberen Folge reden kann. Beide Folgen sollen sich beliebig nahe kommen, d. h. es soll beliebig kleine Differenzen $R_q - r_p$ geben. Unmöglich existieren dann zwei verschiedene Rationalzahlen, die zwischen der oberen und unteren Folge liegen. Manchmal gibt es wenigstens eine rationale Zwischenzahl oder Trennungszahl für die beiden Folgen. Dies ist z. B. der Fall, wenn die untere Folge $-1, -\frac{1}{2}, -\frac{1}{3}, \ldots$ und die obere $1, \frac{1}{2}, \frac{1}{3}, \ldots$ lautet, wo offenbar Null die trennende Zahl ist. Die Näherungsbrüche eines unendlichen Kettenbruches zeigen uns, daß unter Umständen keine rationale Trennungszahl existiert. In solchem Falle wird eine irrationale Trennungszahl fingiert. Bei dieser Definition wird nicht etwa gefordert, daß die untere oder die obere Folge konvergent ist. Es kommt nur darauf an, daß jede Zahl r_p der unteren Folge kleiner ist als jede Zahl R_q der oberen und daß sich beliebig kleine Differenzen $R_q - r_p$ bilden lassen. Von Wichtigkeit ist die Vergleichung zweier Zahlen, die in der obigen Weise definiert sind. In dem einen Falle laute die untere Folge $r_1, r_2, r_3, \ldots$, die obere $R_1, R_2, R_3, \ldots$, im anderen Falle die untere Folge $s_1, s_2, s_3, \ldots$, die obere aber $S_1, S_2, S_3, \ldots$ Wie steht es dann mit der Größenbeziehung der durch diese Folgenpaare definierten Zahlen ϱ und σ, die rational oder irrational sein können? Wenn es ein R_p gibt, das von einem s_q übertroffen wird, so soll ϱ als die kleinere der beiden Zahlen gelten. Gibt es weder ein R_p, das von einem s_q, noch ein S_p, das von einem r_q übertroffen wird, so erklärt man ϱ und σ für gleich. Sollen diese Festsetzungen brauchbar sein, so muß zunächst festgestellt werden, daß unter allen Umständen eine und nur eine der drei Aussagen $\varrho < \sigma$, $\varrho = \sigma$, $\varrho < \sigma$ zu Recht besteht. Wenn weder die Ungleichung $R_p < s_q$ noch auch die Ungleichung $S_p < r_q$ vorkommt, so ist $\varrho < \sigma$ und $\varrho > \sigma$ ausgeschlossen und nur $\varrho = \sigma$ gültig. Läßt sich aber durch passende Wahl von p und q die Ungleichung $R_p < s_q$ verwirklichen, so kann nicht etwa die Ungleichung $S_{p'} < r_{q'}$ daneben stehen. Aus beiden Ungleichungen würde nämlich mit Rücksicht auf $s_q < S_{p'}$ folgen $R_p < r_{q'}$, während doch umgekehrt $r_{q'} < R_p$ ist. Wenn wir auf Grund von $R_p < s_q$ die Zahl ϱ für kleiner als σ erklären, so kann uns demnach nie durch eine etwa vorkommende Ungleichung $S_{p'} < r_{q'}$ die entgegengesetzte Feststellung $\varrho > \sigma$ aufgenötigt werden. Es ist also alles in bester Ordnung, und man sieht auch, daß im Falle rationaler ϱ, σ die richtige Größenbeziehung herauskommt.

Besonders bequem lassen sich bei Zugrundelegung der obigen Definition die elementaren Rechnungsoperationen erklären. Ist ϱ durch $r_1, r_2, r_3, \ldots$ und $R_1, R_2, R_3, \ldots$ bestimmt, σ durch $s_1, s_2, s_3, \ldots$ und $S_1, S_2, S_3, \ldots$, so kann man leicht feststellen, daß auch die Folgen

$$(4) \quad r_1 + s_1, \; r_1 + s_2, \; r_2 + s_1, \; r_1 + s_3, \; r_2 + s_2, \; r_3 + s_1, \ldots$$

und

$$(4') \quad R_1 + S_1, \; R_1 + S_2, \; R_2 + S_1, \; R_1 + S_3, \; R_2 + S_2, \; R_3 + S_1, \ldots,$$

in denen alle Summen $r_p + s_q$ und $R_p + S_q$ auftreten, eine Zahl definieren. Zunächst ist jede Zahl der ersten Folge kleiner als jede Zahl der zweiten. Aus $r_p < R_{p'}$ und $s_q < S_{q'}$ folgt nämlich $r_p + s_q < R_{p'} + S_{q'}$. Aber auch die zweite Eigenschaft ist vorhanden. Es lassen sich beliebig kleine Differenzen $(R_{p'} + S_{q'}) - (r_p + s_q)$ bilden. Wäre es nicht so, dann gäbe es eine positive Rationalzahl d, die von keiner dieser Differenzen untertroffen wird. Es wäre also stets

$$R_{p'} - r_p + S_{q'} - s_q \geqq d\,.$$

Nun lassen sich aber p und p' derart wählen, daß $R_{p'} - r_p < \frac{d}{2}$, und q und q' derart, daß $S_{q'} - s_q < \frac{d}{2}$ wird. Dann wäre im Widerspruch mit obiger Angabe

$$R_{p'} - r_p + S_{q'} - s_q < d\,.$$

Die durch (4) und (4′) definierte Zahl wird als Summe von ϱ und σ erklärt und mit $\varrho + \sigma$ bezeichnet. Wenn ϱ und σ rational sind, so kann man aus

$r_p \leqq \varrho \leqq R_{p'}$ und $s_q \leqq \sigma \leqq S_{q'}$ folgern

$$r_p + s_q \leqq \varrho + \sigma \leqq R_{p'} + S_{q'}$$

und erkennt auf diese Weise, daß $\varrho + \sigma$ die Trennungszahl der Folgen (4) und (4′) ist. Die neue Summendefinition steht also in keinem Widerspruch zum gewöhnlichen Summenbegriff zweier Rationalzahlen.

Von den drei anderen elementaren Rechnungsoperationen wollen wir nur noch die Multiplikation kurz erörtern. Dabei beschränken wir uns auf den Fall positiver Faktoren und setzen voraus, daß alle r_p und alle s_q positiv sind. Wir bilden die Folgen

$$(5) \qquad r_1 s_1, r_1 s_2, r_2 s_1, r_1 s_3, r_2 s_2, r_3 s_1, \ldots$$

und

$$(5') \qquad R_1 S_1, R_1 S_2, R_2 S_1, R_1 S_3, R_2 S_2, R_3 S_1, \ldots,$$

in denen alle Produkte $r_p s_q$ und $R_p S_q$ auftreten. Aus $r_p < R_{p'}$, $s_q < S_{q'}$ folgt, da es sich um positive Rationalzahlen handelt, $r_p s_q < R_{p'} S_{q'}$. Es bleibt nur noch zu untersuchen, ob sich beliebig kleine Differenzen $R_{p'} S_{q'} - r_p s_q$ bilden lassen. Wäre stets

$$R_{p'} S_{q'} - r_p s_q \geqq d,$$

d. h.

$$(R_{p'} - r_p)(S_{q'} - s_q) + (R_{p'} - r_p) s_q + (S_{q'} - s_q) r_p \geqq d,$$

so müßte auch

$$(6) \qquad (R_{p'} - r_p)(S_{q'} - s_q) + (R_{p'} - r_p) S_1 + (S_{q'} - s_q) R_1 \geqq d$$

sein, weil $r_p < R_1$ und $s_q < S_1$ ist. Nun kann man aber, wenn irgendein positives δ vorgegeben wird, über p, p' und q, q' derart verfügen, daß die Ungleichungen

$$R_{p'} - r_p < \delta, \quad S_{q'} - s_q < \delta$$

zustande kommen. Aus (6) würde dann folgen

$$(7) \qquad \delta^2 + S_1 \delta + R_1 \delta \geqq d.$$

Diese Ungleichung findet aber sicher nicht statt, wenn δ genügend klein ist. Wählt man z. B. δ so, daß die Bedingungen

$$\delta < 1, \quad \delta < \frac{d}{1 + S_1 + R_1}$$

erfüllt sind, so wird $\delta^2 < \delta$, also

$$\delta^2 + S_1 \delta + R_1 \delta < \delta(1 + S_1 + R_1) < d,$$

im Widerspruch mit (7). Nach diesen Feststellungen können wir sagen, daß die Folgen eine Zahl definieren. Sie wird als Produkt von ϱ und σ erklärt und mit $\varrho\sigma$ bezeichnet. Im Falle rationaler ϱ, σ fällt dieser Produktbegriff mit dem gewöhnlichen zusammen.

§ 3. Die Limesoperation und ihre Beziehungen zu den Elementaroperationen.

Wenn die Folge $u_1, u_2, u_3, \ldots$ den Grenzwert $\mathfrak{u}$ hat, so ist es zweckmäßig, sich eine Veränderliche u zu denken, welche diese Folge durchläuft, also zuerst den Wert u_1 annimmt, dann den Wert u_2, dann u_3 usw. Von einer solchen Veränderlichen sagen wir, daß sie nach $\mathfrak{u}$ konvergiert, dem Grenzwert $\mathfrak{u}$ zustrebt, und schreiben $u \to \mathfrak{u}$ oder $\lim u = \mathfrak{u}$. Über die Folge, die u durchläuft, ist in diesem Symbol keine Andeutung enthalten. Es wird nichts darüber gesagt, wie u nach $\mathfrak{u}$ konvergiert, sondern nur festgestellt, daß dies geschieht. Man nennt das Konvergieren oder Hinstreben nach einem Grenzwert, einen Grenzübergang. Grenze ist der kurze Ersatz für Grenzwert. Der Grenzübergang kann als Operation betrachtet werden, die auf u angewandt $\mathfrak{u}$ liefert. Man nennt diese Operation die Limesoperation. Sie wird durch das Symbol lim ausgedrückt.

Wir werden uns hier mit den Beziehungen der Limesoperation zu den elementaren Rechnungsoperationen beschäftigen und dabei zunächst den Sonderfall des Konvergierens nach Null ins Auge fassen. Eine Veränderliche konvergiert nach Null, wenn sie eine Folge mit dem Grenzwert Null, eine sogenannte Nullfolge durchläuft. Eine Nullfolge ist, wenn wir an die Erklärung des Grenzwertes zurückdenken, dadurch gekennzeichnet, daß in jeder Umgebung der Null, also zwischen $-\delta$ und δ fast alle Glieder der Folge enthalten sind. Eine nach Null konvergierende Größe u hat also die Eigenschaft, daß sie, wie eng man auch die Null umzäunt haben mag, schließlich in diese nahe Umgebung der Null eintritt, um dauernd darin zu bleiben. Wenn wir von dem ersten, zweiten dritten, ... Wert der Veränderlichen reden, wobei wir an die von ihr durchlaufene Folge $u_1, u_2, u_3, \ldots$ denken, so wird die Veränderliche, nachdem sie etwa den N-ten Wert überschritten hat, ständig im Intervall $-\delta \cdots \delta$ bleiben, und diese Aussage gilt, wie klein auch δ gewählt sein mag. Eine nach Null konvergierende oder, wie wir auch sagen, eine hinschwindende Größe kommt schließlich und bleibt der Null beliebig nahe.

Man hat in der Frühzeit der Differential- und Integralrechnung mit den hinschwindenden Größen allerlei Unfug getrieben. Man nannte sie auch unendlich kleine oder infinitesimale Größen. Der Hauptfehler, den man beging, war der, daß man vergaß, diese Größen als veränderlich zu betrachten. Eine Größe ist nicht unendlich klein, sondern sie wird unendlich klein, wobei wir uns vorstellen, daß sie irgendeine Nullfolge durchläuft.

Nun gelten über hinschwindende oder schwindende Größen einige einfache und doch sehr wichtige Sätze. Zunächst stellen wir fest, daß die Summe zweier schwindender Größen ebenfalls eine schwindende Größe ist, daß also aus

$$\lim u = 0, \quad \lim v = 0$$

stets folgt

$$\lim (u + v) = 0.$$

Nach Überschreitung ihres N-ten Wertes bleiben u und v zwischen $-\frac{\varepsilon}{2}$ und $\frac{\varepsilon}{2}$, so daß die Ungleichungen

$$\text{(N)} \qquad -\frac{\varepsilon}{2} < u < \frac{\varepsilon}{2}, \quad -\frac{\varepsilon}{2} < v < \frac{\varepsilon}{2}$$

gelten. Aus ihnen schließt man aber sofort

$$\text{(N)} \qquad -\varepsilon < u + v < \varepsilon.$$

Das in Klammern beigefügte N soll darauf hinweisen, daß die daneben stehenden Aussagen nicht immer, sondern nur nach Überschreitung des N-ten Wertes gelten. Man sieht, daß $u + v$ schließlich der Null beliebig nahekommt und bleibt. Es ist also wirklich $\lim (u + v) = 0$.

Der Satz überträgt sich sofort auf irgendeine endliche Anzahl schwindender Größen. Ihre Summe ist stets wieder eine schwindende Größe. Wenn, so können wir es etwas schwungvoller ausdrücken, m Größen dem Limestod verfallen sind, dann rettet sie der additive Zusammenschluß nicht vor ihrem Schicksal. Im Wirtschaftsleben kommt es vor, daß sich zusammenbrechende Unternehmen durch Fusionierung helfen. Für die schwindenden Größen des Mathematikers gibt es diese Möglichkeit nicht.

Eine zweite, ebenso einfache als wichtige Feststellung ist die folgende: Wenn man eine schwindende Größe mit einem konstanten Faktor k multipliziert, so bleibt sie eine schwindende Größe, d. h. aus $\lim u = 0$ folgt $\lim (ku) = 0$. Ist $k = 0$, so hat ku beständig den Wert Null, also auch den Grenzwert Null. Im Falle $k \neq 0$ wird die schwindende Größe u nach Überschreitung ihres N-ten Wertes zwischen $-\frac{\varepsilon}{k}$ und $\frac{\varepsilon}{k}$ bleiben, also ku zwischen $-\varepsilon$ und ε. Das bedeutet aber, da ε beliebig klein sein kann, nichts anderes als $\lim (ku) = 0$.

Man kann den obigen Satz verallgemeinern, indem man die Forderung, daß k konstant sein soll, fallen läßt. Es genügt, wie wir sehen werden, die Annahme, daß k zwischen endlichen Schranken bleibt, d. h. daß es eine beschränkte Folge $k_1, k_2, k_3, \ldots$ durchläuft. Verbindet man eine Nullfolge $u_1, u_2, u_3, \ldots$ mit einer beschränkten Folge $k_1, k_2, k_3, \ldots$ zu $k_1u_1, k_2u_2, k_3u_3, \ldots$, so ergibt sich stets wieder eine Nullfolge. Liegen alle k_n zwischen den Schranken a und b, so ist k_nu_n zwischen au_n und bu_n enthalten. Wenn k_n zwischen a und b fällt, haben die Differenzen $k_n - a$ und $k_n - b$ entgegengesetzte Zeichen und umgekehrt. Dann sind aber auch $(k_n - a)\, u_n$ und $(k_n - b)\, u_n$ entgegengesetzt bezeichnet, d. h. k_nu_n fällt zwischen au_n und bu_n, wenn nicht etwa $u_n = 0$ ist und alle drei koinzidieren. Da nun $\lim (au_n) = 0$ und $\lim (bu_n) = 0$ ist, so liegen fast alle au_n und fast alle bu_n, folglich auch fast alle k_nu_n zwischen $-\varepsilon$ und ε, d. h. es gilt die Aussage $\lim (k_nu_n) = 0$. Multipliziert man also eine schwindende Größe mit einem Faktor, der an endliche Schranken gebunden ist, so kann man sie dadurch vor dem Limestod nicht retten.

Alle konvergenten Folgen lassen sich in naheliegender Weise auf Nullfolgen reduzieren. Wenn $\lim u = \mathfrak{u}$ ist, so bedeutet dies, daß u nach Überschreitung seines N-ten Wertes die Ungleichungen $\mathfrak{u} - \varepsilon < u < \mathfrak{u} + \varepsilon$ erfüllt. Diese Ungleichungen sind aber völlig gleichbedeutend mit $-\varepsilon < u - \mathfrak{u} < \varepsilon$. Aus $\lim u = \mathfrak{u}$ folgt also $\lim (u - \mathfrak{u}) = 0$ und umgekehrt. Die Aussagen $\lim u = \mathfrak{u}$ und $\lim (u - \mathfrak{u}) = 0$ kennzeichnen denselben Tatbestand. Die Veränderliche u konvergiert nach $\mathfrak{u}$, wenn ihre Abweichung von $\mathfrak{u}$ der Null zustrebt.

Nachdem dies festgestellt ist, kann man sich leicht überzeugen, daß aus $\lim u = \mathfrak{u}$ und $\lim v = \mathfrak{v}$ folgt $\lim (u + v) = \mathfrak{u} + \mathfrak{v}$. Wenn nämlich $u - \mathfrak{u}$ und $v - \mathfrak{v}$ hinschwindende Größen sind, gilt dasselbe von ihrer Summe $u + v - (\mathfrak{u} + \mathfrak{v})$. Damit ist aber bewiesen, daß $u + v$ dem Grenzwert $\mathfrak{u} + \mathfrak{v}$ zustrebt. Man kann das gewonnene Ergebnis auch in folgender Form schreiben:

$$\lim (u + v) = \lim u + \lim v,$$

woraus dann hervorgeht, daß der Grenzwert einer Summe $u + v$ gleich der Summe der Grenzwerte der Summanden ist, falls diese Grenzwerte existieren. Die Limesoperation, so kann man auch sagen, ist mit der Addition vertauschbar. Anstatt u und v zu addieren und dann auf $u + v$ die Limesoperation anzuwenden, kann man auch zuerst auf u und v die Limesoperation anwenden und dann $\lim u$ und $\lim v$ addieren.

Auch mit der Multiplikation ist die Limesoperation vertauschbar, d. h. aus $\lim u = \mathfrak{u}$ und $\lim v = \mathfrak{v}$ folgt $\lim (uv) = \mathfrak{u}\mathfrak{v}$, also $\lim (uv) = \lim u \cdot \lim v$. Der Grenzwert des Produktes uv ist gleich dem Produkt der Grenzwerte der Faktoren, falls diese Grenzwerte existieren. Um sich von der Richtigkeit des Satzes zu überzeugen, muß man die Differenz $uv - \mathfrak{u}\mathfrak{v}$ untersuchen und feststellen, daß sie eine schwindende Größe ist. Schreibt man

$$uv - \mathfrak{u}\mathfrak{v} = v(u - \mathfrak{u}) + \mathfrak{u}(v - \mathfrak{v}),$$

so folgt aus $\lim (v - \mathfrak{v}) = 0$ sofort $\lim [\mathfrak{u}(v - \mathfrak{v})] = 0$, weil die schwindende Größe $v - \mathfrak{v}$ auch nach Multiplikation mit dem festen Wert $\mathfrak{u}$ dem Limestod verfallen ist. Es folgt aber auch aus $\lim (u - \mathfrak{u}) = 0$, obwohl v nicht konstant ist, $\lim [v(u - \mathfrak{u})] = 0$, und zwar deshalb, weil v zwischen endlichen Schranken bleibt, wenn es, wie vorausgesetzt wird, dem Grenzwert $\mathfrak{v}$ zustrebt. $\lim v = \mathfrak{v}$ bedeutet doch nichts anderes, als daß v eine Folge $v_1, v_2, v_3, \ldots$ mit dem Grenzwert $\mathfrak{v}$ durchläuft. Nach Überschreitung seines N-ten Wertes wird sich dann v ständig im Intervall $\mathfrak{v} - \varepsilon \cdots \mathfrak{v} + \varepsilon$ aufhalten. Man braucht also nur a kleiner als $v_1, v_2, \ldots, v_N$ und $\mathfrak{v} - \varepsilon$ zu wählen und b größer als $v_1, v_2, \ldots, v_N$ und $\mathfrak{v} + \varepsilon$, um zwei Schranken für alle Werte von v zu erhalten.

Da die beiden Summanden, in die wir $uv - \mathfrak{u}\mathfrak{v}$ zerlegt haben, schwindende Größen sind, gilt dasselbe von $uv - \mathfrak{u}\mathfrak{v}$ selbst. Es ist also $\lim (uv) = \mathfrak{u}\mathfrak{v}$.

Wenn v einen konstanten Wert k hat, so ist natürlich auch $\lim v = k$.

Der obige Satz verwandelt sich dann in die Aussage, daß aus $\lim u = \mathfrak{u}$ stets folgt $\lim (ku) = k\mathfrak{u}$. Es ist mit anderen Worten $\lim (ku) = k \lim u$, vorausgesetzt, daß $\lim u$ existiert und k einen konstanten Wert hat. Ein konstanter Faktor darf also vor das Limessymbol gezogen werden. Insbesondere läßt sich aus $\lim u = \mathfrak{u}$ folgern $\lim (-u) = -\mathfrak{u}$, so daß man aus $\lim u = \mathfrak{u}$, $\lim v = \mathfrak{v}$ schließen kann $\lim (v - u) = \mathfrak{v} - \mathfrak{u}$ oder $\lim (v - u) = \lim v - \lim u$. Der Grenzwert einer Differenz ist somit gleich der Differenz der Grenzwerte, die Limesoperation also mit der Subtraktion vertauschbar.

Aus den obigen Aussagen läßt sich ein allgemeiner Satz herleiten, der sie zu einer höheren Einheit zusammenfaßt. Wir können uns darauf beschränken, diesen Satz einfach auszusprechen. Er bezieht sich auf ein Polynom in r Veränderlichen $x_1, x_2, \ldots, x_r$. Ein solches Polynom ist eine Summe von Gliedern, die alle die Form $k x_1^{n_1} x_2^{n_2} \cdots x_r^{n_r}$ haben. In jedem Polynomglied tritt also neben einem konstanten Faktor eine Potenz von x_1, ebenso eine Potenz von $x_2, \ldots$, schließlich eine Potenz von x_r auf. Die Exponenten sind Zahlen aus der Reihe 0, 1, 2, ... Statt x_r^0 hat man eine 1 zu setzen. Z. B. ist

$$x^2 y^3 z^5 + 6x^2 y^4 + 7x + 8$$

ein spezielles Polynom in x, y, z. Wenn wir nun mit $P(x_1, x_2, \ldots, x_r)$ ein Polynom in $x_1, x_2, \ldots, x_r$ bezeichnen und diese Veränderlichen nach $\mathfrak{x}_1, \mathfrak{x}_2, \ldots, \mathfrak{x}_r$ konvergieren lassen, so strebt $P(x_1, x_2, \ldots, x_r)$ dem Grenzwert $P(\mathfrak{x}_1, \mathfrak{x}_2, \ldots, \mathfrak{x}_r)$ zu. Es folgt also aus $\lim x_1 = \mathfrak{x}_1$, $\lim x_2 = \mathfrak{x}_2, \ldots, \lim x_r = \mathfrak{x}_r$ stets

$$\lim P(x_1, x_2, \ldots, x_r) = P(\mathfrak{x}_1, \mathfrak{x}_2, \ldots, \mathfrak{x}_r).$$

Man kann auch sagen, daß

$$\lim P(x_1, x_2, \ldots, x_r) = P(\lim x_1, \lim x_2, \ldots, \lim x_r)$$

ist, falls die Grenzwerte $\lim x_1, \lim x_2, \ldots, \lim x_r$ existieren. Wenn wir die Bildung des Ausdrucks $P(x_1, x_2, \ldots, x_r)$ aus $x_1, x_2, \ldots, x_r$ als Operation ansehen und wegen ihres besonderen Charakters als eine ganze rationale Operation bezeichnen, so läßt sich das Ergebnis auch dahin formulieren, daß die Limesoperation mit jeder ganzen rationalen Operation vertauschbar ist.

Man bezeichnet die hier festgestellte Eigenschaft der Polynome auch als Stetigkeit und nennt $P(x_1, x_2, \ldots, x_r)$ eine stetige Funktion von $x_1, x_2, \ldots, x_r$. Die Stetigkeit besteht darin, daß $P(x_1, x_2, \ldots, x_r)$ dem Grenzwert $P(\mathfrak{x}_1, \mathfrak{x}_2, \ldots, \mathfrak{x}_r)$ zustrebt, wenn $x_1, x_2, \ldots, x_r$ nach $\mathfrak{x}_1, \mathfrak{x}_2, \ldots, \mathfrak{x}_r$ konvergieren.

Um ein noch umfassenderes Ergebnis zu erreichen, wollen wir jetzt die Beziehung der Limesoperation zur Inversion erörtern. Die Inversion besteht in dem Übergang von u zu $\frac{1}{u}$. Wir werden sehen, daß die Limesoperation auch mit der Inversion vertauschbar ist, wenn nicht ein sinnloses Resultat herauskommt. Es folgt mit andern Worten aus $\lim u = \mathfrak{u}$ stets

$$\lim \left(\frac{1}{u}\right) = \frac{1}{\mathfrak{u}},$$

falls nicht $\mathrm{u} = 0$ ist. Es muß gezeigt werden, daß die Differenz

$$\frac{1}{u} - \frac{1}{\mathrm{u}} = \frac{1}{u\mathrm{u}}(\mathrm{u} - u)$$

der Null zustrebt. Da $u - \mathrm{u}$ eine schwindende Größe ist, so genügt es festzustellen, daß $\frac{1}{u\mathrm{u}}$ zwischen endlichen Schranken bleibt. Wenn aber u eine Folge $u_1, u_2, u_3, \ldots$ mit dem von Null verschiedenen Grenzwert u durchläuft und wir um u die Umgebung $\frac{1}{2}\mathrm{u} \cdots \frac{3}{2}\mathrm{u}$ konstruieren, in deren Mitte u liegt, so wird u nach Überschreitung des Wertes u_N ständig in jener Umgebung bleiben, so daß dann $\frac{1}{u\mathrm{u}}$ zwischen den Schranken Grenzen $\frac{2}{3\mathrm{u}^2}$ und $\frac{2}{\mathrm{u}^2}$ enthalten ist. Wenn man das Intervall $a \cdots b$ so wählt, daß es die Werte

$$\frac{1}{u_1\mathrm{u}}, \ldots, \frac{1}{u_N\mathrm{u}}, \frac{2}{3\mathrm{u}^2}, \frac{2}{\mathrm{u}^2}$$

enthält, so hat man die Sicherheit, daß dieses Intervall alle Werte $\frac{1}{u_n\mathrm{u}}$ enthält. Wie man sieht, machen wir hier die stillschweigende Annahme, daß es in der Reihe $u_1, \ldots, u_N$ kein verschwindendes Glied gibt. Eine endliche Anzahl solcher Störenfriede kann man aber stets hinauswerfen. Da es sich bei der Limesbeziehung niemals um alle, sondern stets um fast alle Glieder einer Folge handelt, ist es stets erlaubt, endlich viele Glieder auszuschalten. Wir haben also bewiesen, daß aus $\lim u = \mathrm{u} \neq 0$ stets folgt $\lim\left(\frac{1}{u}\right) = \frac{1}{\mathrm{u}}$.

Wenn man sich an die Bedeutung der Aussage $\lim\left(\frac{1}{u}\right) = \frac{1}{\mathrm{u}}$ erinnert, so ist es nicht einmal notwendig, die Folge $u_1, u_2, u_3, \ldots$, die u durchläuft, erst noch von verschwindenden Gliedern zu reinigen. Es soll doch nur festgestellt werden, daß fast alle Glieder der Folge $\frac{1}{u_1}, \frac{1}{u_2}, \frac{1}{u_3}, \ldots$ zwischen $\frac{1}{\mathrm{u}} - \varepsilon$ und $\frac{1}{\mathrm{u}} + \varepsilon$ fallen, wie man auch ε wählen mag. Fast alle heißt aber alle mit einer endlichen Anzahl von Ausnahmen. Zu diesen Ausnahmen gehören dann immer die sinnlosen Glieder mit verschwindendem Nenner, die hier, wie wir wissen, nur in endlicher Anzahl auftreten.

Es seien nun $P(x_1, x_2, \ldots, x_r)$ und $Q(x_1, x_2, \ldots, x_r)$ zwei Polynome in $x_1, x_2, \ldots, x_r$. Wenn dann $x_1, x_2, \ldots, x_r$ nach $\mathfrak{x}_1, \mathfrak{x}_2, \ldots, \mathfrak{x}_r$ konvergieren, so streben $P(x_1, x_2, \ldots, x_r)$ und $Q(x_1, x_2, \ldots, x_r)$ den Grenzwerten $P(\mathfrak{x}_1, \mathfrak{x}_2, \ldots, \mathfrak{x}_r)$ und $Q(\mathfrak{x}_1, \mathfrak{x}_2, \ldots, \mathfrak{x}_r)$ zu. Ist ferner $Q(\mathfrak{x}_1, \mathfrak{x}_2, \ldots, \mathfrak{x}_r) \neq 0$, so hat man

$$\lim\left\{\frac{1}{Q(x_1, x_2, \ldots, x_r)}\right\} = \frac{1}{Q(\mathfrak{x}_1, \mathfrak{x}_2, \ldots, \mathfrak{x}_r)},$$

und für $P : Q$ als Produkt aus P und $1 : Q$ gilt dann die Aussage

$$\lim \left\{\frac{P(x_1, x_2, \ldots, x_r)}{Q(x_1, x_2, \ldots, x_r)}\right\} = \frac{P(\mathfrak{x}_1, \mathfrak{x}_2, \ldots, \mathfrak{x}_r)}{Q(\mathfrak{x}_1, \mathfrak{x}_2, \ldots, \mathfrak{x}_r)}.$$

Wenn man die Bildung des Ausdrucks

$$R(x_1, x_2, \ldots, x_r) = \frac{P(x_1, x_2, \ldots, x_r)}{Q(x_1, x_2, \ldots, x_r)}$$

aus $x_1, x_2, \ldots, x_r$ als eine rationale Operation bezeichnet, so kann man sagen, daß die Limesoperation mit jeder rationalen Operation vertauschbar ist, falls sich nicht etwa ein verschwindender Nenner einstellt. Nennt man $R(x_1, x_2, \ldots, x_r)$ eine rationale Funktion von $x_1, x_2, \ldots, x_r$, so läßt sich das Ergebnis auch dahin formulieren, daß eine solche Funktion überall stetig ist, wo ihr Nenner nicht verschwindet. Es folgt also im Falle $\lim x_1 = \mathfrak{x}_1$, $\lim x_2 = \mathfrak{x}_2, \ldots, \lim x_r = \mathfrak{x}_r$ stets

$$\lim R(x_1, x_2, \ldots, x_r) = R(\mathfrak{x}_1, \mathfrak{x}_2, \ldots, \mathfrak{x}_r),$$

vorausgesetzt, daß $Q(\mathfrak{x}_1, \mathfrak{x}_2, \ldots, \mathfrak{x}_r) \neq 0$ ist. Insbesondere kann man aus $\lim x_1 = \mathfrak{x}_1$, $\lim x_2 = \mathfrak{x}_2 \neq 0$ schließen $\lim\left(\frac{x_1}{x_2}\right) = \frac{\mathfrak{x}_1}{\mathfrak{x}_2}$ oder $\lim\left(\frac{x_1}{x_2}\right) = \frac{\lim x_1}{\lim x_2}$. Der Grenzwert eines Quotienten ist also gleich dem Quotienten der Grenzwerte des Dividenden und des Divisors, vorausgesetzt, daß diese Grenzwerte existieren und der Grenzwert des Divisors nicht verschwindet.

Um die hier festgestellten Eigenschaften der Limesoperation auf ein Beispiel anzuwenden, wollen wir einen unendlichen Kettenbruch

$$\cfrac{1}{p_1 + \cfrac{1}{p_2 + \cfrac{1}{p_3 + \ddots}}}$$

betrachten, bei welchem alle p_n den Wert 1 haben. Wir wissen, daß

$$u_n = \cfrac{1}{p_1 + \cfrac{1}{p_2 + \ddots + \cfrac{1}{p_n}}}$$

einem Grenzwert $\mathfrak{u}$ zustrebt. Denselben Grenzwert $\mathfrak{u}$ hat aber, weil alle p_n gleich 1 sind, auch

$$v_n = \cfrac{1}{p_2 + \ddots + \cfrac{1}{p_n}}.$$

Offenbar ist nämlich v_n nichts anderes als u_{n-1}. Wenn wir aber n die Werte 2, 3, 4, ... erteilen, so durchläuft u_{n-1} die Folge $u_1, u_2, u_3, \ldots$, die nach $\mathfrak{u}$ konvergiert. Nun besteht zwischen u_n und v_n die Beziehung

$$u_n = \frac{1}{1 + v_n},$$

aus der wir schließen können, daß

$$\lim u_n = \frac{1}{1 + \lim v_n}$$

ist, also

$$u = \frac{1}{1+u}.$$

Die Bedingung, daß der Nenner nicht verschwinden darf, ist hier augenscheinlich erfüllt. Wir sehen aus obiger Gleichung, daß

$$u^2 + u = 1$$

ist, d. h. $\left(u + \frac{1}{2}\right)^2 = \frac{5}{4}$ oder $u = -\frac{1}{2} \pm \frac{1}{2}\sqrt{5}$. Da u nicht negativ sein darf, weil alle u_n positiv sind, also unmöglich in beliebige Nähe einer negativen Zahl gelangen können, so kommt nur

$$u = \frac{1}{2}(\sqrt{5} - 1)$$

in Frage. Das ist eine sehr berühmte Irrationalzahl, die **Irrationalzahl des goldenen Schnitts.** Aus $u^2 = 1 - u$ sieht man, daß bei Zerlegung der Strecke 1 in die beiden Teile u und $1 - u$ die Proportion

$$(1 - u) : u = u : 1$$

besteht. Das ist aber die Teilung nach dem goldenen Schnitt. u ist bekanntlich die Seite des regulären Zehnecks im Einheitskreise. Diese Seite wird also gemessen durch den unendlichen Kettenbruch

$$\frac{1}{1 + \frac{1}{1 + \frac{1}{1 + \cdots}}}$$

mit lauter Einsnennern. Er ist unter allen unendlichen Kettenbrüchen der einfachste. Übrigens hängt auch die andere Wurzel der quadratischen Gleichung $u^2 + u = 1$, also $-\frac{1}{2}(\sqrt{5} + 1)$, mit der Konstruktion des regulären Zehnecks zusammen. Während $\frac{1}{2}(\sqrt{5} - 1)$ die zum Bogen $\alpha = \frac{\pi}{5}$ gehörige Sehne des Einheitskreises ist, hat der Bogen 3α die Sehne $\frac{1}{2}(\sqrt{5} + 1)$. Wenn man diese Sehne wiederholt in den Kreis einträgt, erhält man dieselben zehn Punkte, wie bei fortgesetzter Eintragung der Sehne $\frac{1}{2}(\sqrt{5} - 1)$. Macht man das gleiche mit irgendeiner andern Diagonale des gewöhnlichen regulären Zehnecks, so findet man nur fünf oder gar nur zwei Punkte.

Zu den allgemeinen Betrachtungen zurückkehrend wollen wir noch die Beziehung der Limesoperation zur Bildung des absoluten Betrages erörtern. Wenn $\lim u = \mathfrak{u}$ ist, so folgt $\lim |u| = |\mathfrak{u}|$ oder $\lim |u| = |\lim u|$. Die Limesoperation ist also mit der Betragbildung vertauschbar. Wir können auch sagen, daß die Funktion $f(u) = |u|$ die Eigenschaft der Stetigkeit besitzt. Der Beweis ist sehr einfach zu führen. Wenn u die Folge $u_1, u_2, u_3, \ldots$ mit dem Grenzwert $\mathfrak{u}$ durchläuft und $\mathfrak{u} \neq 0$ ist, so liegen fast alle u_n zwischen $\frac{1}{2}\mathfrak{u}$ und $\frac{3}{2}\mathfrak{u}$, haben also dasselbe Zeichen wie $\mathfrak{u}$. Im Falle $\mathfrak{u} > 0$ sind also fast alle u_n positiv und daher die Aussage $\lim |u| = |\mathfrak{u}|$ gleichlautend mit $\lim u = \mathfrak{u}$. Im Falle $\mathfrak{u} < 0$ sind fast alle u_n negativ. Die Aussage $\lim |u| = |\mathfrak{u}|$ bedeutet soviel wie $\lim (-u) = -\mathfrak{u}$, was tatsächlich aus $\lim u = \mathfrak{u}$ folgt. Es bleibt noch die Möglichkeit $\mathfrak{u} = 0$ zu prüfen. Hierbei sind zwei allgemeine Bemerkungen von Nutzen, die für alle konvergenten Folgen gelten. Wenn man in einer Folge $w_1, w_2, w_3, \ldots$ mit dem Grenzwert $\mathfrak{w}$ gewisse Streichungen vornimmt, aber derart, daß noch unendlich viele Glieder übrigbleiben, so bilden diese eine T e i l f o l g e von $w_1, w_2, w_3, \ldots$ Da nun in jeder Umgebung von $\mathfrak{w}$ fast alle w_n liegen, so gilt dasselbe für die Glieder der Teilfolge. Jede Teilfolge einer konvergenten Folge hat daher denselben Grenzwert wie diese. Die zweite Bemerkung ist folgende: Wenn die Folgen $v_1, v_2, v_3, \ldots$ und $w_1, w_2, w_3, \ldots$ beide dem Grenzwert $\mathfrak{w}$ zustreben, so konvergiert auch die aus ihnen zusammengesetzte Folge $v_1, w_1, v_2, w_2, v_3, w_3, \ldots$ nach $\mathfrak{w}$. In jeder Umgebung von $\mathfrak{w}$ liegen fast alle v_n und fast alle w_n, also auch fast alle Glieder der zusammengesetzten Folge. Kehren wir nun zu der Folge $u_1, u_2, u_3, \ldots$ mit dem Grenzwert $\mathfrak{u} = 0$ zurück, so strebt auch $-u_1, -u_2, -u_3, \ldots$ dem Grenzwert Null zu. Dasselbe gilt auf Grund der obigen Bemerkungen von der Folge $u_1, -u_1, u_2, -u_2, u_3, -u_3, \ldots$, in der $|u_1|, |u_2|, |u_3|, \ldots$ als Teilfolge steckt. Diese Teilfolge strebt also ebenfalls dem Grenzwert Null zu. Da $|\mathfrak{u}| = 0$ ist, gilt auch im vorliegenden Falle die Aussage $\lim |u| = |\mathfrak{u}|$.

Oft kommt man in die Lage, die Limesoperation auf eine Ungleichung anzuwenden. Ist $\lim u = \mathfrak{u}$ und $\lim v = \mathfrak{v}$ und gilt die Ungleichung $u \leqq v$, so kann man schließen, daß $\mathfrak{u} \leqq \mathfrak{v}$ ist, d. h. $\lim u \leqq \lim v$. Da $v - u \geqq 0$ ist, so kann unmöglich $\lim (v - u)$ negativ sein. Um eine negative Zahl lassen sich nämlich Umgebungen konstruieren, die nur negative Zahlen enthalten. Daher ist $\lim (v - u) = \mathfrak{v} - \mathfrak{u} \geqq 0$, d. h. $\mathfrak{v} \geqq \mathfrak{u}$. Es kann vorkommen, daß trotz $u < v$ die Grenzwerte $\mathfrak{u}$ und $\mathfrak{v}$ gleich sind. Man darf also aus $u < v$ nicht etwa $\mathfrak{u} < \mathfrak{v}$ schließen, sondern nur $\mathfrak{u} \leqq \mathfrak{v}$. Liegt z. B. eine beschränkte aufsteigende Folge $w_1, w_2, w_3, \ldots$ vor mit dem Grenzwert $\mathfrak{w}$, so ist jedes Glied der Folge $w_1, w_3, w_5, \ldots$ kleiner als das entsprechende Glied der Folge $w_2, w_4, w_6, \ldots$, und trotzdem haben beide als Teilfolgen von $w_1, w_2, w_3, \ldots$ den Grenzwert $\mathfrak{w}$.

Wenn beständig $u \geqq k$ ist (k eine Konstante), so muß $\lim u \geqq k$ sein, vorausgesetzt, daß dieser Grenzwert existiert. Man erkennt dies, wenn man den obigen Satz auf die Folgen $u_1, u_2, u_3, \dots$ und $k, k, k, \dots$ anwendet, kann es aber auch ebensoleicht direkt einsehen. Wäre nämlich $\mathfrak{u} = \lim u$ kleiner als k, so könnte man um $\mathfrak{u}$ eine Umgebung konstruieren, in der nur Zahlen liegen, die ebenfalls kleiner als k sind. In eine solche Umgebung könnte dann u niemals hineingelangen, während es doch durch die Limesrelation $\lim u = \mathfrak{u}$ dazu gezwungen ist.

Es gibt ein Kriterium für konvergente Zahlenfolgen, das von Cauchy herrührt und hier in veränderter Fassung dargelegt werden soll. Wir wissen, daß die Teilfolgen einer konvergenten Zahlenfolge $u_1, u_2, u_3, \dots$ alle demselben Grenzwert zustreben, wie die Folge selbst. Ist also $u_{p_1}, u_{p_2}, u_{p_3}, \dots$ eine solche Teilfolge $(p_1 < p_2 < p_3 < \cdots)$, so hat man

$$\lim u_n = \lim u_{p_n},$$

mithin

$$(*) \qquad \lim (u_n - u_{p_n}) = 0.$$

Wenn nun diese Limesrelation für jede Teilfolge gilt, so läßt sich zeigen, daß die Folge $u_1, u_2, u_3, \dots$ konvergent ist. Es handelt sich hier also um eine kennzeichnende Eigenschaft der konvergenten Folgen.

Um dieses Kriterium für konvergente Folgen zu beweisen, schicken wir folgende Bemerkung voraus: Aus jeder Folge $u_1, u_2, u_3, \dots$ läßt sich stets eine monotone Teilfolge herausheben. Dabei verstehen wir das Beiwort monoton in weiterem Sinne und denken uns, daß die Teilfolge $u_{p_1}, u_{p_2}, u_{p_3}, \dots$ entweder die Bedingungen $u_{p_1} \leqq u_{p_2} \leqq u_{p_3} \leqq \cdots$ erfüllt oder $u_{p_1} \geqq u_{p_2} \geqq u_{p_3} \geqq \cdots$, wobei eben auch das Gleichheitszeichen beliebig oft auftreten darf. Nehmen wir an, daß sich aus $u_1, u_2, u_3, \dots$ weder eine aufsteigende noch eine absteigende Teilfolge aussondern läßt. Wenn man eine solche Folge durchläuft, so muß man irgendeinmal ein Glied u_{q_1} antreffen, das alle folgenden Glieder übertrifft. Wenn es nämlich unter diesen späteren Gliedern immer noch ein Glied gäbe, das von dem zuletzt betrachteten nicht übertroffen wird, so ließe sich eine aufsteigende Teilfolge bilden. Wenn es in $u_1, u_2, u_3, \dots$ auch keine absteigende Teilfolge geben soll, so muß man beim Durchlaufen der Folge $u_{q_1+1}, u_{q_1+2}, \dots$ einem Gliede u_{q_2} begegnen, das alle folgenden untertrifft. Wäre es nicht so, dann ließe sich tatsächlich eine absteigende Teilfolge herstellen. Nutzt man abwechselnd beide Unmöglichkeiten aus, so kommt man auf eine Teilfolge $u_{q_1}, u_{q_2}, u_{q_3}, \dots$, die so beschaffen ist, daß u_{q_1} alle späteren Glieder $u_{q_1+\nu}$ übertrifft, u_{q_2} alle $u_{q_2+\nu}$ untertrifft, u_{q_3} alle $u_{q_3+\nu}$ übertrifft usw. Insbesondere ist also

$$\begin{gathered} u_{q_1} > u_{q_2}, u_{q_3}, \dots, \\ u_{q_2} < u_{q_3}, u_{q_4}, \dots, \\ u_{q_3} > u_{q_4}, u_{q_5}, \dots, \\ \cdots\cdots\cdots\cdots \end{gathered}$$

Daraus geht aber hervor $u_{q_1} > u_{q_3} > u_{q_5} > \cdots$ und $u_{q_2} < u_{q_4} < u_{q_6} < \cdots$. Es entsteht also schließlich doch ein Widerspruch mit der Annahme, daß es monotone Teilfolgen nicht geben soll. In jeder Folge $u_1, u_2, u_3, \dots$ sind demnach monotone Teilfolgen enthalten. Wenn eine dieser monotonen Teilfolgen $u_{p_1}, u_{p_2}, u_{p_3}, \ldots$ beschränkt ist, so konvergiert sie noch einen Grenzwert $\mathfrak{u}$. Aus

$$\lim (u_{p_n} - \mathfrak{u}) = 0$$

und aus der Relation (*) folgt dann sofort

$$\lim (u_n - \mathfrak{u}) = 0,$$

d. h. $\lim u_n = \mathfrak{u}$, weil $u_n - \mathfrak{u} = (u_n - u_{p_n}) + (u_{p_n} - \mathfrak{u})$ ist. Andererseits läßt sich leicht erkennen, daß eine Folge $u_1, u_2, u_3, \ldots$, die mit jeder ihrer Teilfolgen durch die Beziehung (*) verknüpft ist, keine schrankenlos monotone Teilfolge enthalten kann. Enthielte sie z. B. eine schrankenlos aufsteigende Teilfolge $u_{r_1}, u_{r_2}, u_{r_3}, \ldots$, so ließe sich aus dieser eine Teilfolge $u_{p_1}, u_{p_2}, u_{p_3}, \ldots$ herausheben, deren Differenzen $u_{p_2} - u_{p_1}, u_{p_3} - u_{p_2}, \ldots$ beliebig groß sind, z. B. alle größer als 1. Weil nun neben der Relation (*), die für jede Teilfolge gelten soll, auch die folgende

$$\lim (u_n - u_{p_{n+1}}) = 0$$

besteht, so müßte, da

$$u_{p_{n+1}} - u_{p_n} = (u_n - u_{p_n}) - (u_n - u_{p_{n+1}})$$

ist,

$$\lim (u_{p_{n+1}} - u_{p_n}) = 0$$

sein, was im Widerspruch mit $u_{p_{n+1}} - u_{p_n} > 1$ stände. Somit haben wir den Beweis, daß eine Folge $u_1, u_2, u_3, \ldots$, die zu ihren Teilfolgen in der Beziehung (*) steht, notwendig konvergent ist, vollständig erbracht. Daß umgekehrt jede konvergente Folge mit ihren Teilfolgen die Bedingung (*) erfüllt, ist uns bereits bekannt. Jede Teilfolge einer konvergenten Folge strebt, wie wir wissen, demselben Grenzwert zu wie diese.

Wir lernten bereits früher den Begriff des Häufungswertes kennen und wissen, daß Grenzwerte eine besondere Art von Häufungswerten sind. Ist h ein Häufungswert der Zahlenfolge $w_1, w_2, w_3, \ldots$, so liegen in jeder Umgebung von h unendlich viele w_n. Der Häufungswert wird zum Grenzwert, wenn in jede Umgebung von ihm nicht nur unendlich viele, sondern fast alle w_n fallen, d. h. alle mit einer endlichen Anzahl von Ausnahmen. Der Grenzwert duldet keinen andern Häufungswert neben sich. Ist nämlich h^* von h verschieden, so kann man um beide Werte Umgebungen $\mathfrak{U}^*$ und $\mathfrak{U}$ konstruieren, die nichts gemein haben. Wenn nun $\lim w_n = h$ ist, so sind in $\mathfrak{U}$ fast alle w_n enthalten, so daß für $\mathfrak{U}^*$ nur endlich viele w_n übrigbleiben, während doch ein Häufungswert für jede seiner Umgebungen unendlich viele Glieder der Folge beansprucht. Neben dem Grenzwert h kann sich also kein anderer Häufungswert behaupten. Man darf aber nicht denken, daß ein alleinstehender Häufungswert stets ein Grenzwert sein muß. Bei beschränkten Folgen ist es zwar so. Wir haben seinerzeit gesehen, daß beschränkte Folgen mit nur einem Häufungswert und konvergente Folgen dasselbe sind. Wenn aber eine Folge, die nur einen Häufungswert hat, keine Schranken zuläßt, so ist der einsame Häufungswert h kein Grenzwert. Bei einer schrankenlosen Folge gibt es nämlich außerhalb jedes Intervalles, also auch außerhalb jeder Umgebung von h, unendlich viele Glieder. Wäre h der Grenzwert der Folge, so müßten in jede Umgebung von h fast alle Glieder der Folge fallen, nur endlich viele dürften draußen bleiben. Es ist interessant festzustellen, daß ein einsamer Häufungswert schon dadurch zum Grenzwert wird, daß eine seiner Umgebungen fast alle Glieder der Folge enthält. Sobald dies nämlich feststeht, weiß man, daß die Folge beschränkt ist. Die endlich vielen Glieder, die außerhalb jener Umgebung liegen, lassen sich, wenn man die Umgebung in geeigneter Weise ausweitet, mit einbeziehen. Bei einem einsamen Häufungswert ist also die Sachlage die, daß jede seiner Umgebungen fast alle Glieder der Folge umschließt, wenn eine Umgebung dies tut. Entweder läßt jede Umgebung eines solchen Häufungswertes unendlich viele Glieder der Folge draußen oder es enthält jede Umgebung fast alle Glieder. In letzterem Falle ist der einsame Häufungswert der Grenzwert der Folge. Wenn h ein Häufungswert der Folge $w_1, w_2, w_3, \ldots$ ist, so gibt es stets eine Teilfolge, die h zum Grenzwert hat. w_{p_1} sei beim Durchlaufen der Folge das erste Glied, das zwischen $h - 1$ und $h + 1$ fällt, w_{p_2} das zweite Glied, das zwischen $h - \frac{1}{2}$ und $h + \frac{1}{2}$ liegt, w_{p_3} das dritte Glied, das zwischen $h - \frac{1}{3}$ und $h + \frac{1}{3}$ enthalten ist, usw. Wir haben das Verfahren so eingerichtet, daß von selbst die Ungleichungen $p_1 < p_2 < p_3 \cdots$ stattfinden. Die Teilfolge $w_{p_1}, w_{p_2}, w_{p_3}, \ldots$ strebt offenbar dem Grenzwert h zu, weil w_{p_n} zwischen $h - \frac{1}{n}$ und $h + \frac{1}{n}$ liegt, also zwischen Zahlen, die von h um weniger als ε abweichen, sobald nur $n > \frac{1}{\varepsilon}$ ist.

Wenn man aus $w_1, w_2, w_3, \ldots$ durch Umordnen der Glieder eine neue Folge $W_1, W_2, W_3, \ldots$ herstellt, so haben beide Folgen offenbar dieselben Häufungswerte. Ist die erste Folge konvergent und strebt sie dem Grenzwert $\mathfrak{w}$ zu, so gilt dasselbe von der zweiten Folge. Häufungswerte und Grenzwerte sind also unabhängig von der besonderen Anordnung der Glieder.

Schon im Altertum tritt der Limesbegriff auf. Wir finden z. B. in Euklids Elementen folgenden Satz: Wenn von einer Größe a_1 mehr als die Hälfte fortgenommen wird, von dem Rest a_2 wiederum mehr als die Hälfte usw., so sind die Größen a_n schließlich kleiner als ein vorgelegtes ε, d. h. es ist $\lim a_n = 0$.

Offenbar liegt a_n zwischen 0 und $\frac{a_1}{2^n}$. Es genügt also zu zeigen, daß $\lim \left(\frac{a_1}{2^n}\right) = 0$ ist. Nun hat $1, \frac{1}{2}, \frac{1}{2^2}, \ldots$ als beschränkte monotone Folge sicher einen Grenzwert g. Wir können also schreiben

$$\lim \frac{1}{2^n} = g,$$

aber auch

$$\lim \frac{1}{2^{n+1}} = g.$$

Da nun $\frac{1}{2^{n+1}} = \frac{1}{2} \cdot \frac{1}{2^n}$ ist, so folgt aus unseren Limessätzen

$$\lim \frac{1}{2^{n+1}} = \frac{1}{2} \lim \frac{1}{2^n} = \frac{1}{2} g.$$

$g = \frac{1}{2} g$ zieht sofort $g = 0$ nach sich. Dann ist aber auch

$$\lim \left(\frac{a_1}{2^n}\right) = a_1 \lim \left(\frac{1}{2^n}\right) = 0.$$

Jacob Bernoulli war wohl der erste, der in aller Strenge bewies, daß eine absteigende geometrische Reihe nach Null konvergiert, d. h. daß im Falle $0 < q < 1$ die Limesrelation $\lim q^n = 0$ gilt. Für den Fall $q = \frac{1}{2}$ haben wir uns von ihrer Richtigkeit überzeugt. Die Überlegung läßt sich aber genau entsprechend für ein beliebiges q zwischen 0 und 1 durchführen. Sie stützt sich darauf, daß $q^{n+1} = q \cdot q^n$ demselben Grenzwert g zustrebt wie q^n, das eine beschränkte monotone Folge durchläuft. Aus $\lim q^{n+1} = q \lim q^n$ entnimmt man $g = qg$ oder $(1 - q) g = 0$, mithin $g = 0$. Jacob Bernoulli hat einen ganz andern Beweis, der dann in alle Lehrbücher übergegangen ist. Wir wollen ihn den Lesern nicht vorenthalten. Zunächst wird eine wichtige Beziehung zwischen einer arithmetischen und einer geometrischen Reihe festgestellt, wobei man annimmt, daß beide Reihen im ersten und zweiten Gliede übereinstimmen. Die arithmetische Reihe lautet also

$$a, b, a + 2(b - a), \ldots, a + n(b - a), \ldots,$$

die geometrische

$$a, b, a\left(\frac{b}{a}\right)^2, \ldots, a\left(\frac{b}{a}\right)^n, \ldots$$

Wir nehmen an, daß a, b beide positiv sind und $a < b$ ist, also beide Reihen aufsteigen. Bernoullis Feststellung geht nun dahin, daß die Glieder der geometrischen Reihe größer sind als die entsprechenden der arithmetischen Reihe, also die Ungleichung

$$a\left(\frac{b}{a}\right)^n > a + n(b - a)$$

gilt. Setzt man $\frac{b}{a} = 1 + k$, so nimmt diese Ungleichung folgende Gestalt an:

$$(\dagger) \qquad (1 + k)^n > 1 + nk.$$

Ist ihre Gültigkeit für einen bestimmten Wert von n festgestellt, so folgt durch Multiplikation mit $1 + k$

$$(1 + k^{n+1}) > (1 + nk)(1 + k).$$

Da nun $(1 + nk)(1 + k) = 1 + (n + 1)k + nk^2$ offenbar größer als $1 + (n + 1)k$ ist, so ergibt sich

$$(1 + k)^{n+1} > 1 + (n + 1)k.$$

Aus $(1 + k)^2 = 1 + 2k + k^2 > 1 + 2k$ folgt auf diese Weise $(1 + k)^3 > 1+3k$, hieraus $(1 + k)^4 > 1 + 4k$ usw. Man nennt (†) die Bernoullische Ungleichung, eine Bezeichnung, die ich zuerst eingeführt habe. Sie gilt, wie aus dem Beweis hervorgeht, auch für negative Werte von k, wofern nur $1 + k > 0$ ist, d. h. Bernoullis Feststellung über die arithmetische und geometrische Reihe bleibt richtig, wenn diese Reihen absteigen, a und b aber positiv sind. Augenblicklich brauchen wir die Bernoullische Ungleichung nur für positives k. Ist q eine Zahl zwischen 0 und 1, so läßt sie sich in der Form $q = \frac{1}{1+k}$ mit positivem k darstellen. Dann wird nach der Bernoullischen Ungleichung

$$q^n < \frac{1}{1 + nk}$$

sein. Hieraus folgt sofort $\lim q^n = 0$. Wenn nämlich ein positives ε beliebig klein vorgelegt wird, so wird $q^n < \varepsilon$, sobald $1 + nk$ größer als $\frac{1}{\varepsilon}$ ist oder $n > \frac{1 - \varepsilon}{k\varepsilon}$.

Wichtige Anwendungen der Limesoperation finden wir besonders bei Archimedes. Wenn man auf der Parabel $y = Ax^2 + Bx + C$ drei Punkte P_1, P_2, P_3 betrachtet, deren Abszissen x_1, x_2, x_3 eine arithmetische Reihe bilden, so hat das Dreieck $P_1 P_2 P_3$ den Inhalt

$$\frac{1}{2}\begin{vmatrix} 1 & x_1 & y_1 \\ 1 & x_2 & y_2 \\ 1 & x_3 & y_3 \end{vmatrix}.$$

Subtrahiert man von der zweiten Spalte die mit C multiplizierte erste und die mit B multiplizierte zweite Spalte, so reduziert sich die obige Determinante auf

$$\frac{A}{2}\begin{vmatrix} 1 & x_1 & x_1^2 \\ 1 & x_2 & x_2^2 \\ 1 & x_3 & x_3^2 \end{vmatrix},$$

d. h. auf

$$\frac{A}{2}(x_2 - x_1)(x_3 - x_1)(x_3 - x_2)$$

oder, wenn man $x_3 - x_1 = 2h$ setzt, also $x_2 - x_1 = x_3 - x_2 = h$, auf Ah^3. Der Inhalt des über dem Intervall $2h$ liegenden Dreiecks $P_1P_2P_3$ ist also gleich Ah^3. Die Dreiecke $P_1P_4P_2$ und $P_2P_4P_3$ in Fig. 8, die in ähnlicher Weise gebildet sind wie $P_1P_2P_3$, liegen über Intervallen von halb so großer Länge. Jedes dieser Dreiecke ist also gleich $\frac{1}{8}Ah^3$, beide zusammen gleich $\frac{1}{4}Ah^3$. Das Polygon $P_1P_4P_2P_5P_3$ hat demnach den Inhalt $\left(1+\frac{1}{4}\right)Ah^3$. Macht man mit den beiden Dreiecken $P_1P_4P_2$ und $P_2P_5P_3$ dasselbe, was mit $P_1P_2P_3$ geschehen ist, so erweitert sich $P_1P_4P_2P_5P_3$ zu einem neuen Polygon, dessen Inhalt gleich $\left(1+\frac{1}{4}+\frac{1}{4^2}\right)Ah^3$ ist. Setzt man das Verfahren weiter fort, so gelangt man zu einem Polygon, dessen Inhalt durch

$$p_n = \left(1+\frac{1}{4}+\frac{1}{4^2}+\cdots+\frac{1}{4^{n-1}}\right)Ah^3$$

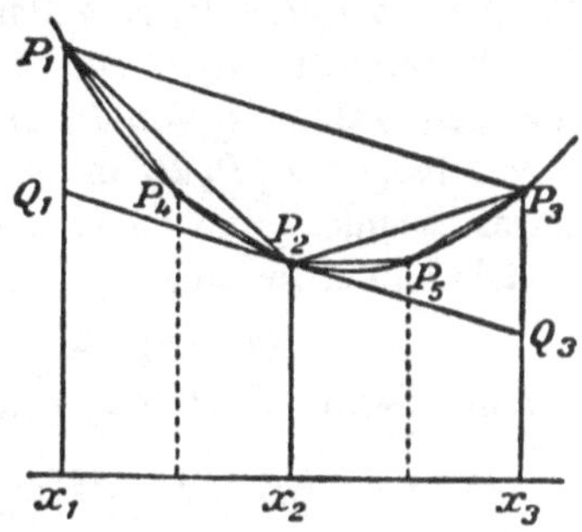

Fig. 8.

dargestellt wird. Je größer n ist, desto weniger wird sich dieses Polygon von dem durch die Parabel und die Sehne P_1P_3 begrenzten Flächenstück, dem sogenannten Parabelsegment, unterscheiden. Daher wird $\lim p_n$ gleich dem Parabelsegment sein.

Setzt man nun

$$s_n = 1+\frac{1}{4}+\frac{1}{4^2}+\cdots+\frac{1}{4^{n-1}},$$

so wird

$$\frac{1}{4}s_n = \frac{1}{4}+\frac{1}{4^2}+\cdots+\frac{1}{4^{n-1}}+\frac{1}{4^n},$$

also

$$\frac{3}{4}s_n = 1-\frac{1}{4^n}, \qquad s_n = \frac{4}{3}\left(1-\frac{1}{4^n}\right).$$

Hieraus folgt

$$\lim s_n = \frac{4}{3},$$

mithin

$$\lim p_n = \frac{4}{3}Ah^3.$$

Wir werden also sagen können, daß das zur Sehne P_1P_3 gehörige Parabelsegment gleich $\frac{4}{3}P_1P_2P_3$ ist. So lautet das von Archimedes gefundene Ergebnis. Seine Kreisausmessung beruht ebenfalls auf einem Limesprozeß. Wir wissen heute, daß Archimedes auch den wichtigen Grenzübergang gekannt und verwendet hat, der dem Integralbegriff zugrunde liegt.

Wir wollen noch eine ergänzende Bemerkung über die archimedische Berechnung des Parabelsegments anfügen. Sie geht von dem Dreieck $P_1P_2P_3$

aus, dann kommen zwei neue Dreiecke $P_1 P_4 P_2$ und $P_2 P_5 P_3$ hinzu, dann vier Dreiecke usw., jedesmal die doppelte Anzahl. Wenn man nun jedes der zuletzt hinzugekommenen Dreiecke verdoppelt, so kommt man über den Inhalt des Parabelsegments hinaus. Es genügt zu zeigen, daß der doppelte Dreiecksinhalt $P_1 P_2 P_3$ größer ist als das zu $P_1 P_3$ gehörige Parabelsegment. Wenn man durch P_2 eine Parallele zur Sehne $P_1 P_3$ zieht, die übrigens die Parabeltangente in P_2 ist, so begrenzt diese Parallele zusammen mit $P_1 P_3$ und den Ordinaten von P_1 und P_3 ein Parallelogramm $P_1 P_3 Q_3 Q_1$, das den Parabelbogen $P_1 P_2 P_3$ in seinem Innern enthält, mithin größer ist als das Parabelsegment und offenbar doppelt so groß als das Dreieck $P_1 P_2 P_3$. Die Gleichung der durch P_2 gelegten Parallelen zu $P_1 P_3$ lautet

$$(y - y_2)(x_3 - x_1) - (x - x_2)(y_3 - y_1) = 0,$$

die der Sehne $P_1 P_3$ dagegen

$$\left(y - \frac{y_1 + y_3}{2}\right)(x_3 - x_1) - (x - x_2)(y_3 - y_1) = 0.$$

Die aus beiden Gleichungen berechneten Ordinaten haben die Werte

$$y_2 + \frac{(x - x_2)(y_3 - y_1)}{x_3 - x_1}, \qquad \frac{y_1 + y_3}{2} + \frac{(x - x_2)(y_3 - y_1)}{x_3 - x_1}.$$

Will man nun zeigen, daß der Parabelbogen $P_1 P_2 P_3$ in dem Parallelogramm $P_1 P_3 Q_3 Q_1$ enthalten ist, so muß man feststellen, daß die zu x gehörige Parabelordinate $y = Ax^2 + Bx + C$ zwischen jenen Ordinatenwerten liegt. Beachtet man, daß

$$\frac{y_3 - y_1}{x_3 - x_1} = A(x_1 + x_3) + B = 2Ax_2 + B$$

ist und

$$y - y_2 = A(x + x_2)(x - x_2) + B(x - x_2),$$

so ergibt sich zunächst

$$y - y_2 - \frac{(x - x_2)(y_3 - y_1)}{x_3 - x_1} = A(x - x_2)^2.$$

Andererseits hat man

$$y - \frac{y_1 + y_3}{2} = A\left(x^2 - \frac{x_1^2 + x_3^2}{2}\right) + B(x - x_2),$$

mithin

$$\begin{aligned} y - \frac{y_1 + y_3}{2} - \frac{(x - x_2)(y_3 - y_1)}{x_3 - x_1} &= A\left(x^2 - \frac{x_1^2 + x_3^2}{2}\right) - 2Ax_2(x - x_2) \\ &= A(x - x_1)(x - x_3). \end{aligned}$$

Da nun x zwischen x_1 und x_3 variiert, so ist $(x - x_1)(x - x_3)$ negativ, dagegen $(x - x_2)^2$ positiv. Also haben die beiden hier berechneten Ordinatendifferenzen entgegengesetzte Zeichen.

Nachdem diese Feststellung gemacht ist, kann man sicher sein, daß sich das betrachtete Parabelsegment vom Dreieck $P_1 P_2 P_3$ um einen Faktor unterscheidet, der größer ist als

$$s_n = 1 + \frac{1}{4} + \frac{1}{4^2} + \cdots + \frac{1}{4^{n-1}}$$

und kleiner als

$$S_n = 1 + \frac{1}{4} + \frac{1}{4^2} + \cdots + \frac{1}{4^{n-1}} + \frac{1}{4^{n-1}}.$$

Bei wachsendem n nimmt s_n zu, dagegen S_n ab, da offenbar

$$S_{n+1} - S_n = \frac{2}{4^n} - \frac{1}{4^{n-1}} = -\frac{1}{2 \cdot 4^{n-1}},$$

also negativ ist.

§ 4. Differenzenquotient, Ableitung und Differential einer Funktion.

Wenn man eine Funktion $f(x)$ betrachtet, so liegt es nahe, zu fragen, wie diese Funktion auf eine bestimmte Änderung der unabhängigen Variablen reagiert. Man kann von der Empfindlichkeit einer Funktion reden und sogar ein Maß für die Empfindlichkeit aufstellen, indem man die Änderung der Funktion mit der Änderung der unabhängigen Variablen vergleicht. Man kommt auf diese Weise zu dem wichtigen Begriff des Differenzenquotienten. Der Differenzenquotient ist ein Bruch, in dessen Nenner die Änderung oder der Zuwachs von x steht, während der Zähler den entsprechenden Zuwachs von $f(x)$ angibt. Nennt man h die Änderung von x, so ist $f(x+h) - f(x)$ die zugehörige Änderung von $f(x)$, und der Differenzenquotient lautet

$$\frac{f(x+h) - f(x)}{h}.$$

Man bezeichnet die Differenz $f(x+h) - f(x)$ gewöhnlich mit $\Delta f(x)$. Im Falle $f(x) = x$ reduziert sich die Differenz auf $(x+h) - x = h$, so daß $\Delta x = h$ wird.

Man kann also den Differenzenquotienten von $y = f(x)$ auch in der Form schreiben $\frac{\Delta f(x)}{\Delta x}$ oder $\frac{\Delta y}{\Delta x}$.

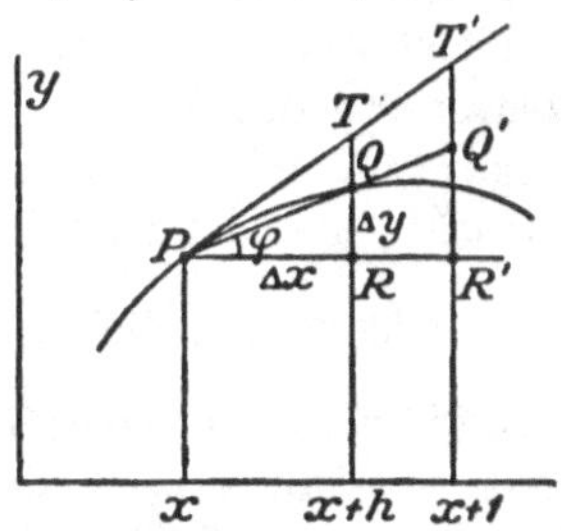

Fig. 9.

Wenn man die Kurve $y = f(x)$ betrachtet, also die Bildkurve der Funktion $f(x)$, so hat der Differenzenquotient eine leicht erkennbare geometrische Bedeutung, die wir an Hand der Fig. 9 erläutern wollen. Die Kurvenpunkte P, Q entsprechen den Abszissen x und $x+h$. Die Sekante PQ bildet mit der positiven x-Richtung den Winkel φ, und es ist offenbar

$$\tan \varphi = \frac{\Delta y}{\Delta x},$$

da RQ und PR die Maßzahlen Δy und Δx haben. Man nennt $\tan \varphi$ die Richtungskonstante oder die Steigung der Sekante PQ. Der Differenzenquotient ist also die Richtungskonstante der Sekante, er mißt die Steigung dieser Geraden. Die Gleichung der Sekante lautet

$$Y - y = (X - x)\frac{\Delta y}{\Delta x}.$$

Dabei sind X, Y die sogenannten laufenden Koordinaten, d. h. die Koordinaten eines auf der Sekante variierenden Punktes.

Es gibt noch eine andere wichtige Deutung des Differenzenquotienten. Bei ihr wird x als die von einem bestimmten Anfang gerechnete Zeit betrachtet, $f(x)$ dagegen als die Abszisse eines Punktes, der sich auf einer Geraden bewegt. Jedem Wert von x entspricht ein Funktionswert $f(x)$, d. h. zu jeder Zeit hat der bewegliche Punkt eine bestimmte Lage. Die Funktion erscheint hier als der analytische Ausdruck einer geradlinigen Bewegung. Während des Zeitintervalls $x \cdots x + h$ ist der Punkt von $f(x)$ nach $f(x + h)$ gelangt. Hätte er sich während dieser Zeit gleichförmig bewegt, so wäre dazu die Geschwindigkeit

$$\frac{f(x + h) - f(x)}{h} = \frac{\text{Weg}}{\text{Zeit}}$$

nötig gewesen. Diese Geschwindigkeit nennt man die mittlere Geschwindigkeit des Punktes während des Zeitintervalls $x \cdots x + h$. Sie ist, wie man sieht, gleich dem Differenzenquotienten.

Über die Größe h, die allen Differenzenbildungen zugrunde liegt und als Grunddifferenz bezeichnet wird, macht man keine besondere Voraussetzung. Nach Fig. 9 könnte es scheinen, daß wir uns unter h eine positive Größe denken. Dies ist aber nicht der Fall. h kann jeden positiven und negativen Wert haben. Wenn allerdings $f(x)$ nur in einem Intervall $a \cdots b$ definiert ist und der Differenzenquotient an der unteren Intervallgrenze gebildet werden soll, so wird man h positiv wählen und so klein, daß $a + h$ zwischen a und b liegt. Ebenso wird man an der oberen Intervallgrenze nur negative Werte von h zulassen, und zwar von so kleinem Betrage, daß $b + h$ zwischen a und b bleibt.

Wenn man die im Differenzenquotienten $\frac{f(x + h) - f(x)}{k}$ auftretende Grunddifferenz h nach Null konvergieren, also h eine Nullfolge durchlaufen läßt, so kann es sein, daß dabei der Differenzenquotient stets einem Grenzwert zustrebt. Dieser Grenzwert erweist sich sofort als unabhängig von der Wahl der Nullfolge. h durchlaufe z. B. das eine Mal die Nullfolge $h_1, h_2, h_3, \ldots$, das andere Mal die Nullfolge $k_1, k_2, k_3, \ldots$ Wenn wir annehmen, daß der Differenzenquotient stets einem Grenzwert zustrebt, so oft h eine Nullfolge durchläuft, so wird also

$$\lim \frac{f(x + h_n) - f(x)}{h_n} = g$$

und

$$\lim \frac{f(x+k_n)-f(x)}{k_n} = g^*$$

sein. Nun ist aber auch $h_1, k_1, h_2, k_2, h_3, k_3, \ldots$ eine Nullfolge. Daher wird die zugehörige Folge von Differenzenquotienten

$$\frac{f(x+h_1)-f(x)}{h_1}, \quad \frac{f(x+k_1)-f(x)}{k_1}, \quad \frac{f(x+h_2)-f(x)}{h_2}, \quad \frac{f(x+k_2)-f(x)}{k_2}, \ldots$$

ebenfalls einem Grenzwert zustreben. Alle Teilfolgen einer konvergenten Folge haben aber denselben Grenzwert wie diese. Daraus folgt, daß insbesondere die Teilfolgen

$$\frac{f(x+h_1)-f(x)}{h_1}, \quad \frac{f(x+h_2)-f(x)}{h_2}, \ldots$$

und

$$\frac{f(x+k_1)-f(x)}{k_1}, \quad \frac{f(x+k_2)-f(x)}{k_2}, \ldots$$

nach demselben Grenzwert konvergieren, daß also $g = g^*$ sein muß.

Sobald man also annimmt, daß $\frac{f(x+h)-f(x)}{h}$ bei hinschwindendem h stets einem Grenzwert zustrebt, hat man zugleich die Sicherheit, daß dieser Grenzwert immer derselbe ist, gleichgültig, welche Art des Limestodes dem h auferlegt wird. Dieser sich stets gleichbleibende Grenzwert des Differenzenquotienten bei hinschwindendem h wird die Ableitung oder die Derivierte von $f(x)$ genannt und mit $f'(x)$ oder $Df(x)$ bezeichnet. Damit haben wir den Hauptbegriff der Differentialrechnung in strenger Weise definiert.

Bei der kinematischen Deutung des Differenzenquotienten wurde dieser als mittlere Geschwindigkeit während des Zeitintervalls $x \cdots x+h$ angesehen. Den Grenzwert der mittleren Geschwindigkeit bei unendlicher Schrumpfung des Zeitintervalls nennt man die Geschwindigkeit zur Zeit x. Der Träger dieser Geschwindigkeit ist ein beweglicher Punkt, der auf einer Geraden zur Zeit x die Abszisse $f(x)$ hat. Die Geschwindigkeit erscheint hier als Ableitung der Abszisse, betrachtet als Funktion der Zeit, oder, wie man kurz sagt, als Ableitung der Abszisse nach der Zeit.

Wenn man den Differenzenquotienten als Steigungsmaß der Kurvensekante betrachtet, ergibt sich eine andere Deutung der Ableitung. In Fig. 9 haben wir die Geraden PQ und PR mit einer Parallelen zur y-Achse zum Schnitt gebracht, die an der Stelle $x+1$ konstruiert ist. Aus der Sekantengleichung ergibt sich, daß $R'Q'$ die Maßzahl $\frac{\Delta y}{\Delta x}$ hat. Wenn nun bei schwindendem Δx der Differenzenquotient einem Grenzwert zustrebt, so bedeutet dies nichts anderes, als daß der Punkt Q' einer Grundlage T' zustrebt und daß $R'T'$ die Maßzahl $f'(x)$ hat. Die Gerade PT', deren Richtungskonstante offenbar $f'(x)$ ist, können wir als die Grenzlage der Sekante betrachten. Sie wird als Tangente der Kurve an der Stelle P bezeichnet. Die Tangente ergibt sich also aus der Sekante dadurch, daß man den Kurvenpunkt Q mit P zusammenrücken läßt. Dieses Zusammenrücken kommt dadurch zustande, daß die Abszissendifferenz Δx der beiden Punkte nach Null konvergiert. Da wir annehmen, daß $\lim \frac{\Delta y}{\Delta x}$ existiert, konvergiert dann zugleich die Ordinatendifferenz nach Null. Man kann nämlich schreiben

$$\Delta y = \frac{\Delta y}{\Delta x} \cdot \Delta x$$

und den Satz anwenden, daß der Grenzwert eines Produktes gleich ist dem Produkt der Grenzwerte der Faktoren, im vorliegenden Falle also gleich $f'(x)$ mal Null, d. h. gleich Null. Diese Eigenschaft, daß einem schwindenden Δx ein schwindendes Δy entspricht, bezeichnet man, wie bereits früher gesagt wurde, als Stetigkeit. Durch die Existenz der Ableitung ist also die Stetigkeit garantiert. Funktionen, die eine Ableitung haben, sind immer stetig. Das Umgekehrte gilt, wie wir später sehen werden, nicht. Es gibt sogar stetige Funktionen, die nirgends eine Ableitung besitzen. Die Bildkurve einer solchen Funktion hat nirgends eine Tangente. Die durch die Funktion gekennzeichnete geradlinige Bewegung ist so beschaffen, daß man in keinem Augenblick von einer Geschwindigkeit reden kann. Der erste, der dieses merkwürdige Vorkommnis durch ein Beispiel belegt hat, war Bernhard Bolzano.

Die Aufgabe, an eine Kurve in einem gegebenen Punkte die Tangente zu ziehen, ist ein uraltes Problem, das man als Tangentenproblem bezeichnet. Früher waren die Geometer froh, für irgendeine einzelne besonders wichtige Kurve dieses Problem erledigen zu können. Wir haben gesehen, daß das Tangentenproblem auf die Bestimmung der Ableitung hinausläuft. Daher nannte Leibniz seine Differentialrechnung, die sich mit der Bestimmung der Ableitungen beschäftigt, eine neue Tangentenmethode und erblickte in dieser Methode besonders deshalb einen großen Fortschritt, weil sie sich gegenüber den früheren Tangentenmethoden durch ihre Allgemeingültigkeit auszeichnete. Die Tangente PT' hat nach den obigen Angaben die Richtungskonstante $f'(x)$, so daß die Gleichung der Kurventangente

$$Y - y = (X - x)\, f'(x)$$

lautet. Es ist hiermit eine allgemeine Tangentenformel gewonnen, die man auf alle Kurven, bei denen überhaupt eine Tangente existiert, anwenden kann. Die Richtungskonstante der Kurventangente ist, um es nochmals hervorzuheben, die Ableitung $f'(x)$. Man nennt diese Richtungskonstante auch die Steigung der Kurve an der Stelle x.

Wir sprachen zu Anfang des Paragraphen von der Empfindlichkeit der Funktion. Als Maß der Empfindlichkeit diente der Differenzenquotient. Da dieser von der Grunddifferenz $\Delta x = h$ abhängig ist, so kann uns diese Definition nicht ganz befriedigen. Wenn wir aber den Grenzwert des Differenzenquotienten bei hinreichendem h als Empfindlichkeitsmaß einführen, also die Empfindlichkeit der Funktion $f(x)$ durch die Ableitung $f'(x)$ kennzeichnen, so ist die Abhängigkeit von h beseitigt.

Newton hat eine sehr schöne Erklärung für die Ableitung $f'(x)$ gegeben, die wir dem Leser nicht vorenthalten wollen. Wir wissen, daß immer, wenn $f'(x)$ überhaupt existiert, Δy oder $\Delta f(x)$ gleichzeitig mit Δx nach Null konvergiert. Der Quotient dieser hinschwindenden Differenzen oder Inkremente strebt dem Grenzwert $f'(x)$ zu. Daher bezeichnet Newton die Ableitung als die ultima ratio incrementorum evanescentium (das letzte oder, wie wir jetzt sagen würden, das Grenzverhältnis der hinschwindenden Inkremente). Newton denkt sich dabei etwa folgendes: Der Punkt Q in Fig. 9 möge auf der dort gezeichneten Kurve nach P hinrücken. Gerade in dem Augenblick, wo Q mit P zusammenfällt, wo Δx und Δy ins Nichts untertauchen, wird noch rasch der Quotient $\frac{\Delta y}{\Delta x}$ gebildet, und das ist dann die Ableitung $f'(x)$. Wir sprechen hier ungefähr mit Newtons eigenen Worten. Newton hat übrigens noch eine andere Erklärung der Ableitung, die stark von unseren jetzigen Auffassungen abweicht. Er denkt sich den soeben betrachteten Vorgang umgekehrt, so daß der Kurvenpunkt Q, der zunächst mit P zusammenfällt, wieder von P fortrückt. Gerade in dem Augenblick, wo er die Stelle P verläßt, wo also Δx und Δy aus dem Nichts emportauchen, wird rasch der Quotient $\frac{\Delta y}{\Delta x}$ gebildet, und das ist dann die Ableitung $f'(x)$. Sie erscheint hier als das erste Verhältnis der eben entstehenden Inkremente, als die prima ratio incrementorum modo nascentium. Victor Hugo, der auf irgendeine Weise etwas von den Methoden der höheren Analysis gehört haben muß, hat sehr schön gesagt, daß es von ungeahnter Wichtigkeit sei, die Dinge an der Grenze des Werdens und Vergehens, des Seins und Nichtseins zu studieren.

Es ist eine bemerkenswerte Tatsache, daß die moderne Mathematik nur den Begriff der ultima ratio auf eine strenge Form gebracht hat, nicht aber den der prima ratio, der ganz und gar in den Hintergrund getreten ist. Wie kommt es, so hat ein Philosoph gefragt, daß der streng denkende Mathematiker nichts dagegen hat, einen Punkt zu betrachten, der nach einer Stelle hinrückt, daß er aber Schwierigkeiten darin findet, ihn von dieser Stelle wieder fortrücken zu lassen? Sollte es vielleicht wahr sein, daß für den menschlichen Verstand das Vergehen eine begreiflichere Sache ist als das Entstehen, occasus simplicior quam ortus? Für den Mathematiker verschwinden alle Nebel, die sich an dieser Stelle zusammendrängen, wenn er sich überlegt, daß wir den occasus, das Untertauchen ins Nichts, streng formulieren, indem wir die betreffende Größe eine Nullfolge $h_1, h_2, h_3, \ldots$ durchlaufen lassen. Dadurch verbauen wir uns von vornherein jede Möglichkeit, diesen Vorgang umzukehren. Denn in der Folge $1, 2, 3, \ldots$ gibt es zwar ein erstes, aber kein letztes Glied. So ist es gekommen, das Newtons zweite Formulierung in den Hintergrund geriet. Newton hat, wenn er eine Größe ins Nichts tauchen ließ, keinesfalls an das Durchlaufen einer Nullfolge gedacht. Vielmehr sah er darin einen lückenlos ablaufenden Vorgang, vergleichbar dem allmählichen Zusammenschmelzen eines Stückes Wachs oder eines Klumpens Eis. Deshalb machte es ihm keine besonderen Schwierigkeiten, sich den umgekehrten Vorgang vorzustellen, obwohl es feststeht, daß ihn diese Begriffsbildungen niemals ganz befriedigten.

Newton nennt die Veränderlichen Fluenten (quantitates fluentes, d. h. fließende Größen). Die Ableitung ist nichts anderes als die Änderungsgeschwindigkeit einer Fluente, wenn man als unabhängige Variable die Zeit betrachtet. Diese Änderungsgeschwindigkeit, die das raschere oder langsamere Fließen der Fluente erkennen läßt, bezeichnet Newton als die Fluxion. Wir können dafür die Übersetzung Fluß gebrauchen. Als Symbol für die Fluxion der Größe y benutzt Newton $\dot{y}$, d. h. y mit einem Punkt darüber. Dieses Symbol wird auch heute noch oft verwendet. Es ist sehr angenehm, mehrere Bezeichuungsarten für Ableitungen zur Verfügung zu haben, z. B. in solchen Fällen, wo eine Funktion von mehreren unabhängigen Variablen betrachtet wird. Wir kennen bis jetzt drei Bezeichnungsweisen, die von Lagrange herrührende y', die Cauchysche Dy und jetzt die Newtonsche $\dot{y}$.

Leibniz, der neben Newton als selbständiger Erfinder der Differentialrechnung gilt, hat den Begriff des Differentials, der sich rasch überall einbürgerte, gebildet. Wenn ein Punkt sich geradlinig bewegt, und zwar so, daß er zur Zeit x die Abszisse $f(x)$ hat, so ist seine Geschwindigkeit zur Zeit x, wie wir wissen, $f'(x)$. Würde er nun diese Geschwindigkeit behalten, so erführe er in dem Zeitintervall h die Verschiebung $f'(x)h$. Diese Größe bezeichnet Leibniz als Differential von $f(x)$ und schreibt dafür $df(x)$. Es ist also

$$(*) \qquad df(x) = f'(x)h.$$

Fig. 9 bietet eine andere Deutung des Differentials. Da die Tangente der Kurve im Punkte P die Steigung $f'(x)$ hat, so entspricht bei einer Fortschreitung längs der Tangente dem Abszissenzuwachs h der Ordinatenzuwachs $f'(x)h$. Daher hat die Strecke RT die Maßzahl $df(x)$, während der Strecke RQ die Maßzahl $\Delta f(x)$ zukommt. Die Differenz $\Delta f(x)$ verwandelt sich also in das Differential $df(x)$, wenn man die Kurve durch ihre Tangente im Punkte P ersetzt. Schreitet man von P aus auf der Kurve fort, so ändert sich die Ordinate um $\Delta f(x) = f(x+h) - f(x)$, schreitet man längs der Tangente fort, so entsteht der Ordinatenzuwachs $f'(x)h$. Die Ersetzung der krummen Linie durch die tangierende Gerade ist also der Kerngedanke der Differentialrechnung. Das hat Leibniz wiederholt mit großer Klarheit ausgesprochen. Der Differentialbegriff findet sich übrigens auch bei Newton. Auch bei ihm werden die Fluxionen mit kleinen Zeitinkrementen multipliziert und als Momente bezeichnet.

Wenn man x und y, wie es in Fig. 9 geschieht, als Längen betrachtet, die mit dem Zeichen + oder — versehen sind, so sind sie beide von gleicher Dimension, nämlich von der Dimension 1. Die Ableitung y' hat als Grenzwert des Differenzenquotienten $\frac{\Delta y}{\Delta x}$ wie dieser die Dimension 0. Dagegen hat $df(x) = f'(x)h$ wieder die Dimension 1 wie Δx. Operiert man mit Differentialen, so hat dies den Vorteil, daß man bei derselben Dimension bleibt, während man durch die Ableitungen in eine andere Dimension hineinkommt. Das ist aber nicht der einzige Vorzug, den die Differentiale im Vergleich zu den Ableitungen oder Fluxionen genießen. Mit Recht haben sie schließlich der ganzen Disziplin den Namen gegeben. Wir sagen Differentialrechnung und nicht mehr Fluxionsrechnung.

Von Leibniz rühren die ersten Grundregeln der Differentialrechnung her, die man heute als die Leibnizschen Regeln bezeichnet.

Wenn die Ableitungen $f'(x)$ und $g'(x)$ existieren, so hat auch $F(x) = f(x) + g(x)$ eine Ableitung, und zwar ist

$$F'(x) = f'(x) + g'(x)$$

oder kurz

$$(f + g)' = f' + g'.$$

Die Ableitung einer Summe ist also gleich der Summe der Ableitungen. Multipliziert man auf beiden Seiten mit h, so ergibt sich folgende Formulierung der ersten Leibnizschen Regel:

$$d(f + g) = df + dy.$$

Das Differential einer Summe ist gleich der Summe der Differentiale. Differentiation (d. h. Bildung des Differentials) und Addition sind vertauschbare Operationen. Man könnte auch sagen, daß die Differentiation oder die Operation d auf eine Summe distributiv einwirkt.

Um diese Regel zu beweisen, bemerke man, daß aus $F(x) = f(x) + g(x)$ sofort folgt

$$\frac{F(x + h) - F(x)}{h} = \frac{f(x + h) - f(x)}{h} + \frac{g(x + h) - g(x)}{h}.$$

Läßt man h nach Null konvergieren, so streben die beiden Summanden den Grenzwerten $f'(x)$ und $g'(x)$ zu. Da der Grenzwert einer Summe gleich der Summe der Grenzwerte ist, so wird

$$\lim \frac{F(x + h) - F(x)}{h} = f'(x) + g'(x),$$

d. h. $F'(x)$ existiert und hat den Wert $f'(x) + g'(x)$.

Genau ebenso wird die zweite Leibnizsche Regel bewiesen, die

$$(f - g)' = f' - g'$$

oder

$$d(f - g) = df - dg$$

lautet. Auch mit der Subtraktion ist also die Differentiation vertauschbar.

Jetzt sei $F(x) = f(x)g(x)$. Dann wird

$$\frac{F(x+h)-F(x)}{h} = \frac{f(x+h)\,g(x+h)-f(x)\,g(x)}{h}$$

$$= \frac{f(x+h)-f(x)}{h}\cdot g(x+h) + \frac{g(x+h)-g(x)}{h}\cdot f(x),$$

wofür man auch schreiben kann

$$\frac{f(x+h)-f(x)}{h}\cdot g(x) + \frac{g(x+h)-g(x)}{h}\cdot f(x)$$

$$+ \frac{f(x+h)-f(x)}{h}\cdot\frac{g(x+h)-g(x)}{h}\cdot h\,.$$

Die Grenzwerte der drei Summanden bei hinschwindendem h lauten

$$f'(x)\,g(x), \quad g'(x)\,f(x), \quad f'(x)\cdot g'(x)\cdot 0.$$

Da der Grenzwert einer Summe gleich der Summe der Grenzwerte ist, so ergibt sich

$$\lim \frac{F(x+h)-F(x)}{h} = f'(x)\,g(x) + g'(x)\,f(x),$$

d. h. $F'(x)$ existiert und hat den Wert $f'(x)g(x) + g'(x)f(x)$. Es gilt also die Formel

$$(fg)' = f'g + g'f$$

oder nach Multiplikation mit h

$$d(fg) = f\,dg + g\,df.$$

Das ist die Leibnizsche **Produktregel**. Betrachtet man drei Funktionen $f_1(x)$, $f_2(x)$, $f_3(x)$ und existieren die Ableitungen $f'_1(x)$, $f_2'(x)$, $f'_3(x)$, so hat man zunächst

$$d(f_1f_2f_3) = f_1f_2df_3 + f_3d(f_1f_2).$$

Da aber

$$d(f_1f_2) = f_1df_2 + f_2df_1$$

ist, so ergibt sich weiter

$$d(f_1f_2f_3) = f_2f_3df_1 + f_1f_3df_2 + f_1f_2df_3$$

oder mit Ableitungen geschrieben

$$(f_1f_2f_3)' = f_1'f_2f_3 + f_1f_2'f_3 + f_1f_2f_3'\,.$$

Man sieht, wie der Strich oder das d erst zu f_1, dann zu f_2 und schließlich zu f_3 tritt. Die Regel überträgt sich auf jede endliche Faktorenzahl. Um ein Produkt von m Faktoren $f_1(x)$, $f_2(x)$, …, $f_m(x)$ zu differenzieren, multipliziert man das Differential jedes Faktors mit allen anderen Faktoren und addiert die so gewonnenen m Produkte. Dividiert man durch das Produkt aller m Faktoren, so erscheint die Regel in folgender Fassung:

$$\frac{d(f_1\,f_2\cdots f_m)}{f_1\,f_2\cdots f_m} = \frac{df_1}{f_1} + \frac{df_2}{f_2} + \cdots + \frac{df_m}{f_m}\,.$$

Es tritt hier eine Operation $\frac{du}{u}$ auf, die darin besteht, daß man das Differential du bildet und es dann durch die Funktion u dividiert. Diese Operation wird aus einem Grunde, den wir erst später angeben können, als **logarithmische Differentiation** bezeichnet. Man kann, wenn man diesen Ausdruck anwendet, offenbar sagen, daß das logarithmische Differential eines Produktes gleich der Summe der logarithmischen Differentiale der Faktoren ist.

Nun fehlt uns noch die vierte Leibnizsche Regel, die **Quotientenregel**. Sie bezieht sich auf eine Funktion $F(x)$, die in der Form $F(x) = \frac{f(x)}{g(x)}$ dargestellt erscheint. Es wird angenommen, daß $f'(x)$ und $g'(x)$ existieren und $g(x)$ an der Stelle, wo man die Ableitung bilden will, nicht verschwindet. Offenbar ist hier $f(x) = F(x)g(x)$ und daher

$$\frac{f(x+h)-f(x)}{h} = \frac{F(x+h)\,g(x+h)-F(x)\,g(x)}{h}$$

$$= \frac{F(x+h)-F(x)}{h}\cdot g(x) + \frac{g(x+h)-g(x)}{h}\cdot F(x+h).$$

Wenn h eine Nullfolge durchläuft, konvergieren $f(x+h)$ und $g(x+h)$ nach $f(x)$ und $g(x)$. Da $g(x) \neq 0$ angenommen wird, so folgt

$$\lim F(x+h) = \lim \frac{f(x+h)}{g(x+h)} = \frac{f(x)}{g(x)} = F(x).$$

Wir wissen nämlich, daß der Grenzwert eines Quotienten gleich dem Quotienten der Grenzwerte ist, wofern der Grenzwert des Divisors nicht verschwindet. Da wir nun den Differenzenquotienten von $F(x)$ in der Form

$$\frac{1}{g(x)}\cdot\frac{f(x+h)-f(x)}{h} - \frac{F(x+h)}{g(x)}\cdot\frac{g(x+h)-g(x)}{h}$$

darstellen können, so ergibt sich

$$\lim \frac{F(x+h)-F(x)}{h} = \frac{f'(x)}{g(x)} - \frac{F(x)}{g(x)}\cdot g'(x).$$

Man ersieht hieraus, daß $F'(x)$ existiert und

$$F'(x) = \frac{f'(x)}{g(x)} - \frac{F(x)\,g'(x)}{g(x)}$$

ist oder, wenn man für $F(x)$ seinen Wert einsetzt,

$$\left(\frac{f}{g}\right)' = \frac{gf'-fg'}{g^2}.$$

Damit haben wir die vierte Leibnizsche Regel gewonnen. Danach ist die Ableitung eines Bruches $\frac{f}{g}$ ein Bruch mit dem Nenner g^2. Im Zähler des Bruches steht die Determinante

$$\begin{vmatrix} f' & g' \\ f & g \end{vmatrix},$$

die sogenannte Wronskische Determinante von f und g. Diese Determinante ist gleich dem Nenner mal der Ableitung des Zählers minus dem Zähler mal der Ableitung des Nenners. Dividiert man $\left(\frac{f}{g}\right)'$ durch $\frac{f}{g}$, so erscheint die vierte Leibnizsche Regel in der Form

$$\frac{\left(\frac{f}{g}\right)'}{\frac{f}{g}} = \frac{f'}{f} - \frac{g'}{g}$$

oder mit Differentialen geschrieben

$$\frac{d\left(\frac{f}{g}\right)}{\frac{f}{g}} = \frac{df}{f} - \frac{dg}{g}.$$

Das logarithmische Differential eines Bruches ist also gleich dem logarithmischen Differential des Zählers vermindert um das logarithmische Differential des Nenners. Die dritte und vierte Leibnizsche Regel kann man demnach in die Aussage zusammenfassen, daß die logarithmische Differentiation auf Produkte und Quotienten genau ebenso einwirkt wie die Operation des Logarithmierens.

Wir wollen noch einen Sonderfall der Leibnizschen Produktregel hervorheben, der dadurch zustande kommt, daß in dem Produkt $f(x)g(x)$ der Faktor $g(x)$ eine Konstante K wird. Eine Konstante ist eine Funktion, die allen x-Werten denselben Wert K zuordnet. Bei einer solchen Funktion ist offenbar der Differenzenquotient gleich Null, folglich auch sein Grenzwert, die Ableitung. Daher geht die Leibnizsche Produktformel im Falle $g(x) = K$ in

$$(Kf)' = Kf', \quad d(Kf) = K\,df$$

über. Man muß also einen konstanten Faktor, der in einem Produkt auftritt, bei der Differentiation einfach stehen lassen und die Differentiation auf den anderen Faktor oder, wenn noch mehr Faktoren auftreten, auf deren Produkt wirken lassen. Daß tatsächlich $(Kf)' = Kf'$ ist, kann man auch direkt durch Bildung des Differenzenquotienten von $Kf(x)$ erkennen, der so lautet:

$$\frac{Kf(x+h) - Kf(x)}{h} = K\,\frac{f(x+h) - f(x)}{h}.$$

Sein Grenzwert bei hinschwindendem h ist offenbar $Kf'(x)$.

Es gibt eine Klasse von Funktionen, bei denen die Existenz der Ableitung (mit einer gewissen Nebenbedingung) nachweisbar ist, nämlich die **konvexen Funktionen**. Eine Funktion $f(x)$ heißt konvex, genauer konvex nach unten, wenn der zu $x_1 \cdots x_2$ gehörige Bogen immer unterhalb seiner Sehne liegt. Denken wir uns wie gewöhnlich die x-Achse horizontal, die

y-Achse vertikal aufwärts gerichtet, so lautet die Konvexitätsbedingung

$$f(x) < \frac{x_2 - x}{x_2 - x_1} f(x_1) + \frac{x - x_1}{x_2 - x_1} f(x_2). \qquad (x_1 \leqq x \leqq x_2)$$

Die rechte Seite ist nämlich die Ordinate des zu x gehörigen Sehnenpunktes. Man sieht nämlich sofort, daß sie in x linear ist und für $x = x_1$ und $x = x_2$ die Werte $f(x_1)$ und $f(x_2)$ annimmt. Nun kann man die obige Ungleichung auch in der Form schreiben

$$(\dagger) \qquad (x_2 - x_1) f(x) < (x_2 - x) f(x_1) + (x - x_1) f(x_2).$$

Subtrahiert man hiervon

$$(x_2 - x_1) f(x_1) = (x_2 - x) f(x_1) + (x - x_1) f(x_1),$$

so ergibt sich

$$(x_2 - x_1)\{f(x) - f(x_1)\} < (x - x_1)\{f(x_2) - f(x_1)\}$$

oder

$$\frac{f(x) - f(x_1)}{x - x_1} < \frac{f(x_2) - f(x_1)}{x_2 - x_1}.$$

Subtrahiert man von der Ungleichung (†)

$$(x_2 - x_1) f(x_2) = (x_2 - x) f(x_2) + (x - x_1) f(x_2),$$

so findet man

$$(x_2 - x_1) \{f(x) - f(x_2)\} < (x_2 - x) \{f(x_1) - f(x_2)\}$$

oder

$$\frac{f(x_2) - f(x)}{x_2 - x} > \frac{f(x_2) - f(x_1)}{x_2 - x_1}.$$

Beide Ergebnisse lassen sich dahin zusammenfassen, daß der Differenzenquotient $\frac{f(x_2) - f(x_1)}{x_2 - x_1}$ abnimmt, wenn x_2 sich x_1 nähert, und zunimmt, wenn x_1 sich x_2 nähert. Subtrahiert man noch von der Ungleichung (†)

$$(x_2 - x_1) f(x) = (x_2 - x) f(x) + (x - x_1) f(x),$$

so gelangt man zu der Aussage

$$0 < (x_2 - x)\{f(x_1) - f(x)\} + (x - x_1)\{f(x_2) - f(x)\}$$

oder

$$\frac{f(x) - f(x_1)}{x - x_1} < \frac{f(x_2) - f(x)}{x_2 - x}. \qquad (x_1 < x < x_2)$$

Teilt man also das Intervall $x_1 \cdots x_2$ in $x_1 \cdots x$ und $x \cdots x_2$, so entspricht dem linken Teilintervall ein kleinerer Differenzenquotient als dem rechten.

Nach diesen Feststellungen läßt sich leicht zeigen, daß $f'(x)$ existiert. Wir wollen zunächst annehmen, daß h die absteigende Nullfolge $h_1, h_2, h_3, \ldots$ durchläuft. Dann ist $x < x + h_{n+1} < x + h_n$, mithin

$$\frac{f(x + h_{n+1}) - f(x)}{h_{n+1}} < \frac{f(x + h_n) - f(x)}{h_n}.$$

Hiernach bilden also die sukzessiven Werte von $\frac{f(x+h)-f(x)}{h}$ eine absteigende Folge. Ist nun $k>0$, so gehört zu dem Intervall $x-k\cdots x$ ein kleinerer Differenzenquotient als zu $x\cdots x+h$. Daher bleiben die absteigenden Werte

$$\frac{f(x+h_1)-f(x)}{h_1},\quad \frac{f(x+h_2)-f(x)}{h_2},\quad \frac{f(x+h_3)-f(x)}{h_3},\ldots$$

größer als

$$\frac{f(x)-f(x-k)}{k}.$$

Es liegt also eine beschränkte absteigende Folge vor, so daß sicher

$$\lim \frac{f(x+h_n)-f(x)}{h_n}$$

existiert. Dieser Grenzwert ist unabhängig von der besonderen Wahl der absteigenden Nullfolge $h_1, h_2, h_3, \ldots$ Nehmen wir irgendeine andere absteigende Nullfolge $H_1, H_2, H_3, \ldots$, so läßt sich in folgender Weise aus den Gliedern beider Folgen eine dritte absteigende Nullfolge herstellen: H_1^* sei das erste Glied in der Folge $H_1, H_2, H_3, \ldots$, das kleiner als h_1 ist, h_2^* das erste Glied in $h_1, h_2, h_3, \ldots$, das unterhalb H_1^* liegt, H_2^* wiederum das erste Glied in $H_1, H_2, H_3, \ldots$, das kleiner als h_2^* ist, usw. Die so entstehende absteigende Folge $h_1, H_1^*, h_2^*, H_2^*, \ldots$ baut sich aus zwei Teilfolgen von $h_1, h_2, h_3, \ldots$ und $H_1, H_2, H_3, \ldots$ auf, ist also ebenfalls eine Nullfolge. Daher strebt die Folge der Differenzenquotienten

$$\frac{f(x+h_1)-f(x)}{h_1},\ \frac{f(x+H_1^*)-f(x)}{H_1^*},\ \frac{f(x+h_2^*)-f(x)}{h_2^*},\ \frac{f(x+H_2^*)-f(x)}{H^*},\ldots$$

einem Grenzwert zu. Nach demselben Grenzwert konvergieren dann alle Teilfolgen. Mithin ist

$$\lim \frac{f(x+h_n^*)-f(x)}{h_n^*} = \lim \frac{f(x+H_n^*)-f(x)}{H_n^*},$$

also auch

$$\lim \frac{f(x+h_n)-(fx)}{h_n} = \lim \frac{f(x+H_n)-f(x)}{H_n}.$$

Wenn man nun irgendeine Nullfolge $k_1, k_2, k_3, \ldots$ mit positiven Gliedern betrachtet, so läßt sie sich durch Umordnen der Glieder in eine absteigende Folge verwandeln. Es gibt, da in jeder Umgebung der Null fast alle k_n liegen, nur endlich viele k_n, die größer als 1, nur endlich viele, die zwar nicht größer als 1, aber wenigstens größer als $\frac{1}{2}$, nur endlich viele, die nicht größer als $\frac{1}{2}$ aber größer als $\frac{1}{3}$ sind, usw. Wenn man in dieser Betrachtung fortschreitet, wird jedes k_n irgend einmal erfaßt, da es eine ganze Zahl ν gibt, die den Ungleichungen

$$\nu \leqq \frac{1}{k_n'} < \nu + 1$$

genügt, aus denen die Aussagen

$$\frac{1}{\nu + 1} < k_n \leqq \frac{1}{\nu}$$

folgen. Wenn man die endlich vielen k_n, die zu demselben ν gehören, absteigend ordnet und die so gewonnenen Gliedergruppen zu einer Folge zusammensetzt, so hat man das Gewünschte erreicht. Die Folge $k_1, k_2, k_3, \ldots$ ist durch Umordnung ihrer Glieder in eine absteigende $k_1^*, k_2^*, k_3^*, \ldots$ verwandelt. Wir wissen nun, daß

$$\lim \frac{f(x + k_n^*) - f(x)}{k_n^*}$$

existiert, und es ist uns auch bekannt, daß durch Umordnen der Glieder aus einer konvergenten Folge stets eine konvergente Folge mit demselben Grenzwert hervorgeht. Daher können wir sagen, daß bei einer konvexen Funktion der mit positivem h gebildete Differenzenquotient $\frac{f(x+h) - f(x)}{h}$ bei schwindendem h einem Grenzwert und immer demselben Grenzwert zustrebt, wie auch das positive h nach Null konvergieren mag. Dieser Grenzwert wird als die **vordere Ableitung** von $f(x)$ bezeichnet. Bei einer konvexen Funktion existiert, wie genau entsprechend gezeigt wird, stets auch die **hintere Ableitung**. Sie ist der Grenzwert des mit negativem h gebildeten Differenzenquotienten. Daß die vordere mit der hinteren Ableitung übereinstimmt, also eine Ableitung im gewöhnlichen Sinne existiert, läßt sich aus der Konvexität der Funktion nicht herausphilosophieren. Man sieht das mit einem Blick an Fig. 10, wo der stark ausgezogene Teil eine konvexe Kurve darstellt, die aus zwei Parabeln hergestellt ist. An der Stelle P stimmt die vordere mit der hinteren Ableitung nicht überein.

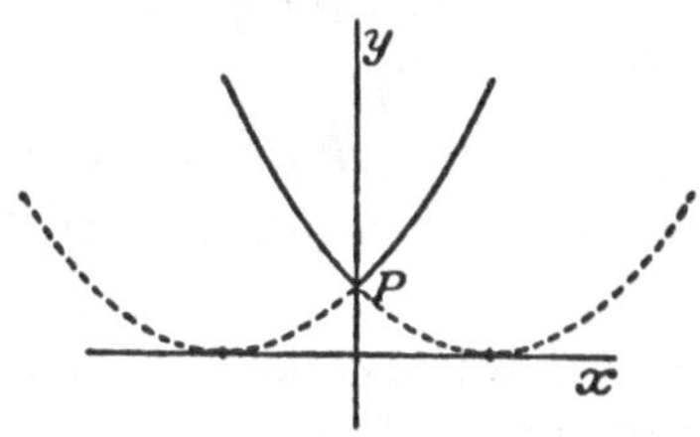

Fig. 10.

Für Leser, die es ganz genau nehmen, muß noch gesagt werden, daß die absteigende Folge, die wir aus der positiven Nullfolge $k_1, k_2, k_3, \ldots$ durch Umordnen der Glieder gewonnen haben, nicht im strengen Sinne absteigt, sondern übereinstimmende Nachbarglieder aufweisen kann. Dieser Umstand ist aber ohne Einfluß auf unsere Überlegungen. Es gilt nämlich, wie sich leicht aus der Limesdefinition entnehmen läßt, folgender Satz: Hat die Folge $u_1, u_2, u_3, \ldots$ den Grenzwert u, so gilt dasselbe von der Folge

$$\underbrace{u_1, u_1, \ldots, u_1}_{p_1\text{-mal}}, \underbrace{u_2, u_2, \ldots, u_2}_{p_2\text{-mal}}, \ldots$$

§ 5. Differentiation der elementaren Funktionen.

Wir erinnern uns an die Leibnizsche Produktregel, wonach die Ableitung eines Produkts dadurch gewonnen wird, daß man die Ableitung jedes Faktors mit allen übrigen Faktoren multipliziert und die so gewonnenen Produkte addiert. Wenn alle Faktoren gleich $f(x)$ sind, so ergibt sich

$$(1) \qquad (f^m)' = m f^{m-1} f'.$$

Ist $f(x) = x$, so wird $\dfrac{f(x+h) - f(x)}{h} = 1$ und daher auch $f'(x) = 1$. Die Ableitung der Funktion $f(x) = x$ hat also den Wert 1, was geometrisch darauf hinauskommt, daß die Gerade $y = x$, die Winkelhalbierende des ersten Quadranten, die Steigung 1 besitzt. Macht man nun in Formel (1) die Einsetzung $f(x) = x$, so ergibt sich

$$(1') \qquad (x^m)' = m x^{m-1},$$

eins der ältesten Differentiationsergebnisse. Die Ableitung von x^m ist, wie man sieht, das m-fache der vorangehenden Potenz x^{m-1}.

Auf Grund von (1′) sind wir in der Lage, jedes Polynom oder jede ganze rationale Funktion

$$P(x) = a_0 x^m + a_1 x^{m-1} + \cdots + a^{m-1} x + a_m$$

zu differenzieren, d. h. die Ableitung $P'(x)$ zu bestimmen. Zunächst kommt hier die Leibnizsche Summenregel zur Anwendung und die Bemerkung, daß man beim Differenzieren konstante Faktoren herausziehen kann und daß die Ableitung einer Konstanten wie a_m gleich Null ist. Man hat hiernach

$$P'(x) = a_0 (x^m)' + a_1 (x^{m-1})' + \cdots + a_{m-1} (x)',$$

also nach (1′)

$$(2) \qquad P'(x) = m a_0 x^{m-1} + (m-1) a_1 x^{m-2} + \cdots + a_{m-1}.$$

Auch den Quotienten aus zwei Polynomen $P(x)$ und

$$Q(x) = b_0 x^n + b_1 x^{n-1} + \cdots + b_{n-1} x + b_n$$

können wir ohne weiteres differenzieren. Nach der Leibnizschen Quotientenregel ist nämlich

$$(3) \qquad \left(\frac{P}{Q}\right)' = \frac{QP' - PQ'}{Q^2}.$$

Wir heben noch den Sonderfall

$$P(x) = ax + b, \; Q(x) = cx + d$$

hervor. Hier wird $P'(x) = a$, $Q'(x) = c$, also

$$QP' - PQ' = (cx + d)\,a - (ax + b)\,c = ad - bc,$$

mithin

$$(4) \qquad \left(\frac{ax+b}{cx+d}\right)' = \frac{ad - bc}{(cx+d)^2}.$$

Die Ableitung einer linear gebrochenen Funktion ist hiernach gleich der Determinante $ad - bc$ dividiert durch das Quadrat des Nenners. Man muß hierbei voraussetzen, daß $cx + d$ nicht verschwindet.

Ein zweiter wichtiger Sonderfall ergibt sich, wenn wir $P(x) = 1$, $Q(x) = x^m$ setzen, wobei m eine positive ganze Zahl ist. Dann wird $P'(x) = 0$, $Q'(x) = mx^{m-1}$, also

$$QP' - PQ' = -mx^{m-1}$$

und

$$(x^{-m})' = -\frac{mx^{m-1}}{x^{2m}} = -mx^{-m-1}.$$

Formel (1′) bleibt also auch für negative ganzzahlige Exponenten gültig.

Um eine kleine geometrische Anwendung zu zeigen, wollen wir die Tangentenkonstruktion der Parabel $y = \frac{x^2}{a}$ behandeln. Die Richtungskonstante $\tan\varphi$ der Tangente ist gleich der Ableitung y', also gleich $\frac{2x}{a}$ oder $\frac{2y}{x}$ oder $y : \frac{x}{2}$. Wenn man also einen Parabelpunkt mit der Mitte seiner Abszisse verbindet, erhält man die Parabeltangente in jenem Punkte (vgl. Fig. 11). Die beiden Schnittpunkte der Tangente mit den Koordinatenachsen und der Berührungspunkt bilden ein Tripel äquidistanter Punkte.

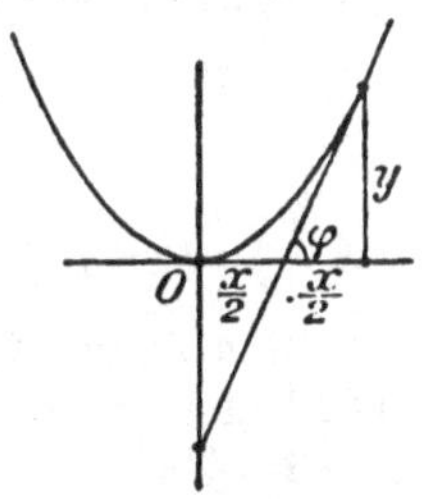

Fig. 11.

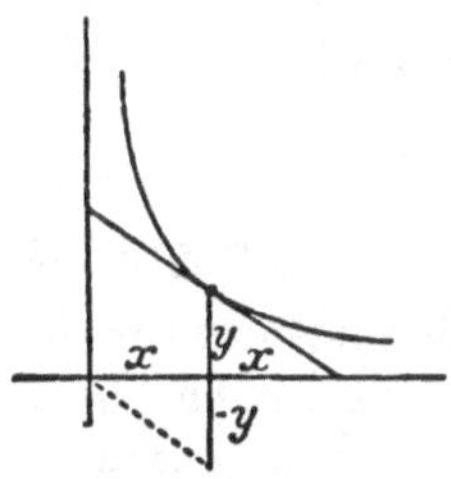

Fig. 12.

Bei der Hyperbel $y = \frac{a^2}{x}$, von der wir nur den Teil im ersten Quadranten betrachten wollen, finden wir $y' = -\frac{a^2}{x^2} = -\frac{y}{x}$. Die Hyperbeltangente ist also parallel zu der punktierten Linie in Fig. 12. Auch hier bilden die beiden Schnittpunkte der Tangente mit den Koordinatenachsen und der Berührungspunkt ein Tripel äquidistanter Punkte. Nur liegt diesmal der Berührungspunkt in der Mitte.

Wir wenden uns nun zur Exponentialfunktion a^x, wobei unter a eine positive Konstante zu verstehen ist. Der Differenzenquotient lautet

$$\frac{a^{x+h} - a^x}{h} = a^x \cdot \frac{a^h - 1}{h},$$

und es kommt, wenn man die Ableitung berechnen will, darauf an, das Verhalten von $\frac{a^h - 1}{h}$ bei hinschwindendem h zu untersuchen.

Zunächst wollen wir h in der Weise nach Null konvergieren lassen, daß es die Folge $1, \frac{1}{2}, \frac{1}{3}, \ldots$ durchläuft. Dann durchläuft $\frac{a^h-1}{h}$ die Folge

$$(5) \qquad a-1,\quad 2(a^{\frac{1}{2}}-1),\quad 3(a^{\frac{1}{3}}-1),\ldots.$$

Wir betrachten den konkreten Fall $a = 10$, der in unsern Logarithmentafeln vorliegt. Um eine Aussage über die Folge (5) zu erhalten, vergleichen wir zwei aufeinanderfolgende Glieder

$$n(a^{\frac{1}{n}}-1),\quad (n+1)(a^{\frac{1}{n+1}}-1).$$

Setzen wir

$$a^{\frac{1}{n(n+1)}} = b,$$

so wird

$$n(a^{\frac{1}{n}}-1) = n(b^{n+1}-1) = n(b-1)(1+b+\cdots+b^n),$$

dagegen

$$(n+1)(a^{\frac{1}{n+1}}-1) = (n+1)(b^n-1) = (n+1)(b-1)(1+b+\cdots+b^{n-1}).$$

Hieraus können wir schließen

$$(6) \qquad \begin{aligned} &n(a^{\frac{1}{n}}-1)-(n+1)(a^{\frac{1}{n+1}}-1)\\ &= (b-1)(nb^n-1-b-\cdots-b^{n-1}). \end{aligned}$$

Da wir $a = 10$ annehmen, ist $b > 1$. Daher sind die n Zahlen $1, b, \ldots, b^{n-1}$ kleiner als b^n, ihre Summe also kleiner als nb^n. Die Differenz (6) hat demnach einen positiven Wert, woraus hervorgeht, daß die Folge (5) absteigt.

Schreibt man

$$n(a^{\frac{1}{n}}-1) = n(a-1)\frac{a^{\frac{1}{n}}-1}{a-1} = \frac{n(a-1)}{1+a^{\frac{1}{n}}+\cdots+a^{\frac{n-1}{n}}}$$

und bedenkt, daß die n Summanden im Nenner kleiner als a, also zusammen kleiner als na sind, so ergibt sich

$$n(a^{\frac{1}{n}}-1) > \frac{a-1}{a}.$$

Die Folge (5) ist also ganz im Intervall $\frac{a-1}{a}\cdots a-1$ enthalten oder, da $a = 10$ sein soll, im Intervall $\frac{9}{10}\cdots 9$. Der Grenzwert γ, dem sie als beschränkte absteigende Folge zustrebt, kann nicht außerhalb dieses Intervalls liegen, ist also nicht kleiner als $\frac{9}{10}$. Das wollen wir festhalten.

Nun läßt sich leicht zeigen, daß $\frac{a^h - 1}{h}$ auch dann nach γ konvergiert, wenn h irgendwie anders durch positive Werte der Null zustrebt. Wir wissen, daß sich eine Nullfolge, die aus lauter positiven Gliedern besteht, stets zu einer absteigenden Folge umordnen läßt, und können uns daher auf den Fall beschränken, daß h absteigend nach Null konvergiert. Es durchlaufe dabei die Folge $h_1, h_2, h_3, \ldots$ Durch Abbau endlich vieler Glieder können wir stets erreichen, daß alle h_n kleiner als 1 sind. Wir nehmen an, daß dieser Abbau der Großen bereits durchgeführt ist. Nun sei p_n die größte ganze Zahl, die sich von $\frac{1}{h_n}$ fortnehmen läßt, so daß die Ungleichungen

$$p_n \leqq \frac{1}{h_n} < p_n + 1 \tag{7}$$

gelten. Da die Folge $h_1, h_2, h_3, \ldots$ absteigt, bilden die ganzen Zahlen $p_1, p_2, p_3, \ldots$ eine aufsteigende Folge. Jedenfalls ist $p_n \leqq p_{n+1}$. Da ferner h_n nach Null konvergiert, muß p_n gleichzeitig mit n über alle Grenzen wachsen. Daher wird $p_1, p_2, p_3, \ldots$ eine Teilfolge von $1, 2, 3, \ldots$ sein, eventuell behaftet mit gewissen Wiederholungen. Aus den Ungleichungen (7) läßt sich folgern

$$p_n\left(a^{\frac{1}{p_n+1}} - 1\right) < \frac{a^{h_n} - 1}{h_n} < (p_n + 1)\left(a^{\frac{1}{p_n}} - 1\right). \tag{8}$$

Die beiden einschließenden Größen durchlaufen, wenn $n = 1, 2, 3, \ldots$ gesetzt wird, Teilfolgen von

$$0(a^1 - 1),\ 1(a^{\frac{1}{2}} - 1),\ 2(a^{\frac{1}{3}} - 1), \ldots \tag{9}$$

und

$$2(a^1 - 1),\ 3(a^{\frac{1}{2}} - 1),\ 4(a^{\frac{1}{3}} - 1), \ldots, \tag{10}$$

wobei endliche Ruhepausen vorkommen können. Nun ist aber

$$(n-1)\left(a^{\frac{1}{n}} - 1\right) = \left(1 - \frac{1}{n}\right) \cdot n\left(a^{\frac{1}{n}} - 1\right),$$

also

$$\lim\left\{(n-1)\left(a^{\frac{1}{n}} - 1\right)\right\} = \lim\left(1 - \frac{1}{n}\right)\lim\left\{n\left(a^{\frac{1}{n}} - 1\right)\right\} = \gamma.$$

Ebenso wird

$$(n+1)\left(a^{\frac{1}{n}} - 1\right) = \left(1 + \frac{1}{n}\right) \cdot n\left(a^{\frac{1}{n}} - 1\right),$$

also

$$\lim\left\{(n+1)\left(a^{\frac{1}{n}} - 1\right)\right\} = \lim\left(1 + \frac{1}{n}\right) \cdot \lim\left\{n\left(a^{\frac{1}{n}} - 1\right)\right\} = \gamma.$$

Die Folgen (9) und (10) konvergieren somit beide nach γ. Diesem Grenzwert streben also auch die beiden Einschließungsgrößen in (8) zu. Dasselbe gilt von der eingeschlossenen Größe, und wir wissen nunmehr, daß

$$\lim \frac{a^h - 1}{h} = \gamma \tag{11}$$

ist, wenn h durch positive Werte irgendwie der Null zustrebt. Schreibt man

$$\frac{a^{-h}-1}{-h}=\frac{a^h-1}{h}:a^h,$$

so ergibt sich sofort

$$\lim\frac{a^{-h}-1}{-h}=\gamma,$$

weil $a^h=1+\frac{a^h-1}{h}\cdot h$ nach 1 konvergiert. Zusammenfassend können wir sagen, daß die Limesrelation (11) besteht, wenn h irgendwie hinschwindet, wobei es aber immer von Null verschieden bleibt.

Jetzt sind wir in der Lage, die Ableitung von a^x für den Fall $a=10$ anzugeben. Da wir den Differenzenquotienten in die Faktoren a^x und $\frac{a^h-1}{h}$ zerlegt haben und $\frac{a^h-1}{k}$ bei verschwindendem h nach γ konvergiert, so ergibt sich

$$\text{(12)}\qquad \lim\frac{a^{x+h}-a^x}{h}=\gamma a^x,$$

d. h. die Ableitung existiert und hat den Wert γa^x, wobei, wie wir uns erinnern, $\gamma=\lim n\{(a^{\frac{1}{n}}-1)\}$ und $a=10$ ist.

Wir wollen uns jetzt von der Annahme $a=10$ befreien. In der gewöhnlichen Logarithmentafel wird jede positive Zahl c als Potenz von 10 dargestellt und der Exponent ist der gemeine, d. h. gewöhnliche Logarithmus der Zahl c. Man hat also

$$c=10^{\mathrm{Log}\,c}.$$

Selbstverständlich geben die Logarithmentafeln nur Näherungswerte für die Logarithmen. Auch muß man die Lücken der Tafel durch sogenannte Interpolationsbetrachtungen ausfüllen. Es handelt sich bei diesen Tafeln um die arithmetische Wiedergabe der Funktion $y=10^x$, und da sind Näherungswerte und Lücken unvermeidlich. Wenn wir nun mit dem Logarithmus von c operieren, so können wir schreiben

$$\frac{c^h-1}{h}=\frac{10^{h\,\mathrm{Log}\,c}-1}{h\,\mathrm{Log}\,c}\cdot\mathrm{Log}\,c.$$

Konvergiert h nach Null, so tut $h\,\mathrm{Log}\,c$ dasselbe. Nach unsern Ergebnissen ist aber

$$\lim\frac{10^{h\,\mathrm{Log}\,c}-1}{h\,\mathrm{Log}\,c}=\gamma.$$

Also folgt

$$\lim\frac{c^h-1}{h}=\gamma\,\mathrm{Log}\,c$$

und daher

$$\lim \frac{c^{x+h}-c^x}{h} = \lim \left\{c^x \cdot \frac{c^h-1}{h}\right\} = c^x \gamma \operatorname{Log} c.$$

Wir ersehen hieraus, daß c^x die Ableitung $c^x \gamma \operatorname{Log} c$ besitzt, daß also

$$(13) \qquad (c^x)' = c^x \gamma \operatorname{Log} c$$

ist. Die Ableitung der Exponentialfunktion c^x unterscheidet sich von c^x um einen konstanten Faktor. Es gibt eine Basis, bei welcher dieser konstante Faktor gleich 1 ist. Diese Basis lautet $c = 10^{\frac{1}{\gamma}}$. Sie hat den Logarithmus $\frac{1}{\gamma}$, so daß $\gamma \operatorname{Log} c = 1$ wird. Man bezeichnet diese besondere Basis allgemein mit e. Sie ist durch die Gleichung

$$(14) \qquad e = 10^{\frac{1}{\gamma}}$$

bestimmt. Da γ, wie wir wissen, zwischen 9 und $\frac{9}{10}$ liegt, so fällt e zwischen $10^{\frac{1}{9}}$ und $10^{\frac{10}{9}}$, ist also jedenfalls größer als 1. Wir werden später eine bequeme Berechnungsweise für e kennenlernen.

$y = e^x$ nennt man die natürliche Exponentialfunktion und x den natürlichen Logarithmus von y, wofür man schreibt $x = \log y$ oder auch $x = \ln y$, wobei ln die Abkürzung für logarithmus naturalis sein soll. Für e^x gilt die Formel

$$(13^*) \qquad (e^x)' = e^x.$$

Die natürliche Exponentialfunktion ist also gleich ihrer Ableitung.

Die Ableitung der allgemeinen Exponentialfunktion c^x läßt sich noch auf eine einfachere Weise ausdrücken als es in Formel (13) geschehen ist. Aus Gleichung (14) folgt nämlich $e^\gamma = 10$ und weiter

$$e^{\gamma \operatorname{Log} c} = 10^{\operatorname{Log} c} = c.$$

$\gamma \operatorname{Log} c$ ist also der natürliche Logarithmus von c, so daß wir schreiben können $\gamma \operatorname{Log} c = \log c$. Es ergibt sich somit $\lim \frac{c^h-1}{h} = \log c$ und

$$(13') \qquad (c^x)' = c^x \log c.$$

Die Ableitung der Exponentialfunktion c^x entsteht also aus c^x durch Multiplikation mit dem natürlichen Logarithmus der Basis c.

Man kommt auf die Zahl e und auf die natürlichen Logarithmen bei dem Problem der Hyperbelquadratur. Es handelt sich dabei um die Aufgabe, das Flächenstück zu berechnen, welches durch die Hyperbel $y = \frac{a^2}{x}$, die x-Achse und zwei Hyperbelordinaten begrenzt wird. In Fig. 13 sieht man eine geometrische Reihe von Abszissen $x_0, x_1 = qx_0, x_2 = q^2x_0, \ldots, x_{n-1} = q^{n-1}x_0, x_n = q^n x_0 = x$ mit dem Anfangsglied x_0 und dem Endglied x.

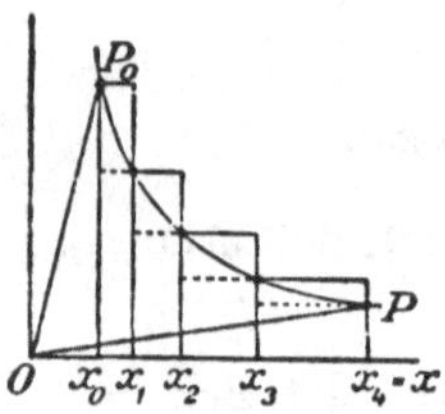

Fig. 13.

Über $x_{\nu-1} \cdots x_\nu$ stehen zwei Rechtecke. Das größere hat die Höhe $\frac{a^2}{x_{\nu-1}}$, das kleinere die Höhe $\frac{a^2}{x_\nu}$. Ihre Inhalte lauten

$$(x_\nu - x_{\nu-1})\frac{a^2}{x_{\nu-1}} = a^2(q-1)$$

und

$$(x_\nu - x_{\nu-1})\frac{a^2}{x_\nu} = \frac{a^2(q-1)}{q}.$$

Die großen Rechtecke haben, wie man sieht, alle denselben Inhalt, ebenso die kleinen. Das zu berechnende Flächenstück F ist offenbar zwischen der Summe der großen und der Summe der kleinen Rechtecke enthalten, d. h. man hat

$$\frac{a^2 n(q-1)}{q} < F < a^2(q-1).$$

Da

$$q = \left(\frac{x}{x_0}\right)^{\frac{1}{n}}$$

ist, so wird bei unendlich zunehmendem n

$$\lim q = 1, \ \lim\{n(q-1)\} = \log\left(\frac{x}{x_0}\right).$$

Man ersieht hieraus, daß die beiden einschließenden Größen nach $a^2 \log\left(\frac{x}{x_0}\right)$ hinstreben. Daher muß

$$F = a^2 \log\left(\frac{x}{x_0}\right)$$

sein. Das über $x_0 \cdots x$ stehende, oben von der Hyperbel begrenzte Flächenstück ist also gleich dem natürlichen Logarithmus des Abszissenquotienten, multipliziert mit a^2. Wenn man zu dem Hyperbelsektor OP_0P (vgl. Fig. 13) das Dreieck OxP addiert und das Dreieck Ox_0P_0 fortnimmt, so entsteht das Flächenstück F. Die beiden Dreiecke haben aber denselben Inhalt, da

$$\frac{1}{2} x_0 \cdot \frac{a^2}{x_0} = \frac{1}{2} x \cdot \frac{a^2}{x} = \frac{a^2}{2}$$

ist. Daher wird auch der Hyperbelsektor OP_0P durch $a^2 \log\left(\frac{x}{x_0}\right)$ gemessen. Wenn wir diesen Sektor mit σ bezeichnen, so besteht also die Relation

$$\sigma = a^2 \log\left(\frac{x}{x_0}\right).$$

Daraus folgt

$$x = x_0 e^{\frac{\sigma}{a^2}}, \ y = y_0 e^{-\frac{\sigma}{a^2}}. \tag{15}$$

Die zweite Gleichung kommt daher, daß $xy = x_0 y_0$ ist. Läßt man den Punkt P_0 in den Scheitel der Hyperbel rücken, so wird $x_0 = y_0 = a$, und die Parameterdarstellung (15) nimmt folgende Form an:

$$x = ae^{\frac{\sigma}{a^2}}, \quad y = ae^{-\frac{\sigma}{a^2}}.$$

Will man den ganzen im ersten Quadranten liegenden Teil erfassen, so muß man auch negative Werte von σ zulassen, d. h. man muß den Sektor OP_0P negativ rechnen, wenn P links vom Scheitel liegt.

Die Geraden $x + y = 0$, $x - y = 0$ sind die Achsen der Hyperbel und

$$\mathfrak{x} = \frac{x+y}{\sqrt{2}}, \quad \mathfrak{y} = \frac{x-y}{\sqrt{2}}$$

die Koordinaten des Punktes x, y in bezug auf diese Achsen. Die Gleichung der Hyperbel lautet in $\mathfrak{x}$, $\mathfrak{y}$

$$\mathfrak{x}^2 - \mathfrak{y}^2 = 2a^2.$$

Setzt man $a = \frac{1}{\sqrt{2}}$, so erscheint sie in der Form

$$\mathfrak{x}^2 - \mathfrak{y}^2 = 1, \tag{16}$$

und es gilt nun folgende Parameterdarstellung:

$$\mathfrak{x} = \frac{1}{2}(e^{2\sigma} + e^{-2\sigma}), \quad \mathfrak{y} = \frac{1}{2}(e^{2\sigma} - e^{-2\sigma}). \tag{17}$$

Bezeichnet man den **doppelten Hyperbelsektor** mit t, so wird

$$\mathfrak{x} = \frac{1}{2}(e^t + e^{-t}), \quad \mathfrak{y} = \frac{1}{2}(e^t - e^{-t}). \tag{17*}$$

Diese Parameterdarstellung der Hyperbel $\mathfrak{x}^2 - \mathfrak{y}^2 = 1$ ist das Analogon der Parameterdarstellung des Einheitskreises $\mathfrak{x}^2 + \mathfrak{y}^2 = 1$, die $\mathfrak{x} = \cos t$, $\mathfrak{y} = \sin t$ lautet. Dabei bedeutet t den Kreisbogen oder, was zahlenmäßig auf dasselbe hinauskommt, den **doppelten Kreissektor**. Wegen dieser Analogie nennt man $\frac{e^t + e^{-t}}{2}$ den **hyperbolischen Kosinus** und $\frac{e^t - e^{-t}}{2}$ den **hyperbolischen Sinus** von t und schreibt

$$\frac{e^t + e^{-t}}{2} = ch\,t, \quad \frac{e^t - e^{-t}}{2} = sh\,t.$$

Die natürlichen Logarithmen nennt man wegen ihrer Beziehung zur gleichseitigen Hyperbel auch **hyperbolische Logarithmen**.

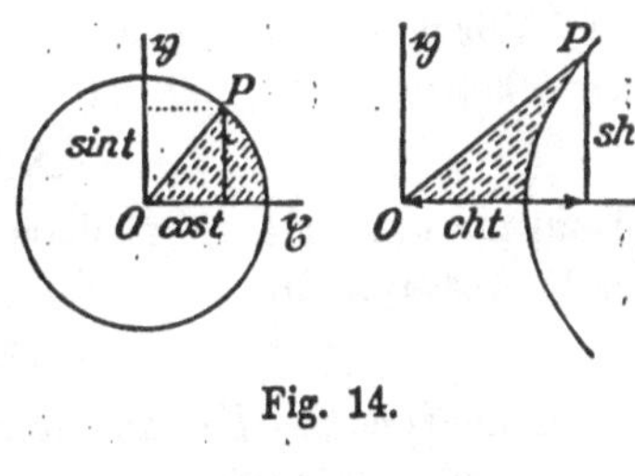

Fig. 14.

In Fig. 14 sieht man nebeneinander den Einheitskreis $\mathfrak{x}^2 + \mathfrak{y}^2 = 1$ und den rechten Teil des Einheitshyperbel. t ist beidemal der doppelte Inhalt des schraffierten Gebietes, und $\cos t$, $\sin t$ bzw. $ch\,t$, $sh\,t$ sind die Koordinaten des Punktes P, zu dem der Sektor $\frac{t}{2}$ gehört. Läge P unterhalb der $\mathfrak{x}$-Achse, so wäre der Sektor negativ zu rechnen.

$ch\,t$ und $sh\,t$ bezeichnet man als Hyperbelfunktionen und bildet aus ihnen noch

$$th\,t = \frac{sh\,t}{ch\,t}, \quad cth\,t = \frac{ch\,t}{sh\,t}.$$

Die Differentiation der Hyperbelfunktionen macht keinerlei Schwierigkeit, da wir wissen, daß $(e^t)' = e^t$ ist und, wenn $e^{-1} = c$ gesetzt wird,

$$(e^{-t})' = (c^t)' = c^t \log c = -c^t = -e^{-1}.$$

Man könnte auch sagen, daß $e^{-t} = \frac{1}{e^t}$ ist und die Ableitung von e^{-t} nach der Leibnizschen Quotientenregel berechnen. Dabei findet man

$$\left(\frac{1}{e^t}\right)' = -\frac{(e^t)'}{e^{2t}} = -\frac{1}{e^t} = -e^{-t}.$$

Hat man dies festgestellt, so ergibt sich nach den beiden ersten Leibnizschen Regeln

$$(ch\,t)' = \frac{1}{2}(e^t - e^{-t}), \quad (sh\,t)' = \frac{1}{2}(e^t + e^{-t}),$$

also

$$(18) \qquad (ch\,t)' = sh\,t, \; (sh\,t)' = ch\,t.$$

Ferner findet man

$$(th\,t)' = \left(\frac{sh\,t}{ch\,t}\right)' = \frac{(ch\,t)^2 - (sh\,t)^2}{(ch\,t)^2} = \frac{1}{(ch\,t)^2},$$

$$(cth\,t)' = \left(\frac{ch\,t}{sh\,t}\right)' = \frac{(sh\,t)^2 - (ch\,t)^2}{(sh\,t)^2} = -\frac{1}{(sh\,t)^2},$$

weil $(ch\,t)^2 - (sh\,t)^2 = 1$ ist, da der Punkt (17*) der Hyperbel $\mathfrak{x}^2 - \mathfrak{y}^2 = 1$ angehört. Man könnte auch schreiben

$$(th\,t)' = 1 - (th\,t)^2, \quad (ch\,t)' = 1 - (cth\,t)^2.$$

Wir wollen hier noch eine wichtige Eigenschaft der Hyperbelfunktionen hervorheben. Offenbar ist

$$ch\,t + sh\,t = e^t, \quad ch\,t - sh\,t = e^{-t}.$$

Wenn man unter ε die positive oder negative Einheit versteht, so kann man beide Aussagen in

$$ch\,t + \varepsilon\,sh\,t = e^{\varepsilon t}$$

zusammenziehen. Hieraus folgt nun

$$(ch\,t_1 + \varepsilon\,sh\,t_1)(ch\,t_2 + \varepsilon\,sh\,t_2) = e^{\varepsilon(t_1+t_2)}.$$

Andererseits ist aber

$$ch\,(t_1 + t_2) + \varepsilon\,sh\,(t_1 + t_2) = e^{\varepsilon(t_1+t_2)}.$$

Also folgt

$$(19) \qquad (ch\, t_1 + \varepsilon\, sh\, t_1)(ch\, t_2 + \varepsilon\, sh\, t_2) = ch\,(t_1 + t_2) + \varepsilon\, sh\,(t_1 + t_2).$$

Diese Formel ist das Analogon der Moivreschen Formel

$$(\cos t_1 + i \sin t_1)(\cos t_2 + i \sin t_2) = \cos (t_1 + t_2) + i \sin (t_1 + t_2).$$

und wird mit demselben Namen belegt. In Worten läßt sich die Eigenschaft (19) dahin ausdrücken, daß das Produkt zweier Ausdrücke von der Form $ch\, t + \varepsilon\, sh\, t$ dieselbe Form hat, und daß sich beim Multiplizieren dieser Ausdrücke die t-Werte addieren. Aus (19) ergibt sich insbesondere

$$(20) \qquad (ch\, t + \varepsilon\, sh\, t)^n = ch\, nt + \varepsilon\, sh\, nt. \qquad (n = 1, 2, 3, \ldots)$$

Z. B. ist

$$ch\, 3t + \varepsilon\, sh\, 3t = (ch\, t + \varepsilon\, sh\, t)^3$$
$$= (ch\, t)^3 + 3\varepsilon (ch\, t)^2\, sh\, t + 3\, ch\, t (sh\, t)^2 + \varepsilon (sh\, t)^3,$$

mithin

$$ch\, 3t = (ch\, t)^3 + 3\, ch\, t (sh\, t)^2,$$
$$sh\, 3t = (sh\, t)^3 + 3\, sh\, t (ch\, t)^2.$$

Ersetzt man in der ersten Formel $(sh\, t)^2$ durch $(ch\, t)^2 - 1$, in der zweiten $(ch\, t)^2$ durch $(sh\, t)^2 + 1$, so findet man

$$ch\, 3t = 4(ch\, t)^3 - 3\, ch\, t,$$
$$sh\, 3t = 4(sh\, t)^3 + 3\, sh\, t.$$

Diese Relationen spielen in der Theorie der Gleichungen dritten Grades eine Rolle. Gelingt es z. B. eine Gleichung dritten Grades auf die Form

$$(21) \qquad 4x^3 - 3x = k$$

oder

$$(21') \qquad 4x^3 + 3x = k$$

zu bringen ($k > 0$), so braucht man nur mittels einer Tafel der Hyperbelfunktionen (z. B. der Tafel von Hayashi) die Gleichung $ch\, 3t = k$ oder $sh\, 3t = k$ zu lösen und weiß dann sofort, daß (21) durch $x = ch\, t$ und (21') durch $x = sh\, t$ befriedigt wird.

Wir wenden uns nunmehr zur Differentiation der trigonometrischen Funktionen. Der Differenzenquotient von $\sin x$ lautet

$$\frac{\sin(x+h) - \sin x}{h} = \cos x \cdot \frac{\sin h}{h} - \sin x \cdot \frac{1 - \cos h}{h}.$$

Dabei haben wir uns auf die Formel

$$\sin (x + h) = \sin x \cos h + \cos x \sin h$$

gestützt. Es muß nun untersucht werden, wie sich die Größen $\frac{\sin h}{h}$ und $\frac{1 - \cos h}{h}$ bei hinschwindendem h verhalten. $\frac{\sin h}{h}$ bleibt ungeändert, wenn man h durch $-h$ ersetzt. Daher genügt es, h durch positive Werte nach Null konvergieren zu lassen. Wenn wir h als einen doppelten Kreissektor ansehen (vgl. Fig. 15), so ist dieser zwischen den doppelten Dreiecken OAP und OAT enthalten. Beide haben die Basis 1. Die Höhe des ersten lautet $\sin h$, die des zweiten $\tan h$. Man hat daher die Ungleichungen

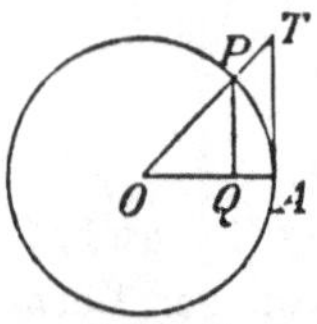

Fig. 15.

$$\sin h < h < \tan h$$

oder

$$\cos h < \frac{\sin h}{h} < 1.$$

h ist zugleich der Bogen AP, also jedenfalls größer als die Sehne AP und erst recht größer als QA, der Unterschied zwischen 1 und $\cos h$. Wenn h hinschwindet, konvergiert danach $1 - \cos h$ nach Null, d. h. $\cos h$ nach 1, mithin auch $\frac{\sin h}{h}$ nach 1. Aus Fig. 15 ist ferner zu entnehmen $PA^2 = 2\,OA \cdot QA = 2\,(1 - \cos h)$, also $1 - \cos h < \frac{1}{2} h^2$ und daher

$$0 < \frac{1 - \cos h}{h} < \tfrac{1}{2} h .$$

Hieraus folgt, daß $\frac{1 - \cos h}{h}$ gleichzeitig mit h der Null zustrebt. Dies gilt auch, wenn h durch negative Werte nach Null konvergiert.

Nachdem wir nun wissen, daß bei hinschwindendem h

$$\lim \frac{\sin h}{h} = 1, \quad \lim \frac{1 - \cos h}{h} = 0$$

wird, können wir schließen

$$\lim \frac{\sin (x + h) - \sin x}{h} = \cos x ,$$

d. h. es ist

$$(22) \qquad (\sin x)' = \cos x .$$

$\sin x$ hat also die Ableitung $\cos x$.

Der Differenzenquotient von $\cos x$ lautet

$$\frac{\cos (x + h) - \cos x}{h} = - \sin x \cdot \frac{\sin h}{h} - \cos x \cdot \frac{1 - \cos h}{h}.$$

Bei hinschwindendem h wird daher

$$\lim \frac{\cos (x + h) - \cos x}{h} = - \sin x ,$$

d. h. es ist

$$(23) \qquad (\cos x)' = - \sin x .$$

Nun folgt weiter

$$(\tan x)' = \left(\frac{\sin x}{\cos x}\right)' = \frac{\cos x\,(\sin x)' - \sin x\,(\cos x)'}{\cos^2 x}$$

$$= \frac{\cos^2 x + \sin^2 x}{\cos^2 x} = \frac{1}{\cos^2 x},$$

ebenso

$$(\cot x)' = \left(\frac{\cos x}{\sin x}\right)' = \frac{\sin x(\cos x)' - \cos x\,(\sin x)'}{\sin^2 x}$$

$$= -\frac{\sin^2 x + \cos^2 x}{\sin^2 x} = -\frac{1}{\sin^2 x}.$$

Es ist also

$$(24) \qquad (\tan x)' = 1 + \tan^2 x = \frac{1}{\cos^2 x}$$

und

$$(25) \qquad (\cot x)' = -1 - \cot^2 x = -\frac{1}{\sin^2 x}.$$

§ 6. Der Leibnizsche Fundamentalsatz.

Wir erinnern an die Grundtatsache, daß die Ableitung $f'(x)$ der Grenzwert des Differenzenquotienten $\frac{f(x+h)-f(x)}{h}$ bei hinschwindendem h ist. Setzt man

$$\frac{f(x+h)-f(x)}{h} = f'(x) + \alpha,$$

so ist α ein Schicksalsgenosse von h, insofern es gleichzeitig mit h den Limestod erleidet. Setzt man in der üblichen Weise

$$\Delta f(x) = f(x+h) - f(x),$$

so kann man schreiben

$$(1) \qquad \Delta f(x) = f'(x)\,h + \alpha h.$$

Leibniz bezeichnet, wie wir wissen, $f'(x)\,h$ als das Differential von $f(x)$ und schreibt dafür $df(x)$, so daß Gleichung (1) die Form annimmt

$$(1') \qquad \Delta f(x) = df(x) + \alpha h.$$

Das ist die Beziehung zwischen Differenz und Differential. Beide unterscheiden sich um αh, also um eine Größe, die sich aus h durch Anfügen eines hinschwindenden Faktors ergibt und, wie man sagt, stärker nach Null konvergiert als h selbst.

Wir wollen nun eine Funktion $F(u)$ betrachten und annehmen, daß u selbst eine Funktion von x ist, $u = f(x)$. Ändert sich x um h, so erhält u den Zuwachs $\Delta u = f(x+h) - f(x)$ und $F(u)$ den Zuwachs $\Delta F(u) = F(u + \Delta u) - F(u)$. Wenn nun die Ableitungen $F'(u)$ und $f'(x)$ existieren, so gelten nach der Grundformel (1) folgende Beziehungen:

$$\Delta F(u) = F'(u)\Delta u + \beta\Delta u,$$
$$\Delta u = f'(x)\,h + \alpha h.$$

Konvergiert h nach Null, so teilen α, Δu und β dieses Schicksal. Aus den obigen Aussagen folgt aber durch Einsetzen des Ausdruckes Δu

$$\Delta F(u) = F'(u)\,f'(x)\,h + \{\alpha F'(u) + \beta f'(x) + \alpha\beta\}\,h$$

oder

$$\Delta F(u) = F'(u)\,f'(x)\,h + \gamma h, \tag{2}$$

wobei

$$\gamma = \alpha F'(u) + \beta f'(x) + \alpha\beta$$

offenbar ebenso wie α und β zusammen mit h der Null zustrebt. Aus (2) ersieht man nun, daß $F(u)$ oder $F(f(x))$ als Funktion von x das Differential

$$dF(u) = F'(u)\,f'(x)\,h \tag{3}$$

hat. Andererseits ist aber $df(x) = f'(x)\,h$. Wir können also statt (3) auch schreiben

$$dF(u) = F'(u)\,du. \tag{3'}$$

Diese Formel hat die bemerkenswerte Eigenschaft, daß sie nichts von $f(x)$ enthält. Wie auch u von x abhängen mag, immer ist das Differential von $F(u) = F(f(x))$ gleich $F'(u)\,du$. Es ist an keine besondere Wahl der unabhängigen Veränderlichen gebunden. Diese Einsicht hat zuerst Leibniz gewonnen, und damit ist er zweifellos tiefer in das Wesen der Differentialrechnung eingedrungen als selbst Newton. Man bezeichnet die in (3') enthaltene Wahrheit als den Leibnizschen Fundamentalsatz.

Wenn nicht gerade $f'(x) = 0$, also $du = 0$ ist, können wir aus (3') folgern

$$F'(u) = \frac{dF(u)}{du}$$

oder, wenn wir $w = F(u)$ setzen,

$$F'(u) = \frac{dw}{du}.$$

Die Ableitung von $w = F(u)$ nach u ist, wie man sieht, der Quotient aus den beiden Differentialen dw und du, also ein Differentialquotient.

Das Differential der Funktion $f(x) = x$, also der unabhängigen Veränderlichen, ist, weil hier $f'(x) = 1$ wird, offenbar gleich h. Man hat daher $dx = h$. Das Grundinkrement h, mit dem wir immer operierten, ist also das Differential der unabhängigen Veränderlichen.

Wenn man es vorzieht, mit Ableitungen statt mit Differentialen zu operieren, wird man Formel (3) vor (3') den Vorzug geben. Schreibt man die Ableitungen als Differentialquotienten, so erscheint (3) in folgender Gestalt:

$$\frac{dw}{dx} = \frac{dw}{du}\cdot\frac{du}{dx}. \tag{3*}$$

Die Ableitung von w noch x ist hiernach gleich der Ableitung von w nach u mal der Ableitung von u nach x. Man nennt diese Differentiationsvorschrift die Kettenregel. Sie gilt auch für Ketten mit noch mehr Gliedern. Jedes Glied ist eine Funktion des folgenden. Das Produkt der Ableitungen aller dieser Funktionen gibt die Ableitung des ersten Gliedes nach dem letzten.

Bevor wir einige Beispiele zur Kettenregel oder, was dasselbe bedeutet, zum Leibnizschen Fundamentalsatz geben, wollen wir einen Sonderfall behandeln. Wenn y eine Funktion von x ist, so läßt sich gewöhnlich auch umgekehrt x als Funktion von y betrachten. Nun fassen wir folgende Kette ins Auge: x eine Funktion von y und y eine Funktion von x, also eine Kette, deren Anfangsglied mit dem Endglied zusammenfällt, d. h. eine geschlossene Kette. Hier ist die Ableitung des Anfangsgliedes nach dem Endglied offenbar gleich 1, also nach der Kettenregel

$$\frac{dx}{dy} \cdot \frac{dy}{dx} = 1.$$

Die Ableitung von x nach y und die Ableitung von y nach x geben somit das Produkt 1. Wenn die Ableitung $\frac{dy}{dx}$ existiert und von Null verschieden ist, läßt sich die Existenz der Ableitung $\frac{dx}{dy}$ leicht direkt nachweisen und ihr Wert berechnen. Setzen wir $y = \varphi(x)$ und $x = \varphi(y)$, so ist

$$\Delta y = \{\varphi'(x) + \alpha\} \Delta x,$$

wobei α gleichzeitig mit Δx nach Null konvergiert. Durchläuft Δx eine Nullfolge, so wird, da wir $\varphi'(x) \neq 0$ voraussetzen, schließlich $\varphi'(x) + \alpha \neq 0$ sein. Dann können wir aber schreiben

$$\frac{\Delta x}{\Delta y} = \frac{1}{\varphi'(x) + \alpha},$$

woraus folgt

$$\lim \frac{\Delta x}{\Delta y} = \frac{1}{\varphi'(x)}.$$

Nehmen wir z. B. $x = e^y$, also $y = \log x$, so ergibt sich

$$\frac{d \log x}{dx} = 1 : \frac{de^y}{dy},$$

also

$$\frac{d \log x}{dx} = \frac{1}{x}. \tag{4}$$

Setzen wir $x = \sin y$, also $y = \operatorname{arc} \sin x$, so wird

$$\frac{d \operatorname{arc} \sin x}{dx} = 1 : \frac{d \sin y}{dy} = \frac{1}{\cos(\operatorname{arc} \sin x)} = \frac{1}{\sqrt{1 - x^2}}.$$

Setzen wir $x = \cos y$, also $y = \operatorname{arc} \cos x$, so finden wir

$$\frac{d \operatorname{arc} \cos x}{dx} = 1 : \frac{d \cos y}{dy} = -\frac{1}{\sin (\operatorname{arc} \cos x)} = -\frac{1}{\sqrt{1 - x^2}}.$$

Ebenso ergibt sich im Falle $x = \tan y$, also $y = \operatorname{arc} \tan x$,

$$\frac{d \operatorname{arc} \tan x}{dx} = 1 : \frac{d \tan y}{dy} = 1 : (1 + \tan^2 y) = \frac{1}{1 + x^2},$$

im Falle $x = \cot y$, also $y = \operatorname{arc} \cot x$,

$$\frac{d \operatorname{arc} \cot x}{dx} = 1 : \frac{d \cot y}{dy} = (-1) : (1 + \cot^2 y) = -\frac{1}{1 + x^2}.$$

Auch die Hyperbelfunktionen lassen sich umkehren. Ist z. B. $x = chy$, also x die dem doppelten Hyperbelsektor y entsprechende Abszisse, so schreibt man, weil dieser doppelte Hyperbelsektor eine Fläche, eine a r e a ist, $y = \operatorname{ar} chx$. Man hat alsdann

$$\frac{d \operatorname{ar} chx}{dx} = 1 : \frac{d\, chy}{dy} = 1 : shy = \frac{1}{\sqrt{x^2 - 1}}.$$

Ebenso pflegt man im Falle $x = shy$ zu schreiben $y = \operatorname{ar} shx$ und erhält dann

$$\frac{d \operatorname{ar} shx}{dx} = 1 : \frac{d\, shy}{dy} = 1 : chy = \frac{1}{\sqrt{x^2 + 1}}.$$

Damit haben wir den Schatz unserer Differentiationsergebnisse wesentlich vermehrt.

Unter Benutzung der Kettenregel können wir jetzt alle Funktionen, die sich durch Hintereinanderschalten schon differenzierter Funktionen ergeben, gleichfalls differenzieren.

Wenn $x > 0$ ist, so läßt sich x in der Form $e^{\log x}$ darstellen. Nun wollen wir vereinbaren, daß $x^p = e^{p \log x}$ sein soll, welchen Wert auch der Exponent p haben mag. Nach dieser Definition ist z. B. $x^{\frac{1}{2}} = e^{\frac{1}{2} \log x}$. Man überzeugt sich leicht, daß im Falle eines ganzzahligen p kein Widerspruch mit der gewöhnlichen Erklärung von x^p entsteht. Nach dem Leibnizschen Fundamentalsatz ist

$$d(x^p) = d e^{p \log x} = e^{p \log x}\, d(p \log x),$$

weil das Differential von e^u stets $e^u du$ lautet. Ferner hat man nach (4)

$$d(p \log x) = \frac{p\, dx}{x}.$$

Es ergibt sich also

$$d(x^p) = p x^{p-1}\, dx. \tag{5}$$

Das ist dieselbe Formel, die bei ganzzahligem p gilt.

Als zweites Beispiel behandeln wir $\log f(x)$, wobei $f(x) > 0$ vorauszusetzen ist. Wir finden nach dem Leibnizschen Fundamentalsatz

$$d \log f(x) = \frac{d f(x)}{f(x)} = \frac{f'(x)}{f(x)}\, dx. \tag{6}$$

Die Ableitung von $\log f(x)$ lautet also $f'(x) : f(x)$. Es rechtfertigt sich hiermit eine Benennung, die wir schon bei der Leibnizschen Produktregel angewandt haben. Ist insbesondere $f(x) = x + \sqrt{1 + x^2}$, so wird

$$df(x) = dx + d(1 + x^2)^{\frac{1}{2}}.$$

Nach (5) hat man

$$d(1 + x^2)^{\frac{1}{2}} = \frac{1}{2}(1 + x^2)^{-\frac{1}{2}}\, d(1 + x^2) = x(1 + x^2)^{-\frac{1}{2}}\, dx,$$

mithin

$$df(x) = dx + \frac{x\,dx}{\sqrt{1 + x^2}} = \frac{f(x)\,dx}{\sqrt{1 + x^2}},$$

also schließlich

$$(7) \qquad d \log (x + \sqrt{1 + x^2}) = \frac{dx}{\sqrt{1 + x^2}}.$$

Einfacher ergibt sich diese Formel auf folgendem Wege: Man setzt $x = sh\,u$. Dann wird auf Grund der Relation $ch^2 u - sh^2 u = 1$ zugleich $\sqrt{1 + x^2} = ch\,u$ und $x + \sqrt{1 + x^2} = ch\,u + sh\,u = e^u$, also $\log (x + \sqrt{1 + x^2}) = u$. Es handelt sich somit um das Differential du oder $d\,ar\,sh\,x$. Daß dieses gleich $\frac{dx}{\sqrt{1 + x^2}}$ ist, wissen wir bereits.

§ 7. Der Mittelwertsatz.

Wir wissen, daß der Differenzenquotient $\frac{f(x + h) - f(x)}{h}$ bei hinschwindendem h nach der Ableitung $f'(x)$ hinstrebt, falls diese existiert. Der Mittelwertsatz, den wir jetzt kennenlernen werden, stellt eine andere Beziehung zwischen Differenzenquotient und Ableitung her, ohne daß h nach Null konvergiert. Bei der kinematischen Deutung bezeichneten wir den Differenzenquotienten als mittelbare Geschwindigkeit im Zeitintervall $x \cdots x + h$. Der Mittelwertsatz besagt, daß unter gewissen Voraussetzungen diese mittlere Geschwindigkeit in einem gewissen Zeitpunkt zwischen x und $x + h$ mit der Geschwindigkeit des bewegten Punktes zusammenfällt. Ist ξ dieser Zeitpunkt, so hat in ihm der bewegte Punkt die Geschwindigkeit $f'(\xi)$. Der Mittelwertsatz behauptet, daß die Gleichung

$$\frac{f(x + h) - f(x)}{h} = f'(\xi)$$

stattfindet, wenn man ξ in passender Weise zwischen x und $x + h$ wählt. Das werden wir jetzt mit etwas anderen Bezeichnungen beweisen. Zunächst sind einige Vorbetrachtungen zu erledigen.

$f(x)$ sei in dem Intervall $a \cdots b$ einschließlich der Grenzen **stetig**. Wenn also $\lim x_n = x_0$ ist und $x_1, x_2, x_3, \ldots$ alle dem Intervall $a \cdots b$ angehören, so soll stets die Limesbeziehung $\lim f(x_n) = f(x_0)$ gelten. Das ist, wie wir wissen, der Sinn der Stetigkeit. Sagen wir, daß $f(x)$ in $a \cdots b$ einschließlich der Grenzen stetig sein soll, so meinen wir damit, daß x_0 auch mit a oder mit b zusammenfallen darf. Betrachtet man also im Intervall $a \cdots b$ irgendeine Folge, die nach a oder nach b konvergiert, so streben die entsprechenden $f(x)$ stets dem Grenzwert $f(a)$ bzw. $f(b)$ zu.

Wenn $f(x)$ in dem geschlossenen Intervall $a \cdots b$ stetig ist, wobei das Beiwort „geschlossen" die Einbeziehung der Grenzen a und b bedeutet, so gibt es unter den Funktionswerten $f(x)$, die in diesem geschlossenen Intervall auftreten, einen größten und einen kleinsten. Das ist der berühmte Weierstraßsche Satz vom Maximum und Minimum. Weierstraß war der erste, der es für erforderlich erklärte, den Satz besonders zu beweisen. Früher begnügte man sich mit dem Gefühl, daß der Satz richtig sein müsse. Bedenkt man aber, daß es sich hier um einen kleinsten und größten Wert unter unendlich vielen handelt, so erkennt man, daß diese gefühlsmäßige Sicherheit auf schwachen Füßen steht. Unter unendlich vielen Werten braucht es in der Tat keinen größten und kleinsten zu geben. Man betrachte z. B. alle Brüche von der Form $\frac{1}{n}$ und $\frac{n-1}{n}$, also die Brüche $\frac{1}{2}, \frac{1}{3}, \frac{2}{3}, \frac{1}{4}, \frac{3}{4}, \frac{1}{5}, \frac{4}{5}, \ldots$ Da kann man offenbar von keinem dieser Brüche sagen, er sei kleiner oder größer als alle anderen.

Um nun den Weierstraßschen Satz zu beweisen, werden wir zunächst folgende Redeweise einführen: Ein in $a \cdots b$ enthaltenes Intervall $\alpha \cdots \beta$ wollen wir ein ausgezeichnetes Teilintervall nennen, wenn darin mindestens ebenso große Funktionswerte $f(x)$ auftreten, wie in $a \cdots b$, so daß es in $a \cdots b$ keinen Funktionswert gibt, der alle Funktionswerte in $\alpha \cdots \beta$ im strengen Sinne übertrifft. Zerlegt man nun $a \cdots b$ in die beiden Hälften $a \cdots \frac{a+b}{2}$ und $\frac{a+b}{2} \cdots b$, so ist wenigstens eine von ihnen ein ausgezeichnetes Teilintervall von $a \cdots b$. Wäre dies nicht der Fall, so gäbe es in $a \cdots b$ zwei Stellen x_1 und x_2, so daß für $a \leqq x \leqq \frac{a+b}{2}$

$$f(x) < f(x_1)$$

wäre und für $\frac{a+b}{2} \leqq x \leqq b$

$$f(x) < f(x_2).$$

Einer der beiden Werte $f(x_1)$ und $f(x_2)$ würde dann alle $f(x)$ im ganzen Intervall $a \cdots b$ übertreffen, was offenbar ein Widerspruch ist, da er doch sich selbst nicht übertreffen kann. So gibt es also in $a \cdots b$ eine ausgezeichnete Hälfte $a_1, \cdots b_1$, ebenso in $a_1 \cdots b_1$ eine ausgezeichnete Hälfte $a_2 \cdots b_2$ usw. Nun sind $a, a_1, a_2, \ldots$ und $b, b_1, b_2, \ldots$ als beschränkte monotone Folgen konvergent. Bedenkt man, daß $b_n - a_n = \frac{b-a}{2^n}$, also $\lim (b_n - a_n) = 0$ ist, so erkennt man, daß beide denselben Grenzwert c haben. Der zugehörige Funktionswert $f(c)$ erweist sich als größter im ganzen Intervall $a \cdots b$, d. h. es gibt in $a \cdots b$ keinen Funktionswert $f(x)$, der ihn übertrifft. Wird nämlich irgendein Funktionswert $f(x_0)$ aus $a \cdots b$ herausgegriffen, so kann man folgende Überlegung anstellen: Da $a_1 \cdots b_1$ ein ausgezeichnetes Teilintervall von $a \cdots b$ ist, so gibt es in $a_1 \cdots b_1$ mindestens ebenso große $f(x)$-Werte als in $a \cdots b$. Insbesondere wird also eine Stelle x_1 in $a_1 \cdots b_1$ vorhanden sein, so daß die Ungleichung $f(x_1) \geqq f(x_0)$ stattfindet. Nun ist aber $a_2 \cdots b_2$ ein ausgezeichnetes Teilintervall von $a_1 \cdots b_1$. Daher muß es in $a_2 \cdots b_2$ eine Stelle x_2 geben, so daß die Ungleichung $f(x_2) \geqq f(x_1)$ gilt. So kann man fortfahren und erhält dabei eine Folge $x_0, x_1, x_2, \ldots$, deren allgemeines Glied x_n in $a_n \cdots b_n$ enthalten ist, während die zugehörigen Funktionswerte $f(x_0)$, $f(x_1)$, $f(x_2), \ldots$ die Ungleichungen $f(x_0) \leqq f(x_1) \leqq f(x_2) \leqq \cdots$ erfüllen. Da nun x_n gleichzeitig mit den einschließenden Größen a_n, b_n nach c konvergiert, so ist wegen der Stetigkeit $\lim f(x_n) = f(c)$. Andererseits folgt aus $f(x_n) \geqq f(x_0)$ beim Grenzübergang $\lim f(x_n) \geqq f(x_0)$, so daß sich $f(c) \geqq f(x_0)$ ergibt. Damit ist der Weierstraßsche Satz bewiesen. Um auch den Fall des Minimums zu erledigen, genügt die Bemerkung, daß ein Minimum von $f(x)$ offenbar ein Maximum von $-f(x)$ ist.

Wenn man die Voraussetzung der Stetigkeit fallen läßt, so bleibt der Anfang der obigen Überlegungen bestehen. Es gibt in $a \cdots b$ eine ausgezeichnete Hälfte $a_1, \cdots b_1$, in $a_1 \cdots b_1$ eine ausgezeichnete Hälfte $a_2 \cdots b_2$ usw. und einen Punkt c, auf den das Intervall $a_n \cdots b_n$ bei unendlich zunehmendem n zusammenschrumpft. Ist dann x_0 irgendein Punkt in $a \cdots b$, so lassen sich in $a_1 \cdots b_1$, $a_2 \cdots b_2$ usw. die Stellen $x_1, x_2, \ldots$ derart wählen, daß die Ungleichungen $f(x_0) \leqq f(x_1) \leqq f(x_2) \leqq \cdots$ stattfinden. In jeder noch so kleinen Umgebung von c treten also Funktionswerte auf, die mindestens ebenso groß sind wie $f(x_0)$, d. h. wie irgendein Funktionswert aus $a \cdots b$. Jede noch so kleine Umgebung von c ist, wie man sieht, ein ausgezeichnetes Teilintervall von $a \cdots b$. Sollte c mit a oder b zusammenfallen, so hat man von einer Umgebung des Punktes c nur den in $a \cdots b$ enthaltenen Teil zu betrachten.

Jetzt können wir bereits einen wichtigen Sonderfall des Mittelwertsatzes beweisen, den man das Theorem von Rolle nennt. $f(x)$ sei in dem geschlossenen Intervall $a \cdots b$ stetig und an beiden Intervallgrenzen gleich Null. Außerdem möge im Innern des Intervalles, also zwischen a und b, überall die Ableitung $f'(x)$ existieren. Es gibt nach dem Weierstraßschen Satze unter den Funktionswerten $f(x)$ einen kleinsten $f(\xi_1)$ und einen größten $f(\xi_2)$. Würden ξ_1, ξ_2 beide an den Grenzen des Intervalles liegen, so wäre, da $f(a) = f(b) = 0$ ist, sowohl der kleinste als auch der größte Funktionswert gleich Null, also $f(x)$ im ganzen Intervall gleich Null. Von diesem Sonderfall sehen wir vorläufig ab, nehmen also an, daß der größte oder der kleinste Funktionswert im Innern des Intervalls auftritt. Nennen wir die betreffende Stelle ξ, so haben die Quotienten

$$\frac{f(\xi+h)-f(\xi)}{h}, \quad \frac{f(\xi-h)-f(\xi)}{-h}$$

entgegengesetzte Zeichen. Genauer gesagt ist einer von ihnen größer oder gleich Null, der andere kleiner oder gleich Null. Da sie beide bei hinschwindendem h demselben Grenzwert $f'(\xi)$ zustreben, so kann dieser Grenzwert weder positiv noch negativ sein und muß daher verschwinden. Damit haben wir das Theorem von Rolle bewiesen, das sich kurz so formulieren läßt: Zwischen zwei Nullstellen einer stetigen Funktion liegt stets eine Nullstelle ihrer Ableitung, falls diese existiert.

Nun ist es nur ein kleiner Schritt bis zum Mittelwertsatz. Wenn $f(x)$ im geschlossenen Intervall $a \cdots b$ stetig und zwischen a und b überall differenzierbar ist, so gilt dasselbe von $F(x) = f(x) - Ax - B$. Man kann ferner die Konstanten A und B so wählen, daß die neue Funktion $F(x)$ an den Intervallgrenzen verschwindet, daß also $F(a) = F(b) = 0$ ist oder ausführlich geschrieben

$$f(a) - Aa - B = 0,$$
$$f(b) - Ab - B = 0.$$

Aus diesen Gleichungen entnimmt man

$$A = \frac{f(b)-f(a)}{b-a}$$

und kann, da $B = f(a) - Aa$ ist, schreiben

$$F(x) = f(x) - f(a) - A(x-a)$$

oder

$$F(x) = f(x) - f(a) - (x-a)\,\frac{f(b)-f(a)}{b-a}.$$

Nun gibt es nach dem Rolleschen Theorem zwischen a und b eine Stelle ξ, wo die Ableitung

$$F'(x) = f'(x) - \frac{f(b)-f(a)}{b-a}$$

verschwindet, so daß die Gleichung

$$\frac{f(b)-f(a)}{b-a} = f'(\xi) \tag{1}$$

gilt. Da der Differenzenquotient die Richtungskonstante der Sehne darstellt und die Ableitung die der Tangente, so besagt Formel (1), daß es auf dem über $a \cdot\cdot b$ liegenden Kurvenbogen einen Punkt gibt, wo die Tangente zur Sehne des Bogens parallel ist. So läßt sich der Mittelwertsatz geometrisch ausdrücken. Man könnte auch sagen, daß der Differenzenquotient zu den Werten gehört, welche die Ableitung zwischen a und b annimmt.

Wenn man eine der beiden Intervallgrenzen a, b mit x, die andere mit $x+h$ bezeichnet, so kann man die Zwischengröße ξ in der Form $x + \vartheta h$ darstellen, wobei ϑ zwischen 0 und 1 liegt. Dann nimmt (1) folgende Gestalt an:

$$\frac{f(x+h)-f(x)}{h} = f'(x+\vartheta h). \tag{1'}$$

Hier kann h positiv oder negativ sein.

Eine äußerst wichtige Folgerung, die man aus dem Mittelwertsatz ziehen kann, betrifft den Fall einer durchweg verschwindenden Ableitung. Wenn eine Funktion in irgendeinem Intervall überall die Ableitung Null hat, so ist sie schon wegen der Existenz der Ableitung auch stetig. Greift man also irgend zwei Werte x und $x+h$ aus dem Innern des Intervalls heraus, so ist nach (1'), weil die rechte Seite verschwindet, $f(x+h)-f(x)=0$, d. h. die Funktion hat überall denselben Wert, sie ist eine Konstante.

Weiter kann man folgenden Schluß ziehen: Wenn zwei Funktionen $f(x)$ und $g(x)$ dieselbe Ableitung haben, so unterscheiden sie sich um einen konstanten Betrag. $f(x)-g(x)$ hat nämlich die Ableitung Null, ist also eine Konstante. Diese Feststellung ist von außerordentlicher Wichtigkeit. Sie zeigt, daß eine Funktion, deren Ableitung man kennt, durch diese Ableitung bis auf eine additive Konstante C bestimmt ist. Hat man z. B. $f'(x)=\varphi(x)$, so wird auch $\{f(x)+C\}'=\varphi(x)$, diese Funktionen $f(x)+C$ sind aber die einzigen, deren Ableitung $\varphi(x)$ lautet. Man nennt sie die Stammfunktionen oder Integrale von $\varphi(x)$.

Eine weitere wichtige Anwendung des Mittelwertsatzes ergibt sich, wenn in irgendeinem Intervall die Ableitung $f'(x)$ ein festes Zeichen hat. Ist die Ableitung durchweg positiv, so wächst $f(x)$ bei zunehmendem x. Man sieht es daraus, daß nach Formel (1') in diesem Falle $f(x+h)-f(x)$ dasselbe Zeichen hat wie h. Ebenso ergibt sich, daß $f(x)$ bei wachsendem x abnimmt, falls die Ableitung durchweg negativ ist. Man kann also, wenn man auf das Zeichen der Ableitung achtet, erkennen, wo $f(x)$ zunimmt oder abnimmt, also die Bildkurve der Funktion steigt oder fällt. Dabei müßte man noch hinzufügen „bei wachsendem x". Wenn man diese Untersuchung über das Steigen und Fallen durchführt, ergeben sich ganz von selbst die Stellen, wo ein Übergang vom Steigen zum Fallen oder vom Fallen zum Steigen stattfindet, die Funktion also ihren Änderungssinn umkehrt, retrograd wird.

Mit den hier gewonnenen einfachen Hilfsmitteln lassen sich verschiedene hübsche Aufgaben lösen, wofür wir einige Beispiele geben wollen.

Aus einem quadratischen Kartonstück von der Seite a soll eine Schachtel hergestellt werden, und zwar dadurch, daß man an den Ecken vier gleiche Quadrate fortnimmt und die überragenden Rechtecke 1, 2, 3, 4 heraufbiegt (vgl. Fig. 16). Die Basis der Schachtel hat den Flächeninhalt $(a-2x)^2$. Die Höhe der Schachtel ist x, so daß das Volumen $f(x)$ gleich

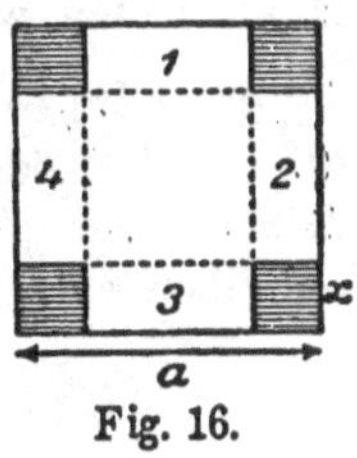

Fig. 16.

$$(a-2x)^2 x$$

sein wird. Welchen Gang hat diese Funktion bei wachsendem x? Um das zu erkennen, bilden wir die Ableitung und finden nach der Produktregel

$$f'(x) = 2x(a-2x)(a-2x)' + (a-2x)^2,$$

also

$$f'(x) = -4x(a-2x) + (a-2x)^2 = (a-2x)(a-6x).$$

Lassen wir nun x von Null an zunehmen, so ist die Ableitung $f'(x)$ positiv, solange x kleiner bleibt als $\frac{a}{6}$. Hat x diesen Wert überschritten, so wird der Faktor $a-6x$ negativ. Dagegen bleibt $a-2x$ positiv, weil x nicht größer als $\frac{a}{2}$ werden kann. Jedenfalls wird also nach Überschreitung der Stelle $\frac{a}{6}$ die Ableitung $f'(x)$ negativ sein. Von $x=0$ bis $x=\frac{a}{6}$ wächst also $f(x)$, und zwar beginnt es mit $f(0)=0$ und endigt bei $f\left(\frac{a}{6}\right)=\frac{2a^3}{27}$. Von $x=\frac{a}{6}$ bis $x=\frac{a}{2}$ nimmt $f(x)$ wieder ab, und zwar zu $f\left(\frac{a}{2}\right)=0$. Man kann aus diesen Feststellungen entnehmen, daß der Schachtelinhalt am größten wird, wenn man $x=\frac{a}{6}$ wählt. Dann ist $a-2x=\frac{2a}{3}$, die Schachtel also viermal so breit als hoch.

Als zweites Beispiel betrachten wir die Funktion

$$f(x) = \left(\frac{a^x+b^x}{2}\right)^{\frac{1}{x}},$$

wobei a und b zwei verschiedene positive Zahlen bedeuten. Wir schreiben $f(x) = e^{\varphi(x)}$, wobei

$$\varphi(x) = \frac{1}{x}\log\left(\frac{a^x+b^x}{2}\right)$$

ist, und finden

$$f'(x) = e^{\varphi(x)}\varphi'(x).$$

$f'(x)$ hat hiernach dasselbe Zeichen wie $\varphi'(x)$. Nun erhalten wir nach der Produktregel

$$\varphi'(x) = \frac{a^x\log a + b^x\log b}{x(a^x+b^x)} - \frac{1}{x^2}\log\left(\frac{a^x+b^x}{2}\right).$$

Dabei haben wir berücksichtigt, daß die Ableitung von $\log\left(\frac{a^x+b^x}{2}\right)$ oder $\log(a^x+b^x) - \log 2$ ein Bruch ist mit dem Nenner a^x+b^x und dem Zähler $(a^x)'+(b^x)'$ oder $a^x\log a + b^x\log b$. Es kommt nun darauf an, über das Zeichen von $\varphi'(x)$ zu entscheiden. Um diese Entscheidung zu erleichtern, schreiben wir zunächst

$$x^2\varphi'(x) = \frac{a^x\log(a^x) + b^x\log(b^x)}{a^x+b^x} - \log\left(\frac{a^x+b^x}{2}\right)$$

oder, da

$$\log\left(\frac{a^x+b^x}{2}\right)=\frac{a^x}{a^x+b^x}\log\left(\frac{a^x+b^x}{2}\right)+\frac{b^x}{a^x+b^x}\log\left(\frac{a^x+b^x}{2}\right)$$

gesetzt werden kann,

$$2x^2\varphi'(x)=\frac{2a^x}{a^x+b^x}\log\left(\frac{2a^x}{a^x+b^x}\right)+\frac{2b^x}{a^x+b^x}\log\left(\frac{2b^x}{a^x+b^x}\right).$$

Wir haben noch den Faktor 2 hinzugefügt, damit die beiden Verbindungen

$$\frac{2ax}{a^x+b^x},\quad \frac{2b^x}{a^x+b^x}$$

deutlich hervortreten. Nun empfiehlt es sich, die Größe

$$\frac{a^x-b^x}{a^x+b^x}=u$$

einzuführen, die offenbar, da a^x, b^x stets positiv sind, zwischen —1 und 1 liegt, ohne diese Schranken zu erreichen. Es wird dann

$$1+u=\frac{2a^x}{a^x+b^x},\quad 1-u=\frac{2b^x}{a^x+b^x},$$

so daß sich schließlich ergeben hat

$$2x^2\varphi'(x)=(1+u)\log(1+u)+(1-u)\log(1-u).$$

Es muß nun festgestellt werden, welches Vorzeichen die Funktion

$$\psi(u)=(1+u)\log(1+u)+(1-u)\log(1-u)$$

hat, wobei u innerhalb des Intervalles $-1\cdots 1$ variiert. Wir finden

$$\psi'(u)=\log(1+u)-\log(1-u)=\log\left(\frac{1+u}{1-u}\right).$$

Im Falle $u>0$ ist $\frac{1+u}{1-u}>1$, im Falle $u<0$ aber $\frac{1+u}{1-u}<1$, das erstemal also $\log\left(\frac{1+u}{1-u}\right)>0$, das zweitemal $\log\left(\frac{1+u}{1-u}\right)<0$. Die Funktion $\psi(u)$ nimmt demnach bei wachsendem u ab, solange $u<0$, und sie nimmt zu, sobald $u>0$ wird. Daher ist $\psi(0)=0$ ihr kleinster Wert innerhalb des Intervalles $-1\cdots 1$. Da in unserem Falle x von Null verschieden ist, weil in der Formel für $f(x)$ der Exponent $\frac{1}{x}$ auftritt, und da wir außerdem a und b als verschieden voraussetzen, so kann u nicht verschwinden. Daher ist $\psi(u)>0$ und $\varphi'(x)>0$, folglich auch $f'(x)>0$. Die Funktion $f(x)=\left(\frac{a^x+b^x}{2}\right)^{\frac{1}{x}}$ hat also überall eine positive Ableitung.

Nun wollen wir noch untersuchen, wie sich diese Funktion bei unendlicher Annäherung an die Stelle $x=0$ verhält. Wir wissen, daß a^x, b^x die Ableitungen $a^x\log a$, $b^x\log b$ besitzen, die sich für $x=0$ auf $\log a$, $\log b$ reduzieren. Da die Ableitung der Grenzwert des Differenzenquotienten bei hinschwindendem h ist, so gelten die Limesrelationen

$$\lim \frac{a^h - 1}{h} = \log a, \quad \lim \frac{b^h - 1}{h} = \log b. \qquad (h \to 0)$$

Wir setzen demgemäß

$$a^h = 1 + h \log a + h\varepsilon_1, \quad b^h = 1 + h \log b + h\varepsilon_2$$

und wissen dann, daß ε_1, ε_2 gleichzeitig mit h der Null zustreben. Es ergibt sich nun

$$\frac{a^h + b^h}{2} = 1 + h \log \sqrt{ab} + h\varepsilon,$$

wobei $\varepsilon = \frac{\varepsilon_1 + \varepsilon_2}{2}$ ebenfalls mit h nach Null konvergiert. Bedenkt man, daß

$$\log f(h) = \frac{1}{h} \log\left(\frac{a^h + b^h}{2}\right)$$

ist, so findet man zunächst

$$\log f(h) = \frac{1}{h} \log (1 + h \log \sqrt{ab} + h\varepsilon).$$

Nun hat $\log x$ die Ableitung $\frac{1}{x}$, die sich für $x = 1$ auf 1 reduziert, so daß man schreiben kann

$$\log (1 + h \log \sqrt{ab} + h\varepsilon) = (1 + \delta)(h \log \sqrt{ab} + h\varepsilon),$$

wo δ wieder eine Größe ist, die gleichzeitig mit h der Null zustrebt. Setzt man den gefundenen Ausdruck oben ein, so ergibt sich

$$\log f(h) = (1 + \delta)(\log \sqrt{ab} + \varepsilon)$$

und bei hinschwindendem h

$$\lim \log f(h) = \log \sqrt{ab}.$$

Da nun $f(h) = e^{\log f(h)}$ ist und die Exponentialfunktion, weil sie eine Ableitung hat, die Eigenschaft der Stetigkeit genießt, so folgt

$$\lim f(h) = e^{\log \sqrt{ab}} = \sqrt{ab}.$$

Dabei kommt es nicht darauf an, ob h durch positive oder negative Werte nach Null konvergiert. Da $f(x)$ zunächst nur für $x \gtrless 0$ definiert wurde, ist es erlaubt, eine Festsetzung über $f(0)$ zu machen. Wenn wir $f(0) = \sqrt{ab}$ setzen, so ist $f(x)$ durchweg stetig. Für $x \gtrless 0$ folgt dies aus der Existenz der Ableitung $f'(x)$, für $x = 0$ aus der über $f(0)$ getroffenen Verfügung. Hat nun $f(x)$ auch an der Stelle $x = 0$ eine Ableitung? Um diese Frage zu klären, muß man den Differenzenquotienten $\frac{f(h) - f(0)}{h}$ bilden und zusehen, ob er bei hinschwindendem h einem Grenzwert zustrebt. Da $f(x)$ in dem geschlossenen Intervall $0 \cdots h$ stetig ist und im Innern überall eine Ableitung besitzt, sind hier die Voraussetzungen des Mittelwertsatzes erfüllt. Nach diesem

Satze gilt eine Gleichung von der Form

$$\frac{f(h) - f(0)}{h} = f'(x),$$

wobei x zwischen 0 und h passend gewählt werden muß. Strebt h der Null zu, so wird x in den Limestod mitgerissen. Wir müssen also untersuchen, wie sich $f'(x)$ bei hinschwindendem x verhält. Bei unseren früheren Betrachtungen fanden wir $f'(x) = f(x)\,\varphi'(x)$ und konnten unter Benutzung der Größe $\frac{a^x - b^x}{a^x + b^x} = u$ schreiben

$$\varphi'(x) = \frac{(1+u)\log(1+u) + (1-u)\log(1-u)}{2x^2}.$$

Nun ist aber

$$\frac{a^x}{b^x} = \frac{1+u}{1-u},$$

also

$$x = \frac{\log(1+u) - \log(1-u)}{\log\frac{a}{b}}.$$

Daher wird schließlich

$$f'(x) = \frac{1}{2} f(x) \left(\log\frac{a}{b}\right)^2 \frac{(1+u)\log(1+u) + (1-u)\log(1-u)}{\{\log(1+u) - \log(1-u)\}^2}.$$

Fassen wir im Zähler des letzten Bruches $\log(1+u) + \log(1-u)$ zu $\log(1-u^2)$ zusammen und dividieren im Zähler und Nenner durch u^2, so erhalten wir

$$f'(x) = \frac{1}{2} f(x) \left(\log\frac{a}{b}\right)^2 \frac{\frac{1}{u^2}\log(1-u^2) + \left\{\frac{\log(1+u) - \log(1-u)}{u}\right\}}{\left\{\frac{\log(1+u) - \log(1-u)}{u}\right\}^2}$$

Nun konvergiert gleichzeitig mit x auch u nach Null, und es wird

$$\lim\left\{\frac{\log(1-u^2)}{-u^2}\right\} = 1, \qquad \lim\left\{\frac{\log(1+u) - \log(1-u)}{2u}\right\} = 1.$$

Offenbar ist nämlich $\frac{\log(1-u^2)}{-u^2}$ ein Differenzenquotient von $\log x$ an der Stelle 1, sein Grenzwert also der Wert der Ableitung $\frac{1}{x}$ für $x = 1$. Andererseits kann man auf Grund des Mittelwertsatzes

$$\frac{\log(1+u) - \log(1-u)}{2u} = \frac{1}{1+v}$$

setzen, wobei v zwischen u und $-u$ enthalten ist. Benutzt man die obigen Limesrelationen, so ergibt sich

$$\lim f'(x) = \frac{1}{8}\sqrt{ab}\left(\log\frac{a}{b}\right)^2.$$

Das ist also zugleich der Grenzwert von $\frac{f(h)-f(0)}{h}$, d. h. die Ableitung $f'(0)$. Man sieht, daß $f(x)$ auch an der Selle $x = 0$ eine Ableitung hat, und zwar eine positive. $f(x)$ nimmt daher bei wachsendem x beständig zu.

Wenn x über alle Grenzen zunimmt, so konvergiert $f(x)$ nach dem größeren der beiden Werte a, b. Wird x negativ unendlich, so strebt $f(x)$ dem kleineren dieser Werte zu. Läßt man z. B. x die Folge 1, 2, 3, . . . durchlaufen und ist $a > b$, so wird

$$f(n) = \left(\frac{a^n + b^n}{2}\right)^{\frac{1}{n}} = a\left(\frac{1 + \left(\frac{b}{a}\right)^n}{2}\right)^{\frac{1}{n}} = a\, 2^{-\frac{1}{n}}\, e^{\frac{1}{n}\log\left\{1+\left(\frac{b}{a}\right)^n\right\}}.$$

Der Exponent von e konvergiert nach Null, weil $\left(\frac{b}{a}\right)^n$ der Null zustrebt und daher wegen der Stetigkeit des Logarithmus $\log\left\{1 + \left(\frac{b}{a}\right)^n\right\}$ dem Grenzwert $\log 1$ oder Null. Auch der andere Faktor $\frac{1}{n}$ hat den Grenzwert Null und der Exponentialausdruck selbst den Grenzwert $e^0 = 1$ wegen der Stetigkeit der Exponentialfunktion. Da $\lim (2^{-\frac{1}{n}}) = 1$ ist, so folgt $\lim f(n) = a$. Läßt man x auf irgendeine andere Weise positiv unendlich werden, so wachsen die beiden einschließenden ganzen Zahlen n und $n + 1$ über alle Grenzen. Da $f(x)$ zwischen $f(n)$ und $f(n + 1)$ liegt, die beide nach a konvergieren, so muß auch $\lim f(x) = a$ sein. Ebenso beweist man, daß $f(x)$ dem Grenzwert b zustrebt, wenn x negativ unendlich wird. Alle Werte der Funktion $f(x)$ liegen, da sie bei wachsendem x stets zunimmt, zwischen a und b. Wir wissen, daß $f(0) = \sqrt{ab}$ ist, also gleich dem geometrischen Mittel zwischen a und b. Ferner finden wir $f(1) = \frac{a+b}{2}$, also gleich dem arithmetischen Mittel zwischen a und b. Endlich ist

$$f(-1) = \left(\frac{a^{-1} + b^{-1}}{2}\right)^{-1}$$

das harmonische Mittel zwischen a und b. Setzen wir $f(-1) = c$, so hat man offenbar

$$\frac{1}{c} = \frac{1}{2}\left(\frac{1}{a} + \frac{1}{b}\right).$$

Da $f(-1) < f(0) < f(1)$ ist, so ergibt sich, daß von den drei genannten Mittelwerten das harmonische Mittel am kleinsten und das arithmetische am größten ist, während das geometrische Mittel zwischen beiden liegt. Das harmonische Mittel spielte bei den Pythagoreern eine besondere Rolle. Der Würfel war ihnen eine heilige Figur, weil die Eckenzahl 8 das harmonische Mittel zwischen der Flächenzahl 6 und der Kantenzahl 12 darstellt. In der

Tat ist

$$\frac{1}{8} = \frac{1}{2}\left(\frac{1}{6} + \frac{1}{12}\right).$$

§ 8. Das Quadraturproblem.

Das Quadraturproblem bezieht sich auf die Ausmessung eines krummlinig begrenzten Flächenstücks. Die Berechnung der Kreisfläche und des Parabelsegments durch Archimedes sind spezielle Quadraturen.

Wir wollen hier eine umfassende Klasse von Quadraturen behandeln, auf die alle andern zurückführbar sind, und zwar betrachten wir das Flächenstück, welches zwischen zwei Ordinaten der Kurve $y = f(x)$ liegt, oben durch die Kurve und unten durch die x-Achse begrenzt wird. Hierbei setzen wir $f(x) > 0$ voraus. Ein solches Flächenstück nennen wir ein K u r v e n s e g m e n t.

Vorläufig steht genau genommen noch gar nicht fest, was man unter dem Inhalt eines Kurvensegments zu verstehen hat, wenn $y = f(x)$ keine Gerade ist. Wir werden aber, wenn zwei Flächenstücke F_1 und F_2 Inhalte besitzen und F_1 mit allen seinen Punkten in F_2 enthalten ist, verlangen müssen, daß der Inhalt von F_1 nicht größer ist als der von F_2. Das ist eine Bedingung, die wir der Definition des Flächeninhalts auferlegen. Außerdem fordern wir natürlich, daß kein Widerspruch mit schon vorhandenen Erklärungen entstehen soll, daß also insbesondere der Inhalt eines Rechtecks gleich dem Produkt der Seiten ist.

Wir wollen annehmen, daß die Funktion $f(x)$ in dem geschlossenen Intervall $a \cdots b$ stetig sei. Bei einer solchen Funktion besteht die Eigenschaft, daß $f(x)$ nach $f(x_0)$ hinstrebt, wenn x nach x_0 konvergiert. Man kann sogar zeigen, daß die Ordinatendifferenz $f(x) - f(x^*)$ stets der Null zustrebt, wenn die Abszissendifferenz $x - x^*$ dies tut. Diese Aussage ist insofern inhaltreicher, als an die Stelle der festen Abszisse x_0 die bewegliche Abszisse x^* tritt. Trotzdem ist die scheinbar weitergehende Forderung, daß die Ordinatendifferenz gleichzeitig mit der Abszissendifferenz hinschwindet, erfüllt, wenn sich $f(x)$ an jeder Stelle x_0 im Intervall $a \cdots b$ stetig verhält. Nehmen wir an, daß irgend einmal $\lim (x - x^*) = 0$ wäre, ohne daß zugleich die Aussage $\lim \{f(x) - f(x^*)\} = 0$ zutrifft. Dabei mögen x und x^* die Folgen $x_1, x_2, x_3, \ldots$ und $x_1^*, x_2^*, x_3^*, \ldots$ durchlaufen. Weil hier $f(x_n) - f(x_n^*)$ nicht nach Null konvergieren soll, so wird es eine Umgebung der Null, d. h. ein Intervall $-\delta \cdots \delta$, geben, das unendlich viele Glieder der Folge

$$f(x_1) - f(x_1^*), \quad f(x_2) - f(x_2^*), \cdots$$

draußen läßt. Wenn wir eventuell x und x^* vertauschen, werden also unendliche viele Glieder der obigen Folge größer als δ sein. Diese Glieder bilden eine Teilfolge

$$f(\mathfrak{x}_1) - f(\mathfrak{x}_1^*), \quad f(\mathfrak{x}_2) - f(\mathfrak{x}_2^*), \cdots$$

Da $\lim (x_n - x_n^*) = 0$ vorausgesetzt wurde, wird auch $\lim (\mathfrak{x}_n - \mathfrak{x}_n^*) = 0$ sein, zugleich aber $f(\mathfrak{x}_n) - f(\mathfrak{x}_n^*) > \delta$. Nun sei x_0 ein Häufungswert der Folge

$\mathfrak{x}_1, \mathfrak{x}_2, \mathfrak{x}_3, \ldots$ Da ein Häufungswert, wie wir wissen, stets der Grenzwert einer gewissen Teilfolge ist, so läßt sich aus $\mathfrak{x}_1, \mathfrak{x}_2, \mathfrak{x}_3, \ldots$ eine Teilfolge $\xi_1, \xi_2, \xi_3, \ldots$ herausheben, die nach x_0 konvergiert. Die entsprechende Teilfolge $\xi_1^*, \xi_2^*, \xi_3^*, \ldots$ von $\mathfrak{x}_1^*, \mathfrak{x}_2^*, \mathfrak{x}_3^*, \ldots$ konvergiert dann wegen $\lim (\xi - \xi_n^*) = 0$ ebenfalls nach x_0. So hätten wir also folgenden Tatbestand: Es ist $\lim \xi_n = \lim \xi_n^* = x_0$, aber zugleich $f(\xi_n) - f(\xi_n^*) > \delta$. Da $f(x)$ an jeder Stelle des geschlossenen Intervalls $a \cdots b$ stetig sein soll, so folgt aus $\lim \xi_n = \lim \xi_n^* = x_0$

$$\lim f(\xi_n) = \lim f(\xi_n^*) = f(x_0),$$

also

$$\lim \{f(\xi_n) - f(\xi_n^*)\} = 0$$

im Widerspruch mit $f(\xi_n) - f(\xi^*) > \delta$.

Hiermit ist bewiesen, daß die Eigenschaft

$$\lim \{f(x) - f(x_0)\} = 0, \text{ so oft } \lim (x - x_0) = 0$$

die scheinbar schwerer wiegende

$$\lim \{f(x) - f(x^*)\} = 0, \text{ so oft } \lim (x - x^*) = 0$$

nach sich zieht. Ursprünglich hatte man über diesen Punkt eine falsche Ansicht und nannte die erste Eigenschaft Stetigkeit, die zweite aber gleichmäßige Stetigkeit. Nachher erkannte man, daß eine Funktion, die in dem geschlossenen Intervall $a \cdots b$ überall stetig ist, auch gleichmäßig stetig sein muß.

Nun sind wir vollkommen gerüstet, um die Ausmessung eines Kurvensegments durchzuführen. Wir können ein solches Kurvensegment durch Ungleichungen von folgender Art kennzeichnen:

$$(1) \qquad a \leqq x \leqq b, \quad 0 \leqq y \leqq f(x).$$

Es besteht aus allen Punkten, die mit ihren Koordinaten x, y diese Ungleichungen erfüllen. Nun zerlegen wir das Intervall $a \cdots b$, die Basis des Kurvensegments, in n Teile $x_0 \cdots x_1, x_1 \cdots x_2, \ldots, x_{n-1} \cdots x_n$, wobei $a = x_0$ und $b = x_n$ ist. In jedem Teilintervall $x_{\nu-1} \cdots x_\nu$ gibt es einen kleinsten Funktionswert $f(\xi_\nu) = m_\nu$ und einen größten $f(\xi_\nu^*) = M_\nu$. Wir konstruieren über $x_{\nu-1} \cdots x_\nu$ zwei Rechtecke r_ν und R_ν mit den Höhen m_ν und M_ν (vgl. Fig. 17) und nennen r_ν das untere, R_ν das obere Rechteck. Die unteren Rechtecke $r_1, r_2, \ldots, r_n$ bilden zusammen ein Gebiet, das mit allen seinen Punkten in dem Kurvensegment (1) enthalten ist. Das aus den oberen Rechtecken $R_1, R_2, \ldots, R_\nu$ bestehende Gebiet hat dagegen die Eigenschaft, das betrachtete Kurvensegment einzuschließen. Wenn also dieses Segment überhaupt einen Inhalt hat, so muß er zwischen den Werten Σr_ν und ΣR_ν enthalten sein. So haben wir also für das zu berechnende Segment einschließende Rechtecksummen gewonnen.

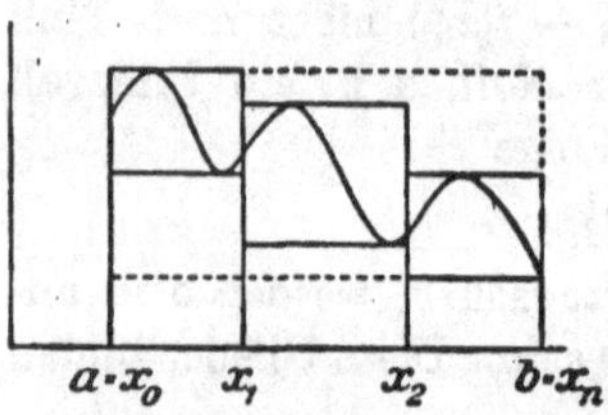

Fig. 17.

Eine wichtige Bemerkung drängt sich beim Anblick der Fig. 17 auf. Wir haben hier über $a \cdots b$ zwei Rechtecke r und R konstruiert, deren Höhen

m und $\mathfrak{M}$ der kleinste und größte $f(x)$-Wert in $a \cdots b$ sind. Diese Rechtecke sind nichts anderes als das untere und das obere Rechteck über $a \cdots b$, also genau dieselben, die beim Intervall $x_{\nu-1} \cdots x_\nu$ mit r_ν und R_ν bezeichnet wurden. Man sieht nun in Fig. 17 sofort, daß $r \leqq \Sigma r_\nu \leqq \Sigma R_\nu \leqq R$ ist. Hieraus folgt, daß die untere Rechtecksumme wächst und die obere abnimmt, wenn man ein Teilintervall der schon durchgeführten Zerlegung noch weiter einteilt. Man braucht auf dieses Teilintervall nur die soeben aufgestellten Ungleichungen anzuwenden.

Wir wollen nun das Intervall $a \cdots b$ einer Folge von Zerlegungen $\mathfrak{Z}_1, \mathfrak{Z}_2, \mathfrak{Z}_3, \ldots$ unterwerfen, und zwar derart, daß immer $\mathfrak{Z}_{n+1}$ aus $\mathfrak{Z}_n$ durch Weiterteilung, d. h. durch Hinzufügen neuer Teilpunkte entsteht. Außerdem soll die Eigenschaft bestehen, daß die Teilintervalle von $\mathfrak{Z}_n$ bei unendlich zunehmendem n nach Null konvergieren. Wenn man also zuerst das größte Teilintervall von $\mathfrak{Z}_1$ aufschreibt, dann das größte von $\mathfrak{Z}_2$, von $\mathfrak{Z}_3$ usw., so soll eine Nullfolge herauskommen. Wir sprachen in solchem Falle von unendlicher Verfeinerung der Zerlegungen und nennen $\mathfrak{Z}_1, \mathfrak{Z}_2, \mathfrak{Z}_3, \ldots$ eine ausgezeichnete Folge sukzessiver Teilungen. Das Beiwort sukzessiv deutet auf die oben erwähnte Beziehung zwischen $\mathfrak{Z}_{n+1}$ zu $\mathfrak{Z}_n$ hin, also auf die Eigenschaft, daß $\mathfrak{Z}_{n+1}$ aus $\mathfrak{Z}_n$ durch Weiterteilung entsteht. Was geschieht nun mit den Rechtecksummen Σr_ν und ΣR_ν, wenn die ihnen zugrunde liegende Zerlegung eine Folge $\mathfrak{Z}_1, \mathfrak{Z}_2, \mathfrak{Z}_3, \ldots$ von der bezeichneten Art durchläuft? Wir können zunächst sagen, daß die unteren Rechtecksummen, die diesen Zerlegungen $\mathfrak{Z}_1, \mathfrak{Z}_2, \mathfrak{Z}_3, \ldots$ entsprechen, eine aufsteigende Folge bilden, ebenso die oberen Rechtecksummen eine absteigende Folge. Da ständig $\Sigma r_\nu \leqq \Sigma R_\nu$ ist, so handelt es sich um beschränkte Folgen, so daß die Grenzwerte $\lim \Sigma r_\nu$ und $\lim \Sigma R_\nu$ existieren. Diese beiden Grenzwerte fallen aber zusammen. Man kann nämlich, da

$$r_\nu = (x_\nu - x_{\nu-1})\, f(\xi_\nu), \qquad R_\nu = (x_\nu - x_{\nu-1})\, f(\xi_\nu^*),$$

schreiben

$$\Sigma R_\nu - \Sigma r_\nu = \Sigma\, (x_\nu - x_{\nu-1})\, \{f(\xi_\nu^*) - f(\xi_\nu)\}\,.$$

Unter den Differenzen $f(\xi_\nu^*) - f(\xi_\nu)$ sei $f(\xi^*) - f(\xi)$ die größte. Dann wird die Ungleichung

$$\text{(2)} \qquad \Sigma R_\nu - \Sigma r_\nu \leqq (b - a)\, \{f(\xi^*) - f(\xi)\}$$

gelten. Da ξ und ξ^* in demselben Teilintervall liegen und die Zerlegung sich unendlich verfeinert, konvergiert $\xi^* - \xi$ nach Null, folglich auch $f(\xi^*) - f(\xi)$, so daß $\lim \Sigma R_\nu - \lim \Sigma r_\nu = 0$ wird.

Der gemeinsame Grenzwert von Σr_ν und ΣR_ν erweist sich als unabhängig von der Zerlegungsfolge $\mathfrak{Z}_1, \mathfrak{Z}_2, \mathfrak{Z}_3, \ldots$, d. h. wenn man eine andere ausgezeichnete Folge sukzessiver Zerlegungen durchläuft, so kommt derselbe Grenzwert heraus. $\mathfrak{Z}$ durchlaufe die eine und $\widetilde{\mathfrak{Z}}$ die andere Zerlegungsfolge $\widetilde{\mathfrak{Z}}_1, \widetilde{\mathfrak{Z}}_2, \widetilde{\mathfrak{Z}}_3, \ldots$, $\Sigma \tilde{r}_\nu$ und $\Sigma \widetilde{R}_\nu$ seien die zu $\widetilde{\mathfrak{Z}}$ gehörigen Rechtecksummen. Wenn man nun mittels der Teilpunkte von $\mathfrak{Z}$ und $\widetilde{\mathfrak{Z}}$ eine neue Zerlegung $\mathfrak{z}$

herstellt, so entsteht $\mathfrak{z}$ sowohl aus $\mathfrak{Z}$ als auch aus $\tilde{\mathfrak{Z}}$ durch Weiterteilung. Daher liegen die zu $\mathfrak{z}$ gehörigen Rechtecksummen sowohl zwischen Σr_ν und ΣR_ν als auch zwischen $\Sigma \tilde{r}_\nu$ und $\Sigma \tilde{R}_\nu$. Da nun neben (2) eine ähnliche Ungleichung

$$(\tilde{2}) \qquad \Sigma \tilde{R}_\nu - \Sigma \tilde{r}_\nu \leqq (b-a)\{f(\tilde{\xi}^*) - f(\tilde{\xi})\}$$

besteht, so differieren je zwei der vier Werte Σr_ν, ΣR_ν, $\Sigma \tilde{r}_\nu$, $\Sigma \tilde{R}_\nu$ um weniger als

$$(3) \qquad (b-a)\{f(\xi^*) - f(\xi)\} + (b-a)\{f(\tilde{\xi}^*) - f(\tilde{\xi})\}.$$

Wenn man nämlich auf der Zahlenlinie zwei Intervalle hat, die ein drittes Intervall einschließen und die Längen l und $\tilde{l}$ besitzen, so gibt es ein beide umfassendes Intervall, dessen Länge kleiner als $l + \tilde{l}$ ist.

Durchlaufen nun $\mathfrak{Z}$ und $\tilde{\mathfrak{Z}}$ ihre Zerlegungsfolgen, so konvergieren die beiden Bestandteile der Summe (3) nach Null. Daher streben die Rechtecksummen Σr_ν, ΣR_ν, $\Sigma \tilde{r}_\nu$, $\Sigma \tilde{R}_\nu$ alle demselben Grenzwert zu. Dieser Grenzwert wird als der I n h a l t des Gebietes (1) definiert.

Wenn man aus jedem Teilintervall $x_{\nu-1} \cdots x_\nu$ der Zerlegung $\mathfrak{Z}$ einen beliebigen Funktionswert $f(\mathfrak{x}_\nu)$ herausgreift und die Rechtecksumme

$$(4) \qquad \Sigma (x_\nu - x_{\nu-1})\, f(\mathfrak{x}_\nu)$$

bildet, so ist diese offenbar zwischen Σr_ν und ΣR_ν enthalten und konvergiert daher beim Durchlaufen der Zerlegungsfolge $\mathfrak{Z}_1, \mathfrak{Z}_2, \mathfrak{Z}_3, \ldots$ nach dem Inhalt des Gebietes (1). Man kann sich von der Voraussetzung, daß $\mathfrak{Z}_{n+1}$ immer durch Weiterteilung aus $\mathfrak{Z}_n$ entstehen soll, frei machen. Wenn $\mathfrak{Z}$ irgendeine Zerlegung ist und Σr_ν, ΣR_ν die zugehörigen Rechtecksummen, so kann man $\mathfrak{Z}$ durch Weiterteilung beliebig verfeinern, d. h. man kann $\mathfrak{Z}$ zum Anfangsglied einer ausgezeichneten Folge sukzessiver Zerlegungen machen. Dann konvergiert die untere Rechtecksumme aufsteigend, die obere absteigend nach dem Inhalt I des Gebietes (1). Daher ist I zwischen Σr_ν und ΣR_ν enthalten, wie man auch die zugrunde liegende Zerlegung $\mathfrak{Z}$ wählen mag. Da nun die Ungleichung (2) besteht, wobei ξ und ξ^* beide demselben Teilintervall angehören, so konvergiert die Differenz $\Sigma R_\nu - \Sigma r_\nu$ nach Null, wenn $\mathfrak{Z}$ irgendeine ausgezeichnete Zerlegungsfolge durchläuft, d. h. eine Folge von Zerlegungen, die sich unendlich verfeinern, wobei es aber nicht nötig ist, daß jede Zerlegung aus der vorhergehenden durch Heranziehen neuer Teilpunkte entsteht. Es wird also bei unendlicher Verfeinerung der Zerlegung $\mathfrak{Z}$ stets

$$\lim \Sigma r_\nu = \lim \Sigma R_\nu = I$$

sein. Die unendliche Verfeinerung besteht darin, daß die Teilintervalle von $\mathfrak{Z}$ nach Null konvergieren. Man könnte auch sagen, daß das längste unter ihnen der Null zustrebt.

So ist die Frage des Inhalts eines Kurvensegments vollkommen geklärt. Wir wissen jetzt, daß dieser Inhalt im Falle einer stetigen Funktion $f(x)$ existiert und durch den Grenzwert der Rechtecksumme (4) bei hinschwindenden Teilintervallen dargestellt wird. Man bezeichnet diesen Grenzwert durch das Symbol

$$(5) \qquad \int_a^b f(x)\,dx$$

und nennt ihn das über $a \cdots b$ erstreckte Integral von $f(x)\,dx$. Gelesen wird das Symbol (5) folgendermaßen:

„Integral $f(x)\,dx$ von a bis b."

Das Zeichen $\int$, das sogenannte Integralzeichen, ist nichts anderes als ein stilisiertes S und bedeutet soviel wie Summe. Leibniz sagte „summa omnium $f(x)\,dx$". Diese $f(x)\,dx$ entsprechen den Gliedern der Summe (4), die man auch in der speziellen Fassung $\Sigma(x_\nu - x_{\nu-1})\,f(x_{\nu-1})$ zugrunde legen kann. Das Symbol (5) macht den Versuch, das Endergebnis des Grenzüberganges, dem die Summe (4) unterworfen wird, auszudrücken. Wenigstens war dies die Auffassung der älteren Mathematiker. Sie sprachen von einer Zerlegung des Intervalles $a \cdots b$ in unendlich viele unendlich kleine Teile oder Elementarteile dx. Jedes dx wird bei der Integration, d. h. bei der Berechnung des Integrals (5), mit dem zugehörigen Funktionswert $f(x)$ multipliziert. Das Integral ist die Summe dieser Produkte. Will man sich geometrisch ausdrücken, so kann man das zu berechnende Kurvensegment in unendlich viele unendlich schmale Streifen parallel zur y-Achse zerlegen. Weil bei der Kleinheit der Elementarintervalle dx die Ordinatenunterschiede verschwinden, sieht jeder Streifen so aus wie ein Rechteck mit der Basis dx und der Höhe $f(x)$. Sein Inhalt ist also gleich $f(x)\,dx$ und das Segment gleich der Summe aller $f(x)\,dx$. Der Vorwurf, den man gegen diese sehr instruktive Redeweise erheben kann und schon zur Leibnizschen Zeit erhoben hat, ist der, daß hier mit unendlich kleinen Größen operiert wird, als wären sie etwas Starres, während sie doch ihrem wahren Wesen nach etwas Fließendes sind, Veränderliche, die nach Null konvergieren, die sich unendlich verkleinern, unendlich klein werden, aber nicht sind. Es ist gewiß schwerer, sich mit dem widerspruchsvollen Begriff des unendlich Kleinen im Sinne des Leibnizschen Zeitalters abzufinden, als sich klarzumachen, was eine Rechtecksumme mit hinschwindenden Basisintervallen bedeutet. Deshalb glauben wir, daß der Versuch, die höhere Mathematik mit diesen alten Hilfsmitteln verständlich zu machen, nur dazu führen kann, eine falsch verstandene höhere Mathematik zu verbreiten.

Wir bemerken noch, daß die Voraussetzung $f(x) \geqq 0$, die wir bei unsern Betrachtungen gemacht haben, unwesentlich ist. Wenn nur $f(x)$ im geschlossenen Intervall $a \cdots b$ stetig ist, strebt der Ausdruck $\Sigma(x_\nu - x_{\nu-1})\,f(\xi_\nu)$ bei hinschwindenden Teilintervallen stets demselben Grenzwert zu. Dieser Grenzwert ist das Integral (5). Ist $f(\xi)$ der kleinste, $f(\xi^*)$ der größte $f(x)$-Wert im Intervall $a \cdots b$, so liegt $\Sigma(x_\nu - x_{\nu-1})\,f(\xi_\nu)$ offenbar zwischen $(b - a\; f(\xi)$ und $(b - a\; f(\xi^*)$. Dasselbe gilt daher von dem Integral (5).

Ist c ein Zwischenwert zwischen a und b und betrachtet man nur Zerlegungen des Intervalls $a \cdots b$, die den Teilpunkt c verwenden, so ergibt sich sofort, daß

$$\int_a^b f(x)\,dx = \int_a^c f(x)\,dx + \int_a^b f(x)\,dx. \tag{6}$$

Die Integrale befolgen dieses einfache Additionsgesetz.

Betrachtet man statt der Summe

$$S = (x_1 - a)\,f(\xi_1) + (x_2 - x_1)\,f(\xi_2) + \cdots + (x_{n-1} - x_{n-2})\,f(\xi_{n-1}) \\ + (b - x_{n-1})\,f(\xi_n)$$

die Summe

$$-S = (x_{n-1} - b)\,f(\xi_n) + (x_{n-2} - x_{n-1})\,f(\xi_{n-1}) + \cdots + (x_1 - x_2)\,f(\xi_2) \\ + (a - x_1)\,f(\xi_1),$$

so ist sie offenbar ganz ähnlich gebildet wie S, nur unter Vertauschung von a und b. Bei S geht man von a nach b und macht die Stationen $x_1, x_2, \ldots, x_{n-1}$, bei $-S$ geht man von b nach a und durchläuft die Stationen in umgekehrter Reihenfolge. Man bezeichnet wegen dieser vollkommenen Analogie den Grenzwert von $-S$ bei hinschwindenden Teilintervallen mit $\int_b^a f(x)\,dx$. Da dieser Grenzwert andererseits gleich dem negativ genommenen Integral (5) ist, so gilt die Beziehung

$$\int_b^a f(x)\,dx = -\int_a^b f(x)\,dx. \tag{7}$$

Offenbar liegt das von b nach a erstreckte Integral zwischen $(a - b)\,f(\xi)$ und $(a - b)\,f(\xi^*)$, wenn $f(\xi)$, $f(\xi^*)$ die beiden äußersten Funktionswerte in $a \cdots b$ bezeichnen.

Wenn a und b zusammenfallen, so wird die Summe S zu Null und daher

$$\int_a^a f(x)\,dx = 0. \tag{8}$$

Sind x_1, x_2, x_3 drei Stellen in einem Stetigkeitsintervall der Funktion $f(x)$, so gilt, wie man mit Hilfe von (6) und (7) erkennt, die Gleichung

$$\int_{x_1}^{x_2} f(x)\,dx + \int_{x_2}^{x_3} f(x)\,dx + \int_{x_3}^{x_1} f(x)\,dx = 0. \tag{6'}$$

Wenn man nämlich mit $\mathfrak{x}_1$ den kleinsten, mit $\mathfrak{x}_3$ den größten unter den drei Werten x_1, x_2, x_3 bezeichnet, so ist nach (6)

$$\int_{\mathfrak{x}_1}^{\mathfrak{x}_3} = \int_{\mathfrak{x}_1}^{\mathfrak{x}_2} + \int_{\mathfrak{x}_2}^{\mathfrak{x}_3}$$

oder nach (7)

$$\int_{\mathfrak{x}_1}^{\mathfrak{x}_2} + \int_{\mathfrak{x}_2}^{\mathfrak{x}_3} + \int_{\mathfrak{x}_3}^{\mathfrak{x}_1} = 0. \tag{6*}$$

Vertauscht man $\mathfrak{x}_1, \mathfrak{x}_2, \mathfrak{x}_3$ zyklisch, so daß sie durch $\mathfrak{x}_2, \mathfrak{x}_3, \mathfrak{x}_1$ ersetzt werden, so erhält sich diese Gleichung. Bei Vertauschung von $\mathfrak{x}_1$ und $\mathfrak{x}_2$ bleibt (6*) aber ebenfalls gültig. Es multiplizieren sich nur alle Bestandteile mit -1. Diese

Feststellungen genügen, um sicher zu sein, daß die Gleichung (6*) bei beliebiger Vertauschung von $\mathfrak{x}_1, \mathfrak{x}_2, \mathfrak{x}_3$ fortbesteht. Da nun x_1, x_2, x_3 eine Permutation von $\mathfrak{x}_1, \mathfrak{x}_2, \mathfrak{x}_3$ ist, so haben wir die Relation (6′) bewiesen. Hinsichtlich der Bezeichnungsweise in (6′) läßt sich hier der Tadel erheben, daß in allen drei Integralen die Variable mit x benannt ist, obwohl sie sich in ganz verschiedenen Intervallen bewegt. Dagegen kann man sagen, daß es im Grunde belanglos ist, wie man in einem Integral die Variable, die sogenannte Integrationsvariable, bezeichnet. Die Hauptsache sind die Grenzen des Integrals. Diese Grenzen braucht man zur Herstellung der Näherungssumme (4). Sie lassen den Spielraum der Integrationsvariablen erkennen. Man könnte, da es auf die Benennung der Integrationsvariablen nicht ankommt, sogar schreiben

$$\int_a^a f(\cdot)\, d\,\cdot\,,$$

also die Integrationsvariable nur durch einen Punkt andeuten. Auf alle Fälle sollte man sich an den Grundsatz halten, niemals die Integrationsvariable mit einem Buchstaben zu bezeichnen, den man zur Benennung einer Integralgrenze verwendet hat. Man darf also ein von a bis x erstrecktes Integral nie in der Form schreiben

$$\int_a^x f(x)\, dx,$$

wie es leider noch häufig geschieht. Hier muß man schon die Integrationsvariable, wenn man sie nicht durch einen Punkt andeuten will, z oder u oder irgendwie anders nennen.

Wenn man in einem Stetigkeitsintervall der Funktion f eine feste Stelle x_0 und eine beliebige andere Stelle x wählt, so ist das Integral

$$\int_{x_0}^x f(\cdot)\, d\,\cdot \tag{9}$$

eine Funktion von x. Zu jedem Wert von x in dem erwähnten Intervall gehört in der Tat ein bestimmter Integralwert. Wir wollen diese Funktion (9) mit $F(x)$ bezeichnen und näher untersuchen. Nach (6′) und (7) ist

$$F(x+h) - F(x) = \int_{x_0}^{x+h} - \int_{x_0}^{x} = \int_{x}^{x+h}\,.$$

Bezeichnet man nun mit $f(\xi)$ und $f(\xi^*)$ die äußersten Funktionswerte im Intervall $x \cdots x+h$, so liegt das Integral $\int_x^{x+h} f(\cdot)\, d\,\cdot$ zwischen den Grenzen $hf(\xi)$ und $hf(\xi^*)$, also der Differenzenquotient

$$\frac{F(x+h) - F(x)}{h} \tag{10}$$

zwischen $f(\xi)$ und $f(\xi^*)$. Bei hinschwindendem h konvergiert $x+h$ nach x und ξ, ξ^* werden mitgerissen. Wegen der Stetigkeit von f streben dann $f(\xi)$ und $f(\xi^*)$ beide nach $f(x)$. Der zwischen $f(\xi)$ und $f(\xi^*)$ enthaltene Differenzenquotient (10) muß also ebenfalls nach $f(x)$ konvergieren, d. h. es wird bei hinschwindendem h

$$\lim \frac{F(x+h)-F(x)}{h} = f(x).$$

Das Integral (9) hat also, als Funktion von x betrachtet, die Ableitung $f(x)$. Die Ableitung eines Integrals nach der oberen Grenze ist der Wert des „Integranden" f an dieser Grenze. Erinnert man sich an die Beziehung

$$\int_x^{x_0} f(\cdot)\,d\cdot = -\int_{x_0}^{x} f(\cdot)\,d\cdot,$$

so ergibt sich, daß die Ableitung eines Integrals nach der unteren Grenze dem negativen Wert des Integranden an dieser Grenze gleichkommt.

Hiermit ist eine grundlegende Eigenschaft der Integrale aufgedeckt. Das von x_0 bis x erstreckte Integral der stetigen Funktion f hat sich als Stammfunktion von f erwiesen. Kennt man nun aus dem Vorrat der Differentiationsergebnisse irgendeine Stammfunktion $G(x)$ von f, so weiß man, daß

$$\int_{x_0}^{x} f(\cdot)\,d\cdot = G(x) + C \tag{11}$$

ist. Zwei Stammfunktionen haben nämlich, wie wir wissen, eine konstante Differenz. Da nun das Integral (11) für $x = x_0$ verschwindet, weil $\int_{x_0}^{x_0} = 0$ ist, so ergibt sich, daß

$$0 = G(x_0) + C$$

sein muß, also $C = -G(x_0)$ und daher

$$\int_{x_0}^{x} f(\cdot)\,d\cdot = G(x) - G(x_0). \tag{11*}$$

Wir können also das Integral sofort berechnen, wenn uns eine Stammfunktion des Integranden bekannt ist. Diese Methode der Integralberechnung nennt man die Methode der Stammfunktion. Sie führt in vielen Fällen zum Ziele. Es gibt aber auch, wie wir sehen werden, schon verhältnismäßig einfach aussehende Integrale, die ihr Trotz bieten. Z. B. wird man im Falle des Integrals

$$\int_{x_0}^{x} \frac{du}{\sqrt{1+u^4}}$$

unter den elementaren Funktionen vergeblich nach einer Stammfunktion suchen.

§ 9. Das Problem der Rektifikation.

Archimedes hat den Weg gewiesen, auf dem man das Problem der Bogenbestimmung oder Rektifikation zu behandeln hat. Von ihm rührt die Rektifikation des Kreises her. Das Verfahren läßt sich aber ohne weiteres auf andere Kurven übertragen.

Soll der über $a \cdots b$ liegende Bogen der Kurve $y = f(x)$ ausgemessen werden, so wird nach dem archimedischen Verfahren eine Zerlegung $\mathfrak{Z}$ von $a \cdots b$ in n Teilintervalle $x_{\nu-1} \cdots x_\nu$ durchgeführt, wie wir sie beim Quadraturproblem benutzten. Die über diesen Teilintervallen liegenden Sehnen bilden eine dem Kurvenbogen einbeschriebene Polygonlinie, deren Länge wir mit $l(\mathfrak{Z})$ bezeichnen wollen (vgl. Fig. 18). Zeigt es sich nun, daß bei unendlicher Verfeinerung der Zerlegung $\mathfrak{Z}$, also bei hinschwindenden Teilintervallen, $l(\mathfrak{Z})$ stets einem Grenzwert zustrebt, so wird dieser als die Länge des betrachteten Kurvenbogens definiert. Man kann sofort erkennen, daß $\lim l(\mathfrak{Z})$ unabhängig von der besonderen Art ist, wie man die unendliche Verfeinerung der Zerlegung durchführt. Wenn nämlich $l(\mathfrak{Z})$ stets einem Grenzwerte zustrebt, sobald $\mathfrak{Z}$ irgendeine ausgezeichnete Zerlegungsfolge durchläuft, so betrachte man zwei solche Folgen $\mathfrak{Z}_1, \mathfrak{Z}_2, \mathfrak{Z}_3, \ldots$ und $\tilde{\mathfrak{Z}}_1, \tilde{\mathfrak{Z}}_2, \tilde{\mathfrak{Z}}_3, \ldots$ und bedenke, daß dann auch $\mathfrak{Z}_1, \tilde{\mathfrak{Z}}_1, \mathfrak{Z}_2, \tilde{\mathfrak{Z}}_2, \mathfrak{Z}_3, \tilde{\mathfrak{Z}}_3, \ldots$ eine solche Zerlegungsfolge und daher $l(\mathfrak{Z}_1), l(\tilde{\mathfrak{Z}}_1), l(\mathfrak{Z}_2), l(\tilde{\mathfrak{Z}}_2), \ldots$ eine konvergente Zahlenfolge ist. Da die Teilfolgen einer konvergenten Zahlenfolge alle demselben Grenzwert zustreben wie die Zahlenfolge selbst, so muß insbesondere

$$\lim l(\mathfrak{Z}_n) = \lim l(\tilde{\mathfrak{Z}}_n)$$

sein. Damit ist die Unabhängigkeit des Grenzwertes $\lim l(\mathfrak{Z})$ von der besonderen Art des Verfeinerungsprozesses nachgewiesen, dem die Zerlegung $\mathfrak{Z}$ unterworfen wird.

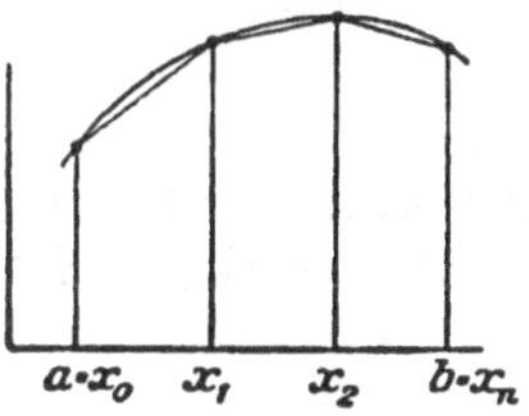

Fig. 18.

Die zur Zerlegung $\mathfrak{Z}$ gehörigen Sehnen haben die Längen

$$l_\nu = \sqrt{(x_\nu - x_{\nu-1})^2 + \{f(x_\nu) - f(x_{\nu-1})\}^2}.$$

Nehmen wir an, daß $f'(x)$ existiert, so ist nach dem Mittelwertsatz

$$f(x_\nu) - f(x_{\nu-1}) = (x_\nu - x_{\nu-1})\, f'(\xi_\nu),$$

wobei ξ_ν zwischen $x_{\nu-1}$ und x_ν liegt. Es wird also

$$l(\mathfrak{Z}) = \Sigma l_\nu = \Sigma (x_\nu - x_{\nu-1}) \sqrt{1 + \{f'(\xi_\nu)\}^2}$$

und, wenn man

$$\varphi(x) = \sqrt{1 + \{f'(x)\}^2}$$

setzt,

$$l(\mathfrak{Z}) = \Sigma (x_\nu - x_{\nu-1})\, \varphi(\xi_\nu).$$

Solche Ausdrücke sind uns beim Quadraturproblem begegnet. Wir wissen, daß

$$\lim l(\mathfrak{Z}) = \int_a^b \varphi(x)\, dx$$

ist, sobald sich $\varphi(x)$ im Intervall $a \cdots b$ stetig verhält. Der über $a \cdots b$ liegende Bogen der Kurve $y = f(x)$ hat also die Länge

$$(1) \qquad \int_a^b \sqrt{1 + \{f'(x)\}^2}\, dx.$$

Das Rektifikationsproblem ist hiermit auf das Quadratproblem reduziert.

Über die Stetigkeit von $\varphi(x)$ sei noch folgendes gesagt: Wenn wir annehmen, daß $f'(x)$ im geschlossenen Intervall $a \cdots b$ stetig ist, so gilt dasselbe von $\varphi(x)$. Man hat nämlich

$$\varphi(x) - \varphi(x_0) = \sqrt{1 + \{f'(x)\}^2} - \sqrt{1 + \{f'(x_0)\}^2}$$
$$= \frac{\{f'(x)\}^2 - \{f'(x_0)\}^2}{\sqrt{1 + \{f'(x)\}^2} + \sqrt{1 + \{f'(x_0)\}^2}}$$

und erkennt sofort, da der Nenner größer als 2 ist, daß $\varphi(x) - \varphi(x_0)$ zwischen 0 und $\frac{1}{2}[\{f'(x)\}^2 - \{f'(x_0)\}^2]$ liegt. Im Falle $x \to x_0$ wird nun $\lim f'(x) = f'(x_0)$, weil wir $f'(x)$ als stetig voraussetzen. Folglich wird $\lim \{f'(x)\}^2 = \{f'(x_0)\}^2$, also $\lim [\{f')x)\}^2 - \{f'(x_0)\}^2] = 0$, mithin $\lim \varphi(x) = \varphi(x_0)$.

Bei der Parabel $y = \frac{x^2}{2p}$ ist $f'(x) = \frac{x}{p}$. Daher wird der über $0 \cdots x$ liegende Parabelbogen die Länge

$$\int_0^x \sqrt{1 + \frac{u^2}{p^2}}\, du \tag{2}$$

haben. Wir wollen versuchen, dieses Integral nach der Methode der Stammfunktion zu berechnen, d. h. wir wollen eine Funktion $G(u)$ ermitteln, die das Differential

$$dG(u) = \sqrt{1 + \frac{u^2}{p^2}}\, du \tag{3}$$

hat. Hierbei wird uns der Leibnizsche Fundamentalsatz gute Dienste leisten. Nach diesem Satze bleibt die Beziehung (3) bestehen, wenn man statt u eine neue Variable einführt. Setzen wir nun $u = p\,sh\,v$, so wird auf Grund der Relation $ch^2 v - sh^2 v = 1$

$$\sqrt{1 + \frac{u^2}{p^2}} = ch\, v.$$

Ferner wird $du = p\,ch\,v\,dv$, also

$$dG = p(ch v)^2\, dv = p\left(\frac{e^v + e^{-v}}{2}\right)^2 dv$$
$$= \frac{p}{4}(e^{2v} + e^{-v} + 2)\, dv.$$

Dieser Ausdruck ist offenbar das Differential von

$$\frac{p}{8}(e^{2v} - e^{-2v} + 4v). \tag{4}$$

Kehren wir nun zur Variablen u zurück, so muß nach dem Leibnizschen Theorem eine Funktion $G(u)$ mit der Eigenschaft (3) herauskommen. Da

$$ch\,v\,sh\,v = \frac{e^v + e^{-v}}{2} \cdot \frac{e^v - e^{-v}}{2} = \frac{e^{2v} - e^{-2v}}{4}$$

ist, so läßt sich der Ausdruck (4) in der Form schreiben

$$\frac{p}{2}\, ch\, v\, sh\, v + \frac{p}{2}\, v \tag{4'}$$

oder

$$\frac{u}{2}\sqrt{1+\frac{u^2}{p^2}}+\frac{p}{2}\,\mathrm{ar}\,sh\left(\frac{u}{p}\right).$$

Man kann durch Differentiation bestätigen, daß diese Funktion tatsächlich das Differential (3) hat. Ihr Zuwachs beim Übergange von $u = 0$ zu $u = x$ ist gleich dem Integral (2). Der hier betrachtete Parabelbogen hat also die Länge

$$\frac{x}{2}\sqrt{1+\frac{x^2}{p^2}}+\frac{p}{2}\,\mathrm{ar}\,sh\left(\frac{x}{p}\right).$$

Sachregister.

MATHEMATIK

VERLAG WALTER DE GRUYTER & CO. / BERLIN W 10 UND LEIPZIG

Zeitschriften, Sammelwerke

Journal für die reine und angewandte Mathematik. Gegründet von A. L. CRELLE 1826. Herausgegeben von K. HENSEL, H. HASSE, L. SCHLESINGER. Wissenschaftlicher Beirat: H. Brandt, M. Dehn, G. Doetsch, A. Fraenkel, O. Haupt, F. Hausdorff, E. Hellinger, G. Kowalewski, H. Rademacher, K. Reidemeister, A. Rosenthal, C. Schaefer, W. Schmeidler, F. Schottky, O. Toeplitz. Band 1—140 Preise auf Anfrage, Band 141—144 je RM 16.—, Band 145—147 je RM 12.—, Band 148—151 je RM 10.—, Band 152 RM 12.—, Band 153 RM 17.50, Band 154 RM 30.—, Band 155—156 je RM 36.—, Band 157 u. 158 (Jubiläumsband I/II), Band 159—166 je RM 36.—, Band 167 RM 56.—, Band 168 RM 36.—, Band 169 RM 35.—.

Das von A. L. Crelle gegründete „Journal für die reine und angewandte Mathematik" darf auf eine über hundertjährige Vergangenheit zurückblicken. Seit seiner Gründung im Jahre 1826 wurde es der Sammelplatz für die Arbeiten der großen Männer, welche seit dieser Zeit der Mathematik einen neuen Aufschwung gaben.

Jahrbuch über die Fortschritte der Mathematik. Gegründet von CARL OHRTMANN und FELIX MÜLLER, fortgeführt von EMIL LAMPE, ARTHUR KORN, LEON LICHTENSTEIN. Herausgegeben ab Band 51 von der Preußischen Akademie der Wissenschaften. Schriftleiter: Georg Feigl. Band 1—57: Jahrgang 1868—1931. Band 1—44 (1868—1913) Preise auf Anfrage, Band 45 (1914/15) RM 75.—, Band 46 (1916/18) RM 92.—, Band 47 (1919/20) RM 74.—, Band 48 (1921/22) RM 121.—, Band 49 (1923) RM 77.—, Band 50 (1924) RM 78.—, Band 51 (1925) RM 100.—, Band 53 (1927) RM 117.—, Band 54 (1928) RM 135.—, Band 55, 1. Halbband (1929 I) RM 65.—. In Bearbeitung: Band 52 (1926), Band 55, 2. Halbband (1929 II), Band 56 (1930), Band 57 (1931).

Das „Jahrbuch über die Fortschritte der Mathematik" bringt eingehende Besprechungen sämtlicher periodischen und nichtperiodischen Neuerscheinungen auf dem Gebiete der reinen Mathematik, Mechanik, Relativitätstheorie, Astronomie und mathematischen Physik. Auch die Geschichte und Philosophie der Mathematik wie die Fragen der Didaktik finden sorgfältige Berücksichtigung.

Das Jahrbuch kann ab Band 51 (1925) nicht nur als Ganzes, sondern auch in einzelnen Sonderheften bezogen werden. Jedes Sonderheft umfaßt einen oder zwei der Hauptabschnitte des Jahrbuchs. Es erscheinen folgende Sonderhefte: I. Geschichte, Philosophie, Pädagogik; Mengenlehre. II. Arithmetik und Algebra. III. Analysis. IV. Geometrie. V. Angewandte Mathematik. — Preise auf Anfrage.

Revue semestrielle des publications mathématiques vereenigd met Jahrbuch über die Fortschritte der Mathematik uitgegeven door de Preußische Akademie der Wissenschaften met bijzondere medewerking van het Wiskundig Genootschap te Amsterdam. Redactie: Georg Feigl, Hendrik de Vries. Band 37 (Jahrgang 1932), Band 38 (Jahrgang 1933) je RM 12.—, Band 1—36 Preise auf Anfrage.

Mit Beginn des Jahres 1932 wurden das „Jahrbuch über die Fortschritte der Mathematik" und die „Revue semestrielle des publications mathématiques" zu einer deutsch-niederländischen Publikation vereinigt. Die Ausgabe erfolgt in zwei Teilen, die auch einzeln bezogen werden können, und zwar unter den Titeln

Revue semestrielle des publications mathématiques vereenigd met Jahrbuch über die Fortschritte der Mathematik uitgegeven door de Preußische Akademie der Wissenschaften met bijzondere medewerking van het Wiskundig Genootschap te Amsterdam. Redactie Georg Feigl, Hendrik de Vries. Revue semestrielle des publications mathématiques.

Jahrbuch über die Fortschritte der Mathematik vereinigt mit Revue semestrielle des publications mathématiques herausgegeben von der Preußischen Akademie der Wissenschaften unter besonderer Mitwirkung der Wiskundig Genootschap te Amsterdam. Schriftleiter Georg Feigl, Hendrik de Vries. Jahrbuch über die Fortschritte der Mathematik.

Die »Revue semestrielle« hat die Aufgabe, schnellstens einen Überblick über die in Betracht kommenden Veröffentlichungen zu geben, und erscheint dementsprechend, statt wie bisher halbjährlich, in Zweimonatsheften. Sie enthält ein nach Zeitschriften geordnetes Verzeichnis der in den einschlägigen Zeitschriften erschienenen Arbeiten, falls nötig mit verdeutlichenden Untertiteln, sowie ein Titelverzeichnis der erschienenen Bücher und ein Titelverzeichnis der erschienenen Buchbesprechungen; bei jedem Titel wird die Gebietsmarke des »Jahrbuchs« und der »Revue semestrielle« angegeben. Der Preis dieses Teils ist so niedrig bemessen, daß auch Privatpersonen sich die Anschaffung nicht zu versagen brauchen. Er beträgt jährlich RM 12.—. Das »Jahrbuch« enthält in der bisher üblichen Form die Referate.

C. W. Borchardts gesammelte Werke. Auf Veranlassung der Königl. Preuß. Akademie der Wissenschaften herausg. von G. HETTNER. Mit dem Bildnis Borchardts. Quart. IX, 511 Seiten. 1888. RM 17.—.

G. Lejeune Dirichlets Werke. Herausg. auf Veranlassung der Königl. Preuß. Akademie der Wissenschaften von L. KRONECKER. 2 Bände. Quart. 1. Band. Mit Dirichlets Bildnis. X, 644 Seiten. 1889. RM 21.—. 2. Band. Fortgesetzt von L. Fuchs. X, 422 Seiten. 1897. RM 18.—

Carl Gustav Jakob Jacobi, Gesammelte Werke. Auf Veranlassung der Königl. Preuß. Akademie der Wissenschaften. Quart. 1. Band. Herausg. von C. W. BORCHARDT. Mit dem Bildnis Jacobis. X, 546 Seiten. 1881. 2.—7. Band. Herausg. von K. WEIERSTRASS. 1882—1891. Preise auf Anfrage.

J. L. Lagrange, Mathematische Werke. Deutsch herausg. von A. L. CRELLE. 3 Bände. Oktav. 1. Band. Die Theorie der analytischen Funktionen. CXXVIII, 694 S. 1823. 2. Band. Vorlesungen über die Functionen-Rechnung. XXII, 1023 S. 1823. 3. Band. Theorie der Gleichungen. XVI, 552 Seiten. 1824. Preise auf Anfrage. Band 3 ist vergriffen.

Jacob Steiner, Gesammelte Werke. Auf Veranlassung der Königl. Preuß. Akademie der Wissenschaften herausg. von K. WEIERSTRASS. 2 Bände. Oktav. 1. Band. Mit 44 Figurentafeln und Steiners Bildnis. VIII, 527 S. 1881. RM 16.—, 2. Band. Mit 23 Figurentafeln. X, 743 Seiten. 1882. RM 18.—.

Festschrift zur Feier des 20jährigen Bestehens der Calcutta Mathematical Society. Groß-Oktav. VIII, 310 Seiten. 1930. Geb. RM 20.—.

Dieser stattliche Festband enthält 27 wertvolle Beiträge hervorragender Mathematiker aus Amerika, Deutschland, Frankreich, Großbritannien, Japan, Indien, Italien, Österreich, Polen, Rußland, der Schweiz und Ungarn.

Geschichte, Tafelwerke, Allgemeines

Geschichte der Mathematik. Von Oberstud.-Dir. Dr. H. WIELEITNER. 2 Bde. I: Von den ältesten Zeiten bis zur Wende des 17. Jahrhunderts. 136 Seiten. 1922. II: Von 1700 bis zur Mitte des 19. Jahrhunderts. 154 Seiten. 1923. (Samml. Göschen Bd. 226, 875.) Geb. je RM 1.62.

Geschichte der Mathematik. I. Teil: Von den ältesten Zeiten bis Cartesius. Von Professor Dr. S. GÜNTHER in München. Mit 56 Figuren. VIII, 428 Seiten. Neudruck 1927. (Sammlung Schubert Bd. XVIII.) Geb. RM 17.40.

II. Teil: Von Cartesius bis zur Wende des 18. Jahrhunderts. Von Oberstudiendirektor Dr. H. WIELEITNER in München. 1. Hälfte: Arithmetik, Algebra, Analysis. Mit 6 Figuren. VIII, 251 Seiten. 1911. (Sammlung Schubert Bd. LXIII.) Geb. RM. 8.40 2. Hälfte: Geometrie und Trigonometrie. Mit 13 Fig. VI, 222 Seiten. 1921. (Sammlung Schubert Bd. LXIV.) Geb. RM 3.50.

„Es zeigt sich auch in diesem Buche wieder die große Meisterschaft des Verfassers in der zielbewußten Auswahl und klaren, anregenden Darstellung eines großen Stoffes, die auch seine anderen größeren Kompendien auszeichnet.“ *Monatshefte für Mathematik und Physik.*

Geschichte der Elementar-Mathematik in systematischer Darstellung. Von Professor Dr. JOHANNES TROPFKE, ehem. Direktor der Kirschner-Oberrealschule zu Berlin. Lex.-Oktav. Band 1: Rechnen. VII, 222 Seiten. 3. Aufl. 1930. RM 12.—, geb. RM 13.20. Band 2: Allgemeine Arithmetik. IV, 266 Seiten. 3. Aufl. 1933. RM 12.—, geb. RM 13.20. Band 3: Proportionen, Gleichungen. IV, 151 Seiten, 2. Aufl. 1922. RM 6.—, geb. RM 7.—. Band 4: Ebene Geometrie. IV, 240 Seiten. 2. Aufl. 1922. RM 9.—, geb. RM 10.—. Band 5: I. Ebene Trigonometrie. II. Sphärik und sphärische Trigonometrie. IV, 185 Seiten. 2. Aufl. 1923. RM 7,50, geb. RM 8,50. Band 6: Analysis, Analytische Geometrie. IV, 169 S. 2. Aufl. 1924. RM 7.—, geb. RM 8.—. Band 7: Stereometrie. Verzeichnisse. V, 128 Seiten, 2. Aufl. 1924. RM 6.50, geb. RM 7.50.

„Dem Verfasser gebührt unser Dank für sein die neuesten Ergebnisse historischer Forschungen berücksichtigendes, durch Vollständigkeit und Klarheit sich auszeichnendes Werk. Es verdient seinen Platz im Bücherschrank eines jeden Mathematikers." Naturwissenschaften.

Mathematische Forschung in den letzten Jahren. Rede, gehalten am 31. Januar 1921 vor der Mathematischen Gesellschaft Benares von deren Vorsitzendem GANESH PRASAD. Aus dem Englischen übersetzt von Dr. FRIEDRICH LANGE. Groß-Oktav. 37 Seiten. 1923. RM 0.80.

In leichtverständlicher Darstellung berichtet der Verfasser über den Aufbau der Theorie der Integralgleichungen und ihre Anwendungen, die Erforschung der Grundlagen der mathematischen Physik, die Verallgemeinerung des Begriffs der konvergenten Reihen und die Entwicklung der modernen Relativitätstheorie.

Dasselbe in englischer Sprache. 1923. RM 0.80.

Neue Rechentafeln. Für Multiplikation und Division mit allen ein- bis vierstelligen Zahlen. Herausgegeben von Professor Dr. J. PETERS, Observator am Astronomischen Recheninstitut. Folio-Format. VI, 378 Seiten. 1909. Geb. RM 20.—. Diese Rechentafeln von Peters sind auch in französischer und englischer Ausgabe zu haben. Je geb. RM 20.—.

Dr. A. L. Crelles Rechentafeln, welche alles Multiplizieren und Dividieren mit Zahlen unter Tausend ganz ersparen, bei größeren Zahlen aber die Rechnung erleichtern und sicherer machen. Neue Ausgabe. Besorgt von O. SEELIGER. Mit Tafeln der Quadrat- u. Kubikzahlen von 1—1000. VII, 501 Seiten. Folio. Geb. RM 26.—. Diese Rechentafeln von Crelle liegen auch in englischer und französischer Ausgabe vor. Je geb. RM 26.—.

Fünfstellige Logarithmen. Mit mehreren graphischen Rechentafeln und häufig vorkommenden Zahlwerten. Von Regierungsrat Professor A. ADLER. Zweite Aufl. 117 Seiten u. 1 Tafel. 1929. (Samml. Göschen Bd. 423.) Geb. RM 1.62.

Der Band enthält die gemeinen Logarithmen der ganzen Zahlen bis 1000, die der goniometrischen Funktionen, die wirklichen Werte dieser Funktionen und die Reihe der mathematischen, physikalischen und astronomischen Hilfstafeln, wie sie fünfstelligen Logarithmentafeln gewöhnlich beigegeben sind.

Fünfstellige Logarithmentafeln der trigonometrischen Funktionen für jede Zeitsekunde des Quadranten. Herausgegeben von Prof. Dr. J. PETERS, Observator am Astronomischen Recheninstitut. Lex.-Oktav. IV, 82 Seiten. 1912. RM 6.—, geb. RM 7.—.

In den vorliegenden Tafeln bietet der Herausgeber, unter Benutzung des wertvollen Materials, das ihm als Resultat der mit J. Bauschinger ausgeführten Bearbeitung der achtstelligen Tafeln der trigonometrischen Funktionen zur Verfügung stand, der rechnenden Astronomie ein Hilfsmittel von großem Nutzen.

Vollständige logarithmische und trigonometrische Tafeln. Von Professor Dr. E. F. AUGUST, weiland Direktor des Köllnischen Realgymnaisums, Berlin. Neunundvierzigste Auflage in der Bearbeitung von Dr. F. AUGUST, weiland Prof. a. d. Artillerie- u. Ingenieur-Schule, Berlin. Oktav. VII, 204 S. 1931. Geb. RM 2.—.

„Die Anordnungen des Zahlenmaterials in den Tafeln, der klare Druck, handliches Format und gediegene Ausstattung empfehlen das Buch allein." Allgemeine Vermessungs-Nachrichten.

Vierstellige Tafeln und Gegentafeln für logarithmisches und trigonometrisches Rechnen in zwei Farben zusammengestellt. Von Professor Dr. HERMANN SCHUBERT. Neue Ausgabe von Dr. ROBERT HAUSSNER, o. ö. Professor a. d. Universität Jena. 175 S. Neudruck 1926. (Samml. Göschen Bd. 81.) Geb. RM. 1.62.

„Die vierstelligen Logarithmen sind in der Form recht handlich und gefällig. Besonders zu empfehlen sind die Tafeln für Schulen, wo es von Vorteil ist, die Lernenden nicht mit umfangreichen Büchern zu belasten." Zeitschrift d. Österr. Ingenieur- und Architekten-Vereins.

Vierstellige Logarithmentafeln. Von Dr. MAX ZACHARIAS, Studienrat am Vereinigten Friedrichs- und Humboldt-Gymnasium in Berlin, und Dr. PAUL METH, Studienrat a. d. Herderschule in Charlottenburg. Groß-Oktav. 44 Seiten. 1927. Geb. RM. 1.50.

„Diese Logarithmentafel zeichnet sich durch übersichtliche Anordnung und Reichtum des Gebotenen aus." Deutsche Schulzeitung in Polen.

Logarithmische Rechentafeln für Chemiker, Pharmazeuten, Mediziner und Physiker. Gegründet von Professor Dr. F. W. KÜSTER †. Für den Gebrauch im Unterrichtslaboratorium und in der Praxis berechnet sowie mit Erläuterungen versehen. Nach dem gegenwärtigen Stande der Forschung bearbeitet von Dr. A. THIEL, o. ö. Professor der physikalischen Chemie, Direktor des Physik.-Chem. Instituts der Universität Marburg. Fünfunddreißigste bis vierzigste, verbesserte und vermehrte Auflage. Oktav. 188 Seiten und eine Tafel. 1929. Geb. RM 6.75.

„Die wohl allseitig bekannten Küsterschen Rechentafeln sind dem Chemiker, der sich ihrer einmal bedient hat, zum ungern entbehrten Werkzeug geworden, das sich in seiner bewährten Anordnung des Stoffes zu einem wirklich nützlichen und fast notwendigen Hilfsbuch entwickelt hat. Die Neuauflage erscheint wie üblich nach dem neuesten Stande der Forschung." Zeitschrift für angewandte Chemie.

Fünfstellige Tafeln der Kreis- und Hyperbelfunktionen sowie der Funktionen e^x und e^{-x} mit den natürlichen Zahlen als Argument. Von Dr.-Ing. KEIICHI HAYASHI, Professor an der Kaiserlichen Kyushu-Universität Fukuoka-Hakosaki, Japan. Oktav. IV, 182 Seiten. Neudruck 1931. RM 9.—.

„Der bekannte japanische Verfasser hat aus der Notwendigkeit, die Werte beider Funktionsarten gleichzeitig zur Verfügung zu haben, Tafeln berechnet, in denen nicht nur die Hyperbelfunktionen, sondern auch die Kreisfunktionen mit verschieden großen Abstufungen, auf fünf Dezimalstellen angewendet sind. Die Anordnung dieser Tafeln ist äußerst praktisch, Druck und Papier sind ausgezeichnet, so daß die Benutzung sich bequem und einfach gestaltet. Für alle, die zahlenmäßige Rechnungen mit den genannten Funktionen häufiger auszuführen haben, ist der Gebrauch der Tafeln als praktisch und zeitsparend zu empfehlen." Zeitschrift des Vereins Deutscher Ingenieure.

Mathematische Formelsammlung. Von Professor O. TH. BÜRKLEN †. Vollständig umgearbeitete Neuausgabe von Dr. F. RINGLEB. Mit 38 Figuren. Zweite, verbesserte Aufl. 256 Seiten. 1931. (Sammlung Göschen Bd. 51.) Geb. RM. 1.62.

Die neue Auflage ist um die Abschnitte über Zahlentheorie und Differentialgleichungen wesentlich erweitert.

Mathematische Mußestunden. Eine Sammlung von Geduldspielen, Kunststücken und Unterhaltungsaufgaben mathematischer Natur. Von Professor Dr. HERMANN SCHUBERT. Vierte Auflage, neubearbeitet von Professor Dr. F. FITTING, München-Gladbach. Oktav. 245 Seiten. 1924. Geb. RM 6.—.

„Das kleine, auch äußerlich hübsch ausgestattete Buch wird allen Lesern Freude machen, und insbesondere der Lehrer wird in ihm eine Fülle von Anregungen für den Unterricht vorfinden. Wir empfehlen die ‚Mußestunden' allgemeiner Beachtung." Zeitschrift für das Realschulwesen.

Lehrbuch der Mathematik für Studierende der Naturwissenschaften und der Technik. Eine Einführung in die Differential- und Integralrechnung und in die analytische Geometrie. Von Dr. GEORG SCHEFFERS, Geh. Regierungsrat, Prof. a. d. Techn. Hochschule Charlottenburg. Mit 438 Figuren. Sechste, verbesserte Auflage. Neue Ausgabe. Lexikon-Oktav. VIII, 743 Seiten. 1932. Geb. RM 15.—.

Dieses vor allem für Studierende der Naturwissenschaften und der Technik geschriebene Lehrbuch ist in erster Linie für den Selbstunterricht bestimmt und geht daher von dem denkbar geringsten Maß von Vorkenntnissen aus: der Leser braucht nur im Buchstabenrechnen, in der Auflösung von Gleichungen ersten Grades mit einer Unbekannten und in der niederen Geometrie bewandert zu sein.

Arithmetik und Algebra

Arithmetik nebst Gleichungen 1. und 2. Grades. Von Professor Dr. HERMANN SCHUBERT. Dritte Auflage, neubearbeitet von Professor P. B. FISCHER, Studienrat am Gymnasium zu Berlin-Steglitz. Mit 5 Figuren. 132 Seiten. 1923. (Sammlung Göschen Bd. 47.) Geb. RM 1.62.

Die neue Bearbeitung des vorliegenden Bandes ist durch einen Abschnitt über Kombinatorik bereichert.

Elementare Algebra. Von Professor P. B. FISCHER, Studienrat am Gymnasium zu Berlin-Steglitz. Mit 20 Figuren. 149 Seiten. 1926. (Samml. Göschen Bd. 930.) Geb. RM 1.62.

„Der erste Teil des Bandes behandelt die allgemeine Theorie der algebraischen Gleichungen, der zweite besondere Gleichungen und Lösungsverfahren. Dem Text sind gut gewählte Zahlensbeispiele beigegeben." *Allgem. Vermessungs-Nachrichten.*

Einführung in die Axiomatik der Algebra. Von Dr. H. BECK, o. Professor an der Universität Bonn. 1926. X, 198 Seiten. (Göschens Lehrbücherei Bd. 6.) RM 9.—, geb. RM 10.50.

Das vorliegende Buch enthält im wesentlichen den Stoff einer an der Bonner Universität gehaltenen Anfängervorlesung; es erschöpft sich nicht in axiomatischen Dingen, sondern bringt darüber hinaus eine Reihe anderer Gebiete, die der Studierende braucht.

Lehrbuch der Algebra. Von Dr. ALFRED LOEWY, o. Professor an der Universität in Freiburg i. Br. I. Teil: Grundlagen der Arithmetik. Groß-Oktav. VI, 398 Seiten. 1915. RM 12.—, geb. RM 13.20.

Algebra I: Die Grundlagen. Von Dr. OSKAR PERRON, o. ö. Professor an der Universität München. Zweite, verbesserte Auflage. Mit 4 Figuren. 1932. VIII, 301 Seiten. (Göschens Lehrbücherei Bd. 8.) Geb. RM 11.50.

Algebra II: Theorie der algebraischen Gleichungen. Von Dr. OSKAR PERRON, o. ö. Professor an der Universität München. Zweite, verbesserte Auflage. Mit 5 Figuren. 1933. VIII, 261 Seiten. (Göschens Lehrbücherei Bd. 9.) Geb. RM 9.50.

Band I enthält die Grundbegriffe, es folgt ein Kapitel über den polynomischen und den Taylorschen Satz und der für den Ingenieur wichtige Abschnitt über Determinanten. Anschließend folgen Kapitel über symmetrische Funktionen, Teilbarkeit und über die Existenz von Wurzeln. Band II ist der Gleichungstheorie gewidmet.

Höhere Algebra. Von Dr. HELMUT HASSE, o. ö. Professor der Mathematik an der Universität Marburg. I: Lineare Gleichungen. Zweite, verbesserte Auflage. 160 Seiten. 1933. (Samml. Göschen Bd. 931.) Geb. RM 1.62. II: Gleichungen höheren Grades. 160 Seiten. 1927. (Samml. Göschen Bd. 932.) Geb. RM 1.62.

„Es ist dem Verfasser gelungen, in engstem Rahmen das Gebäude der allgemeinen Algebra vor den Augen des Lesers aufzurichten, einer Algebra, die auf dem Fundament der Definitionen der Ringe, Körper und Integritätsbereiche aufgebaut ist." *Zeitschrift für mathem. und naturw. Unterr.*

Algebraische Theorie der Körper. Von Professor Dr. ERNST STEINITZ. Neu herausgegeben, mit Erläuterungen und einem Anhang: Abriß der Galoisschen Theorie versehen von Dr. REINHOLD BAER u. Professor Dr. HELMUT HASSE. Oktav. 134 Seiten und 27 Seiten Erläuterungsheft. 1930. RM 9.—, geb. RM 10.20.

Praxis der Gleichungen. Von Dr. C. RUNGE, Professor an der Universität Göttingen. Zweite, verbesserte Auflage. Mit 8 Figuren. 1921. V, 172 Seiten. (Göschens Lehrbücherei Bd. 2.) RM 6.—, geb. RM 7.—

Eine erschöpfende Darstellung der Verfahren zur numerischen Auswertung der linearen und nichtlinearen Gleichungen mit einer und mehreren Unbekannten. Dient das Werk auch in erster Linie den Bedürfnissen des praktischen Rechnens, so findet doch auch der Lehrer viele wertvolle Anregungen darin.

Beispielsammlung zur Arithmetik und Algebra. Von Professor Dr. HERMANN SCHUBERT. Vierte, neubearbeitete und erweiterte Auflage von Professor P. B. FISCHER, Studienrat am Gymnasium zu Berlin-Steglitz. Mit 8 Figuren. 139 Seiten. Neudruck. 1931. (Samml. Göschen Bd. 48.) Geb. RM 1.62.

Die bekannte Beispielsammlung zur Arithmetik und Algebra von H. Schubert erscheint hiermit in einer neuen Bearbeitung. Änderungen gegen die alten Auflagen sind neben unerheblichen Kürzungen und mehrfachen Verbesserungen insofern eingetreten, als die Aufgaben zur Algebra ganz erheblich erweitert wurden.

Gruppentheorie. Von Dr. LUDWIG BAUMGARTNER in München. Mit 8 Figuren. 120 Seiten. 1921. (Samml. Göschen Bd. 837.) Geb. RM 1.62.

Einführung in die Determinantentheorie einschließlich der Fredholmschen Determinanten. Von Dr. GERHARD KOWALEWSKI, o. Prof. an der Techn. Hochsch. in Dresden. Zweite, verb. Aufl. Gr.-Okt. IV, 304 S. 1925. RM 14.—, geb. RM 15.50.

„Die Kowalewskische Darstellung des umfangreichen Gebietes zeichnet sich durch die anschauliche Kraft und Klarheit der Sprache vor anderen aus. Die Beschäftigung mit diesem Buche gewährt neben dem wissenschaftlichen Gewinn einen reichen ästhetischen Genuß." *Schulwart.*

Determinanten. Von Studienrat Professor PAUL B. FISCHER. Dritte Auflage. 136 Seiten. 1932. (Samml. Göschen Bd. 402.) Geb. RM. 1.62.

Der in einer wesentlich umgearbeiteten Auflage vorliegende Band soll die Studierenden der Mathematik, Physik und technischen Wissenschaften in die Grundzüge der Determinanten einführen.

Zahlentheorie. Von Dr. KURT HENSEL, o. ö. Professor an der Universität Marburg. Groß-Oktav. XII, 356 Seiten. 1913. RM 10.—, geb. RM 12.—.

Grundlehren der neueren Zahlentheorie. Von Professor Dr. PAUL BACHMANN. Dritte, neu durchgesehene Auflage. Mit einem Geleitwort herausgegeben von Dr. ROBERT HAUSSNER, ord. Professor an der Universität Jena. Mit 10 Figuren. 1931. XVI, 252 Seiten. (Göschens Lehrbücherei Bd. 3.) RM 9.50, geb. RM 10.50

Der erste Abschnitt umfaßt die klassische Theorie der rationalen Zahlen, der zweite eine Einführung in die Theorie der algebraischen Zahlen, deren verschiedene Methoden am Beispiel des quadratischen Körpers zu einem harmonischen, in sich geschlossenen Bau zusammengefügt werden.

Synthetische Zahlentheorie. Von Dr. RUDOLF FUETER, o. Professor an der Universität Zürich. Zweite, verbesserte Auflage. 1925. VIII, 277 Seiten. (Göschens Lehrbücherei Bd. 4.) RM 10.—, geb. RM 12.—.

Die vorliegende zweite Auflage des bewährten Lehrbuches weist gegen die erste zahlreiche Änderungen und Ergänzungen auf.

Das Fermatproblem in seiner bisherigen Entwicklung. Von Professor Dr. PAUL BACHMANN. Oktav. VIII, 160 Seiten. 1919. RM 2.50.

In der vorliegenden Abhandlung gibt der Verfasser eine Übersicht von den Beweisverfahren und den Theorien, welche Euler, Legendre, Gauß, Dirichlet, Kummer und andere Forscher in ihren Studien über das allgemeine Fermatproblem angewandt und entwickelt haben.

Irrationalzahlen. Von Dr. OSKAR PERRON, o. ö. Professor an der Universität München. 1921. VIII, 186 Seiten. (Göschens Lehrbücherei Bd. 1.) RM 6.—, geb. RM 7.—.

Inhalt: Die Grundlagen — Der Begriff der Grenze — Potenzen und Logarithmen — Verschiedene Darstellungsformen irrationaler Zahlen — Approximation irrationaler Zahlen durch rationale — Algebraische und transzendente Zahlen.

Mengenlehre

Mengenlehre. Von Professor Dr. E. KAMKE. Mit 6 Figuren. 160 Seiten. 1928. (Samml. Göschen Bd. 999.) Geb. RM 1.62.

Der Band behandelt die grundlegenden Tatsachen der Mengenlehre, die für alle Zweige der Mathematik so große Bedeutung gewonnen hat. Die Definition der Menge erfolgt im Anschluß an Cantor. Besondere Vorkenntnisse werden nicht vorausgesetzt.

Mengenlehre. Von Dr. F. HAUSDORFF, o. Professor an der Universität Bonn. Zweite, neubearbeitete Auflage. Mit 12 Figuren. 1927. 285 Seiten. (Göschens Lehrbücherei Bd. 7.) Geb. RM 12.—, geb. RM 13.50.

Das Lehrbuch setzt beim Lesen keine höheren mathematischen Kenntnisse als die Anfangsgründe der Differential- und Integralrechnung, allerdings aber eine gewisse Schärfe des abstrakten Denkens voraus und wird von Studierenden in mittleren Semestern mit Erfolg gelesen werden können.

Analysis

Das Kontinuum. Kritische Untersuchungen über die Grundlagen der Analysis. Von Dr. HERMANN WEYL, o. Prof. d. Mathematik an der Universität Göttingen. Unveränderter Neudruck. 1932. V, 84 Seiten. RM 3.—.

Elementare Reihenlehre. Von Dr. HANS FALCKENBERG, Professor an der Universität Gießen. Mit 4 Figuren im Text. 136 Seiten. 1926. (Samml. Göschen Bd. 943.) Geb. RM. 1.62.

Das Bändchen will mehr bieten als das, was in jedem Lehrbuch der Infinitesimalrechnung über unendliche Reihen enthalten ist, und fügt deshalb z. B. der Erörterung über das Cauchysche Divergenz- und Konvergenzkriterium auch solche über das Raabesche, das logarithmische und das Gaußsche an.

Komplexe Reihen nebst Aufgaben über reelle und komplexe Reihen. Von Dr. HANS FALCKENBERG, Professor an der Universität Gießen. Mit 3 Figuren im Text. 140 Seiten. 1931. (Samml. Göschen Bd. 1027.) Geb. RM 1.62.

Fouriersche Reihen. Von Dr. W. ROGOSINSKI, a. o. Professor an der Universität Königsberg i. Pr. Mit 4 Figuren. 135 Seiten. 1930. (Samml. Göschen Bd. 1022.) Geb. RM 1.62.

Lebesguesche Integrale und Fouriersche Reihen. Von Dr. L. SCHLESINGER, o. Professor an der Universität Gießen, und Dr. A. PLESSNER. Groß-Oktav. VIII, 229 Seiten. 1926. RM 14.—, geb. RM 16.—.

„Das System ist so durchgeführt, daß fast keine Vorkenntnisse gefordert und trotzdem das volle Beherrschen des Materials erzielt werden kann." *Allgemeine Österr. Chemiker- u. Techniker-Zeitung.*

Niedere Analysis. Von Professor Dr. BENEDIKT SPORER. Mit 5 Figuren. Zweite, verbesserte Auflage. Sechster Abdruck. 179 Seiten. 1919. (Samml. Göschen Bd. 53.) Geb. RM 1.62.

Ohne den wissenschaftlichen Boden zu verlassen, war es das Bestreben des Verfassers, alle Ableitungen in den verschiedenen Kapiteln dieses umfangreichen Gebietes so einfach und verständlich wie möglich darzustellen und durch Beispiele klarer zu machen.

Differentialrechnung. Von Professor Dr. A. WITTING in Dresden. Mit 94 Figuren und 185 Beispielen. 191 Seiten. 1931. (Samml. Göschen Bd. 87.) Geb. RM 1.62.

Integralrechnung. Von Rektor Dr. FR. JUNKER. Mit 50 Figuren. Vierte Auflage. Neudruck. 132 Seiten. 1929. (Samml. Göschen Bd. 88.) Geb. RM 1.62.

„Die Bändchen sind eine wahre Hochschule des abstrakten Denkens, und sie genießen in Fachkreisen mit Recht das höchste Ansehen." *Magazin für Pädagogik.*

Repetitorium und Aufgabensammlung zur Differentialrechnung. Von Rektor Dr. FR. JUNKER. Vierte, verbesserte Auflage von Oberstudienrat Professor Dr. A. WITTING. Mit 47 Figuren im Text. 130 Seiten. 1928. (Samml. Göschen Bd. 146.) Geb. RM 1.62.

Der Band, der sich als vorzügliches Mittel zur Einübung der elementaren Sätze und Formeln der Differentialrechnung bewährt hat, erfuhr bei seiner Neuauflage eine bedeutende Verbesserung und Erweiterung.

Repetitorium und Aufgabensammlung zur Integralrechnung. Von Rektor Dr. FR. JUNKER. Mit 52 Figuren im Text. Dritte, verbesserte Auflage. Neudruck. 135 Seiten. 1929. (Samml. Göschen Bd. 147.) Geb. RM 1.62.

„Die reichhaltige Aufgabensammlung ist für den Selbstunterricht sehr geeignet. Das nützliche Büchlein wird weiterhin die verdiente große Verwendung finden." *Schweizer Pädagogische Zeitschrift.*

Lehrbuch der Differentialgleichungen. Von Dr. HEINRICH LIEBMANN, o. Prof. an der Universität Heidelberg. Groß-Oktav. VI, 226 Seiten. Mit 31 Figuren. 1901. RM 6.—, geb. RM 7.20.

Einführung in die Theorie der gewöhnlichen Differentialgleichungen auf funktionentheoretischer Grundlage. Von Dr. LUDW. SCHLESINGER, o. Professor an der Universität Gießen. Dritte, neubearbeitete Auflage. Groß-Oktav. VIII, 326 Seiten. 1922. RM 10.—, geb. RM 11.—.

Es war das Bestreben des Verfassers, durch die hier gegebene Darstellung die Theorie der Differentialgleichungen auch denjenigen leichter zugänglich zu machen, die es mit den Anwendungen der Analysis zu tun haben.

Gewöhnliche Differentialgleichungen. Von Professor Dr. G. HOHEISEL. Zweite, verbesserte Auflage. 159 Seiten. 1930. (Samml. Göschen Bd. 920.) Geb. RM 1.62.

Der Band beginnt mit einer elementar gehaltenen Einführung in die Theorie der gewöhnlichen Differentialgleichungen, geht aber in den späteren Teilen über die Anfangsgründe hinaus. Bei der Auswahl des Stoffes wurden Gegenstände, welche Anwendungen zulassen, bevorzugt.

Gewöhnliche Differentialgleichungen. Von Dr. J. HORN, o. Professor an der Technischen Hochschule Darmstadt. Zweite, völlig umgearb. Auflage. Mit 4 Fig. 1927. VIII, 197 Seiten. (Göschens Lehrbücherei Bd. 10.) RM 9.—, geb. RM 10.50.

Inhalt: Elementare Integrationsmethoden, Existenzbeweise, Methode der schrittweisen Annäherung, numerische und graphische Näherungsmethoden, lineare Differentialgleichungen, elementare Integrationsmethoden und weitere Untersuchungen im reellen Gebiet, Existenzbeweise im komplexen Gebiet, Abhängigkeit der Lösungen von Parametern und Anfangswerten, Singularitäten nichtlinearer Differentialgleichungen.

Elliptische Funktionen. Von Dr. R. KÖNIG, o. Professor der Mathematik an der Universität Jena, und Dr. M. KRAFFT, a. o. Professor an der Universität Marburg i. H. Mit 4 Figuren. 263 Seiten. 1928. (Göschens Lehrbücherei Bd. 11.) RM 13.—, geb. RM 14.50.

Das Buch will dem Studierenden und Fachmann die elliptischen Funktionen als Glied eines großen Organismus verstehen lehren, der mit den einfachsten analytischen Funktionen, den rationalen, beginnt und schließlich zu den Riemannschen Funktionensystemen emporwächst.

Elliptische Funktionen. Von Dr. KARL BOEHM, Professor an der Technischen Hochschule in Karlsruhe. Erster Teil: Theorie der elliptischen Funktionen aus analytischen Ausdrücken entwickelt. Mit 11 Figuren im Text. XII, 356 Seiten. Neudruck. 1930. (Samml. Schubert Bd. XXX.) Geb. RM 20.—. Zweiter Teil: Theorie der elliptischen Integrale. Umkehrproblem. Mit 28 Figuren im Text. VII, 180 Seiten. 1910. (Samml. Schubert Bd. LXI.) Geb. RM 7.80.

Einführung in die Theorie der algebraischen Funktionen einer Veränderlichen. Von HEINRICH W. E. JUNG, o. ö. Prof. an der Universität Halle-Wittenberg. Mit 35 Abb. im Text. Groß-Oktav. VI, 246 S. 1923. RM 3.50, geb. RM 4.—.

„Das überaus klar und anschaulich geschriebene Buch wird allen denjenigen, die sich mit den grundlegenden Methoden der arithmetischen Theorie der algebraischen Funktionen vertraut machen wollen, von Nutzen sein.“ *Zeitschrift für mathem. u. naturwiss. Unterricht.*

Theorie des Potentials und der Kugelfunktionen. Von Professor Dr. A. WANGERIN in Halle a. d. S. I. Teil: Mit 46 Fig. VIII, 255 S. Unveränd. Neudruck. 1922. (Slg. Schubert Bd. LVIII.) Geb. RM 4.—. II. Teil: Mit 17 Fig. VIII, 286 Seiten. 1921. (Samml. Schubert Bd. LIX.) Geb. RM 4.—.

„Wer in die Potentialtheorie eindringen will, findet in dem leichtverständlichen Buch einen zuverlässigen und angenehmen Führer.“ *Zeitschrift für mathem. u. naturwiss. Unterricht.*

Potentialtheorie. Von Dr. W. STERNBERG, a. o. Professor in Breslau. I. Die Elemente der Potentialtheorie. Mit 5 Figuren. 136 Seiten. 1925. (Samml. Göschen Bd. 901.) Geb. RM 1.62. II. Die Randwertaufgaben der Potentialtheorie. Mit 1 Figur. 133 Seiten. 1926. (Samml. Göschen Bd. 944.) Geb. RM 1.62.

„Die Bände geben einen klaren Einblick in die Gedankengänge und Beweismethoden der Potentialtheorie. Da es dem Verfasser gelungen ist, trotz der räumlichen Enge alle erforderlichen Beweise exakt durchzuführen, ist das Werk als Hilfsbuch neben einer Vorlesung durchaus zu empfehlen.“
Zeitschrift für mathem. u. naturwiss. Unterricht.

Geometrie

Taschenbuch für praktische Geometrie. Von Dr. H. LÖSCHNER, o. ö. Professor an der Deutschen Technischen Hochschule in Brünn. Mit 10 Figuren im Text. Klein-Oktav. X, 147 Seiten. 1922. Geb. RM 2.—.

Der vorliegende Band enthält die wichtigsten Formeln der praktischen Geometrie, die Konstanten und Genauigkeitsangaben, Leitsätze für die Beobachtungen und Merkregeln für die Behandlung, Beförderung und Aufbewahrung geodätischer Instrumente und Geräte.

Grundzüge der ebenen Geometrie. Von Professor Dr. FR. BOHNERT in Hamburg. Mit 220 Fig. VIII, 223 Seiten. 1915. (Samml. Schubert Bd. II.) Geb. RM 3.90.

Ebene Geometrie. Von G. MAHLER, Professor der Mathematik am Gymnasium in Ulm. Mit 110 zweifarbigen Figuren. Vierte, verbesserte Auflage. Neudruck. 166 Seiten. 1922. (Samml. Göschen Bd. 41.) Geb. RM 1.62.

Ebene und sphärische Trigonometrie. Von Prof. Dr. F. BOHNERT in Hamburg. Zweite Auflage. Dritter Neudruck. Mit 63 Figuren. VIII, 167 Seiten. 1919. (Samml. Schubert Bd. III.) Geb. RM 4.40.

Das Buch enthält die Grundbegriffe der Trigonometrie. Die beigegebenen Beispiele sollen den unentbehrlichen Übungsstoff liefern und gleichzeitig einen Überblick über die vielfache Verwendbarkeit und Bedeutsamkeit der Trigonometrie gewähren. Das letzte Kapitel bietet die wichtigsten Anwendungen der Sphärik auf die mathematische Geographie.

Ebene und sphärische Trigonometrie. Von Professor Dr. GERHARD HESSENBERG. Mit 59 Figuren. Dritte, neubearbeitete Auflage. Durchgesehener Neudruck. 171 Seiten. 1926. (Samml. Göschen Bd. 99.) Geb. RM 1.62.

„Der Verfasser hat seine Aufgabe, in dem engen Rahmen nicht bloß alle wichtigen Formeln mitzuteilen, sondern auch die Grundgedanken, auf welchen dieselben beruhen, klar darzustellen und den Zusammenhang derselben, ihre Bedeutung und Anwendbarkeit hervorzuheben, vortrefflich gelöst."

Archiv der Mathematik und Physik.

Sammlung von Aufgaben aus der ebenen und sphärischen Trigonometrie. Von Dr. FRITZ HEILAND, Studienrat am Gymnasium in Jena. Mit 26 Figuren. 152 Seiten 1922. (Samml. Göschen Bd. 848.) Geb. RM 1.62.

Die Sammlung schließt sich nach Anordnung und Bezeichnung dem Lehrbuch Hessenbergs (Samml. Göschen Bd. 99) an. Wichtigere Formeln sind vorangestellt, zum Teil mit Ableitung. Zu sämtlichen Aufgaben sind die Lösungen angegeben.

Stereometrie. Von Professor Dr. ROBERT GLASER. Dritte, verbesserte Auflage. Neudruck. Mit 81 Figuren. 139 Seiten. 1920. (Samml. Göschen Bd. 97.) Geb. RM 1.62.

Sammlung von Aufgaben aus der Stereometrie. Von Professor Dr. ROBERT GLASER. Mit 54 Figuren. 168 Seiten. 1917. (Samml. Göschen Bd. 779.) Geb. RM. 1.62.

Aufgaben über Prisma und Zylinder — Projektionszeichnen — Pyramiden und Kegel — Kugel und Kugelteile — konoidartige Körper — Prismatoide — schief abgeschnittene Prismen und Zylinder — Guldinsche Regel.

Grundlagen der Geometrie. Von Professor Dr. GERHARD HESSENBERG. Herausgegeben von Dr. W. SCHWAN, Studienrat in Meseritz. Mit 77 Figuren. Groß-Oktav. 143 Seiten. 1930. (Göschens Lehrbücherei Bd. 17.) RM 6.50, geb. RM 7.80.

Elementargeometrie der Ebene und des Raumes. Von Professor Dr. MAX ZACHARIAS in Berlin. Mit 196 Figuren im Text. 252 Seiten. 1929. (Göschens Lehrbücherei Bd. 16.) RM 13.—, geb. RM 14.50.

Die Elementargeometrie wird nicht vom Standpunkte des Schulunterrichts, sondern von dem der Wissenschaft aus behandelt. Ausgangspunkt ist das (etwas modifizierte) Hilbertsche Axiomensystem. In der Darstellung treten zwei Momente in den Vordergrund: die geschichtliche Entwicklung und die prinzipielle Begründung der einzelnen Gebiete.

Nichteuklidische Geometrie. Von Prof. Dr. H. LIEBMANN in Heidelberg. Mit 40 Figuren. Dritte Auflage. 150 Seiten. 1923. RM 6.—, geb. RM 7.—.

Das vorliegende Buch will, möglichst wenig an mathematischen Kenntnissen voraussetzend, in die nichteuklidische Geometrie einführen, und zwar nur auf einem Gebiete — dem der Ebene —, auf diesem aber gründlich dargestellt.

Nichteuklidische Geometrie. Von Professor Dr. RICHARD BALDUS. Mit 71 Figuren. 152 Seiten. 1927. (Sammlung Göschen Bd. 970.) Geb. RM 1.62.

Wenn auch der Band durch möglichste Klarheit und zahlreiche Figuren, auf die besondere Sorgfalt verwendet wurde, zunächst auf den Neuling auf diesem Gebiet Rücksicht nimmt, so dürfte doch auch der Fachmann manches Neue darin finden. Daß bis zu den Übergängen aus dem mathematischen in das rein philosophische Gebiet vorgedrungen wird, dürfte philosophisch interessierten Lesern willkommen sein.

Punkt- und Vektor-Rechnung. Von Dr. ALFRED LOTZE, Privatdoz. für Mathematik an der Technischen Hochschule Stuttgart. Mit 7 Figuren. 192 Seiten. 1929. (Göschens Lehrbücherei Bd. 13.) RM 12.—, geb. RM 13.—.

Vektoranalysis in ihren Grundzügen und wichtigsten physikalischen Anwendungen. Von Dr. ARTHUR HAAS, a. o. Professor an der Universität Wien. Zweite, verbesserte Auflage. Mit 37 Abbildungen im Text. Groß-Oktav. VI, 147 Seiten. 1929. RM 5.—, geb. RM 6.—.

Vektoranalysis. Von Dr. SIEGFRIED VALENTINER, Professor für Physik an der Bergakademie Clausthal. Mit 16 Figuren. Vierte, umgearbeitete Auflage. 136 Seiten. 1929. (Samml. Göschen Bd. 354.) Geb. RM 1.62.

Vorlesungen über allgemeine natürliche Geometrie und Liesche Transformationsgruppen. Von Dr. GERHARD KOWALSKI, o. ö. Professor an der Technischen Hochschule zu Dresden. Mit 16 Figuren. Groß-Oktav. 280 Seiten. 1931. (Göschens Lehrbücherei Bd. 19.) RM 15.50, geb. RM 17.—.

Der Verfasser bietet hiermit eine ganz neuartige Einführung in die Liesche Gruppentheorie: er geht von dem Grundsatz aus, daß man mit einer Theorie am besten und eindrucksvollsten in ihren Anwendungen vertraut wird. Dementsprechend macht er den Leser mit einem ihrer Hauptanwendungsgebiete, der natürlichen Geometrie, eingehend bekannt, wobei sich dieser die Lieschen Grundbegriffe nach und nach aneignet. Im Schlußkapitel werden die unterwegs erworbenen gruppentheoretischen Kenntnisse zum Grundgerüst der Theorie der Transformationsgruppen zusammengefaßt.

Lehrbuch der analytischen Geometrie. Von Dr. FRIEDRICH SCHUR, o. Professor an der Universität Breslau. Zweite, verbesserte und vermehrte Auflage. Mit 81 Figuren. Groß-Oktav. XII, 248 Seiten. 1912. RM 6.50, geb. RM 7.70.

Einführung in die analytische Geometrie. Von Professor Dr. GERHARD KOWALEWSKI. Mit 112 Figuren. Dritte, unveränderte Auflage. Lexikon-Oktav. VIII, 360 Seiten. 1929. Geb. RM 11.20.

Das aus Vorlesungen entstandene Buch ist namentlich zum Gebrauch für Studierende bestimmt.

Analytische Geometrie der Ebene. Von Dr. R. HAUSSNER, o. ö. Professor an der Universität Jena. Mit 60 Figuren. 164 Seiten. 1928. (Samml. Göschen Bd. 65.) Geb. RM 1.62.

Die Darstellung beginnt elementar und setzt nur die nötigsten planimetrischen und algebraischen Schulkenntnisse voraus. Es ist nicht nur die allgemeine Theorie der analytischen Gebilde ersten und zweiten Grades vollständig gegeben, sondern auch eine größere Zahl von speziellen Sätzen, vornehmlich über die Kegelschnitte.

Sammlung von Aufgaben und Beispielen zur analytischen Geometrie der Ebene mit den vollständigen Lösungen. Von Dr. R. HAUSSNER, o. ö. Professor an der Universität Jena. Mit 22 Figuren im Text. 139 Seiten. 1930. (Samml. Göschen Bd. 256.) Geb. RM 1.62.

Analytische Geometrie des Raumes. Von Professor Dr. MAX SIMON, Straßburg i. E. Mit 28 Abbildungen. Dritte, verbesserte Auflage. Neudruck. 208 Seiten. 1922. (Samml. Göschen Bd. 89.) Geb. RM 1.62.

Aufgaben zur analytischen Geometrie des Raumes. Von O. TH. BÜRKLEN, Professor am Realgymnasium in Schwäb.-Gmünd. Mit 8 Figuren. Zweite, verbesserte und vermehrte Auflage. Neudruck. 109 Seiten. 1923. (Samml. Göschen Bd. 309.) Geb. RM 1.62.

Kreis und Kugel. Von Dr. WILHELM BLASCHKE, o. Prof. an der Universität Hamburg. Mit 27 Fig. im Text. Groß-Oktav. X, 169 Seiten. 1916. RM 4.40, geb. RM 5.50.

Anwendung der Differential- und Integralrechnung auf Geometrie. Von Dr. GEORG SCHEFFERS, Geh. Reg.-Rat, Professor an der Technischen Hochschule Charlottenburg. I. Mit 107 Figuren. Dritte, verbesserte Auflage. XII, 482 Seiten. 1923. RM 13.—, geb. RM 14.50. II. Mit 110 Fig. Dritte, verbesserte Aufl. XI, 582 Seiten. 1922. RM 15.—, geb. RM 16.50.

Die besprochenen Probleme werden alle mit großer Ausführlichkeit behandelt. Die am Schluß beigefügten Formeltafeln und Register erhöhen den Wert des Werkes, das nicht nur einführen, sondern auch zu selbständigen Forschungen anregen soll.

Theorie der Raumkurven und krummen Flächen. Von Dr. V. KOMMERELL, Oberstudiendirektor, Honorarprofessor an der Universität Tübingen, und Dr. K. KOMMERELL, o. ö. Professor an der Universität Tübingen. Groß-Oktav. Vierte Auflage. (Göschens Lehrbücherei Bd. 20 und 21.) I: Krümmung der Raumkurven und Flächen. Mit 38 Figuren. 205 Seiten. 1931. Geb. RM 10.—. II: Kurven auf Flächen. Spezielle Flächen. Theorie der Strahlensysteme. Mit 22 Figuren. 194 Seiten. 1931. Geb. RM 10.—.

Die vierte Auflage des früher in der Sammlung Schubert erschienenen Werkes wurde unter Verwertung der neueren Literatur vollständig umgearbeitet und erheblich erweitert. Von den Ergänzungen der Neuauflage seien die Ausgestaltung der Theorie der Differentialparameter, die Gauß-Bonnetsche Integralformel, besonders aber die Parallelverschiebung von Levi-Cività mit einem Ausblick auf die Relativitätstheorie erwähnt. Eine reichhaltige, ebenfalls wesentlich vermehrte Sammlung von Aufgaben und sonstigem Übungsmaterial schließt das Werk ab.

Liniengeometrie mit Anwendungen. Von Professor Dr. KONRAD ZINDLER in Innsbruck. I. Teil. Mit 87 Figuren. Neudruck. VIII, 380 Seiten. 1928. (Samml. Schubert Bd. XXXIV.) Geb. RM 18.—. II. Teil. Mit 24 Figuren. VII, 252 Seiten. 1906. (Samml. Schubert Bd. LI.) Geb. RM. 9.50.

Ein besonderer Vorzug dieses vorliegenden Lehr- und Einführungsbuches sind die jedem Bande beigegebenen Übungsaufgaben, zu deren Lösung sich am Schluß eine Anleitung befindet.

Projektive Geometrie in synthetischer Behandlung. Von Dr. KARL DOEHLEMANN, weil. Professor an der Technischen Hochschule München. Fünfte Auflage. Erster Teil. Mit 59 Figuren. 132 Seiten. 1922. (Samml. Göschen Bd. 72.) Geb.

RM 1.62. Zweiter Teil. Mit 55 Figuren. 138 Seiten. 1924. (Samml. Göschen Bd. 876.) Geb. RM 1.62.

„Die Darstellung ist musterhaft klar und leichtverständlich und wird durch übersichtliche Zeichnungen und zahlreiche Aufgaben aufs trefflichste illustriert." Bayerische Blätter für das Gymnasialschulwesen.

Aufgabensammlung zur Projektiven Geometrie. Von Dr. HEINRICH TIMERDING, Professor an der Technischen Hochschule Braunschweig. Mit 65 Figuren. 140 Seiten. 1933. (Samml. Göschen Bd. 1060.) Geb. RM 1.62.

Geometrische Transformationen. Von Dr. KARL DOEHLEMANN, weil. Professor an der Technischen Hochschule München. Zweite Auflage, herausgeg. von Dr. WILHELM OLBRICH, Prof. an der Hochschule für Bodenkultur in Wien. Mit 89 Figuren im Text und 4 Abbildungen. 254 Seiten. 1930. (Göschens Lehrbücherei Bd. 15.) RM 13.—, geb. RM 14.50.

Lehrbuch der darstellenden Geometrie. Von Dr. KARL ROHN, Geh. Rat, weiland Professor an der Universität Leipzig, und Dr. ERWIN PAPPERITZ, Geh. Rat, Professor an der Bergakademie in Freiberg i. Sa. Drei Bände. Groß-Oktav. I. Orthogonalprojektion. Vielflache, Perspektivität ebener Figuren, Kurven, Zylinder, Kugel, Kegel, Rotations- und Schraubenflächen. Vierte, erweiterte Auflage. XX, 502 Seiten. Mit 351 Figuren. Neudruck. 1932. Geb. RM 18.90. II. Axonometrie, Perspektive, Beleuchtung. Vierte, umgearbeitete Auflage. Neudruck. 1932. VI, 194 Seiten. Mit 118 Figuren. Geb. RM 8.55. III. Kegelschnitte, Flächen zweiten Grades, Regel-, abwickelbare und andere Flächen. Flächenkrümmung. Vierte, unveränderte Auflage. X, 334 Seiten. Mit 157 Figuren. 1923. RM 10.80, geb. RM 12.—.

Darstellende Geometrie. Von THEODOR SCHMID, o. ö. Profesor an der Technischen Hochschule in Wien. I. Teil: Eckige Körper, Kugel, Zylinder, Kegel, Plankurven und Raumkurven mit den zugehörigen Torsen im Normalrißverfahren und in orthogonaler Axonometrie. Dritte Auflage. Mit 170 Figuren. 283 Seiten. 1922. (Samml. Schubert Bd. LXV.) Geb. RM 6.—. II. Teil: Schiefe u. zentrale Projektion. Dreh-, Rohr-, Schrauben- und Regelflächen. Geländedarstellung, Kartenprojektion, Nomographie. Zweite Auflage. Mit 163 Figuren. 340 Seiten. 1923. (Samml. Schubert Bd. LXVI.) Geb. RM 7.50.

Darstellende Geometrie. Von Dr. ROBERT HAUSSNER, o. ö. Professor der Mathematik an der Universität Jena. Erster Teil: Elemente; Ebenflächige Gebilde. Vierte, verbesserte Auflage. Mit 110 Figuren im Text. 207 Seiten. 1929. (Samml. Göschen Bd. 142.) Geb. RM 1.62. Zweiter Teil: Perspektive ebener Gebilde; Kegelschnitte. Dritte, verbesserte und vermehrte Auflage. Mit 88 Figuren im Text. 168 Seiten. 1929. (Samml. Göschen Bd. 143.) Geb. RM 1.62.

Darstellende Geometrie. Von Dr. ROBERT HAUSSNER, o. ö. Professor der Mathematik an der Universität Jena, und Dr. WOLFGANG HAACK, Privatdozent für Mathematik an der Technischen Hochschule Danzig-Langfuhr. Dritter Teil: Zylinder, Kegel, Kugel, Rotations- und Schraubenflächen, Schattenkonstruktionen, Axonometrie. Mit 65 Figuren im Text. 141 Seiten. 1931. (Samml. Göschen Bd. 144.) Geb. RM 1.62. Vierter Teil: Freie und gebundene Perspektive, Photogrammetrie, kotierte Projektion. Mit 76 Figuren im Text. 144 Seiten. 1933. (Samml. Göschen Bd. 1063.) Geb. RM 1.62.

Koordinatensysteme. Von Professor PAUL B. FISCHER, Studienrat am Gymnasium zu Berlin-Steglitz. Mit 8 Figuren. Zweite, verbesserte Auflage. 128 Seiten. 1919. (Samml. Göschen Bd. 507.) Geb. RM 1.62.

Der Verfasser versucht den Koordinatenbegriff von einem allgemeinen Standpunkt aus darzustellen. Durch sorgfältig ausgewählte, zahlreiche Literaturangaben wird der Wert des Bandes erhöht.

Algebraische Kurven. Neue Bearbeitung von Dr. H. WIELEITNER, Oberstudiendirektor in München. Erster Teil: Gestaltliche Verhältnisse. Mit 97 Figuren. Durchgesehener Neudruck. 146 Seiten. 1930. (Samml. Göschen Bd. 435.) Geb. RM 1.62. Zweiter Teil: Allgemeine Eigenschaften. Mit 35 Figuren. Neudruck. 123 Seiten. 1919. (Samml. Göschen Bd. 436.) Geb. RM 1.62.

Mechanik

Statik. I. Teil: Die Grundlagen der Statik starrer Körper. Von Privatdozent Dr. Ing. FERD. SCHLEICHER in Karlsruhe. Mit 47 Abbild. 143 Seiten. 1930. (Samml. Göschen Bd. 178.) Geb. RM 1.62. II. Teil: Angewandte (techn.) Statik. Von Professor Dipl.-Ing. W. HAUBER in Stuttgart. Mit 61 Figuren. Sechster Neudruck. 149 Seiten. 1922. (Samml. Göschen Bd. 179.) Geb. RM 1.62.

Mit dem ersten Teile ist beabsichtigt, eine kurze Darstellung der wichtigsten der technischen Statik zugrunde liegenden allgemeinen statischen Gesetze zu geben. Der zweite Teil umfaßt die statische Berechnung starrer Stabverbindungen, der statisch bestimmten Fachwerkträger für Dächer und Brücken, der Sprengund Hängewerke, enthält die Lehre über die Standfestigkeit der Mauern und Tonnengewölbe und gibt das Wichtigste aus der Theorie des Erddrucks und dem Gebiet des Gleichgewichts der seilartigen Körper.

Graphische Statik mit besonderer Berücksichtigung der Einflußlinien. Von Dipl.-Ing. OTTO HENKEL, Bauingenieur und Studienrat an der Baugewerkschule in Erfurt. I. Teil: Zusammensetzung und Zerlegung der Kräfte in der Ebene. Schwerpunkte. Trägheitsmomente. Spannungen in geraden Stäben. Der einfache Vollwand- und Fachwerkträger. Der Dreigelenkbogen. Gewölbe. Erddruck und Wasserdruck. Mit 127 Figuren. Zweite Auflage. 150 Seiten. 1929. (Samml. Göschen Bd. 603.) Geb. RM 1.62. II. Teil: Durchgehende Gelenkträger. Dreigelenkbogen. Formänderungen gerader Träger. Durchlaufende (kontinuierliche) Träger. Formänderungen gebogener Träger. Zweigelenkbogen und Zweigelenkrahmen. Eingespannter Bogen und Steifrahmen. Mit 91 Figuren. Zweite Auflage. 176 Seiten. 1928. (Samml. Göschen Bd. 695.) Geb. RM 1.62.

Analysis der ebenen Bewegung. Von Dr. MARTIN KRAUSE, Professor an der Technischen Hochschule Dresden. Unter Mitwirkung von Dr. phil. et rer. techn. ALEXANDER CARL in Leisnig. Oktav. VII, 216 Seiten. 1920. RM 3.—.

Das Buch beschäftigt sich mit den analytischen Beziehungen zwischen den Punkten zweier, in der gleichen Ebene gelegener Koordinatensysteme, von denen das eine fest, das andere bewegt ist, ausgehend von den Transformationsgleichungen.

Festigkeitslehre. Von Professor Dipl.-Ing. W. HAUBER in Stuttgart. Mit 56 Figuren und 1 Tafel. Achter Neudruck. 127 Seiten u. 1 Tafel. 1923. (Samml. Göschen Bd. 288.) Geb. RM 1.62.

In dem Band gibt der Verfasser eine kurze Übersicht über die Fundamentalsätze der elastischen Kräfte in ihrer Anwendung auf die einfacheren Fälle der Festigkeit, soweit sie für die gewöhnlichen Aufgaben des praktischen Lebens in Frage kommen.

Aufgabensammlung zur Festigkeitslehre mit Lösungen. Von R. HAREN. Dritte, vollständig neubearbeitete Auflage von JOSEF FURTMAYR, Dipl.-Ing. in Stuttgart. Mit 43 Figuren. 116 Seiten. 1923. (Samml. Göschen Bd. 491.) Geb. RM 1.62.

Der Band bietet in 8 Abschnitten 66 Aufgaben nebst Lösungen über Zug, Druck, Biegung, Schub, Verdrehung, Knickung, Festigkeit plattenförmiger Körper und zusammengesetzte Festigkeit; in einem Anhang sind die benötigten Zahlenwerte kurz zusammengestellt.

Hydraulik. Von Professor Dipl.-Ing. W. HAUBER in Stuttgart. Zweite, verbesserte und vermehrte Auflage. Neudruck. Mit 45 Figuren. 156 Seiten. 1925. (Samml. Göschen Bd. 397.) Geb. RM 1.62.

Das Buch enthält eine Darstellung der Hydrostatik und bringt aus der Hydrodynamik: Ausfluß des Wassers aus Gefäßen; Überfall des Wassers über Wehre; Die Bewegung des Wassers in Flüssen und Kanälen; Die Bewegung des Wassers in Röhren mit konstantem Querschnitt; Stoß eines zylindrischen oder prismatischen Wasserstrahls auf eine Zylinderfläche.

Elastizitätslehre für Ingenieure. Von Professor Dr.-Ing. MAX ENSSLIN an der Höheren Maschinenbauschule Eßlingen. I. Grundlagen und Allgemeines über Spannungszustände, Zylinder, ebene Platten, Torsion, gekrümmte Träger. Mit 65 Figuren. Zweite, verbesserte Auflage. 147 Seiten. 1921. (Samml. Göschen Bd. 519.) Geb. RM. 1.62. II. Statisch unbestimmte Konstruktionen, Sätze von Castigliano und Maxwell, Dreimomentensatz, Vorspannungen, Temperaturspannungen, Fachwerke mit überzähligen Stützpunkten und überzähligen Stäben, Prinzip der virtuellen Verrückungen, Verschiebungsplan. Mit 44 Figuren. 120 Seiten. 1927. (Samml. Göschen Bd. 957.) Geb. RM 1.62.

Band I bespricht die Grundlagen der Elastizitätslehre sowie Allgemeines über Spannungszustände, Zylinder, ebene Platten, Torsion und gekrümmte Träger. Band II gibt eine Einführung in die Methoden zur Berechnung der statisch unbestimmten Konstruktion des Bau- und Maschineningenieurs.

Kinematik. Von Dr.-Ing. HANS POLSTER, Betriebsingenieur der Badischen Anilin- und Sodafabrik Merseburg-Leuna. Mit 76 Abbildungen. Zweite Auflage. 151 Seiten. 1920. (Samml. Göschen Bd. 584.) Geb. RM 1.62.

Der Band bietet dem Studierenden eine Einführung, will aber darüber hinaus den in der Praxis stehenden Ingenieuren, die sich in die schwierigen Bewegungsverhältnisse von Nocken-, Schwingdaumen- und Wälzhebelsteuerungen oder von anderen Gebieten tieferen Einblick verschaffen wollen, ein bequemer Führer sein.

Dynamik. Von Prof. Dr. WILHELM MÜLLER. I: Dynamik des Einzelkörpers. Mit 70 Figuren. 160 Seiten. 1925. (Samml. Göschen Bd. 902.) Geb. RM 1.62. II: Dynamik von Körpersystemen. Mit 51 Figuren. 137 Seiten. 1925. (Samml. Göschen Bd. 903.) Geb. RM 1.62.

Aerodynamik des Fluges. Eine Einführung in die mathematische Tragflächentheorie. Von Professor Dr. HARRY SCHMIDT. Mit 81 Figuren. 1929. VII, 258 Seiten. RM 15.—, geb. RM 16.50.

Der Verfasser gibt mit diesem Werk ein exakt einführendes Lehrbuch für Studierende und bereits in der Praxis stehende Ingenieure, das auf einem Minimum an hydrodynamischen und mathematischen Kenntnissen aufbaut.

Es entwickelt dementsprechend ausführlich die erforderlichen hydrodynamischen und funktionentheoretischen Hilfsmittel und insbesondere die Methoden der konformen Abbildungen. Im Zusammenhang mit diesen wurden die Kutta-Joukowski- von Misessche Theorie der unendlich breiten Tragfläche wie auch die Prandtlsche Tragflügeltheorie besonders ausführlich entwickelt.

Ballistik. Von Dr. THEODOR VAHLEN, o. ö. Professor der reinen und angewandten Mathematik an der Technischen Hochschule Wien. Mit 53 Abbildungen. Groß-Oktav. XII, 231 Seiten. 1922. RM 9.—, geb. RM 10.—.

Mathematische Physik

Reihenentwicklungen in der mathematischen Physik. Von Dr. JOSEF LENSE, o. ö. Professor an der Technischen Hochschule München. Mit 30 Abbildungen. 1933. Im Druck.

Einführung in die Differentialgleichungen der Physik. Von Professor LUDWIG HOPF an der Technischen Hochschule Aachen. Mit 49 Abbildungen. 1933. (Samml. Göschen Bd. 1070.) Geb. RM 1.62.

Elastizitätslehre für Ingenieure. Von Professor Dr.-Ing. MAX ENSSLIN an der Höheren Maschinenbauschule Eßlingen. I. Grundlagen und Allgemeines über Spannungszustände, Zylinder, ebene Platten, Torsion, gekrümmte Träger. Mit 65 Figuren. Zweite, verbesserte Auflage. 147 Seiten. 1921. (Samml. Göschen Bd. 519.) Geb. RM 1.62. II. Statisch unbestimmte Konstruktionen, Sätze von Castigliano und Maxwell, Dreimomentensatz, Vorspannungen, Temperaturspannungen, Fachwerke mit überzähligen Stützpunkten und überzähligen Stäben, Prinzip der virtuellen Verrückungen, Verschiebungsplan. Mit 44 Figuren. 120 Seiten. 1927. (Samml. Göschen Bd. 957.) Geb. RM 1.62.

Band I bespricht die Grundlagen der Elastizitätslehre sowie Allgemeines über Spannungszustände, Zylinder, ebene Platten, Torsion und gekrümmte Träger. Band II gibt eine Einführung in die Methoden zur Berechnung der statisch unbestimmten Konstruktion des Bau- und Maschineningenieurs.

Einführung in die geometrische Optik. Von Dr. W. HINRICHS, Berlin-Wilmersdorf. Mit 56 Figuren. Zweite, verbesserte Auflage. 143 Seiten. 1924. (Samml. Göschen Bd. 532.) Geb. RM 1.62.

Photogrammetrie und Stereophotogrammetrie. Von Dr. HANS DOCK, Privat- und Honorardozent an der Hochschule für Bodenkultur in Wien. Zweite Auflage. Mit 57 Figuren. 133 Seiten. 1923. (Samml. Göschen Bd. 699.) Geb. RM 1.62.

Angewandte Mathematik

Graphische Darstellung in Wissenschaft und Technik. Von Professor Dr. M. PIRANI. Zweite, verbesserte Auflage, besorgt durch Dr. I. RUNGE. Mit 71 Abbildungen. 149 Seiten. 1931. (Samml. Göschen Bd. 728.) Geb. RM 1.62.

Von der einfachen Darstellung von Größen mit unbekanntem Zusammenhang in Form von Kurven oder Skalen ausgehend, geht der Verfasser zur Darstellung von Größen bekannter Abhängigkeit (Funktionsskalen, insbesondere logarithmische projektive Teilung) über und bespricht dann die Aufstellung von Rechentafeln, namentlich mit der Methode der fluchtrechten Punkte oder mit Hilfe mehrerer gekreuzter Linien.

Kartenkunde. Von Dr. M. GROLL. Zweite Auflage, neubearbeitet von Dr. OTTO GRAF. I: Die Projektionen. Mit 56 Abbild. im Text und auf Tafeln. Neudruck. 1931. 117 Seiten. II: Der Karteninhalt und das Messen auf Karten. Mit 39 Abbild. im Text und auf Tafeln. 1923. 133 Seiten. (Samml. Göschen Bd. 30 u. 599.) Geb. je RM 1.62.

Geodäsie (Landesvermessung und Erdmessung). Von Prof. Dr. GUSTAV FÖRSTER. Mit 33 Figuren. 122 Seiten. 1927. (Samml. Göschen Bd. 102.) Geb. RM 1.62.

Vermessungskunde. Von Dr.-Ing. P. WERKMEISTER, o. Professor an der Technischen Hochschule Dresden. I: Stückmessung und Nivellieren. Mit 146 Figuren. Fünfte Auflage. 163 Seiten. 1932. (Samml. Göschen Bd. 468.) Geb. RM 1.62. II: Messung von Horizontalwinkeln, Festlegung von Punkten im Koordinatensystem, Absteckungen. Mit 93 Figuren. Dritte Auflage. 148 Seiten. 1930. (Samml. Göschen Bd. 469.) Geb. RM 1.62. III: Trigonometrische und barometrische Höhenmessung, Tachymetrie und Topographie. Mit 61 Figuren. Zweite Auflage. 136 Seiten. 1923. (Samml. Göschen Bd. 862.) Geb. RM 1.62.

Praktisches Zahlenrechnen. Von Professor Dr.-Ing. P. WERKMEISTER in Dresden. Mit 60 Figuren. Zweite, verbesserte Auflage. 136 Seiten. 1929. (Samml. Göschen Bd. 405.) Geb. RM 1.62.

Das Buch gibt eine übersichtliche Auskunft über die in der Praxis angewendeten Arten des Rechnens. Es wird daher in allen Kreisen der Technik und Naturwissenschaft ein willkommener Führer und Ratgeber sein.

Mathematische Instrumente. Von Professor Dr. FR. A. WILLERS. Mit 68 Figuren. 144 Seiten. 1926. (Samml. Göschen Bd. 922.) Geb. RM 1.62.

Der Band bringt nicht nur eine Beschreibung der mathematischen Instrumente, sondern auch eine genaue Theorie, aus der die Anwendungsmöglichkeiten, die beste Art des Gebrauchs, sowie die Größe der auftretenden Ungenauigkeiten abgeleitet werden.

Politische Arithmetik. (Zinseszinsen-, Renten- und Anleiherechnung.) Von Dr. EMIL FOERSTER, Honorardozent an der Technischen Hochschule in Wien. Mit 7 Figuren. 155 Seiten. 1924. (Samml. Göschen Bd. 879.) Geb. RM. 1.62.

In 6 Kapiteln wird der Reihe nach die einfache Zinsenrechnung, die Zinseszinsrechnung für Einzelkapitalien und Renten, das Rechnen mit vorschüssigen Zinsen, die Schuldentilgung sowie die Kurs- und Rentabilitätsrechnung behandelt.

Wahrscheinlichkeitsrechnung. Von Dr. OTTO KNOPF, o. Professor der Astronomie an der Universität Jena. I. 112 Seiten. 1923. II. Mit 10 Figuren. 112 Seiten. 1923. (Samml. Göschen Bd. 508 und 871.) Geb. je RM 1.62.

Eine knappe, klare Darstellung der Wahrscheinlichkeitsrechnung, deren Wert für die mathematischen Grundlagen des Versicherungswesens, für die statistische Mechanik und neuerdings auch für das Fernsprechwesen auf der Hand liegt.

Ausgleichungsrechnung nach der Methode der kleinsten Quadrate. Von WILHELM WEITBRECHT, Professor der Geodäsie in Stuttgart. Zweite, veränderte Auflage. I. Teil: Ableitung der grundlegenden Sätze und Formeln. Mit 8 Figuren. Neudruck. 127 Seiten. 1919. (Samml. Göschen Bd. 302.) Geb. RM 1.62.
II. Teil: Zahlenbeispiele. Mit 8 Figuren. Neudruck. 141 Seiten. 1920. (Samml. Göschen Bd. 641.) Geb. RM 1.62.

Jeder der beiden Teile bildet ein das ganze Gebiet umfassendes, für sich geschlossenes Ganzes. Der erste enthält die Ableitung der grundlegenden Sätze und Formeln, während im zweiten die ertigen Ergebnisse dieser Ableitungen zusammengestellt und auf hauptsächlich dem Gebiet der Geodäsie entnommene Zahlenbeispiele angewendet werden.

Versicherungsmathematik. Von Dr. FRIEDRICH BOEHM, Professor an der Universität München. I: Elemente der Versicherungsrechnung. 144 Seiten. 1925. (Samml. Göschen Bd. 180.) Geb. RM. 1.62. II: Lebensversicherungsmathematik. Einführung in die technischen Grundlagen der Sozialversicherung. 171 Seiten. 1926. (Samml. Göschen Bd. 917.) Geb. RM 1.62.

Der erste Band behandelt den Zins als erste, die Sterbetafel als zweite Rechnungsgrundlage, die Prämienreserve und die Versicherung verbundener Leben. Der zweite Band enthält außer einer eingehenden Behandlung der Lebensversicherungsmathematik eine Einführung in die technischen Grundlagen der Sozialversicherung.

Methoden der praktischen Analysis. Von Dr. FR. A. WILLERS, o. Professor an der Bergakademie Freiberg (Sachsen). 344 Seiten. 1928. (Göschens Lehrbücherei Bd. 12.) RM 20.—, geb. RM 21.50.

Der Band gibt dem Mathematiker einen Einblick in die Anwendungsmöglichkeiten der Methoden und macht den Naturwissenschaftler und Ingenieur mit den theoretischen Grundlagen bekannt.

Numerische Integration. Von Professor Dr. FR. A. WILLERS. Mit 2 Figuren. 116 Seiten. 1923. (Samml. Göschen Bd. 864.) Geb. RM 1.62.

Die Darstellung ist sehr übersichtlich und so elementar als möglich gehalten. Sie setzt nur die Kenntnisse der Grundgesetze der Differential- und Integralrechnung voraus und wendet sich an Mathematiker, Physiker und vor allem an Ingenieure, für die das Buch eine gute Anleitung und Einführung ist.

Graphische Integration. Von Professor Dr. FR. A. WILLERS. Mit 53 Figuren. 142 Seiten. 1920. (Samml. Göschen Bd. 801.) Geb. RM 1.62.

Der Verfasser versucht, einem weiteren Kreise die immer noch zu wenig benutzten zeichnerischen Methoden bekanntzumachen. Er setzt dabei so wenig Vorkenntnisse wie möglich voraus.

Astronomie

Astronomie. Größe, Bewegung und Entfernung der Himmelskörper. Von A. F. MÖBIUS. Bearbeitet von Dr. HERM. KOBOLD, o. Hon.-Professor an der Universität Kiel. I. Das Planetensystem. Mit 33 Figuren. Elfte Auflage. Durchgesehener Neudruck. 136 Seiten. 1925. (Samml. Göschen Bd. 11.) Geb. RM 1.62 II. Kometen, Meteore und das Sternsystem. Mit 15 Figuren und 2 Sternkarten. Dreizehnte Auflage. 128 Seiten. 1923. (Samml. Göschen Bd. 529.) Geb. RM 1.62.

Der erste Teil beschränkt sich auf die Darstellung der Bewegungserscheinungen und der Größenverhältnisse der Planeten und ihrer Trabanten. Im zweiten Teil leitet die zunächst gegebene Behandlung der dem Sonnensysteme weniger innig verbundenen Glieder, der Kometen und Meteore, zu dem Hauptgegenstande der Betrachtung, dem Fixsternsystem, über. Im letzten Kapitel wird der Leser mit den Theorien über die Entwicklungsvorgänge im Universum bekanntgemacht.

Einleitung in die Astronomie. Von Dr. A. VON FLOTOW, Observator am Geodät. Institut in Potsdam. Mit 1 Tafel. Groß-Oktav. 1911. (Samml. Schubert Bd. XV.) Geb. RM 7.—.

Astronomische Chronologie. Von Professor Dr. P. V. NEUGEBAUER, Observator am Astronomischen Rechen-Institut in Berlin-Dahlem. Erster Band: Text. Groß-Oktav. 190 Seiten. Zweiter Band: Tafeln. Groß-Oktav. 136 Seiten. 1929. Beide Bände RM 37.—, geb. RM 40.—.

Die Mechanik des Himmels. Von Prof. Dr. CARL LUDWIG CHARLIER. Vorlesungen. 2 Bände. Lex.-Oktav. Zweite Auflage. Mit zahlreichen Figuren. I: VIII, 488 Seiten, 1927. II: VIII, 480 Seiten, 1927. Zusammen RM 54.—, geb. RM 60.—.

Astronomischer Jahresbericht. Gegründet von WALTER F. WISLICENUS. Mit Unterstützung der Astronomischen Gesellschaft herausgegeben von dem Astronomischen Rechen-Institut zu Berlin-Dahlem. Oktav. Ab 1900, zuletzt erschien der 33. Band (Literatur des Jahres 1931, Preis RM 24.—). Preise der früheren Bände auf Anfrage.

FSC
www.fsc.org
MIX
Papier | Fördert gute Waldnutzung
FSC® C083411

Zeitfracht Medien GmbH
Ferdinand-Jühlke-Straße 7
99095 Erfurt, Deutschland
produktsicherheit@kolibri360.de